机械制造装备设计与实践

主　编　彭钿忠
参　编　张　寒　张　燕

北京理工大学出版社
BEIJING INSTITUTE OF TECHNOLOGY PRESS

内容简介

本教材是“双高”模具设计与制造专业群专业建设课程资源规划教材。本教材的主要内容包括机械制造装备概论、金属切削机床设计、机床夹具设计、物流系统设计、金属切削刀具设计、机械加工生产线总体设计。本教材配套了丰富的教学资源，包括PPT教学课件、全部参考答案、微课视频、3D模型及动画等。

本教材适合作为高等院校、高职院校“机械制造装备设计与实践”课程的教材，也可作为相关行业技术人员的参考书籍、职业培训机构的培训教材，以及机械制造与自动化、机械设计制造及其自动化等相关专业学生的自学资料。

图书在版编目(CIP)数据

机械制造装备设计与实践／彭钿忠主编. -- 北京：北京理工大学出版社，2024.1

ISBN 978-7-5763-3639-9

Ⅰ.①机… Ⅱ.①彭… Ⅲ.①机械制造-工艺装备-设计-高等学校-教材 Ⅳ.①TH16

中国国家版本馆CIP数据核字(2024)第024839号

责任编辑：赵　岩　　**文案编辑**：赵　岩
责任校对：周瑞红　　**责任印制**：李志强

出版发行／北京理工大学出版社有限责任公司
社　　址／北京市丰台区四合庄路6号
邮　　编／100070
电　　话／(010) 68914026（教材售后服务热线）
　　　　　　(010) 63726648（课件资源服务热线）
网　　址／http://www.bitpress.com.cn

版 印 次／2024年1月第1版第1次印刷
印　　刷／涿州市新华印刷有限公司
开　　本／787 mm×1092 mm　1/16
印　　张／20.5
字　　数／503千字
定　　价／92.00元

前言

“机械制造装备设计与实践”是高等院校机械制造装备类专业课程体系中的主干课程之一，是通过对机械制造装备类专业职业规划与工作岗位适应性进行整体化的调研与分析，运用基于工作过程与项目驱动系统化的课程开发方法，凝练成的一门学习课程。本教材介绍了机械制造装备设计与实践的基本原理和基本方法，内容包括机械制造装备概论、金属切削机床设计、机床夹具设计、物流系统设计、金属切削刀具设计、机械加工生产线总体设计，旨在培养学生具备机械制造装备的设计与制造能力，通过理论与实践相结合的方式，学生能够全面了解和掌握机械制造装备的基本原理、设计方法、制造工艺和实践技能。

本教材注重理论与实践相结合，通过案例分析、实践项目等方式，使学生能够更好地理解和掌握机械制造装备的知识和技能。同时，本教材还注重培养学生的创新意识和实践能力，以适应现代工业发展的需求。本教材具有以下特点。

1. 突出应用性和实践性。本教材将理论知识与实践技能相结合，以实际案例为引导，使学生能够更好地理解并掌握机械制造装备设计与制造技能。同时，通过实践项目和案例分析，培养学生具备解决实际问题的能力。

2. 强调设计与制造的融合。本教材将机械制造装备的设计与制造过程相融合，使学生能够全面了解和掌握机械制造装备的整个生命周期。通过设计与制造的结合，培养学生具备综合应用能力。

3. 体现行业前沿动态。本教材在介绍传统机械制造装备的基础上，还引入了当前机械制造领域的最新技术和装备，如智能制造、数字化工厂等。通过介绍行业前沿动态，学生能够了解并掌握机械制造装备的发展趋势。

4. 注重学生创新能力培养。本教材通过设计创新实践环节，鼓励学生发挥自己的创新思维和能力。通过创新实践项目，培养学生具备创新意识、创新能力和创新精神。

5. 数字化学习资源和数字课程的融入。本教材特别添加了数字化学习资源和数字课程，以适应信息化时代的学习需求。学生可以通过在线学习平台或数字课程，获取更多机械制造装备设计与实践的相关知识。这些数字化资源包括互动式学习视频、在线测试与评估、案例分析。通过这些数字化学习资源和数字课程，学生可以更加灵活地进行学习，提高学习效果和学习体验。

本教材由重庆工业职业技术学院彭钿忠主编，并参与编写了项目一、项目三，重庆工业职业技术学院张寒参与编写了项目二、项目四，重庆工业职业技术学院张燕参与编写了项目五、项目六。赵岩担任本教材主审并审阅全部书稿，特别感射重庆长安汽车股份有限公司张进工程师的宝贵支持与指导。

本教材除适用于高等职业院校机械类及机械制造装备类专业的学生选作教材与课程设计用书外，还适用于作为机械制造装备行业专业工程技术人员参考用书。

由于编者水平有限，对于书中不妥之处，恳请读者批评指正。

编　者

目 录

模块一　机械制造装备概论

学习导航

学习目标	知识目标： 1. 了解机械制造装备的发展、类型和应用领域； 2. 掌握机械制造装备的基本概念和结构； 3. 掌握机械制造装备开发的基本方法。 技能目标： 1. 能够阅读和绘制机械制造装备图； 2. 能够针对机械制造装备硬件进行连接； 3. 能够使用开发工具进行软件的设计和仿真； 4. 能够分析机械制造装备设计流程，并对系统进行联调。 素养目标： 1. 能够针对任务要求，提出自己的改进方法，进行一定的创新设计； 2. 能够对机械制造装备进行持续改进，具备精益求精的工匠精神
知识重点	机械制造业的发展历程
知识难点	机械制造装备的分类
建议学时	4
实训任务	认知机械制造装备在机械制造业中的地位和作用

模块导入

减速器是一种由封闭在刚性壳体内的齿轮传动、蜗杆传动、齿轮－蜗杆传动所组成的独立部件，常用作原动件与工作机之间的减速传动装置。减速器在原动机和工作机或执行机构之间起匹配转速和传递转矩的作用，在现代机械加工中应用极为广泛。图 1－1 所示为减速机生产工艺流程。

从图 1－1 可知，减速机需要经历一个复杂的制造过程。这一复杂的制造过程中需要使用很多设施设备，如金属切削刀具、模具、金属切削机床、机床夹具、辅具、钳工工具、计量器具、工位器具及工艺装备管理等（GB/T 1008—2008）。

机械制造装备是指机械制造过程中使用到的各种机床、设备以及工装、夹具、刀具等装备的总称。具体内容包括机械工艺装备、工艺装备（简称工装）、专用工艺装备、通用工艺装备、切削加工工艺装备。执行标准《机械制造工艺基本术语》（GB/T 4863—2008）。

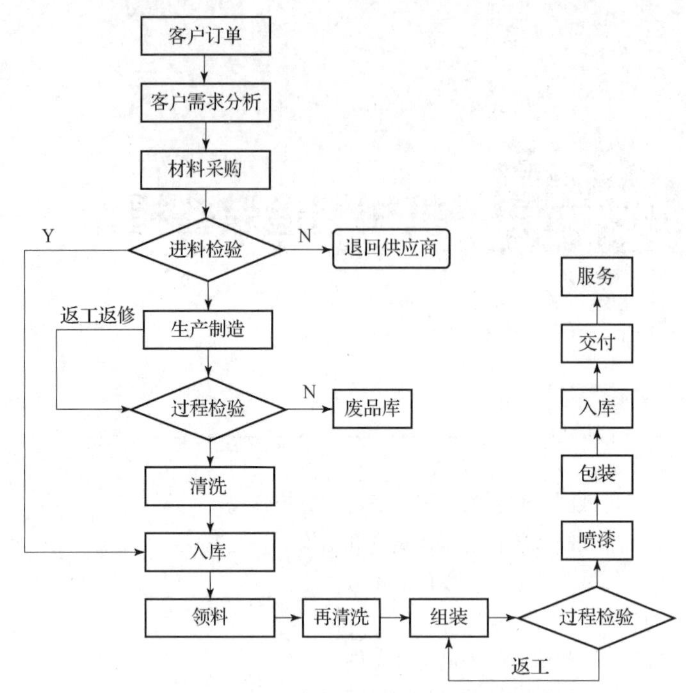

图 1－1　减速机生产工艺流程

任务　设备认知

【任务描述】

从图 1－1 可知，减速机作为一种产品需要经历一个复杂且负责任的制造过程才能实现。在这一复杂的制造过程中需要用上很多的实施设备。

请书面回答减速机制造过程中所用到的实施设备，并对所列的实施设备进行分类。

【学前准备】

（1）准备“机械工程师手册”软件并安装。

（2）准备三维设计软件（SW、UG NX、CATIA、中望 3D）并安装。

预备知识

一、机械制造业概述

1. 基本概念

1）制造及制造技术

制造是指人们根据市场需要，运用一定的知识和技能，借助手工或工具装备，采用有效的方法，利用必要的能源，将原材料转化为半成品或成品并投放市场的全过程。

制造技术是指在制造过程中采取的一系列技术，是研究产品设计、生产、加工制造、装配检验、销售使用、维修服务乃至回收再生的整个过程，以提高产品质量、效益、竞争力为目标，结合物质流、信息流和能量流的完整系统工程。

2）制造系统

制造系统是由制造过程及其所涉及的硬件、软件和人员组成的，一个将制造资源转变为产品或半成品的输入和输出系统，它涉及产品生命周期的全过程或部分环节。其中：硬件包括厂房、生产设备、工具、刀具、计算机及网络等；软件包括制造理论、制造工艺和方法、管理方法、制造信息及其有关的软件系统等；制造资源不仅包括原材料、坯件、半成品、能源等物能资源，有时还包括硬件、软件、人员等。

3）制造业

制造业是指将制造资源，包括物料、设备、工具、资金、技术、信息和人力等，通过制造技术和过程转化为可供人们使用和消费的产品的行业。制造业是所有与制造有关的企业群体总称。

制造业涉及国民经济的许多行业，包括一般机械、食品工业、化工、建材、冶金、纺织、电子电器、航天航空、运输机械等。

目前，作为我国国民经济的支柱产业，制造业是我国城镇就业的主要方向，也是国际竞争力的集中体现。

2. 制造业的地位及发展状况

1）制造业的地位和作用

（1）制造业是国民经济的支柱产业和经济增长的发动机。

美国68%的财富源自制造业。日本GDP的46%源自制造业。2006年中国制造业占全国GDP的77.9%，2009年中国制造业占全球制造业总值的15.6%，中国成为仅次于美国的第二大工业制造国。

（2）制造业是高技术产业的载体和实现现代化的重要基石。

“十四五”规划和2035年远景目标纲要作出了“加快发展现代产业体系，巩固壮大实体经济根基”的重要部署，指出要以技术创新引领“推进产业基础高级化、产业链现代化”，着力提高经济质量效益和核心竞争力。

（3）制造业是吸纳劳动就业和扩大出口的关键产业。

国家统计局数据显示，我国制造业企业数量由1999年的134 345家增加至2003年的172 755家，增幅达28.59%；截至2007年年底，按登记注册人数统计，制造业职工人数占工业从业人数的80.35%。

（4）制造业是国家安全的重要保障。

美、日等国已经将制造科学与信息科学、材料科学、生物科学一起列为当今四大支柱学科。事实上，虽然今天全球已呈现信息化的大趋势，但发达国家仍然高度重视制造业的发展。美国制造业对GDP的贡献率始终大于20%，由于严格控制关键技术，美国制造业拉动了30%的其他产业。

2）制造业生产方式经历的主要阶段

（1）单件生产（craft production）方式。

单件生产方式是指完全基于客户订单、一次制造一件的生产方式。它主要是采用通用设备和依靠熟练工人进行手工业生产，是人类工业化初期的产物。

单件生产方式的特点是灵活性大、生产品种多，但批量太小，制造成本很高。另外，其质量难以保证，维修很不方便。

（2）大量生产（mass production）方式。

大量生产方式在第一次世界大战后，由美国福特汽车公司的亨利·福特和通用汽车公司的阿尔弗莱德·斯隆开创。其通过规模生产来降低成本，通过重复和互换性来保证质量和良好的维修性。其特点是生产品种单一，产品更新换代困难。

（3）精益生产（lean production）方式。

精益生产方式在第二次世界大战后，由日本丰田汽车公司在总结美国大量生产方式和日本市场的特点后首创。精益生产方式的最终目标是在一个企业里同时获得极高的生产率、极佳的产品质量和极大的生产柔性。其特点是以“用户”为“上帝”，以“人”为中心，以“精简”为手段，以“零缺陷”为最终目标。

（4）计算机集成制造（computer integrated manufacturing，CIM）。

20 世纪 70 年代，随着社会和科技的进步，人们个性需求的期望值提高，要求企业必须对市场具有快速反应的能力，及时向市场提供多品种、高质量、低成本的产品。

计算机集成制造系统（computer integrated manufacturing system，CIMS）是以 CIM 为基础发展起来的，即在计算机系统上，通过信息、制造和现代化生产管理技术，将制造企业全部生产经营活动所需各种分散的、孤立的自动化系统，以及有关的人、技术、经营管理三要素有机集成并优化协调的一种制造系统。它通过物流、信息流和决策流的有效控制和调配，达到全局动态最优，以适应新的竞争环境下市场对制造业提出的高质量、高柔性和低成本要求。

（5）批量客户化生产（mass customization，MC）。

20 世纪 80 年代初，随着市场竞争的日益激烈，基于顾客个性化和价格低廉的需求提出批量客户化生产。其特点是既具有大量生产方式下的高效率、低成本，又能像单件生产方式那样满足单个顾客需求的生产模式。实现方式有以下两种。

①推迟制造（postponed manufacturing，PM）是指只有到最接近顾客需求的时间和地点才进行某一环节的生产。

②虚拟现实（virtual reality，VR），由计算机、软件及各种传感器构成的三维信息的人工环境，是可实现的和不可实现的物理上、功能上的事物和环境，顾客投入这种环境中，就可与之交互作用。

（6）敏捷制造（agile manufacturing，AM）。

1988 年美国通用汽车公司和里海大学共同研究提出敏捷制造。其基本设想是通过将高素质的员工、动态灵活的组织机构、企业内及企业间的灵活管理及柔性先进制造技术进行全面集成，使企业能对持续变化、不可预测的市场需求作出快速反应，由此获得长期的经济效益。其特点是为了实现同一战略，把全球范围内的企业通过共同的基础重组起来，将过去你死我活的竞争转变成友好合作的竞争，从而对瞬息万变的市场作出快速敏捷的响应。

实现手段：虚拟制造。

3. 制造业的发展趋势

1）制造全球化

制造全球化体现在市场、产品销售；产品设计和研发；制造企业的重组和集成；制造资源的协调、共享、优化利用。

2）制造敏捷化

制造敏捷化体现在柔性生产、重组能力、快速化的集成设计和制造技术。

3）制造网络化

制造网络化体现在企业内部的网络化、企业与制造环境的网络化、企业与企业间的网络化，通过网络实现异地制造。

4）制造虚拟化

虚拟制造是基于计算机建模和仿真技术的制造方法。其体现现代制造工艺、计算机图形学、并行工程、人工智能、人工现实技术和多媒体技术。

5）制造智能化

智能制造是一种由智能机器、人类专家共同组成的人机一体化智能系统。它在制造过程中能进行智能活动（分析、推理、判断、构思和决策）。

6）制造绿色化

绿色制造是综合考虑环境影响和资源效率的现代制造模式。其目的是使产品从设计、制造、包装、运输、使用到报废处理的产品全生命周期中，对环境的影响最小，资源利用率最高。

二、机械制造装备概述

智能装备

1. 机械制造装备的功能

1）基本功能多维化

加工精度：尺寸精度、形位精度和表面粗糙度。影响几何、传动、运动、定位精度及低速平稳性。

强度、刚度和抗振性：利用新技术、新工艺、新结构和新材料，对机械制造装备的整体结构和主要零部件进行设计改进。

加工稳定性：外部热源（如阳光、环境温度的变化）和内部热源（如电动机、齿轮箱、轴承、液压和切削热等）。

耐用度：从设计、工艺、材料、热处理和使用等多方面综合考虑。

经济性：不盲目追求机械制造装备的技术先进程度和生产的大投入，进行仔细的技术经济分析。

2）精密化

精密化满足了市场竞争的需求；先进制造技术的出现，加工精度实现了从微米级到亚微米级再到纳米级的转变。

3）自动化

自动化的目的是减轻劳动强度，提高生产效率，节省能源，降低成本，保障产品质量。

4）机电一体化

机电一体化系统是将机械、微电子、信息处理、传感检测、自动化控制、电力电子和接口等技术，按系统工程和整体优化的方法，有机组合而成的最佳技术系统。其组成分为机械本体、动力部分、检测传感部分、执行机构、驱动部分、控制及信息处理单元和接口等。其特点是功能强、性能高、精度高、可靠性强、故障率低、节能节材、机械结构简单、灵活性（柔性）好等。

机电一体化设计时要考虑机械、液压气动、电力电子、检测、计算机软硬件的特点，合理搭配功能，通过接口，各部分和子系统组成一个有机的整体，各功能环节有目的、协调一致地运动。

5）柔性化

随着社会和科技的进步，人们个性需求期望值的提高为企业满足个性需求提供了可能；制造业的柔性（对市场具有快速反应的能力，及时提供多品种、高质量、低成本产品）成为市场的迫切需要；由于大量生产方式的“刚性”使产品的改型和更新困难，机械制造装备的柔性化便更受人们重视。柔性化又分为结构柔性化和功能柔性化。

结构柔性化是指设计机械制造装备时，采用模块化和机电一体化技术，只对结构进行少量的修改和重新结合，或仅修改软件，就可迅速生产出具有不同功能的新机械制造装备。

功能柔性化是指只需进行少量的调整或修改软件，就可改变产品或系统的运行功能，以满足不同的加工需要。

6）符合工业工程要求

工业工程是对人、设备、物料、能源和信息所组成的集成系统进行设计、改善和实施的一门应用科学，可用于企业生产管理。作为一门管理技术，工业工程的目标是设计一个生产系统及其控制方法，在保证工人和用户最终健康安全的条件下，以最低的成本生产出符合质量要求的产品。

在产品的开发阶段，要充分考虑结构的工艺性，提高标准化、通用化程度，以便采用最佳的工艺方案，选择最合理的制造设备，减少工时和材料的消耗；合理地进行机械制造的总体布局，优化操作步骤和方法，减少操作过程中工人的体力消耗；对市场和消费者进行调研，保证产品合理的质量标准，减少因质量标准定得过高而造成的不必要超额工作量。

7）符合绿色工程要求

绿色工程是一个注重环境保护、节约资源、保证可持续发展的工程。企业必须纠正过去那种不惜牺牲环境和消耗资源来增加产出的错误做法，应使经济发展更多地与地球资源承受能力达成平衡。

绿色产品设计在充分考虑产品功能、质量、开发周期和成本的同时，优化各有关设计要素，使产品在从设计、制造、包装、运输、使用到报废处理的整个生命周期中，对环境影响最小，资源利用效率最高。

2. 机械制造装备的分类

机械制造装备包括加工装备、工艺装备、仓储输送装备和辅助装备四大类，见表 1－1。

加工装备：采用机械制造方法制作机器零件的机床，包括金属切削机床、特种加工机床、锻压机床三大类。

工艺装备：产品制造时所用各种刀具、夹具、模具、量具的总称。

仓储输送装备：包括各级仓储、物料输送、机床上料刀具输送、机器人等设备。

辅助装备：主要包括清洗机和排屑装置等。

表 1－1　机械制造装备分类

<table>
<tr><th colspan="2">机械制造装备大类别</th><th>机械制造装备分类</th><th>机械制造装备工艺范围</th></tr>
<tr><td rowspan="9">加工装备</td><td rowspan="3">金属切削机床</td><td>通用机床</td><td rowspan="9">主要范围：制造机器零件或毛坯的机器设备（机床或工作母机）</td></tr>
<tr><td>专用机床</td></tr>
<tr><td>专门化机床</td></tr>
<tr><td rowspan="6">特种加工机床</td><td>电加工机床</td></tr>
<tr><td>激光加工机床</td></tr>
<tr><td>电子束加工机床</td></tr>
<tr><td>超声波加工机床</td></tr>
<tr><td>等离子弧加工机床</td></tr>
<tr><td>水射流加工机床</td></tr>
</table>

续表

<table>
<tr><th colspan="2">机械制造装备大类别</th><th>机械制造装备分类</th><th>机械制造装备工艺范围</th></tr>
<tr><td rowspan="4">加工装备</td><td rowspan="4">锻压机床</td><td>锻造机</td><td rowspan="4">主要范围：制造机器零件或毛坯的机器设备（机床或工作母机）</td></tr>
<tr><td>冲压机</td></tr>
<tr><td>挤压机</td></tr>
<tr><td>轧制机</td></tr>
<tr><td colspan="2" rowspan="4">工艺装备</td><td>刀具</td><td rowspan="4">产品制造过程中所有工具的总称，是贯彻工艺规程、保证产品质量和提高生产效率等的重要装备</td></tr>
<tr><td>夹具</td></tr>
<tr><td>模具</td></tr>
<tr><td>量具</td></tr>
<tr><td colspan="2" rowspan="5">仓储输送装备</td><td>仓储装置</td><td></td></tr>
<tr><td>物料输送装置</td><td></td></tr>
<tr><td>机床上料输送装置</td><td></td></tr>
<tr><td>刀具输送装置</td><td></td></tr>
<tr><td>机器人</td><td></td></tr>
<tr><td colspan="2" rowspan="4">辅助装备</td><td>清洗机</td><td></td></tr>
<tr><td>排屑装置</td><td></td></tr>
<tr><td>包装设备</td><td></td></tr>
<tr><td>测量设备</td><td></td></tr>
</table>

3. 机械制造装备设计类型及设计内容与步骤

1）设计类型

（1）创新设计。

①直觉思维——靠灵感，不能快速适应市场需求。

②逻辑思维——用主动的、按部就班的工作方式向创新目标逼近，开发出新产品。

（2）变形设计。

①适应型设计——改变或更换部分部件或结构。

②变参数型设计——改变部分尺寸与性能参数。

（3）模块化设计。

按合同要求，选择适当的功能模块，直接拼装成所谓的“组合产品”，如组合机床。

2）设计内容与步骤

（1）产品规划。

①对市场需求、技术和产品发展动态、企业生产能力及经济效益等进行可行性调查研究，分析决策，开发项目并完成目标。

②需求分析：市场调研和预测、技术调查、可行性分析、开发决策。

(2) 方案设计。

①根据设计任务书的要求，进行产品功能原理的设计，即要完成做什么才能满足用户的需求，该阶段完成的质量将严重影响到产品结构、性能工艺和成本，关系到产品的技术水平，即竞争能力。

②方案设计分初步设计、技术设计、工作图设计三个阶段。

(3) 产品试制。

产品试制的方式分为虚拟制造和实体制造验证两种方式。

①虚拟制造包括计算机仿真和数字化样机两种方式。

②实体制造是指制造出方案样机进行验证。

(4) 产品定型。

完成正式投产的准备工作，对工艺文件、工艺装备定型，对设备和检测仪器进行配置、调试和标定等；要求达到正式投产条件，具有稳定的批量生产能力。

3) 设计评审

(1) 初步设计评审。

对产品的总图主要零件图，含草图及设计计算书等进行评审，以确认设计的正确性与合理性。

(2) 技术设计评审。

对技术任务从总体总装图（草图）进行评审，以确认计划任务书（或合同书）要求的满足程度，以及是否具备满足这些要求的条件。

(3) 最终设计评审。

对产品设计改进方案进行评审，以确认其设计改进的正确与完善程度，以及是否具备小批试制或试生产的条件。

(4) 工艺方案评审。

对产品设计改进方案和工艺文件进行评审，以确认其工艺设计的正确性、合理性与完整性。

任务实施

任务实施方式建议如下。

(1) 使用表格分别列出涉及的设备并分类。

(2) 使用 XMind 思维导图列出涉及的设备并分类。

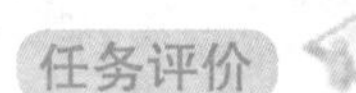

任务评价

任务评价表见表 1－2。

表 1－2 任务评价表

序号	考核要点	项目（配分：100 分）	教师评分
1	职业素养	团队合作能力（20 分）	
		信息收集、咨询能力（20 分）	
2	实施设备总数	实施设备总数达到教师所要求的数量及以上（20 分）	

续表

序号	考核要点	项目（配分：100 分）	教师评分
3	所列设备与减速机工艺过程符合性	所列设备 60% 符合减速机工艺过程的要求（20 分）	
4	所列设备分类正确性	所列设备的分类正确性达到 60% 及以上（20 分）	
得分			

问题探究

1. 问答题

（1）制造业生产方式主要经历了哪几个阶段？

（2）机械制造业的发展趋势是什么？

（3）机械制造装备的功能有哪些？

（4）机电一体化系统有哪些特点？

（5）机械制造装备的分类有哪些？

（6）机械制造装备设计类型有哪些？

2. 填空题

（1）制造是指人们按照市场需要，运用一定的知识和技能，借助于手工或工具装备，采用有效的方法和必要的能源，将原材料转化为半成品或成品并投放市场的（　　　　　）。

（2）机械制造装备是指（　　　　　　　）使用到的各种机床、设备以及工装、夹具、刀具等装备的总称。

（3）制造业是国民经济的（　　　　）所在。

（4）制造技术是指在制造过程中采取的（　　　　）技术。

（5）制造系统是指制造过程及其所涉及的（　　　　）、（　　　　）和（　　　　）组成的一个将制造资源转变为产品或半成品的输入和输出系统。

（6）制造业是指将制造资源，包括物料、设备、工具、资金、技术、信息和人力等，通过（　　　　　）和（　　　　　）为可供人们使用和消费的产品的行业。

（7）机电一体化是将机械、微电子、信息处理、传感检测、自动化控制、电力电子和接口等技术，按系统工程和整体优化的方法，有机组合而成的（　　　　　）系统。

（8）机械制造装备包括（　　　　　　）、（　　　　　　）、（　　　　　　　　）和（　　　　　）四大类。

（9）工装是指产品制造过程中所用的所有（　　　　）的总称。

（10）技术设计评审是对技术任务从总体总装图（　　　　）进行评审，确认计划任务书（　　　　）要求的满足程度，以及是否具备满足这些要求的条件。

3. 判定题

（1）机械制造工艺基本术语执行标准是 GB/T 4863—2008。（　　）

（2）制造业不是我国国民经济的支柱产业。（　　）

(3) 机械制造装备包括加工装备、工艺装备、仓储输送装备、辅助装备和机器人五大类。 ( )

4. 单选题

(1) 2006 年中国制造业占全国 GDP 的 ( )。

A. 55%　　B. 77.9%　　C. 80%　　D. 90%

(2) 2009 年中国制造业占全球制造业总值的 ( )，中国成为仅次于美国的第二大工业制造国。

A. 15.6%　　B. 77.9%　　C. 80%　　D. 90%

(3) 绿色工程是一个注重环境保护、节约资源、保证 ( ) 发展的工程。

A. 绿色　　B. 节约　　C. 可持续　　D. 环境保护

模块二 金属切削机床设计

学习目标	知识目标： 1. 掌握机床设计的基本理论； 2. 掌握机床主要技术参数的确定方法； 3. 掌握数控机床技术系统的设计方法； 4. 了解先进制造系统的相关知识。 技能目标： 1. 能够应用机床设计的基本理论指导设计工作； 2. 能够根据工艺过程的需要确定机床主要技术参数； 3. 能够将数控机床的技术系统灵活用于工程实践中。 素养目标： 1. 能够完成简单机床适应工艺过程的功能策划与设计； 2. 能够具备精益求精的工匠精神
知识重点	机床设计的基本理论
知识难点	机床主要技术参数的确定
建议学时	6
实训任务	认知机床设计工作的过程与方法

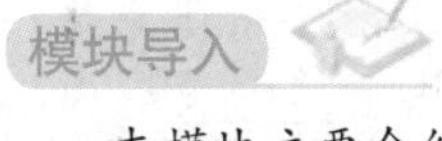

本模块主要介绍金属切削机床设计的基本理论、主要技术参数的确定、主传动系统和进给传动系统设计的基本原则，以及典型部件（如主轴部件、支承件、导轨等）的设计。

本模块涉及的内容较多，既有概念，又有分析和计算，旨在对金属切削机床设计的方法和内容有一个总体认识。重点掌握金属切削机床动力和运动参数的计算方法以及进给传动系统、主轴部件的设计方法。对于主传动系统，由于主轴变频调速技术的广泛应用，分级变速主传动系统设计部分仅要求了解主传动系统设计的基本思路，从而形成机床设计知识结构的系统性和传承性。学生在熟悉理论知识的基础上，认真完成章节后的复习思考题，利于加深对本项目关键内容的理解。

本模块主要知识点有：机床设计基本理论、机床主要技术参数的确定、数控机床技术系统设计等。知识点的呈现方式为理实结合且着重实践。

任务 2.1　机床设计基本理论

机床设计
基本理论

【任务描述】

根据表 2－1 并查阅相关资料，叙述机床相应的结构、组成及工作原理。

表 2－1　金属切削机床图片及相关信息

序号	机床图片	机床名称	机床用途
1		多功能仿形车床	靠模成形加工
2		Haas F1 VF－1 机床	数控编程机床
3	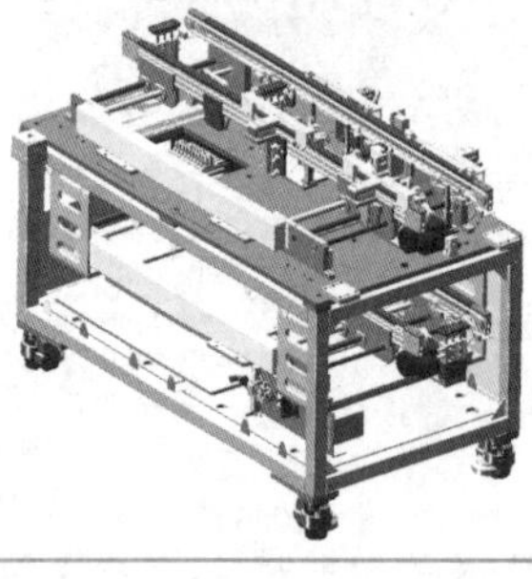	自动宽度可调流水线 3D 数模	制造单元流水线

【学前准备】

（1）准备 CATIA 软件并安装。
（2）准备 XMind 软件并安装。

预备知识

一、机床设计的基本要求

机床产品的优劣，在很大程度上取决于设计。因此在机床设计中，必须充分注意机床产品的评价指标和用户要求。用户对机床的要求通常是造型美观、性能优良、价格便宜，而机床制造人员的要求则是结构简单、工艺性好、成本低。为了满足用户要求，并获得一定的经济效益，对机床设计提出以下要求。

1. 工艺范围

机床是用来完成工件表面加工的，应该具备一定的工艺范围。机床的工艺范围又称机床的加工功能，是指机床适应不同生产要求的能力，一般包括可加工的工件类型、加工方法、加工表面形状、材料、加工尺寸范围、毛坯类型等。

根据机床的工艺范围，可将机床设计成通用机床、专用机床和专门化机床三种类型。其中，专用机床的工艺范围较窄，相应的功能较少；而通用机床的工艺范围较宽，相应的功能较多，特别适应于多品种小批量生产的需求。

机床的加工功能主要取决于被加工对象的生产纲领。对于大批量生产，工序分散，要求机床生产效率高、加工质量稳定，因此选择功能设置较少、能满足特定工艺范围的专用机床和组合机床。对于单件小批量生产，工序集中，要求机床具有较宽的工艺范围，对加工效率和自动化程度的要求相对较低，可以选择普通机床和万能机床。对于多品种小批量生产，要求机床能适应一定的加工对象变化，其工艺范围更宽，因此选择数控机床加工更加合理。加工中心具有刀库和自动换刀装置等，一次装夹能进行多面多工序加工，不但工艺范围宽，而且有利于提高加工效率和加工精度。

2. 机床精度和精度保持性

机床精度是指机床在长期使用中满足工件加工精度和表面粗糙度要求必须具备的精度。机床精度能够反映机床本身误差的大小，主要包括机床的几何精度、传动精度、运动精度、定位精度及工作精度等。机床的精度分为普通级、精密级、高精度级三种等级。三种等级精度的机床均有相应的精度标准，其公差值的比约为 1：0.4：0.25。国家有关机床精度标准（参照 ISO 1708—1989）对于不同类型和等级机床的检验项目及公差都有明确的规定，在机床设计与制造中必须贯彻执行，并注意留出一定的精度储备量。例如，有的厂家将规定精度标准值压缩 1/3 作为企业生产标准来执行。

（1）几何精度是指机床在空载条件下最终影响机床工作精度的那些零部件精度，包括尺寸精度、形状精度、相互位置精度等，如直线度、平面度、平行度、垂直度等。例如，导轨的直线度、主轴径向圆跳动及轴向圆跳动、主轴轴线与滑台移动方向的平行度或垂直度等。几何精度直接影响工件的加工精度，是评价机床质量的基本指标，它主要取决于结构设计、制造和装配质量。

（2）运动精度是指机床空载并以工作速度运动时主要执行零部件的位置精度，如高速回转主轴的回转精度和工作台运动的位置及方向精度等。对于高速精密机床，运动精度是评价机床质量的一个重要指标。运动精度与传动链的设计、制造和装配质量等因素有关。

（3）传动精度是指机床内联系传动链各末端执行件之间相对运动的准确性、协调性和均匀性。例如，精密丝杠车床主轴和刀架之间的传动链、滚齿机刀具主轴和工件主轴之间的传动链，要求传动链两端执行件保持严格的相对运动。影响传动精度的主要因素是传动系统的设计、传动元件的制造和装配精度。数控机床及零件传动主要因素是电动机、驱动器及控制。

（4）定位精度和重复定位精度。定位精度指机床的定位部件运动到规定位置的精度，即实际位置与要求位置之间误差的大小。对于数控机床来说，定位精度是指实际运动到达的位置与指令位置一致的程度。定位精度直接影响工件的尺寸精度和几何精度。机床构件和进给控制系统的精度、刚度及其动态特性，以及机床测量系统的精度都将影响机床的定位精度。

重复定位精度是指机床运动部件在相同条件下用相同方法重复定位时位置的一致程度。它除了受定位精度的影响，还受传动机构反向间隙的影响。

（5）工作精度是指机床对规定试件或工件进行加工的精度。工作精度受各种因素的综合影响，不仅能综合反映上述各项精度，还反映机床的刚度、抗振性及热稳定性等特性。

（6）机床精度保持性是指机床在工作中能长期保持其原始精度的能力，一般由机床某些关键零件（如主轴、导轨、丝杠等）的首次大修期所决定。中型机床的首次大修期在第 8 ~ 第 10 年。为了提高机床的精度保持性，要特别注意关键零件的选材和热处理，尽量提高其耐磨性，同时还要采用合理的润滑和防护措施。

3. 机床生产率

机床生产率通常是指单位时间内机床所能加工的工件数量，即

$$Q = 1/t = 1/(t_1 + t_2 + t_3/n) \tag{2-1}$$

式中　Q——机床的生产率；

t——单个工件的平均加工时间；

t_1——单个工件的切削加工时间；

t_2——单个工件加工过程中的辅助时间；

t_3——加工一批工件从准备到结束工作的平均时间；

n——一批工件的数量。

由式（2－1）可见，要提高机床的生产率，可以采用先进刀具从而提高切削用量（v，a，f），或者采用多刀切削、多工件或多工位加工等缩短切削时间；也可采用空行程机动、快速装卸刀具与工件、自动检测和数字显示等缩短辅助时间。

机床的自动化加工可以减少人对加工的干预，减少失误，保证加工质量；减轻劳动强度，改善劳动环境；减少辅助时间，有利于提高劳动生产率。机床的自动化可分为大批量生产自动化和单件小批生产自动化两种。大批量生产的自动化，通常采用自动化单机（如自动机床、组合机床或经过改造的通用机床等）和由其组成的自动生产线。对于单件小批生产的自动化，则必须采用数控机床这类柔性自动化设备，即在数控机床的基础上，配上计算机控制的物料输送和装卸设备，组成柔性制造单元和柔性制造系统。

4. 机床性能

机床在加工过程中产生的各种静态力、动态力以及温度变化，都将引起机床变形、振动、噪声等，给加工精度和生产率带来不利影响。机床性能是指机床对上述现象的抵抗能力。由于影响因素很多，在机床性能方面，还难以像精度检验那样，制订出确切的检测方法和评价指标。

（1）传动效率是指衡量机床能否有效利用电动机输出功率的能力，即

$$y = \frac{P}{P_E} \times 100\% \tag{2-2}$$

式中　y——机床传动效率；

P——机床输出功率；

P_E——电动机输出功率。

机床损失的功率主要转化成摩擦热，该摩擦热会造成传动件的磨损和机床变形，因此，传动效率是间接反映机床设计与制造质量的重要指标之一。对于普通机床，主轴最高转速时的空载功率不应超过主电动机功率的 1/3。机床的传动效率与机床传动链的长短及传动件的速度有关，也受轴承预紧、传动件平衡和润滑状态等因素的影响。

（2）刚度是指系统抵抗变形的能力。机床的刚度影响其工作精度和生产率，为保证良好的工作精度和生产率，机床应有足够的刚度。机床的刚度分为静刚度和动刚度。静刚度是指机床整机或零部件在静载荷作用下抵抗弹性变形的能力。动刚度是指机床在交变载荷作用下抵抗变形的能力，它是机床抗振性的一部分。机床如果刚度不足，在切削力这类载荷的作用下，有关零部件会产生较大变形，影响加工精度。

机床是由许多零件组合而成，为了提高机床刚度，要分析关键零部件对刀具与工件间产生弹性位移的影响，如主轴部件、刀体、导轨等，同时要注意机床刚度的均衡与协调，防止出现薄弱环节。

（3）抗振性。机床的抗振性是指机床抵抗产生受迫振动和切削自激振动（切削颤振）的能力，习惯上称前者为抗振性，后者为切削稳定性。机床的受迫振动是由机床内部或外界振动源引起的；切削自激振动是指切削与摩擦自激振动，当振动源频率接近机床固有频率时，会产生共振，必须避免。切削颤振是机床－刀具－工件系统在切削加工中，由于机床内部具有某种反馈机制而产生的切削自激振动，其频率接近机床系统的某个固有频率。

机床零部件的振动会恶化其工作条件，加剧磨损，引起噪声；刀具与工件间的振动会间接影响加工质量、降低刀具寿命，是限制机床生产率的重要因素。为了提高机床的抗振性，应采取以下必要措施。

①提高机床主要零部件及整机的刚度，提高机床固有频率，使其与机床内部和外部振动源频率相差较大。

②改善机床的阻尼性能，特别注意机床零件接合面之间的接触刚度和阻尼，对滚动轴承、滑动轴承及滚动导轨进行适当预警。

③改善旋转零部件的动平衡状况，减少不平衡激振力，这一点对高速、高精度机床尤为重要。

（4）噪声。机床在工作中的振动还会产生噪声，这不仅是一种环境污染，而且能反映机床设计与制造的质量。随着现代机床切削速度的提高、功率的增大、自动化功能的增多，噪声污染问题越来越严重，因此，降低噪声是机床设计人员的重要任务之一。国家标准规定，普通机床和精密机床不得超过 85 dB(A)，高精度机床不超过 75 dB(A)。机床噪声源主要包括机械噪声、液压噪声、电磁噪声和空气动力噪声等。在机床设计中应提高传动质量，减小摩擦、振动和冲击，以减小机械噪声。

（5）热变形。机床工作时由于受到内部热源和外部热源的影响，各部分温度发生变化，产生热变形。机床热变形会破坏机床的原始精度，引起加工误差，还会破坏轴承、导轨等的调整间隙，加快运动件的磨损，影响机床的正常运转。据统计，热变形引起的加工误差可达总误差的 70% 左右，特别是对于精密机床、大型机床及自动化机床，热变形的影响是不容忽视的。

机床的内部热源有电动机发热、液压系统发热、轴承和/或齿轮等摩擦传动发热以及切削发热等；机床的外部热源主要是机床所在环境温度和周围物体的热辐射。机床开始工作时各部分温度较低，但其温度升高较快，达到某一温度时，热源在单位时间内发热量恒定，温升和热变形基本保持稳定，处于热平衡状态。

机床设计时应采取各种措施改善散热条件，减少内部热源的发热量，均衡热源温升和热变形；还可采用热变形补偿措施，减少热变形对加工精度的影响。

（6）低速运动平稳性。机床上有些运动部件需要做低速运动或微小位移（如磨床进给运动）。当运动部件低速运动时，主动件匀速运动，被动件常常会出现速度明显不均匀的跳跃式运动，即时走时停或时快时慢的现象，这种现象称为爬行。机床抵抗爬行的能力称为低速运动平稳性。爬行是很复杂的现象，一般认为它是摩擦自激振动现象，产生这一现象的主要原因是摩擦面上摩擦因数的变化和传动机构刚度的不足。

机床运动部件产生爬行，影响工件的加工精度和表面质量。例如，当精密机床和数控机床加工中的定位运动速度很低或位移极小时，所产生的爬行将影响定位精度。在精密、自动化及大型机床上，爬行危害极大，低速运动平稳性是评价机床质量的一个重要指标。

5. 机床宜人性

机床宜人性是指为操作人员提供舒适、安全、方便、省力的劳动条件的程度。机床设计要求布局合理、操作方便、造型美观、色彩悦目，符合人体工程学原理和工程美学原理，使操作人员有舒适感、轻松感，以缓解疲劳，避免事故，提高劳动生产率。机床的操作不仅要求安全可靠，方便省力，还要有误动作防止、过载保护、极限位置保护、有关动作的联锁、切屑防护等安全措施，切实保护操作人员和设备的安全。机床工作中要低噪声、低污染、无泄漏、清洁卫生、符合绿色工程要求。在当前激烈的市场竞争中，机床宜人性具有先声夺人的效果，在产品设计中应该给予高度重视。

6. 机床产品的成本

机床产品的成本是指寿命周期成本，包括制造成本和使用成本，是评价机床产品的重要指标。一般说来，机床成本的60%左右在设计阶段就已经确定了。为了尽可能地降低机床成本，机床设计工作应在满足用户要求的前提下，努力做到结构简单，工艺性好，方便制造、装配、检验与维护；机床产品结构要模块化，品种要系列化，尽量提高零部件的通用化和标准化水平。

二、机床设计方法

随着科学技术的进步和社会需求的变化，机床的设计理论和技术也在不断发展，主要表现在以下6个方面。

（1）设计手段计算机化。计算机技术和分析技术的飞速进步，为机床设计方法的发展提供了有力的技术支撑。计算机辅助设计（CAD）和计算机辅助工程（CAE）已在机床设计的各个阶段得到了广泛应用，改变了传统的经验设计方法，机床设计由传统的人工设计向计算机辅助设计、由定性设计向定量设计、由静态和线性分析向动态和非线性分析、由可行性设计向最佳设计过渡，设计工作发生了根本性变化。

（2）设计方法综合化。设计手段的计算机化，使机床设计可以建立在系统工程、创造性工程基础上，综合运用信息论、优化论、相似论、可靠性等理论，不断总结设计规律，完善设计方法，使所采用的设计方法综合化、合理化，提供解决不同问题的科学途径。

（3）设计对象系统化。设计工作中用系统观点进行全方位设计，避免局部、孤立地处理问题，始终把设计、制造、销售、维护、报废等多方面问题作为一个整体来考虑，不仅使产品满足功能与价格的要求，还要符合工业美学原则、人机工程原则、环境保护原则、工业工程原则等。

（4）设计目标最优化。在计算机辅助设计的环境下，通过计算机分析、图形仿真等，不仅可以实现单目标优化，还可以实现多目标的整体优化，使所设计的产品在技术性能、经济性、可行性等方面，实现整体优化效果。

（5）设计问题模型化。随着设计建模与分析计算技术的发展，把各种问题进行高度抽象与概括，建立各种设计模型，特别是数学模型，用计算机进行分析求解，保证设计工作的科学化与自动化。

（6）设计过程程式化与并行化。设计过程中，一方面，将设计过程划分为不同阶段，在不同阶段建立不同的设计模型，采用不同的设计方法，利用计算机方便、快捷地处理设计问题，使设计过程程式化，进而实现自动化；另一方面，利用计算机网络通信和信息共享能力，采用并行工程方法，不仅使设计问题并行处理，还可将其他生产准备工作（如机械加工工艺规程设计、工装设计、数控编程等）与设计工作并行处理，形成多任务并行与交叉处理的局面，加上采用面向制造和面向装配等新的设计理念与方法，可以大幅缩短产品的设计与制造周期，切实提高产品的市场竞争力。

三、机床设计步骤

对于不同类型的机床和不同设计类型，其设计步骤是不同的。按照创新设计方法，机床设计系统框图如图 2－1 所示。

1. 总体设计

机床总体设计是机床部件和零件设计的依据，在机床产品设计中占有重要地位，是一项全局性的设计工作，其任务是研究确定机床产品的最佳设计方案，为技术设计工作提供依据。总体设计的质量将影响机床产品的结构、性能、工艺和成本，关系到产品的技术水平和市场竞争力。

（1）机床主要技术指标。机床主要技术指标的确定是后续设计的前提和依据。对于不同的设计任务，如工厂的规划产品或根据机床系列型谱进行设计的产品、用户的订货等，尽管具体的设计要求不同，但机床主要技术指标大致相同，主要包括以下内容。

①工艺范围：包括零件的材料类型、形状、质量和尺寸范围等。

②运行模式：考虑机床是单机运行，还是用于多机联合生产系统。

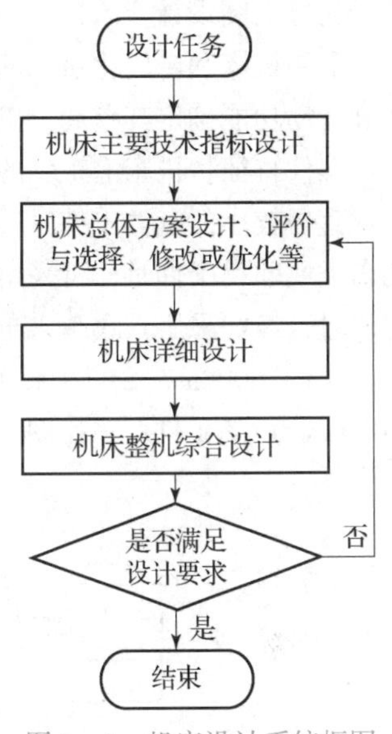

图 2－1　机床设计系统框图

③生产率：与零件的生产批量及要求的生产率有关。

④性能指标：包括零件精度（或用户订货要求精度）、机床的精度、刚度、热变形及噪声等。

⑤主要参数：即确定机床的加工空间和主参数。

⑥驱动形式：包括机械驱动、液压驱动、电气驱动、气压驱动等，每种形式又有不同类型的驱动元件。为满足机床运动的功能要求、性能和经济要求，要对多种驱动方案进行分析、对比，并与机床整体水平相适应，选择合理的驱动形式。

⑦成本及生产周期：无论是订货还是工厂规划产品，都应确定成本及生产周期方面的指标。

（2）总体方案设计。机床总体方案设计包括以下内容。

①运动功能设计：包括确定机床所需运动的个数、形式（直线运动、回转运动）、功能（主运动、进给运动、其他运动）及排列顺序，最后画出机床的运动原理图，并进行运动功能分配。

机床运动功能分配是由多种因素决定的，应综合技术和经济分析加以确定。设计时可根据以下问题加以考虑。

a. 简化机床的传动和结构。一般把运动分配给质量小的执行件，例如，加工棒料毛坯的自动车床，工件旋转作为主运动；毛坯为卷料不便旋转时，车刀旋转作为主运动，形成套车加工。

b. 提高加工精度。对于一般钻孔加工，主运动和进给运动都由钻头完成，但在深孔加工中，为了提高孔中心线的直线度，工件回转运动会作为主运动。

c. 缩小占地面积。对于中小型外圆磨床，由于工件长度较小，多由工件移动完成进给运动；对于大型外圆磨床，为了缩短机床床身，减小占地面积，多采用砂轮架纵向移动来实现进给运动。

②基本参数设计：包括机床的尺寸参数、运动参数和动力参数等内容的设计，具体内容见任务2.2。

③传动系统设计：包括传动方式、传动原理图及传动系统图的设计。

④总体结构布局设计：合理确定机床的总体结构布局，是机床设计的重要工作，它对机床的设计、制造与使用都有很大影响。在机床的工艺范围、运动功能及主要技术参数确定后，就可以开始进行机床的总体结构布局，其主要内容包括总体结构布局形式设计、机床宜人性设计及总体结构方案图设计。

通用机床和专门化机床的布局已经定型，称为传统布局。专用机床则根据工件特定工艺方案和运动功能确定其布局。机床的总体结构布局设计应注意下述问题。

工件特征：机床上工件的形状、尺寸、质量等特征对机床总体结构布局有重要影响。车削轴类或直径较小的盘类工件时应采用图2－2（a）所示的卧式车床布局。车削直径较大但质量不大的盘类或环类工件时，可采用图2－2（b）所示的落地式车床布局。车削短而直径大、质量大的工件时，最好采用立式车床布局，使主轴受力状态以及工件的装卸、调整得到改善，加工直径较小（$D \leq 1\ 600$ mm）的工件可用图2－2（c）所示的单柱立式布局；加工直径较大（$D \geq 2\ 000$ mm）的工件可采用图2－2（d）所示的双柱立式布局。

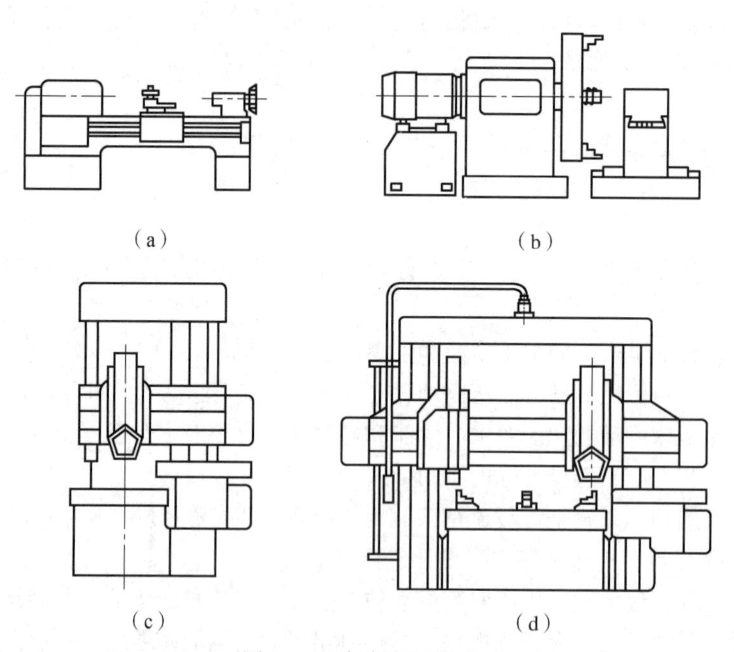

图2－2　车床布局形式

（a）卧式车床布局；（b）落地式车床布局；（c）单柱立式布局；（d）双柱立式布局

机床性能：对加工精度、表面质量要求较高的机床，在总体布局上应采取相应措施，以提高其传动精度、刚度，减少振动、热变形。例如，为了提高传动精度，确定传动部件时应尽量缩短传动链，合理布置传动丝杠，以减小刀架的颠覆力矩。为了提高机床刚度，可采用框式支承件结构，如龙门式的刨床、铣床和坐标镗床等。为了减少机床加工过程中的振动，可使电动机、齿轮箱等振动源与工作部件分离，中间采用带传动。为了减少机床热变形，可使液压油箱应与支承件分开，或使回油通过床身底部再返回油箱，以补偿机床导轨与床身底部的温差，使床身变形均匀。

生产批量：用于单件小批生产的机床，其布局应能保证工艺范围广、调整方便，生产率可低一些；用于大批量生产的机床，其布局则应适应高生产率要求，工艺范围可窄一些，调整方便程度可低一些。

机床宜人性：在机床总体设计阶段应高度重视机床宜人性设计，并在技术设计阶段不断完善。不仅视觉上获得机床产品的美感，还要贴合操作人员的心理感受与生理特点，使操作人员从中体验到宜人的舒适感。在机床产品的造型与色彩设计方面，力求做到好用、经济、美观和创新，要求功能与形式、技术与艺术相协调，体现产品功能、结构和艺术的综合美感。在机床产品的人机工程设计方面，力求做到操作方便，以较少的操作获得最高的人机效率。因此，设计时应充分考虑与人体尺寸和视觉特性相关的问题。我国男性平均身高为 170 cm，女性的平均身高比男性矮 10～11 cm。人在工作位置上的活动空间尺度可参照图 2－3～图 2－6。人的视野范围可参照图 2－7，应把主要控制操作的指示器和操纵装置安装在有效视区内，把重要的仪表放在最佳视区内，通常可把最常用的指示操纵装置安装在从人眼中心向下 30°的范围区内。人在操作过程中正常的观察范围称为视距，一般为 380～760 mm，最佳视距为 700 mm。机床设计人员在设计时应根据工作要求的精确程度、性质和内容来确定最佳视区。

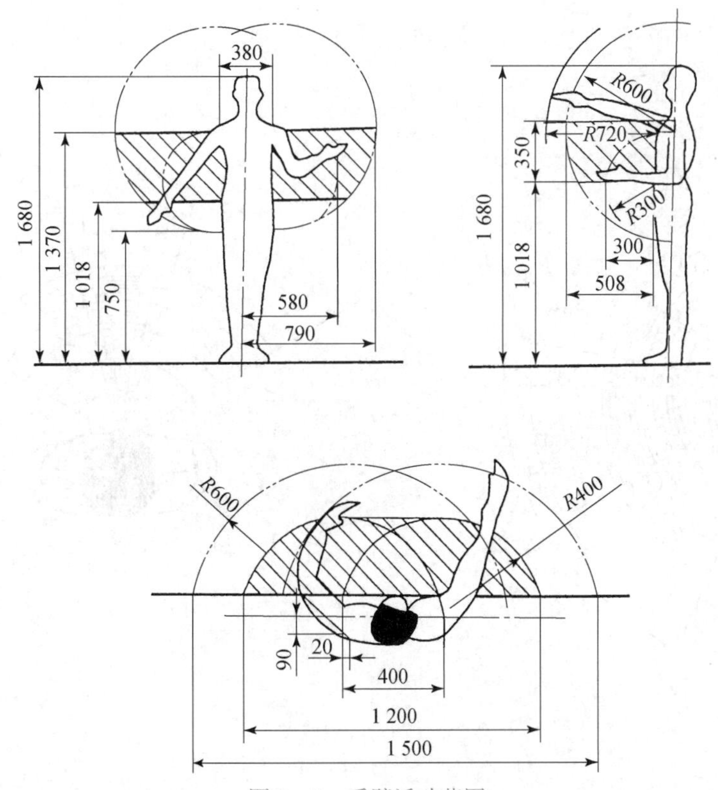

图 2－3 手臂活动范围

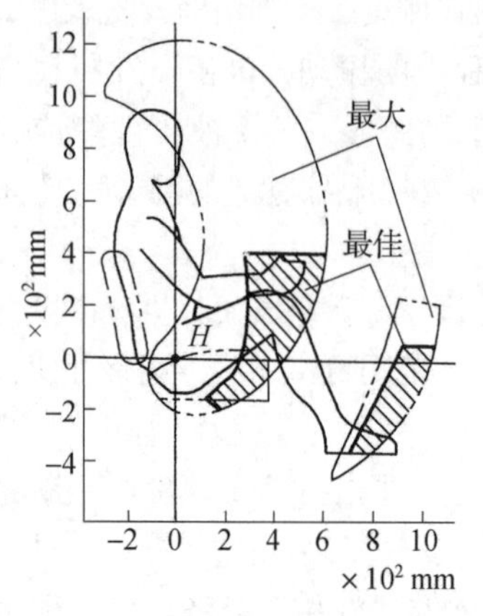

图 2-4　坐姿操作空间

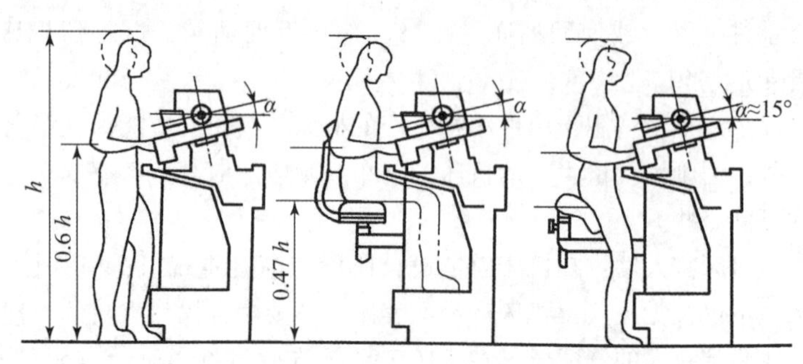

图 2-5　综合姿势操作空间尺度

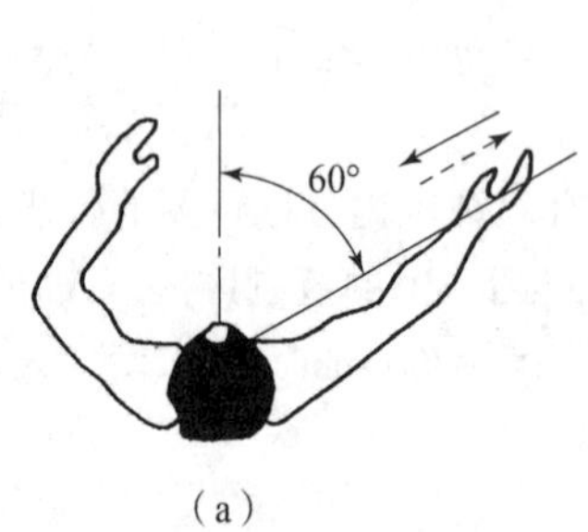

(a)

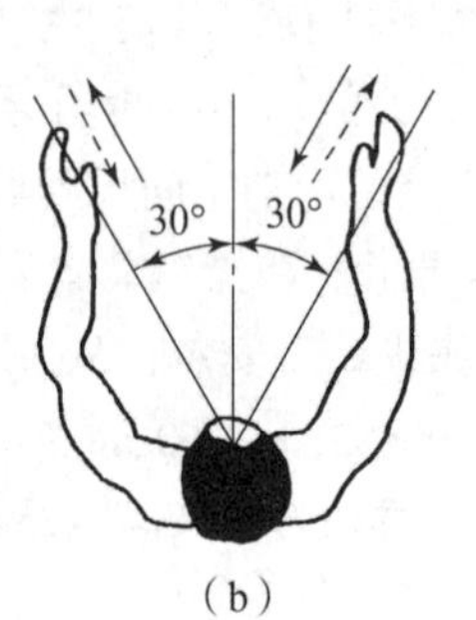

(b)

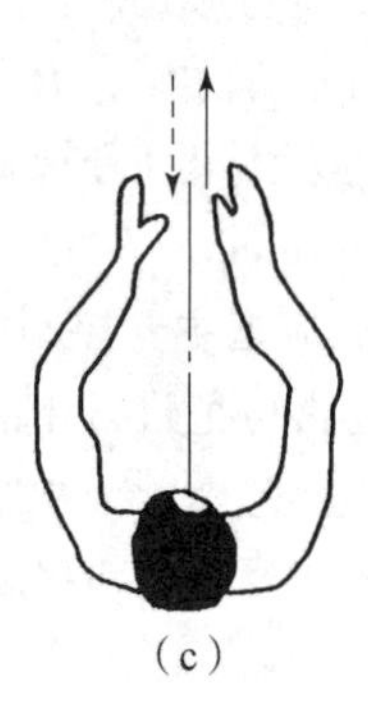

(c)

图 2-6　手的活动方向

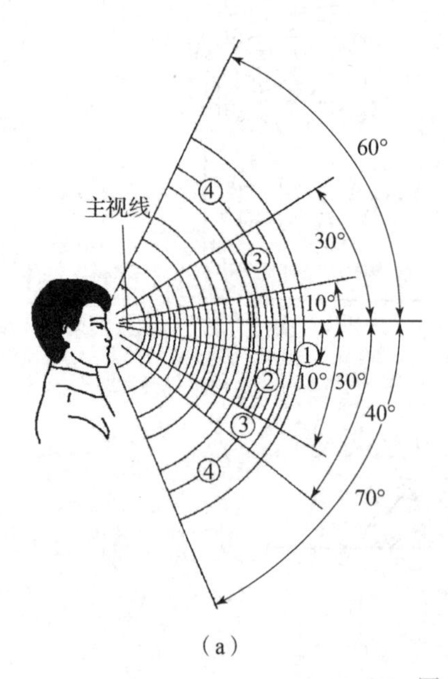

(a)

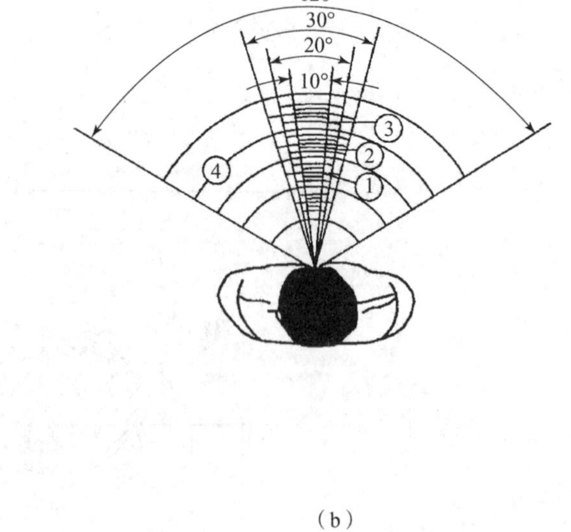

(b)

图 2-7　人的视野范围

(a) 垂直方向视野；(b) 水平方向视野

①—最佳视区；②—良好视区；③—有效视区；④—极限视区

⑤控制系统设计：包括控制方式、控制原理、控制系统图的设计。

2. 总体方案综合评价

总体方案综合评价与选择在总体方案设计阶段进行，通过对各种方案进行综合评价后，从中选择较好的方案。

总体方案的设计修改或优化，对所选择的方案需要进一步修改或优化，确定最终方案。上述设计内容，在设计过程中要交叉进行。

3. 详细设计

详细设计包括技术设计、施工设计两方面。

（1）技术设计的主要工作有机床的传动系统设计，确定各主要结构的原理方案；设计部件装配图，对主要零件进行分析计算或优化；设计液压原理图和相应液压部件装配图；设计电气控制系统原理图和相应电气安装接线图；设计和完善机床总装配图和机床联系尺寸图。

（2）施工设计的主要工作有机床全部自制零件图样设计，编制机床标准件、通用件和自制件明细表，编写设计说明书、使用说明书，制订机床检验标准和方法等技术文件。

4. 机床整机综合评价

采用虚拟仿真技术对所设计的机床进行整机性能分析和综合评价，即将所设计的机床进行计算机建模，得到相应的数字化样机，采用虚拟技术对其进行运动学仿真、性能仿真，对其进行综合评价，这样可以大幅减小新产品研制的风险，缩短研制周期，提高研制质量。

采用数字化样机制造来验证评价，具有产品的直观感受，但周期长、成本高。

5. 定型设计

在完成上述工作后，可进行实物样机的制造、实验及评价。根据实物样机的评价结果修改设计，最终完成产品的定型设计。

四、基本理论

1. 切削机床工作原理

切削机床的基本功能是提供切削加工所必需的运动和动力。切削机床的基本工作原理为通过刀具与工件之间的相对运动，由刀具切除工件待加工表面多余的金属材料，制成所需的几何形状、尺寸，并达到精度要求。

由此可见，工件表面是通过机床上刀具与工件的相对运动而形成的。要进行切削机床的运动设计，需要先了解工件表面的成形方法。

2. 工件表面的形成方法及所需成形运动

（1）工件表面的形成方法。任何一种经切削加工得到的机械零件，其形状都是由若干刀具切削加工获得的表面组成的，这些表面包括平面、圆柱面、圆锥面及其他成形表面。从几何学分析，零件上每个表面都可以看作是一条线（母线）沿着另一条线（导线）运动的轨迹，母线和导线统称为形成工件表面的发生线。在切削加工过程中，这两条发生线是通过刀具的切削刃与金属毛坯的相对运动体现的，把工件的表面切削成需要的形状。

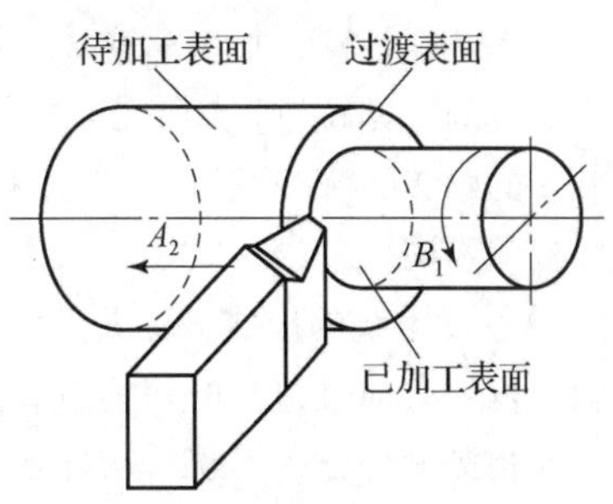

图 2－8 轴的外圆柱面成形原理

例如，图 2－8 所示为轴的外圆柱面成形原理。外圆柱面是由直线（母线）沿着圆（导线）运动形成的。外圆柱面就是成形表面，直线和圆就是它的两条发生线。

图 2－9 所示为普通螺纹的螺旋表面成形原理。普通螺纹的螺旋表面是由 A 形线（母线）沿着空间螺旋线（导线）运动形成的。螺纹的螺旋表面就是需要的成形表面，它的两条发生线就是 A 形线和空间螺旋线。

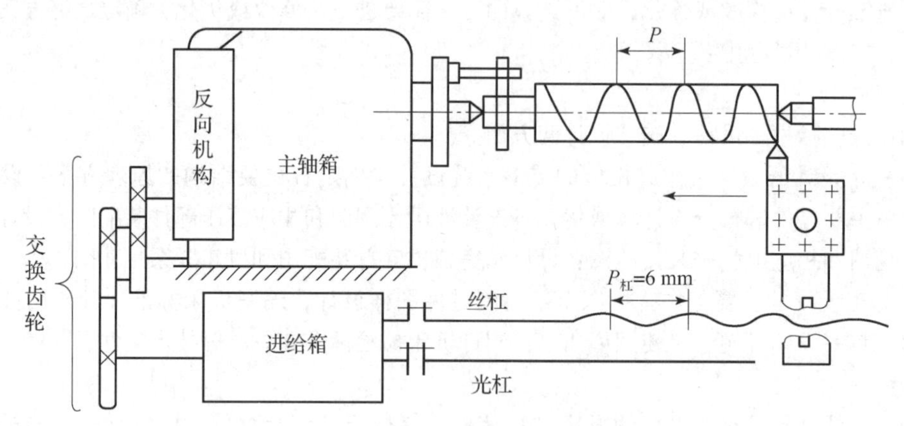

图 2－9　普通螺纹的螺旋表面成形原理

图 2－10 所示为直齿圆柱齿轮齿面成形原理。渐开线齿廓的直齿圆柱齿轮齿面是由渐开线沿着直线运动成形的。渐开线和直线就是齿轮齿面的两条发生线。

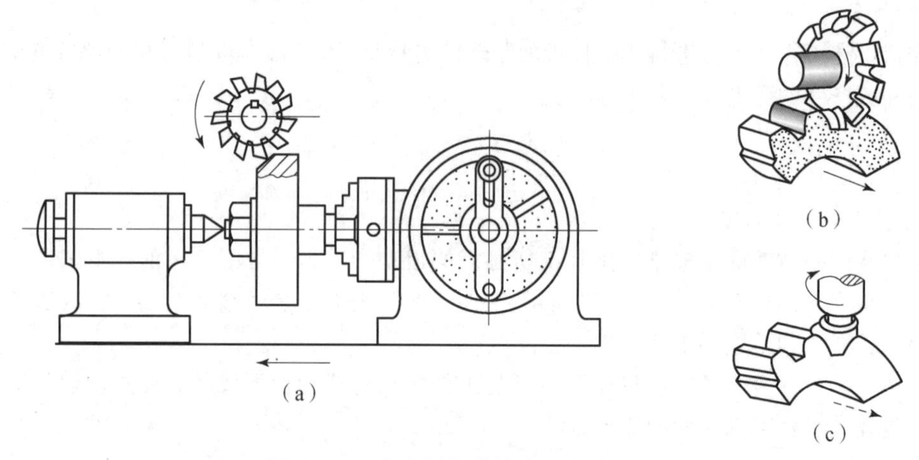

图 2－10　直齿圆柱齿轮齿面成形原理

(a) 铣齿方法；(b) 盘形齿轮铣刀铣齿；(c) 指形齿轮铣刀铣齿

但是还需注意，加工时形成的表面形状不仅取决于切削刃的形状及表面成形方法，还取决于发生线的原始位置。如图 2－11 中的几种表面发生线都相同（母线都是直线 1，导线都是绕轴线旋转的圆 2），所需要的运动也相同，但由于母线相对于旋转轴线的原始位置不同，所形成的表面也就不同。

(2) 发生线的形成方法及所需运动。切削刃的形状与成形表面的形成方法有密切关系，这是因为发生线通过刀具的切削刃和工件的相对运动形成。切削刃形状是指刀具切削刃与工件成形表面相接触部分的形状。从外观上看，它就是一个切削点（实际上是一段很短的切削线），或者是一条切削线。

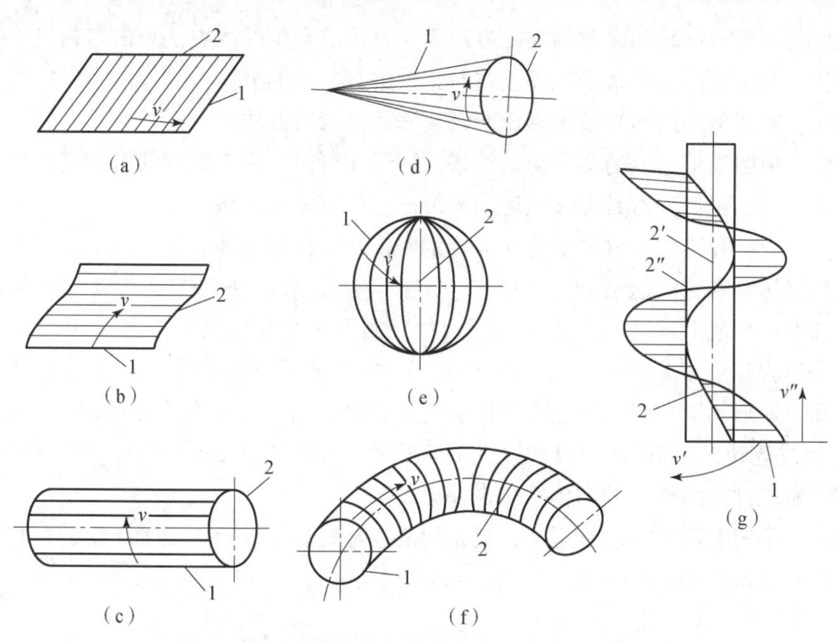

图 2－11 发生线的原始位置与成形表面的关系

根据切削刃和成形表面发生线之间的关系，切削刃形状可以划分为三种情况，如图 2－12 所示。图 2－12（a）所示切削刃是一条切削线 2，它与要成形的发生线 1 完全吻合，切削刃与成形表面之间为线接触，刀具不需要任何运动就可得到所需的发生线形状；切削刃形状为一个切削点，切削刃与成形表面之间为点接触，刀具沿着轨迹运动而得到发生线 1；图 2－12（b）所示切削刃形状为一个切削点，切削刃与成形表面之间为点接触，刀具 1 沿着轨迹 A_2 运动而得到发生线 2；图 2－12（c）所示切削刃仍然是一条切削线 2，但它与需要成形的发生线 1 的形状不吻合，切削刃与成形表面相切，为点接触，所需成形的发生线 1 是刀具切削线 2 的包络线；图 2－12（d）所示刀具与工件之间需要有共轭的展成运动。要使加工表面成形，必须通过刀具和工件间相对运动形成它的两条发生线。

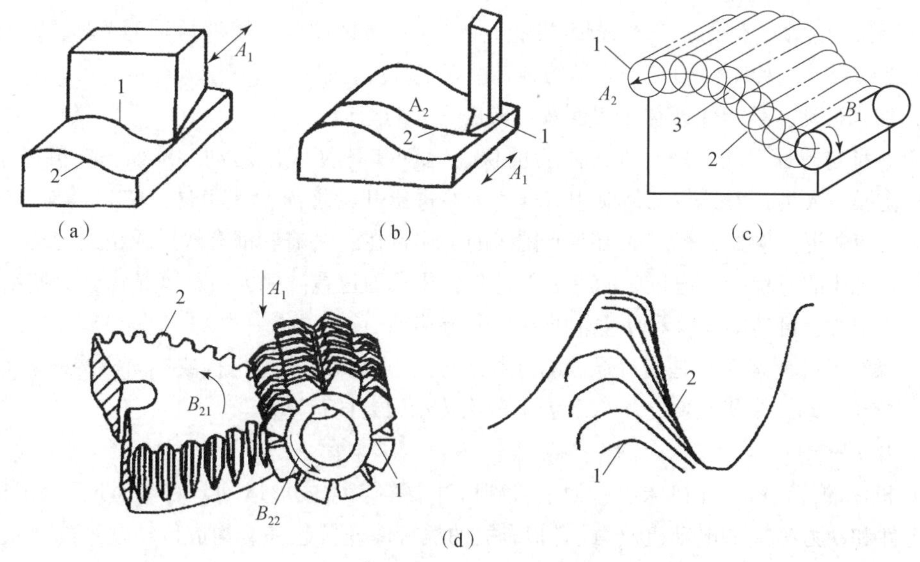

图 2－12 发生线的形成方法

由于使用的切削刃形状和采取的加工方法不同，形成发生线的方法可归纳为以下 4 种。

①成形法：利用成形刀具来形成发生线对工件进行加工的方法。

②轨迹法：靠刀尖的运动轨迹来形成所需要表面形状的方法。

③相切法：由圆周刀具上的多个切削点来共同形成所需工件表面形状的方法。

④展成法：利用工件和刀具做展成运动来形成工件表面的方法。

在机床上，刀具和工件一般在执行件上分别安装，如机床主轴、刀架或工作台等。执行件的运动形式以旋转运动和直线运动为主。如果一个独立的成形运动仅仅要求执行件做旋转运动或直线运动，那么这个成形运动称为简单成形运动。如果一个独立的成形运动在机床上实现比较困难，需要分解为几个简单成形运动，那么这种由两个或两个以上简单成形运动组成的独立运动，且各个简单成形运动之间必须保持严格速比关系的运动称为复合成形运动。例如，图 2－12（d）所示的展成运动 2，当齿条刀具移过一个齿距时，工件必须转过一个齿，这种严格的相对运动关系由刀具和工件之间传动链的传动比来保证。

由上所述，形成表面所需成形运动，就是形成其母线和导线所需成形运动的总和。切削加工时，机床必须具备所需的成形运动，如图 2－13 所示。

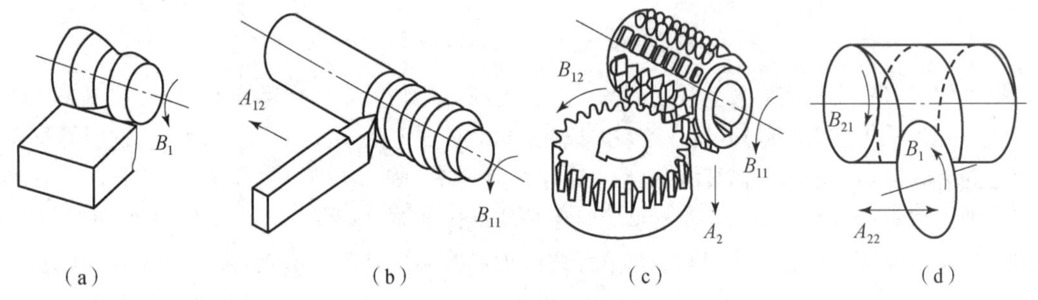

图 2－13　形成表面所需的成形运动

3. 非表面成形运动

除成形运动外，机床上一般还必须具备与形成发生线无关的其他非表面成形运动。

（1）分度运动，是指工件表面由若干相同局部表面组成时，由一个局部表面过渡到另一个局部表面所做的运动。例如，车双线螺纹时，在车完一条螺纹后，工件相对于刀具要回转 180°，再车第二条螺纹。这种工件相对于刀具的旋转，就是分度运动。

（2）切入运动，是指保证加工表面获得所需尺寸的运动。

（3）各种空行程运动，是指进给前后的快速运动和各种调位运动。例如，在装卸工件时，为避免碰伤操作人员，刀具与工件应相对退离。在进给开始之前快速引进，使刀具与工件接近。进给结束后应快退。例如，车床的刀架或铣床的工作台在进给前后都有快进或快退运动。调位运动是在调整机床的过程中，把机床的有关部件移到要求的位置。例如，摇臂钻床，为使钻头对准被加工孔的中心，可转动摇臂和使主轴箱在摇臂上移动。

（4）操纵及控制运动，是指接通或断开某个传动链、操纵变速机构或换向机构的运动。

（5）校正运动，是指在精密机床上为了消除传动误差的运动。

4. 机床的传动链和传动原理图

（1）机床的传动链。在机床上，为了得到所需要的表面成形运动，需要通过一系列的传动件把执行件和动力源（如电动机），或者把有关的执行件连接起来。构成传动联系的一系列传动机构，称为传动链。根据传动联系的性质，传动链可分为两类，即内联系传动链和外联系传动链。内联系传动链联系复合运动之内的各单元运动，因而对传动链所联系执行件相互之间的相对速度及相对位移量有严格要求。由此可知，在内联系传动链中，各传动副的传动比必须准确，不允许有摩擦传动或瞬时传动比变化的传动件（如链传动）。外联系传动链是机床动力源和运动执行机构之间的传动联系。例如，在车床上用螺纹车刀车螺纹时，联系主轴和刀架之间的螺纹传动链就是一条对传动比有严格要求的内联系传动链，由它保证得到所需螺纹螺距的大小；而从电动机传到主轴的主运动传动链，则属于外联系传动链，它只决定车削螺纹的速度快慢，不会影响螺纹表面的成形，即发生线的性质。

（2）机床传动原理图。传动原理图是指为了便于研究机床的传动系统联系，常用一些简单符号表示动力源与执行件或不同执行件之间的传动关系而绘制的图形。

①传动原理图的绘制。图 2－14 所示为传动原理图常用的符号，表示执行件的符号还没有统一规定，一般习惯采用较为直观的图形表示。

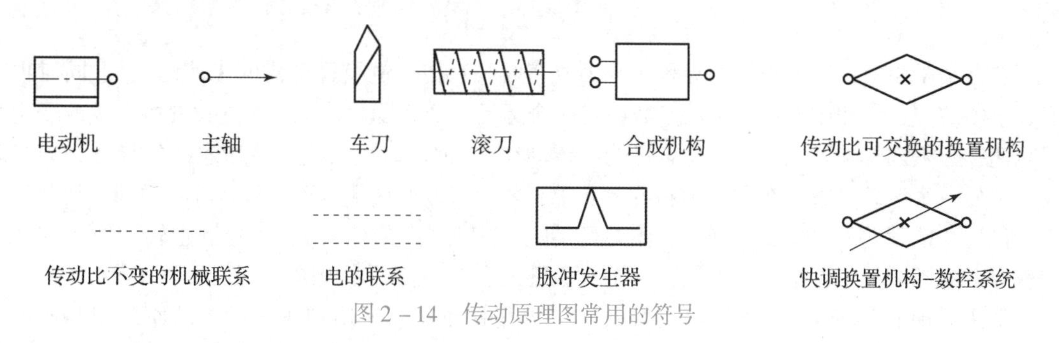

图 2－14　传动原理图常用的符号

图 2－15 所示为卧式车床上用螺纹车刀车削螺纹时的传动原理图，该传动原理图的画法如下。

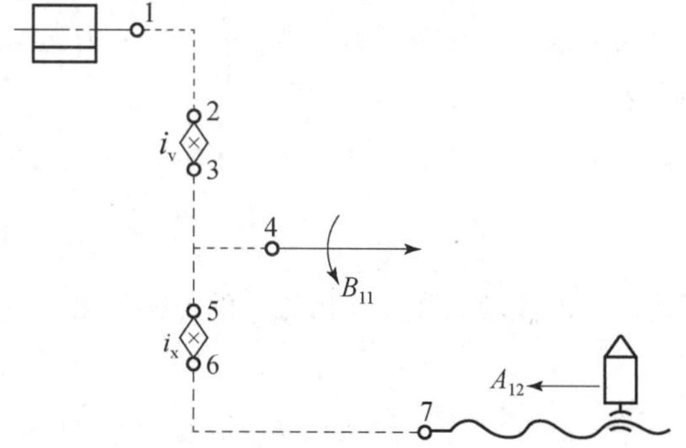

图 2－15　卧式车床上用螺纹车刀车削螺纹时的传动原理图

第一步，画出机床在切削加工过程中执行件（如主轴和刀具）示意图，并标出成形运动 B_{11} 和 A_{12} 等。

第二步，画出机床上变换运动性质的传动件（如丝杠副等）示意图。

第三步，画出动力源示意图，如电动机等。

第四步，画出机床上的特殊机构符号，如换置机构，并标上该机构的传动比，如 i_v，i_x。

第五步，用虚线代表传动比不变的传动链，把它们之间关联的部分连接起来。如 1—2、3—4、4—5、6—7 之间的传动比是固定不变的。

②传动原理图的方案比较。在传动设计中，由于换置机构在传动链中所处的位置不同，其相应的传动原理图不同。因此，在传动方案设计时，可利用传动原理图来选择换置机构的数量和安排换置机构的位置并进行分析比较。

以卧式车床为例，车削螺纹时，有两条传动链，一条内联系传动链和一条外联系传动链，每条传动链都有一个换置机构。内联系传动链的换置机构 i 用于调整螺纹导程，外联系传动链的换置机构 i 用于调整主轴转速，从而调整切削螺纹的速度。i_v，i_x 的位置安排有三种不同的设计方案，如图 2－16 所示。

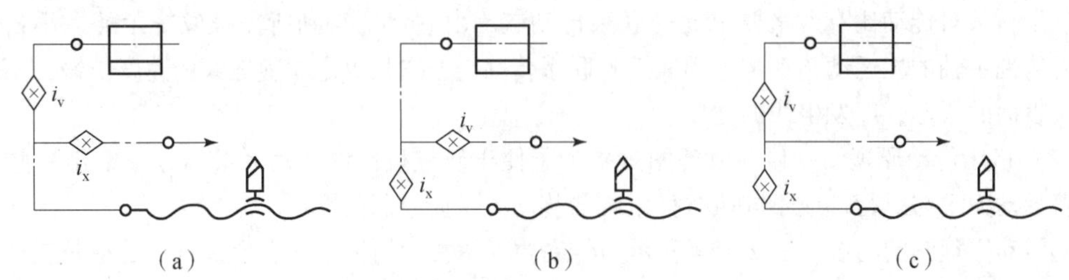

图 2－16　卧式车床换置机构的位置安排

(a) 方案Ⅰ；(b) 方案Ⅱ；(c) 方案Ⅲ

在方案Ⅰ中，欲改变螺纹的导程，必须改变内联系传动链换置机构的传动比 i，但同时也改变了主轴的转速，即改变一个运动参数，另一个运动参数也随之改变；在方案Ⅱ中，欲改变主轴的转速，必须调整外联系传动链换置机构的传动比 i，但同时也改变了被切螺纹的导程，即同时改变了另一个运动参数。在方案Ⅰ和方案Ⅱ中，要想只改变一个运动参数，就必须同时调整两个换置机构的传动比 i_v 和 i_x，这样是很不方便的。方案Ⅲ中的 i_v 和 i_x 分别控制主轴转速和螺纹导程，两者各不相关，调整非常方便，这是典型卧式车床的传动原理图。

机床运动的调整计算以图 2－15 卧式车床上用螺纹车刀车削螺纹时的传动原理图为例说明如下。

确定末端件，即这条传动链的两端是什么机件。末端件确定为主轴和刀架。

列出计算位移，即列出两末端件的运动关系。主轴转 1 转—刀架移动位移 Ph（mm）。

对照传动原理图，列出运动平衡方程，即

$$L_{r(主轴)} i_{4-5} i_x i_{6-7} P = \text{Ph} \tag{2-3}$$

计算换置公式为

$$i_x = \text{Ph} / (L_{r(主轴)} i_{4-5} i_{6-7} P) \tag{2-4}$$

由此就可确定进给箱中变速齿轮的传动比和交换齿轮架的配换齿轮。

任务实施

填写表 2－2 中相应的内容

表 2－2　机床设计基本理论统计表

序号	机床名称	机床结构	机床组成	工作原理
1	多功能仿形车床	靠模成形加工		
2	Haas F1 VF－1 机床	数控编程机床		
3	自动宽度可调流水线 3D 数模	制造单元流水线		

任务评价

任务评价表见表 2－3。

表 2-3 任务评价表

序号	考核要点	项目（配分：100 分）	教师评分
1	职业素养	团队合作能力（20 分）	
		信息收集、咨询能力（20 分）	
2	多功能仿形车床	结构组成、工作原理叙述完整、清晰（20 分）	
3	Haas F1 VF-1 机床	结构组成、工作原理叙述完整、清晰（20 分）	
4	自动宽度可调流水线 3D 数模	结构组成、工作原理叙述完整、清晰（20 分）	
得分			

问题探究

1. 问答题

(1) 机械加工工艺系统的组成有哪些?

(2) 什么是机床的工艺范围?

(3) 机械加工一个展成运动是由哪些运动组成的?

(4) 什么是机床精度? 机床精度怎么保持?

(5) 提高机床生产率有哪些措施?

(6) 机械加工获得几何形状精度有哪些方法?

2. 填空题

(1) 根据机床的工艺范围，可将机床设计成为通用机床、(　　　　) 和专门化机床三种不同类型。

(2) 机床精度主要包括机床的几何精度、传动精度、运动精度、定位精度及 (　　　　) 等。

(3) 机床生产率通常是指单位时间内机床所能加工的 (　　　　)。

3. 判定题

(1) 机床产品的成本是指寿命周期成本，包括制造成本和使用成本。 (　　)

(2) 机床成本的 50% 左右在设计阶段就已经确定了。 (　　)

(3) 用于单件小批生产的机床，其布局应能保证工艺范围广、调整方便，生产率可低一些。 (　　)

4. 单选题

(1) 主轴最高转速时的空载功率不应超过主电动机功率的 (　　)。

A. 1/3　　B. 1/2　　C. 1/4　　D. 1/5

(2) 据统计，热变形引起的加工误差可达总误差的 (　　)。

A. 30%　　B. 50%　　C. 70%　　D. 80%

任务 2.2　机床主要技术参数的确定

机床主要技术参数的确定

【任务描述】

如图 2－17 所示的轴类零件，请使用 CAPP 设计其工艺规程；并根据工艺设计确定每一工序使用的机床主要技术参数。

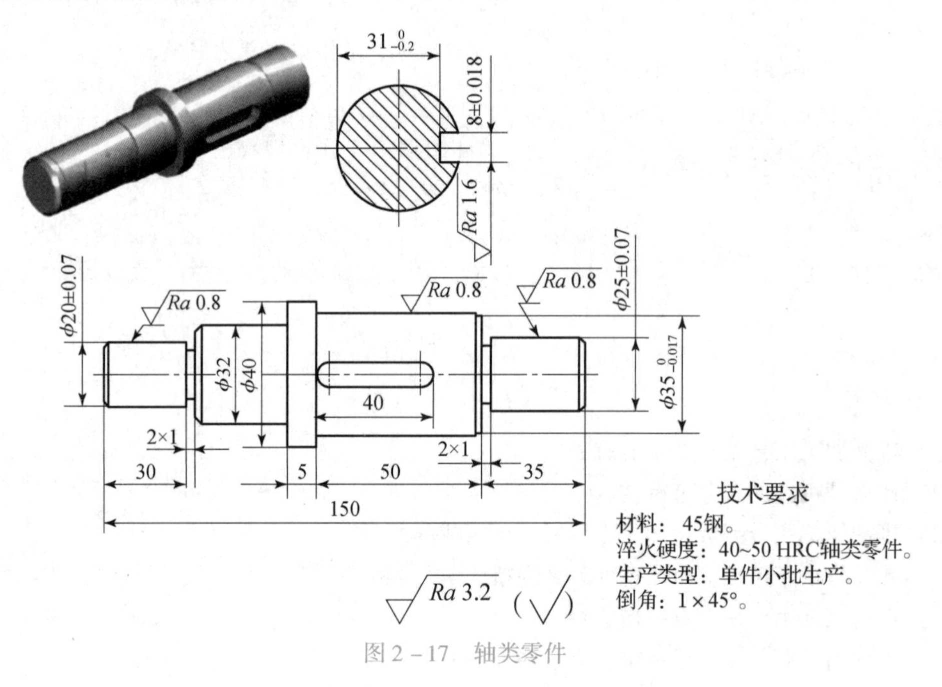

图 2－17　轴类零件

【学前准备】

（1）准备“机械工程师手册”软件并安装。

（2）准备 CAPP 软件并安装。

一、主参数

机床主参数（又称主要规格）是代表机床规格大小及反映机床最大工作能力的一种参数。

机床主参数已在《金属切削机床　型号编制方法》（GB/T 15375—2008）中有规定。例如，卧式车床主参数为床身上工件的最大回转直径，主参数系列为 250 mm、320 mm、400 mm、500 mm、630 mm、800 mm、1 000 mm 七种规格。工件回转的机床主参数都是工件的最大加工尺寸，如车床、外圆磨床、无心磨床、齿轮加工机床等；工件移动的机床（镗床例外）主参数都是工作台面的最大宽度，如龙门铣床、龙门刨床、升降台式铣床等；主运动为直线运动的机床（拉床、插齿机例外）主参数是主运动的最大位移，如刨床、插床等；卧式镗、铣床主参数是主轴的直径；拉床不用尺寸作为主参数，而用额定拉力（N）作为主参数。

专用机床的主参数一般以工件或加工表面的尺寸参数来代表。

二、尺寸参数

机床的尺寸参数是指机床的主要结构尺寸，特别包括与工件有关的尺寸和标准化工具或夹具的安装面尺寸。前者如卧式车床刀架上最大回转直径，后者如卧式车床主轴前端锥孔直径及其他有关尺寸。通用机床的主要尺寸已在相关标准中进行了规定，其他一般参数可根据使用要求，参考同类同规格机床来确定。

三、运动参数

运动参数是机床执行件（如主轴、刀架、工作台）的运动速度，可分为主运动参数和进给运动参数两种。

1. 主运动参数

当机床主运动为回转运动时，如车床、铣床等，主运动参数是机床的主轴转速；当机床主运动为直线运动时，如插床、刨床等，主运动参数是刀具每分钟的往复次数（次/min），或称为双行程数。

当主运动为回转运动时，主轴转速为

$$n = 1000v/(\pi d) \tag{2-5}$$

式中 n——主轴转速，r/min；

v——切削速度，m/min；

d——工件或刀具直径，mm。

通用机床，由于完成工序较多，又要适应一定范围的不同尺寸和不同材料零件的加工，其主轴应在一定范围内实现变速，为此在机床设计中要确定主轴的最高转速和最低转速。如果采用有级变速，还需要确定变速级数和中间转速的排列情况。

（1）主轴最高转速和最低转速的确定。主轴的最高转速 n_{max}、最低转速 n_{min} 和变速范围 R_n 为

$$\left.\begin{aligned} n_{max} &= 1000v_{max}/(\pi d_{min}) \\ n_{min} &= 1000v_{min}/(\pi d_{max}) \\ R_n &= n_{max}/n_{min} \end{aligned}\right\} \tag{2-6}$$

式中 n_{max}，n_{min}——主轴切削速度的最高转速和最低转速，r/min；

v_{max}，v_{min}——最高切削速度和最低切削速度，m/min；

d_{max}，d_{min}——工件或刀具的最大直径和最小直径，mm。

切削速度主要与刀具、工件材料和尺寸有关，由加工工艺参数确定。因此使用式（2-6）时，必须调查和分析，在机床的全部工艺范围内选择可能出现最低转速和最高转速的若干加工类型，再根据相应的切削速度和加工直径进行计算，从中选出最低转速 n_{min} 和最高转速 n_{max}。

通用机床中，d_{max} 或 d_{min} 并不是指机床上可能加工的最大直径或最小直径，而是指实际使用情况下，采用 v_{max} 或 v_{min} 时常用的经济加工直径。一般取

$$d_{max} = KD,\ d_{min} = R_d d_{max}$$

式中 D——机床可能加工的最大直径；

K——系数，通常卧式车床 $K = 0.5$，摇臂钻床 $K = 1.0$，丝杠车削 $K = 0.1$；

R_d——计算直径范围，$R_d = 0.2 \sim 0.35$，通常，摇臂钻床 $R_d = 0.2$，卧式车床 $R_d = 0.25$。

机床传动的类型不同，其最高转速也不同。主运动的变速部分和传动部分均应用于机械方

式的机床，由于噪声和磨损，一般主轴最高转速在 2 000 r/min 左右。主运动的变速部分采用主电动机来变速，传动部分采用机械方式、机电结合传动形式的机床。主电动机采用交流伺服电动机或交流变频电动机，其主轴最高转速可达 5 000～9 000 r/min。主运动的变速部分采用主电动机变速，没有传动部分，主运动零件采用电主轴（将主电动机与主轴集成为一体）的机床，其主轴最高转速可达 10 000～150 000 r/min。

现以主参数 $D=400$ mm 卧式车床为例，说明机床主轴极限转速 n_{max}，n_{min} 的确定方法。

①计算法。按式（2－6）计算，$D=400$ mm 卧式车床主轴转速见表 2－4。CA6140 型车床主轴的最低转速为 10 r/min，最高转速为 1 400 r/min，与计算结果相符。考虑今后的技术发展储备，将最高转速的计算值提高 20%～25%。因此，新设计 400 mm 车床主轴的最低转速为 10 r/min，最高转速为 1 600 r/min。对于数控车床，主电动机采用交流伺服电动机，主轴最高转速可取 5 000 r/min。

表 2－4　$D=400$ mm 卧式车床主轴转速

主轴极限转速	加工类型	刀具材料	工件材料	切削速度 v/(m·min^{-1})	计算直径 d/mm	转速计算值/(r·min^{-1})	转速选定值/(r·min^{-1})
$1\ 000v_{max}/(\pi d_{min})$	半精车外圆	硬质合金	中等强度碳钢	200	50	1 273	1 591
$1\ 000v_{min}/(\pi d_{max})$	低速光车外圆	高速钢	中等强度碳钢	4	200	12.7	9.55
	精铰孔		合金钢	4	40	31.8	
	精车丝杠		合金钢	1.5	50	9.55	

②统计类比法。$D=400$ mm 卧式车床主轴极限转速统计见表 2－5。根据表 2－5 所列数据，可确定国内机床主轴的最低转速 $n_{min}=10$ r/min，最高转速 $n_{max}=1\ 600$ r/min。

表 2－5　$D=400$ mm 卧式车床的主轴极限转速统计　　r·min^{-1}

主轴极限转速	用户访问	国内机床调查	国外机床调查
n_{max}	1 000～1 400	1 200～1 600	1 400～2 000
n_{min}	10～12.5	10～12.5	12.5～24

（2）主轴转速的合理排列。对于有级变速，应进行转速分级，即确定变速范围内的各级转速。机床的主轴转速绝大多数是按照等比数列排列的，用 φ 表示公比，用 Z 表示转速级数，则转速序列为

$$n_1=n_{min},\ n_2=n_{min}\varphi,\ n_3=n_{min}\varphi^2,\ \cdots,\ n_Z=n_{max}=n_{min}\varphi^{Z-1}$$

按照等比数列来排列主轴转速具有下列优点。

①使转速范围内的相对转速损失率均匀。例如，某工序要求的合理转速为 n，但在 Z 级转速中没有这个转速，而是处于 n_j 和 n_{j+1} 之间，即 $n_j<n<n_{j+1}$。这时，若采用较高转速 n_{j+1}，过高的切削速度会使刀具寿命下降。为了不缩短刀具的寿命，一般选用较低转速 n_j，但这将造成 $n-n_j$ 的转速损失，其相对转速损失率为

$$A=(n-n_j)/n$$

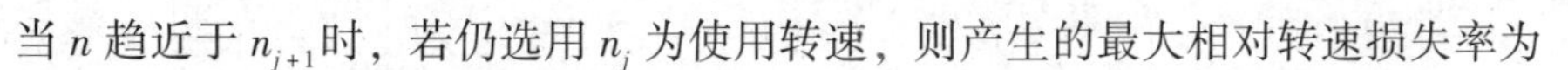

当 n 趋近于 n_{j+1} 时，若仍选用 n_j 为使用转速，则产生的最大相对转速损失率为

$$A_{max}=(n_{j+1}-n_j)/n_{j+1}=1-(n_j/n_{j+1})=1-1/\varphi$$

由此可见，在其他条件（直径、进给、背吃刀量）不变的情况下，转速的损失就反映了生产率的损失。对于各级转速选用机会基本相等的普通机床，为使总生产率损失最小，应使选择各级转速时产生的 A_{max} 相同，即

$$A_{max}=(n_{j+1}-n_j)/n_{j+1}=1-(n_j/n_{j+1})=1-1/\varphi=\text{常数}$$

或

$$n_j/n_{j+1}=1/\varphi=\text{常数}$$

可见，任意相邻两级转速之间的关系应为 $n_{j+1}=n_j\varphi$。

②使变速传动系统简化。按等比数列排列的主轴转速，一般借助于串联若干滑移齿轮组来实现。当每组滑移齿轮各齿轮副的传动比是等比数列时，主轴转速也是等比数列。

（3）公比 φ 的标准值和标准数列。为了便于机床的设计和使用，机床主轴转速数列的公比值已经标准化，规定 7 种标准公比值分别是 $\varphi=1.06$，1.12，1.26，1.41，1.58，1.78，2；它们之间的关系见表 2－6 所示。这些标准公比具有如下特点。

①由于 $1<\varphi\leqslant 2$，相对转速损失率的最大值 $A_{max}\leqslant 50\%$。

②使主轴转速值排列整齐，方便记忆。除 $\varphi=1.41$ 和 $\varphi=2$ 以外的其他 5 个公比均为 10 的整数次方根。因此，采用这些公比的等比数列中的任一转速，与相隔 $E1$ 级的另一转速呈 10 倍关系。例如，$\varphi=1.26$ 的等比数列中，若有一级转速 $n=100$ r/min，则与其相隔 10 级（$E1=10$）的另一转速为 1 000 r/min（向后相隔 10 级）或 10 r/min（向前相隔 10 级）。

③适应双速或三速电动机（3 000/1 500 或 3 000/1 500/750）驱动的要求。除 $\varphi=1.58$ 和 $\varphi=1.78$ 以外的其他 5 个公比均为 2 的整数次方根。因此，采用这些公比的等比数列中的任一转速，与相隔 $E2$ 级的另一转速成 2 倍关系，即数列中每隔 $E2$ 级后的转速，恰好是前面转速的 2 倍。例如，公比 $\varphi\approx 1.26$ 的某一数列如下：

40，50，63，80，100，125，160，200，250，320，400，500，630，800，1 000

显然，该数列中与转速 40 r/min 向后相隔 3 级（$E2=3$）的转速为 80 r/min，恰好是 2 倍关系。

④所有标准公比均为 1.06 的整数次幂，为机床设计的计算提供了很大方便。当标准公比 φ 和主轴的极限转速确定后，转速数列即可从表 2－7 中直接查出。表 2－7 中给出了以 1.06 为公比从1～15 000 的数列，对于其他标准公比，可根据其与 1.06 的整数次方关系，以整数次方数为间隔查出转速数列。例如，设计一台卧式车床，$n_{min}=31.5$ r/min，$n_{max}=1\,400$ r/min，$\varphi=1.41$，根据表 2－6 查出 $1.41\approx 1.06^6$，再查表 2－7，先找到 31.5，然后每隔 5 个数取一个数（或者往后数列第 6 个数），可得如下数列：31.5，45，63，90，125，180，250，355，500，710，1 000，1 400，共 12 级。

表 2－6 标准公比值关系

φ	1.06	1.12	1.26	1.41	1.58	1.78	2
$\sqrt[E1]{10}$	$\sqrt[40]{10}$	$\sqrt[20]{10}$	$\sqrt[10]{10}$	$\sqrt[20/3]{10}$	$\sqrt[5]{10}$	$\sqrt[4]{10}$	$\sqrt[20/6]{10}$
$\sqrt[E2]{2}$	$\sqrt[12]{2}$	$\sqrt[6]{2}$	$\sqrt[3]{2}$	$\sqrt{2}$	$\sqrt[3/2]{2}$	$\sqrt[6/5]{2}$	2
A_{max}	5.7%	11%	21%	29%	37%	44%	50%
与 1.06 关系	1.06^1	1.06^2	1.06^4	1.06^6	1.06^8	1.06^{10}	1.06^{12}

表 2－7 标准转速数列

1	2	4	8.0	16	31.5	63	125	250	500	1 000	2 000	4 000	8 000
1.06	2.12	4.25	8.5	17	33.5	67	132	265	530	1 060	2 120	4 250	8 500
1.12	2.24	4.5	9.0	18	35.5	71	140	280	560	1 120	2 240	4 500	9 000
1.18	2.36	4.75	9.5	19	37.5	75	150	300	600	1 180	2 360	4 750	9 500
1.25	2.5	5.0	10	20	40	80	160	315	630	1 250	2 500	5 000	10 000
1.32	2.65	5.3	10.6	21.2	42.5	85	170	335	670	1 320	2 650	5 300	10 600
1.4	2.8	5.6	11.2	22.4	45	90	180	355	710	1 400	2 800	5 600	11 200
1.5	3.0	6.0	11.8	23.6	47.5	95	190	375	750	1 500	3 000	6 000	11 800
1.6	3.15	6.3	12.5	25	50	100	200	400	800	1 600	3 150	6 300	12 500
1.7	3.35	6.7	13.2	26.5	53	106	212	425	850	1 700	3 350	6 700	13 200
1.8	3.55	7.1	14	28	56	112	224	450	900	1 800	3 550	7 100	14 100
1.9	3.75	7.5	15	30	60	118	236	475	950	1 900	3 750	7 500	15 000

（4）标准公比的选用原则。在机床主轴极限转速 n_{min}，n_{max} 一定的情况下，公比 φ 越小，最大相对转速损失率 A_{max} 越小，但转速级数 Z 越大，主传动系统结构越复杂，反之亦然。因此，公比 φ 的选择应根据机床的结构和使用特点合理确定。下列原则可供参考。

①小型通用机床 $\varphi=1.58$，$\varphi=1.78$ 或 $\varphi=2$。此类机床由于工件尺寸小，切削时间较短而辅助时间较长，转速损失的影响不明显，要求机床结构简单、体积小，因此，可选取较大的标准公比。

②中型通用机床 $\varphi=1.26$ 或 $\varphi=1.41$。这类机床应用广泛，转速损失可适当小一些，机床结构不过于复杂，公比应取中等值。

③大型通用机床 $\varphi=1.06$，$\varphi=1.12$ 或 $\varphi=1.26$。由于工件尺寸大，因而切削时间较长，转速损失影响明显，需要选用较合理的切削速度，故主传动系统结构复杂些和体积大些是允许的，因此，应选用较小的公比。

④自动和半自动机床 $\varphi=1.12$ 或 $\varphi=1.26$。机床用于成批或大批量生产，生产率高，减少相对转速损失率要求更高，因此公比应取小些。但这类机床转速范围一般不大，且多用交换齿轮变速，机床结构相对简单。

（5）主轴变速范围 R_n、公比 φ 和转速级数 Z 之间的关系由等比级数规律可知

$$n_1=n_{min},\ n_2=n_{min}\varphi,\ n_3=n_{min}\varphi^2,\ \cdots,\ n_Z=n_{max}=n_{min}\varphi^{Z-1}$$

$$R_n=n_{max}/n_{min}=\varphi^{Z-1}$$

两边取以 10 为底的对数，即

$$\lg R_n=n_{max}/n_{min}=(Z-1)\lg\varphi$$

故

$$Z=\lg R_n/\lg\varphi+1 \tag{2-7}$$

式（2－7）给出了 R_n，φ、Z 三者的关系，已知其中的任意两个，可求出第三个。确定主运动参数的步骤可以归纳如下。

①确定主轴极限转速 n_{min}，n_{max}。

②初定主轴变速范围 $R_n = n_{max}/n_{min}$。

③选定公比 φ 值。

④确定主轴转速级数 $Z = \lg R_n/\lg\varphi + 1$，并调整为整数。

⑤查表选定主轴各级转速。

⑥修正主轴变速范围 R_n。

2. 进给运动参数

数控机床的进给运动均采用无级调速方式；普通机床的进给运动既有无级调速方式，还有机械有级调速方式。

当采用有级变速时，进给量一般按等比级数排列，其确定方法与主轴转速的确定方法相同，即首先根据工艺要求确定最大、最小进给量（单位为 mm/r 或 mm/min），然后选取进给量数列的公比或级数。

对于螺纹加工机床（如卧式车床、螺纹车床或螺纹铣床等），因被加工螺纹的导程是分段的等差级数，所以进给量也必须分段为等差数列。对于刨床和插床，若采用棘轮结构，由于受结构限制，进给量也设计成等差数列。

四、动力参数

机床动力参数包括电动机的功率，液压缸的牵引力，液压马达、伺服电动机或步进电动机的额定转矩等。主电动机应具有足够的功率，才能使机床发挥出所要求的切削性能。此外，电动机功率是各传动件的参数（如轴或丝杠的直径、齿轮与蜗轮的模数等）与机构动力计算的主要依据，因此，主电动机的功率必须确定得当。若主电动机的功率过大，则会浪费能源，还会造成主传动结构尺寸的增加，机床笨重，制造成本增加；若主电动机的功率过小，会影响切削性能，造成机床传动链及电动机长期超载工作，影响机床使用寿命。机床的动力参数通常可通过调查类比法、试验法和计算法加以确定。

1. 调查类比法

对国内外同类型、同规格机床的动力参数进行统计分析，对用户使用或加工情况进行调查分析，分析结果作为选定动力参数的依据。

2. 试验法

利用现有的同类型、同规格机床进行若干典型的切削加工试验，测定有关电动机及动力源的输入功率，该试验和测定结果作为确定新产品动力参数的依据。

3. 计算法

对动力参数可进行估算或近似计算。专用机床由于工况单一，因此可通过计算可得到比较可靠的结果。通用机床工况复杂，切削用量变化范围大，计算结果只能作为参考。

（1）主电机功率的确定。机床主运动电机的功率 $P_{主}$ 为

$$P_{主} = P_{切} + P_{空} + P_{附} \tag{2-8}$$

式中 $P_{切}$——切削功率消耗，kW；

$P_{空}$——空载功率消耗，kW；

$P_{附}$——载荷附加功率消耗，kW。

①$P_{切}$ 的计算。$P_{切}$ 为

$$P_{切} = F_z v_c/60\,000 = M \cdot n/9\,550 \tag{2-9}$$

式中 $P_{切}$——切削功率消耗，kW；

v_c——切削速度，m/min；

F_z——切削力的切向分力，N；

M——主轴上最大切削力矩，N·m；

n——主轴转速，r/min。

F_z 为

$$F_z = 1609 a_p f^{0.84} K_{F_c} \tag{2-10}$$

式中 K_{F_c}——与切削用量、刀具角度、刀具磨损及切削液有关的修正系数。

a_p——背吃刀量，mm；

f——进给量，mm。

由此可知，$P_{切}$ 是由工艺参数之切削三要素、刀具的结构、刀具的材料以及切削液等因素确定的。

②$P_{空}$ 的计算。机床运动的空载功率（$P_{空}$）与传动件的预紧程度及装配质量有关，是由传动件摩擦、搅油等因素引起的，其大小随传动件转速的增大而增大。中型机床主运动空载功率为

$$P_{空} = K_1 (d_a \sum n_i + K_2 d_{主} n_{主}) \times 10^{-6} \tag{2-11}$$

式中 $P_{空}$——空载功率消耗，kW；

d_a——主运动链中除主轴以外的所有传动轴的平均直径，mm，当主传动链的结构尺寸未确定时，按主运动电动机的功率估算，即 1.5 kW $< P_{主} \leqslant$ 2.8 kW，取 $d_a = 30$ mm；2.5 kW $< P_{主} \leqslant$ 7.5 kW，取 $d_a = 35$ mm；7.5 kW $< P_{主} \leqslant$ 14 kW，取 $d_a = 40$ mm；

$d_{主}$——主轴前后支承轴径的平均值，mm；

$n_{主}$——主轴转速，r/min；

$\sum n_i$——传动轴内除主轴以外各传动轴的转速之和，r/min；

K_1——润滑油黏度影响系数，例如，L-AN46 润滑油 $K_1 = 3.5$，L-AN32 润滑油 $K_1 = 3.15$；

K_2——主轴轴承系数，两支承主轴取 $K_2 = 2.5$；三支承主轴取 $K_2 = 3$。

③$P_{附}$ 的计算。当机床切削工作时，齿轮、轴承等零件上的接触压力增加，无用功损耗增大，比 $P_{空}$ 多出的那部分功率称为附加机械摩擦损失功率。$P_{切}$ 越大，$P_{附}$ 越大。即

$$P_{附} = P_{切}/\eta_{机} - P_{切} = P_{切}(1/\eta_{机} - 1) \tag{2-12}$$

式中 $\eta_{机}$——主传动链的机械效率，它等于机床主传动链中各传动副的机械效率之乘积，即

$$\eta_{机} = \eta_1 \eta_2 \eta_3 \cdots$$

因此，主运动电动机的功率为

$$P_{主} = P_{切}/\eta_{机} + P_{空} \tag{2-13}$$

当机床结构未确定，无法计算主运动的空载功率和机械效率时，可估算主电动机的功率，即

$$P_{主} = P_{切}/\eta_{总} \tag{2-14}$$

式中 $\eta_{总}$——机床总机械效率，对于主运动为旋转运动的机床，$\eta_{总} = 0.7 \sim 0.85$；当机构简单和主轴转速较低时，$\eta_{总}$取大值；对于主运动为直线运动的机床，$\eta_{总} = 0.6 \sim 0.7$。

（2）进给传动系统电动机功率的确定。机床的进给运动本身消耗的功率并不大，且速度低，机械效率为 0.15～0.2。进给运动所消耗的功率与切削功率之比：对于卧式车床，$P_{进}/P_{切} = 0.03 \sim 0.04$；对于升降台铣床，$P_{进}/P_{切} = 0.15 \sim 0.20$；对于钻床，$P_{进}/P_{切} = 0.04 \sim 0.05$；对于齿轮加工机床，$P_{进}/P_{切} = 0.20$。

机床进给运动驱动源可分为如下几种情况。

①运动与主运动合用一台电动机时，可不单独计算进给功率，而是在确定主电动机功率时引入一个系数 k，机床主电动机功率为

$$P_{主} = P_{切}/(\eta_{机}k) + P_{空} \tag{2-15}$$

对于卧式车床，$k=0.96$；对于自动车床，$k=0.92$；对于铣床、卧式镗床，$k=0.85$；对于齿轮加工机床，$k=0.8$；对于在空行程中进刀的机床（如刨床、插床），$k=1$。

②进给运动中工作进给与快速移动合用一台电动机时，快速电动机满载启动，加速度大，所消耗的功率远大于工作进给功率，且工作进给与快速移动不同时进行，所以该电动机功率按快速移动功率选取。数控机床就属于这类情况。

③进给运动单独使用一台电动机时，进给运动电动机功率 $P_{进}$ 为

$$P_{进} = \frac{Fv_{进}}{60\ 000\eta_{进}} \tag{2-16}$$

式中 F——进给牵引力，N；

$v_{进}$——进给速度，m/min；

$\eta_{进}$——进给传动系统机械效率。

进给牵引力（F）等于进给方向上切削分力与摩擦力之和，进给牵引力（F）的估算公式见表2-8。

表2-8 进给牵引力的估算公式

导轨形式	水平进给	垂直进给
三角形、矩形导轨组合	$KF_z + \mu(F_x + G)$	$K(F_z + G) + \mu F_x$
矩形导轨组合	$KF_z + \mu(F_x + F_y + G)$	$K(F_z + G) + \mu(F_x + F_y)$
燕尾形导轨	$KF_z + \mu(F_x + 2F_y + G)$	$K(F_z + G) + \mu(F_x + 2F_y)$
钻床主轴		$F + G + 2M/d$

注：G——移动部件的重力，N；F_x，F_y，F_z 分别为局部坐标系内，切削力在进给方向、垂直于导轨面方向、导轨的侧方向的分力；μ——当量摩擦因数，在正常润滑条件下，不同导轨形式 μ 的取值不同：对于铸铁三角导轨，$\mu=0.17\sim0.18$；对于铸铁矩形导轨，$\mu=0.12-0.13$；对于铸铁燕尾形导轨，$\mu=0.2$；对于铸铁（或淬火钢）与氟塑料组成的导轨，$\mu=0.03\sim0.05$；对于滚动导轨，$\mu=0.01$；μ'——钻床主轴套筒与支承座孔之间的摩擦因数；K——考虑颠覆力矩影响的系数，三角形或矩形导轨，$K=1.1\sim1.5$；燕尾形导轨，$K=1.4$；d——主轴直径，mm；M——主轴的转矩，N·mm。

对于数控机床进给运动，伺服电动机按转矩选择，即

$$M_{进电} = 9550P_{进}/n_{进电} \tag{2-17}$$

式中 $M_{进电}$——进给电机的转矩，N·m；

$P_{进}$——进给电机的功率，kW；

$n_{进电}$——进给电机的转速，r/min。

（3）快速运动电动机功率的确定。快速运动电动机启动时消耗的功率最大，要同时克服移动件的惯性力和摩擦力，即

$$P_{快} = P_{惯} + P_{摩} = \frac{M_{惯}n}{9\ 550} \cdot k_1\eta + P_{摩} \tag{2-18}$$

式中 $P_{快}$——快速电动机的功率，kW；

$P_{惯}$——克服惯性力所需的功率，kW；

$P_{摩}$——克服摩擦力所需的功率，kW；

$M_{惯}$——克服惯性力所需电动机轴上的转矩，N·m，按式（2-19）计算；

n——电动机的转速，r/min；

η——传动件的机械效率；

k_1——电动机启动转矩与额定转矩之比，对于异步电动机，$k_1=1.6\sim1.8$；对于伺服电动机、步进电动机，$k_1=1$。

$$M_{惯}=J\cdot\omega/t \tag{2-19}$$

式中 J——折算到电动机轴上的当量转动惯量，$kg\cdot m^2$，按式（2-20）计算；

ω——电动机的角速度，rad/s；

t——电动机启动时间，s，对于中型机床，$t=0.5$ s，对于大型机床，$t=1$ s。

$$J=\sum_{i=1}J_i(\omega_i/\omega)^2+\sum_{j=1}m_j(v_j/\omega)^2 \tag{2-20}$$

式中 J_i——各旋转件的转动惯量，$kg\cdot m^2$；

ω_i——各旋转件的角速度，rad/s；

ω——电动机的角速度，rad/s；

m_j——各移动件的质量，kg；

v_j——各移动件的移动速度，m/s。

一般情况下，普通机床的快速移动电动机功率及快速移动速度可参考表2-9选择。

表2-9 普通机床的主运动参数和主动力参数

机床类型	主参数/mm	移动部件	速度/（$m\cdot min^{-1}$）	功率/kW
卧式车床	最大回转直径			
	400	溜板箱	3~5	0.25~0.5
	630~800	溜板箱	4	1.1
	1 000	溜板箱	3~4	1.5
	2 000	溜板箱	3	4
单柱立式车床	最大车削直径			
	1 250~1 600	横梁	0.44	2.2
双柱立式车床	最大车削直径			
	2 000~3 150	横梁	0.35	7.5
	5 000~10 000	横梁	0.3~0.37	17
摇臂钻床	最大钻孔直径			
	40~50	摇臂	0.9~1.4	1.1~1.2
	75~100	摇臂	0.6	3
	125	摇臂	1.0	7.5
卧式铣镗床	主轴直径			
	63~75	主轴箱、工作台	2.8~3.2	1.5~2.2
	85~110	主轴箱、工作台	2.5	2.2~2.8
	125	主轴箱、工作台	2	4

续表

机床类型	主参数/mm	移动部件	速度/（m·min^{-1}）	功率/kW
升降台铣床	工作台工作面宽度 250 320 400	 工作台、升降台 工作台、升降台 工作台、升降台	 2.5～2.9 2～3 2.3～2.8	 0.6～1.7 1.5～2.2 2.2～3
龙门铣床	工作台工作面宽度 800～1000	横梁 工作台	0.65 2.0～3.2	5.5 4
龙门刨床	最大刨削宽度 1 000～1 250 1 250～1 600 2 000～2 500	 横梁 横梁 横梁	 0.57 0.57～0.9 0.42～0.6	 3.0 3.0～5.5 7.5～10

任务实施

（1）完成机械加工工艺过程卡，要求使用 CAPP 设计。

（2）列表计算设计的工艺过程所涉及的每一工序选用的机床主要技术参数，提交计算表格。

（3）使用 XMind 思维导图将机床主要技术参数及确定的知识树梳理出来并提交思维导图。

任务评价

任务评价表见表 2－10。

表 2－10 任务评价表

序号	考核要点	项目（配分：100 分）	教师评分
1	职业素养	团队合作能力（20 分）	
		信息收集、咨询能力（20 分）	
2	机械加工工艺过程卡	CAPP 软件使用情况、过程卡设计、机械加工工艺方案评价（20 分）	
3	列表计算机床的主要技术参数	表格设计、机床主要技术参数计算过程与计算结果评价（20 分）	
4	知识树思维导图	XMind 软件使用情况、知识树思维导图完整、清晰（20 分）	
得分			

问题探究

1. 问答题

（1）机床的主要技术参数有哪些？

（2）为什么绝大多数主运动为旋转运动的分级变速的机床主轴转速序列都呈等比数列？

（3）机床的主参数及尺寸参数根据什么确定？

2. 填空题

（1）机床的主要技术参数包括机床的（　　　　）和（　　　　）参数。

（2）机床的基本参数又包括（　　　　）参数、（　　　　）参数及（　　　　）参数。

（3）在《金属切削机床型号编制方法》（GB/T 15375—2008）中规定的机床参数是机床的（　　　　）。

3. 判定题

（1）机床的切削功率 $P_{切}$ 只与切削三要素有关而与刀具无关。（　　）

（2）在计算快速运动电动机功率 $P_{快}$ 时不需要考虑克服惯性力所需电动机轴上的转矩。（　　）

（3）在其他条件（直径、进给、背吃刀量）不变的情况下，转速的损失就反映了生产率的损失。（　　）

4. 单选题

（1）对于主运动为旋转运动的机床其总机械效率取值一般为（　　）。

A. 0.6～0.7　　B. 0.7～0.8　　C. 0.7～0.85　　D. 0.85～0.95

（2）卧式车床的主参数为床身上工件的最大回转直径，主参数系列为 250 mm、320 mm、400 mm、500 mm、630 mm、800 mm、1 000 mm 七种规格，系列的公比为（　　）。

A. 1.15　　B. 1.20　　C. 1.25　　D. 1.30

（3）过高的切削速度 v_c 会使刀具寿命（　　）。

A. 下降　　B. 不变　　C. 增加　　D. 没有影响

任务 2.3　数控机床技术系统设计

【任务描述】

数控机床技术系统设计

随着现代制造技术向着高速、高效、高精度、高自动化和高柔性方向发展，制造业发生了根本性的变化。机床的数控化是制造业数字化、信息化、智能化的集中体现。试研讨数控机床技术向高速、复合、精密、智能、环保等方向发展的趋势。

【学前准备】

（1）准备“机械工程师手册”软件并安装。

（2）准备 CATIA/UG NX 三维设计软件并安装。

（3）准备 XMind 软件并安装。

预备知识

一、数控机床的概述

1. 基本概念

数控机床是数字控制机床（computer numerical control machine tool）的简称，是一种装有程序控制系统的自动化机床。该控制系统能够有逻辑地处理具有控制编码或其他符号指令规定的程序，并将其译码，用代码化的数字表示，再通过信息载体输入数控装置，经运算处理由数控装置发出各种控制信号，控制机床的动作，按图纸要求的形状和尺寸将零件加工出来。数控机床较好地解决了复杂、精密、小批量、多品种的零件加工问题，是一种柔性、高效能的自动化机床，体现了现代机床控制技术的发展方向，是一种典型的机电一体化产品。

数字控制（numerical control，NC）采用数字化信息实现加工自动化的控制技术，用数字化信号对机床的运动及其加工过程进行控制的机床称为数控机床。

早期数控机床的 NC 装置是由各种逻辑元件、记忆元件组成，随机逻辑电路由硬件来实现数控功能，称为硬件数控，用这种技术实现的数控机床称为 NC 机床。

现代数控系统采用微处理器或专用微机的数控系统（computer numerical control，CNC），由事先存放在存储器里的系统程序（或软件）来实现控制逻辑，实现部分或全部数控功能，并通过接口与外围设备进行连接，这样的机床称为 CNC 机床。

2. 数控机床的组成

数控机床的基本组成包括加工程序载体、数控装置、伺服驱动装置、机床主体和其他辅助装置。下面分别对各组成部分的基本工作原理进行简要说明。

（1）加工程序载体。数控机床工作时，不需要操作人员直接去操作机床，操作人员要对数控机床进行控制，必须编制加工程序。零件加工程序中，包括机床上刀具和工件的相对运动轨迹、工艺参数（进给量、主轴转速等）和辅助运动等。将零件加工程序用一定的格式和代码，存储在一种程序载体上，如穿孔纸带、盒式磁带、软磁盘等，通过数控机床的输入装置，将程序信息输入到 CNC 单元。

（2）数控装置。数控装置是数控机床的核心。现代数控装置均采用 CNC 装置，CNC 装置一般使用多个微处理器，以软件的程序化形式实现数控功能，因此又称软件数控（software numerical control，SNC）。CNC 系统是一种位置控制系统，它是根据输入数据插补出理想的运动轨迹，然后输出到执行部件加工出所需要的零件。而所有这些工作都由计算机系统程序进行合理组织，使整个系统协调地进行工作。因此，数控装置主要由输入、处理和输出三个基本部分构成。

输入装置将数控指令输入数控装置，根据程序载体的不同，相应有不同的输入装置。主要有键盘输入、磁盘输入、CAD/CAM 系统直接通信方式输入和连接上级计算机的直接数控（DNC）输入。

信息处理。输入装置将加工信息传给 CNC 单元，编译成计算机能识别的信息，由信息处理部分按照控制程序的规定，逐步存储并进行处理后，通过输出单元发出位置和速度指令给伺服系统和主运动控制部分。CNC 系统的输入数据包括零件的轮廓信息（如起点、终点、直线、圆弧等）、加工速度及其他辅助加工信息（如换刀、变速、切削液开关等），数据处理的目的是完成插补运算前的准备工作。数据处理程序还包括刀具半径补偿、速度计算及辅助功能的处理等。

输出装置。输出装置与伺服机构相连，根据控制器的命令接收运算器的输出脉冲，并把它送到各坐标的伺服控制系统，经过功率放大，驱动伺服系统，从而控制机床按规定要求运动。

(3) 伺服系统和测量反馈系统。伺服系统是数控机床的重要组成部分，用于实现数控机床的进给伺服控制和主轴伺服控制。伺服系统的作用是把来自数控装置的指令信息，经功率放大、整形处理后，转换成机床执行部件的直线位移或角位移运动。由于伺服系统是数控机床的最后环节，其性能将直接影响数控机床的精度和速度等技术指标，因此，要求数控机床的伺服驱动装置具有良好的快速反应性能，准确且灵敏地跟踪数控装置发出的数字指令信号，并忠实地执行来自数控装置的指令，提高系统的动态跟随特性和静态跟踪精度。

伺服系统的组成包括驱动装置和执行机构两大部分。驱动装置由主轴驱动单元、进给驱动单元和主轴伺服电动机、进给伺服电动机组成。其中，步进电动机、直流伺服电动机和交流伺服电动机是常用的驱动装置。

测量反馈系统将数控机床各坐标轴的实际位移值检测出来并反馈输入到机床的数控装置中，数控装置对反馈的实际位移值与指令值进行比较，并向伺服系统输出达到设定值所需的位移量指令。

(4) 机床主体。数控机床主体包括床身、底座、立柱、横梁、滑座、工作台、主轴箱、进给机构、刀架及自动换刀装置等机械部件，是在数控机床上自动完成各种切削加工的机械部分。与传统的机床相比，数控机床主体具有如下结构特点。

①采用具有高刚度、高抗振性及较小热变形的机床新结构。通常用提高结构系统的静刚度、增加阻尼、调整结构件质量和固有频率等方法来提高机床主体的刚度和抗振性，使机床主体能适应数控机床连续自动地进行切削加工的要求。采取改善机床结构布局、减少发热、控制温升及采用热位移补偿等措施，可减少热变形对机床主体的影响。

②广泛采用高性能的主轴伺服驱动和进给伺服驱动装置，使数控机床的传动链缩短，简化了机床机械传动系统的结构。

③采用高传动效率、高精度、无间隙的传动装置和运动部件，如滚珠丝杠螺母副、塑料滑动导轨、直线滚动导轨、静压导轨等。

(5) 数控机床的辅助装置。辅助装置是保证充分发挥数控机床功能所必需的配套装置，常用的辅助装置包括气动、液压装置，排屑装置，冷却、润滑装置，回转工作台和数控分度头，防护、照明等各种辅助装置。

3. 数控机床的分类

数控机床种类很多，分类方法不一，可按以下几种不同的方法分类。

(1) 按数控系统控制刀具与工件相对运动轨迹，数控机床分为以下三类。

①点位控制机床。这类机床在加工平面内只能控制刀具相对于工件的精确定位位置，而对定位移动的轨迹不进行要求，且在相对运动的过程中不能进行任何加工。通过采用分级或连续降速，低速趋近目标点，来减少运动部件的惯性引起的定位误差，如图 2-18 所示。采用这类控制方式的机床有数控钻床、数控冲床、数控镗床等。

②直线控制数控机床。直线控制数控机床是指数控系统不仅控制刀具或机床工作台两点之间的准确位置（距离），还控制两点之间的移动速度和轨迹，如图 2-19 所示。这种机床的加工路线一般沿平行于坐标轴的方向或与坐标轴呈 45°角的方向进行直线移动，刀具在移动过程中进行切削加工。这类控制的机床有数控车床（两个坐标轴，加工阶梯轴）；数控铣床（三个坐标轴，用于平面的铣削）、现代组合机床（采用数控进给伺服系统，驱动动力头带有多轴箱的轴向进给进行钻镗加工）、数控磨床等。

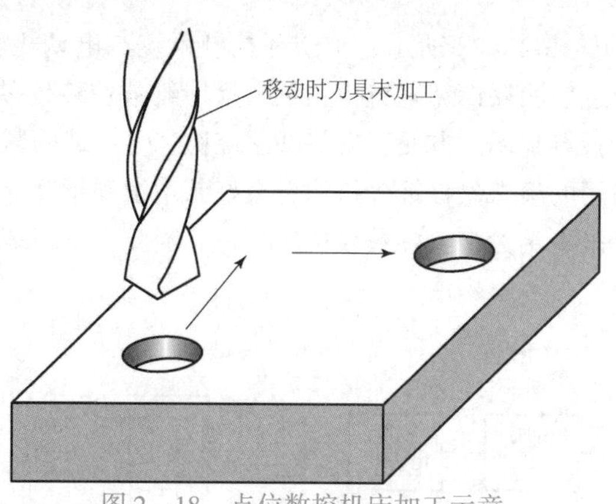

图 2－18 点位数控机床加工示意

③轮廓控制数控机床。这类机床又称连续控制或多轴联动数控机床。机床有几个进给坐标轴，数控装置能够同时控制 2～5 个坐标轴，使刀具和工件按平面直线、曲线或空间曲面轮廓的规律进行相对运动，加工出形状复杂的零件。轮廓控制数控机床与点位或直线控制数控机床的主要区别在于它能够进行多轴联动的运算和控制，并有刀具长度和半径补偿功能。具有轮廓控制功能的数控机床，一般也能进行点位和直线控制。按联动轴数可分 2 轴、2.5 轴、3 轴、4 轴、5 轴联动等。随着制造技术的发展，多坐标联动控制也越发普遍，如图 2－20 所示。具有轮廓控制功能的数控机床有数控车床、数控铣床、加工中心等。

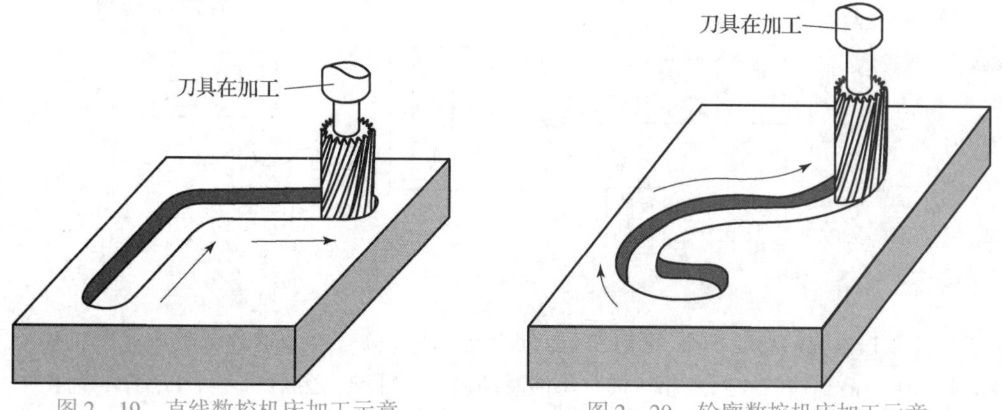

图 2－19 直线数控机床加工示意　　图 2－20 轮廓数控机床加工示意

（2）按驱动系统的控制方式，数控机床分为以下三类。

①开环控制系统。如图 2－21 所示，开环控制系统是指没有位置检测反馈装置的控制方式。其特点是结构简单、价格低廉，但难以实现运动部件的快速控制。其广泛应用于步进电机低扭矩、高精度、速度中等的小型设备的驱动控制中，特别在微电子生产设备中应用较多。

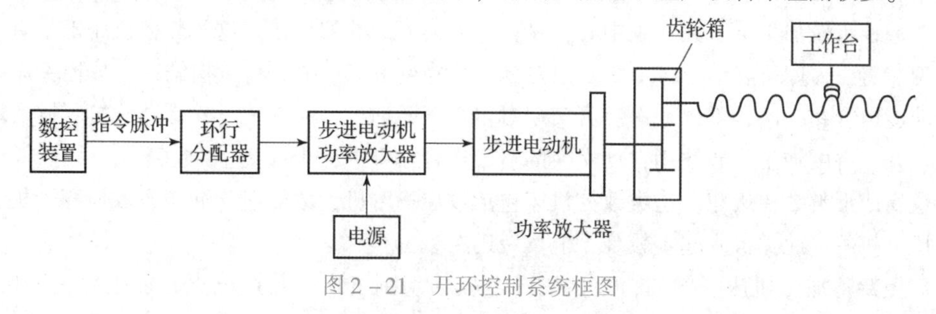

图 2－21 开环控制系统框图

②半闭环控制系统。如图2－22所示，半闭环控制系统在电动机轴或丝杆的端部装有角位移、角速度检测装置，通过检测反馈装置将检测数据反馈给数控装置的比较器与输入指令比较，用差值控制运动部件。其特点是调试方便、良好的系统稳定性、结构紧凑，但机械传动链的误差无法校正或消除。目前采用的滚珠丝杠螺母机构有很好的精度和精度保持性，采用可靠的、消除反向运动间隙的机构，可以满足大多数的数控机床用户。因此，半闭环控制系统已广泛采用且成为首选的控制方式。

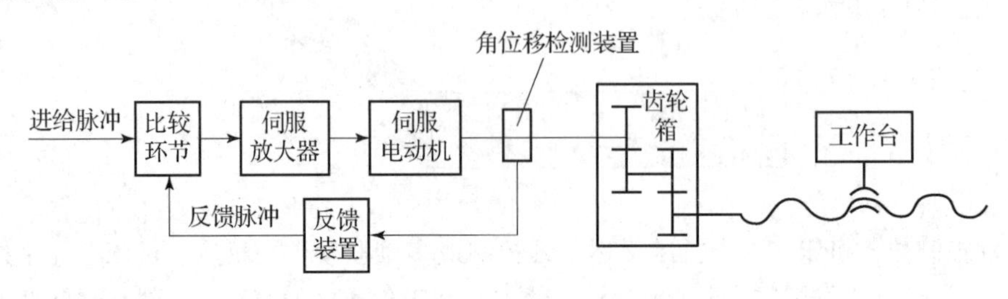

图2－22　半闭环控制系统框图

③闭环控制系统。如图2－23所示，闭环控制系统在机床最终运动部件的相应位置安装直线或回转式检测装置，将直接测量到的位移或角位移反馈到数控装置的比较器中，与输入指令位移量比较，用差值控制运动部件。其优点是将机械传动链的全部环节都包含在闭环内，精度取决于检测装置的精度，优于半闭环系统；其缺点是价格昂贵、对机构和传动链要求严格。

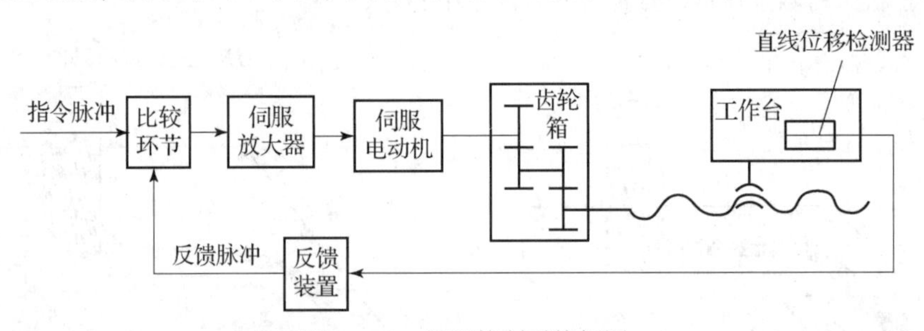

图2－23　闭环控制系统框图

（3）按数控系统的功能水平，数控机床分为低、中、高三档。这种分类方式，在我国用得较多。低、中、高三档的界限是相对的，不同时期，划分标准也会不同。其中，中、高档一般称为全功能数控或标准型数控。在我国还有经济型数控的提法。经济型数控属于低档数控，是指由单片机和步进电动机组成的数控系统，或其他功能简单、价格低的数控系统。经济型数控主要用于车床、线切割机床以及旧机床改造等。

（4）按加工工艺及机床用途，数控机床分为以下四类。

①金属切削类数控机床。该类数控机床包括数控钻床、数控车床、数控铣床、数控镗床、数控磨床、数控齿轮加工机床和加工中心，又称自动换刀的数控机床。这类数控机床都带有刀库和自动换刀装置，刀库可容纳10～100多把刀具。其特点是加工中心将数控铣床、数控镗床、数控钻床的功能组合在一起，零件一次装可实现对多个表面加工，完成铣、镗、钻、扩、铰及攻螺纹等加工工艺。有的加工中心使用自动交换的双工作台，可进一步提高生产效率。

②金属成形类数控机床。这类数控机床包括数控折弯机、数控组合冲床、数控弯管机、数控回转头压力机等。此类机床起步较晚，但发展迅速。

③数控特种加工机床。例如，数控线（电极）切割机床、数控电火花加工、火焰切割机、

数控激光切割机床等。

④测量、绘图等其他类型机床。例如，数控三坐标测量机、数控对刀仪、数控绘图仪、工业机器人等。

二、常用数控机床

数控机床不仅具有广泛而灵活的加工能力，还具有强大的信息处理能力，由于数控机床的种类繁多，下面只对常用的数控车床、数控铣床和加工中心进行简单介绍。

1. 数控车床

数控车床是数控机床中应用最广泛的一种。在数控车床上可以加工各种带有复杂母线的回转体零件，高级的数控车床（一般为车削加工中心）还能进行铣削、钻削以及借助于标准夹具（如四爪单动卡盘）或专用夹具完成非回转体零件上的回转表面加工。数控车床加工的工艺范围主要包括钻中心孔、车外圆、车端面、钻孔、镗孔、铰孔、切槽、车螺纹、滚花、车内外圆锥面、车成形面、攻螺纹等。

1）数控车床的类型

按主轴的布置结构，数控车床分为立式数控车床和卧式数控车床两种类型。

（1）立式数控车床用于回转直径较大的盘类零件的车削加工。

（2）卧式数控车床用于轴向尺寸较大或较小的盘类零件加工。相对于立式数控车床来说，卧式数控车床的结构形式较多、加工功能丰富、适用范围较广。下面主要是对卧式数控车床结构进行介绍。

卧式数控车床按功能可分为经济型数控车床、普通型数控车床和车削加工中心三种类型。

经济型数控车床采用的是步进电动机和单片机，是通过对普通车床的车削进给系统改善后形成的简易型数控车床，成本较低，但是自动化程度和功能都比较差，加工的精度也不高，适用于要求不太高的轴类、盘类的内外表面、锥面、圆弧、螺纹、镗孔、铰孔加工，也可以实现非圆曲线加工。其一般精度 IT6 ~ IT7 级；刀架转位重复定位精度 0.008″，表面粗糙度达 Ra 0.8 ~ 1.6 μm，如图 2 – 24 所示。

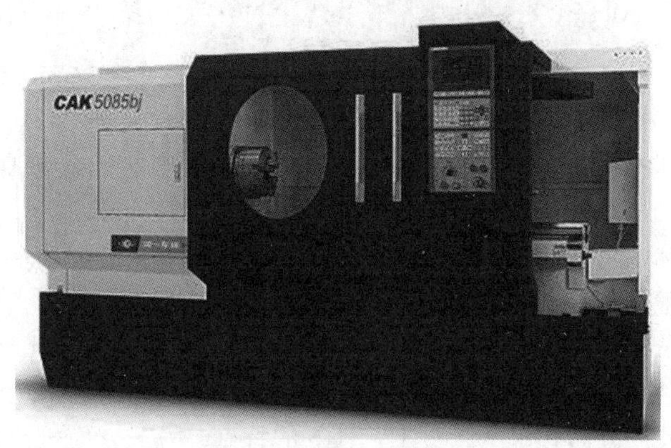

图 2 – 24　经济型数控车床

普通型数控车床是根据车削加工要求在结构上进行专门设计并配备通用数控系统而形成的数控车床，数控系统功能强，自动化程度和加工精度也比较高，适用于一般回转类零件的车削加工。这种数控车床加工可以同时控制两个坐标轴，即 X 轴和 Z 轴，如图 2 – 25 所示。

图 2-25　普通型数控车床

车削加工中心在普通型数控车床的基础上，增加了 C 轴和铣削动力头；更高级的机床还带有刀库，可控制 X，Z 和 C 三个坐标轴，联动控制可以是（X，Z）（Z，C）或（X，C）。由于增加了 C 轴和铣削动力头，这种数控车床的加工功能大幅增强，除可以进行一般车削外，还可以进行径向和轴向铣削、曲面铣削、中心线不在零件回转中心的孔和径向孔的钻削等加工，并具有刀具半径补偿等功能，适合形状复杂、精度较高的轴类、盘类、套类零件加工，如图 2-26 所示。

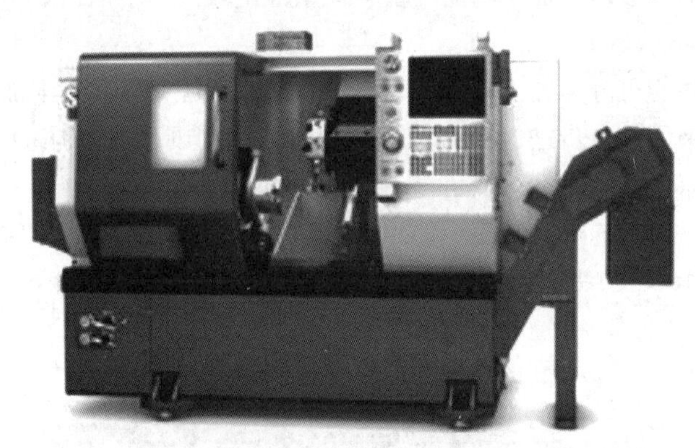

图 2-26　车削加工中心

卧式数控车床按床身与导轨的布局可分为水平床身数控车床与斜床身数控车床两种类型，如图 2-27 所示。

水平床身数控车床的工艺性好，便于导轨面的加工。水平床身配上水平放置的刀架可提高刀架的运动精度，一般可用于大型数控车床或小型精密数控车床的布局。水平床身由于下部空间小，故排屑困难。从结构尺寸上看，刀架水平放置使得滑板横向尺寸较长，从而加大了机床宽度方向的结构尺寸，使机床占地面积较大。若水平床身配上倾斜放置的滑板，并配置倾斜式导轨防护罩，这种布局形式一方面有水平床身工艺性好的特点，另一方面机床宽度方向的尺寸较水平配置滑板的要小，且排屑方便。

水平床身配上倾斜放置的滑板和斜床身配置斜滑板布局的形式被中、小型数控车床普遍采用。这是由于此种布局形式便于安装自动排屑器，排屑容易，热铁屑不会堆积在导轨上，操作也方便，易于安装机械手，以实现单机自动化；机床占地面积小，外形简洁、美观，容易实现封闭式防护。

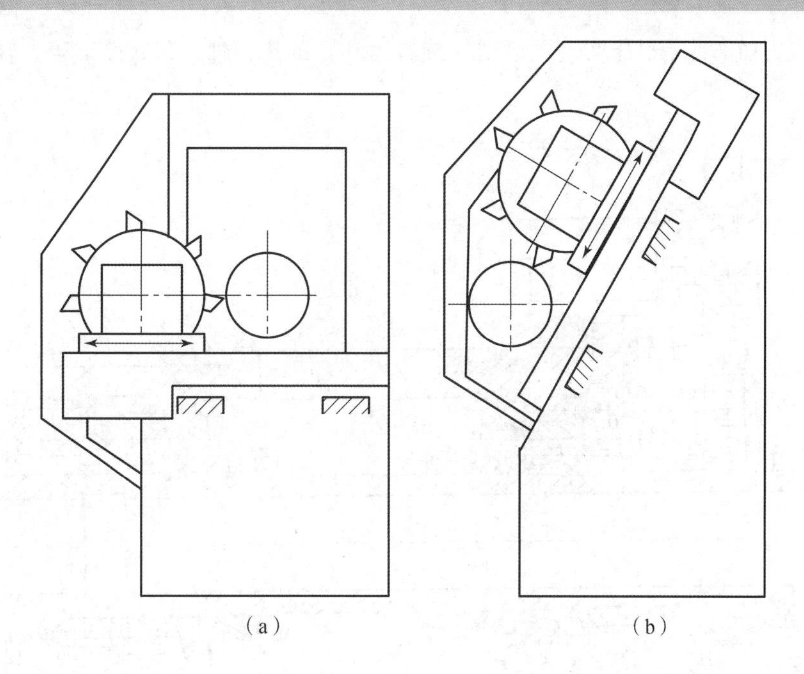

图 2－27　卧式数控车床

(a) 水平床身数控车床；(b) 斜床身数控车床

倾斜床身多采用 30°，45°，60°和 75°的倾斜角度。若倾斜角度小，则排屑不便；若倾斜角度大，则导轨的导向性差，受力情况也差。导轨倾斜角度的大小还会直接影响机床外形尺寸高度与宽度的比例。综合考虑上面的因素，中小规格的数控车床其床身的倾斜度以 60°为宜，如图 2－28 所示。

图 2－28　斜床身数控车床示意

数控车床的主传动系统一般采用直流或交流无级调速电动机，通过皮带传动，带动主轴旋转，实现自动无级调速及恒线速度的控制。

数控车床主轴部件是机床实现主运动（旋转运动）的执行件，某数控车床主轴箱结构简图如图 2－29 所示。

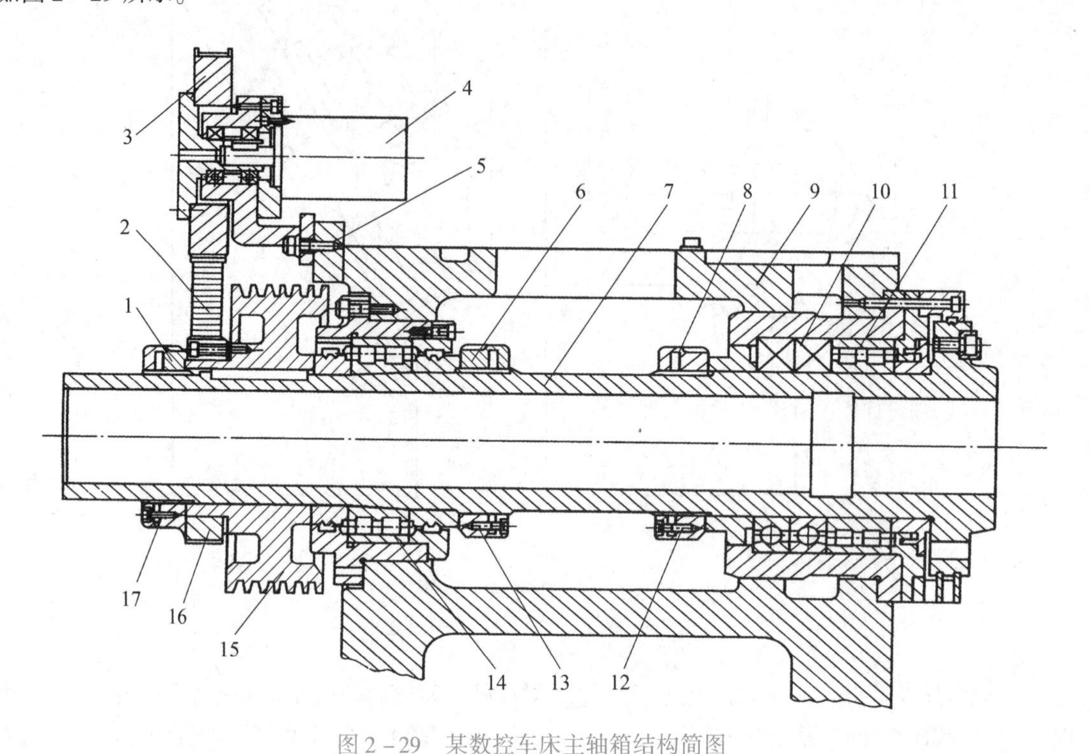

图 2－29　某数控车床主轴箱结构简图

1，6，8—螺母；2—同步带；3，16—同步带轮；4—脉冲编码器；

5，12，13，17—螺钉；7—主轴；9—主轴箱体；10—角接触球轴承；11，14—滚子轴承；15—带轮

2）数控车床的基本原理

普通车床是靠手工操作机床来完成各种切削加工，而数控车床是将编好的加工程序输入到数控系统中，由数控系统通过控制车床 X，Z 坐标轴的伺服电动机去控制车床运动部件的动作顺序、移动量和进给速度，再配以主轴的转速和转向，便加工出各种不同形状的轴类和盘类回转体零件。

3）数控车床的组成

数控车床由数控系统、机床本体、主轴箱、刀架进给系统、尾座、液压系统、冷却系统、润滑系统、排屑装置等部分组成。数控系统包括控制电源、伺服控制器、主机、主轴编码器、图像管显示器等。机床本体包括床身、电动机、主轴箱、电动回转刀架、进给传动系统、冷却系统、润滑系统、安全保护系统等。

4）数控车床的液压卡盘与液压尾架

液压卡盘数控车床一般用液压卡盘来夹持工件。液压卡盘是数控车削加工时夹紧工件的重要附件，对一般回转类零件可采用普通液压卡盘；对零件被夹持部位不是圆柱形的零件，则需要采用专用卡盘；用棒料直接加工时需要采用弹簧卡盘。液压卡盘通常都配备有软爪（未经淬火的卡爪），软爪分为内夹和外夹两种形式，卡盘闭合时夹紧工件的软爪为内夹式软爪，卡盘张开时撑紧工件的软爪为外夹式软爪。液压卡盘结构简图如图 2－30 所示。当液压缸内的压力油推动活塞和拉杆向卡盘方向移动，滑套向右移动，由于滑套上楔形槽的作用，使卡爪座带动卡爪向外移动（松开）；反之，卡爪向内移动（夹紧）。

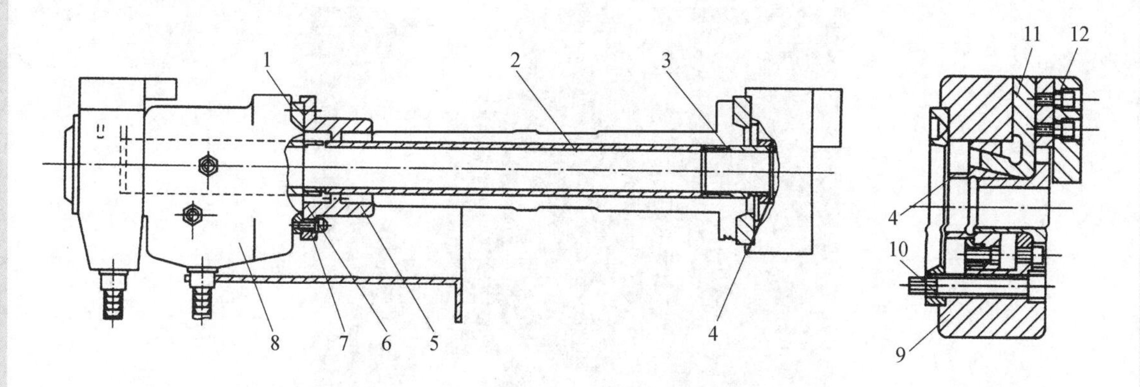

图 2 - 30 液压卡盘结构简图

1—回转液压缸；2—拉杆；3—连接套；4—滑套；5—接套；

6—活塞；7，10—螺钉；8—箱体；9—卡盘体；11—卡爪座；12—卡爪

5）液压尾座

图 2 - 31 所示为数控车床标准尾座结构简图。对于轴向尺寸和径向尺寸的比值较大的零件，需要采用安装在液压尾架上的活顶尖对零件尾端进行支撑，才能保证对零件进行正确的加工。尾架有普通液压尾架和可编程液压尾架。尾座安装在床身导轨上，它可以根据工件的长短调节纵向位置。它的作用是利用尾座套筒安装顶尖，用来支承较长工件的一端，也可以安装钻头、铰刀等刀具进行孔加工。

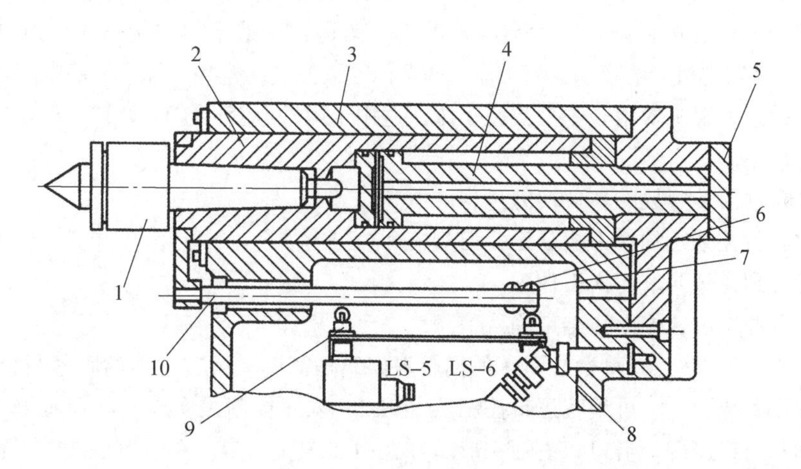

图 2 - 31 数控车床标准尾座结构简图

1—顶尖；2—尾座套筒；3—尾座壳体；4—活塞杆；

5—端盖；6，7—挡块；8，9—确认开关；10—行程杆

尾座的外形美观，与机床设计风格相称，尾座壳体的材料为铸铁，经过时效处理，尾座可沿床身导轨移动，同时也可利用偏心机构将尾座固定在需要的位置上，尾座和床头箱顶尖水平面的偏移可借横向调节螺钉调节。液压尾座的工作原理：液压油经过活塞杆的内孔进入液压缸的左腔，推动顶尖左移；当液压油进入右腔，顶尖右移，实现夹紧与松开。

6）数控车床的刀架

刀架是数控车床重要的部件，用来安装各种切削加工刀具，其结构直接影响机床的切削性能和工作效率。图 2 - 32 所示为数控车床普遍采用的自动转塔式刀架。

图 2－32　数控车床普遍采用的自动转塔式刀架

（1）刀架的结构形式。刀架的结构形式一般为回转式，刀具沿圆周方向安装在刀架上，可以安装径向车刀、轴向车刀、钻头、镗刀。车削加工中心还可以安装轴向铣刀、径向铣刀。少数数控车床的刀架为直排式，刀具沿一条直线安装。

（2）数控车床的刀架种类。数控车床可以配备专用刀架和通用刀架两种，专用刀架由车床生产厂商自己开发，所使用的刀柄也是专用的。这种刀架的优点是制造成本低，但缺乏通用性。通用刀架是根据一定的通用标准而生产的刀架，数控车床生产厂商可以根据数控车床的功能要求进行选择配置。刀架安装各种切削加工刀具，其结构直接影响机床的切削性能和工作效率。数控车床的刀架分为转塔式和排式两大类。转塔式刀架是普遍采用的刀架形式，通过转塔头的旋转、分度、定位来实现机床的自动换刀工作。两坐标连续控制的数控车床，一般都采用 6～12 工位转塔式刀架。排式刀架主要用于小型数控车床，适用于短轴或套类零件加工。方刀架在中低档数控车床中也有使用。

数控车床自动回转刀架的转位换刀过程如下。

①当接收到数控系统的换刀指令后，刀盘松开。

②刀盘旋转到指令要求的换刀位置。

③刀盘夹紧并发出转位即将结束确认信号。

图 2－33 所示为 MJ－50 型数控车床的回转刀架结构简图。回转刀架的固紧与松开以及刀盘的转位均由液压系统驱动、可编程逻辑控制器（PLC）顺序控制来实现。11 是安装刀具的刀盘，它与刀架主轴 6 固定连接。当刀架主轴 6 带动刀盘 11 旋转时，其上的鼠牙盘 13 和固定在刀架上的鼠牙盘 10 脱开，旋转到指定刀位后，刀盘的定位由鼠牙盘的啮合来实现。

活塞 9 支承在一对推力轴承 7 和 12 及双列滚针轴承 8 上，它可以通过推力轴承带动刀架主轴 6 移动。当接到换刀指令时，活塞 9 及刀架主轴 6 在压力油推动下向左移动，使鼠牙盘 13 与 10 脱开，液压马达 2 启动带动平板共轭分度凸轮 1 转动，经齿轮 5 和 4 带动刀架主轴 6 及刀盘 11 旋转。刀盘旋转的准确位置，通过开关 PRS1，PRS2，PRS3，PRS4，PRS5 的通断组合来检测确认。当刀盘旋转到指定位置后，接近开关 PRS7 通电，向数控系统发出信号，指令液压马达停转，这时压力油推动活塞 9 向右移动，使鼠牙盘 10 和 13 啮合，刀盘被定位夹紧。接近开关 PRS6 确认夹紧并向数控系统发出信号，宣布刀架的转位换刀循环完成。

在机床自动运行状态下，当指令换刀的刀号后，数控系统会自动判断、实现刀盘的就近转位换刀，即会自动选择刀盘的正反转。但手动操作时，从刀盘方向观察，只允许刀盘顺时针转动换刀。

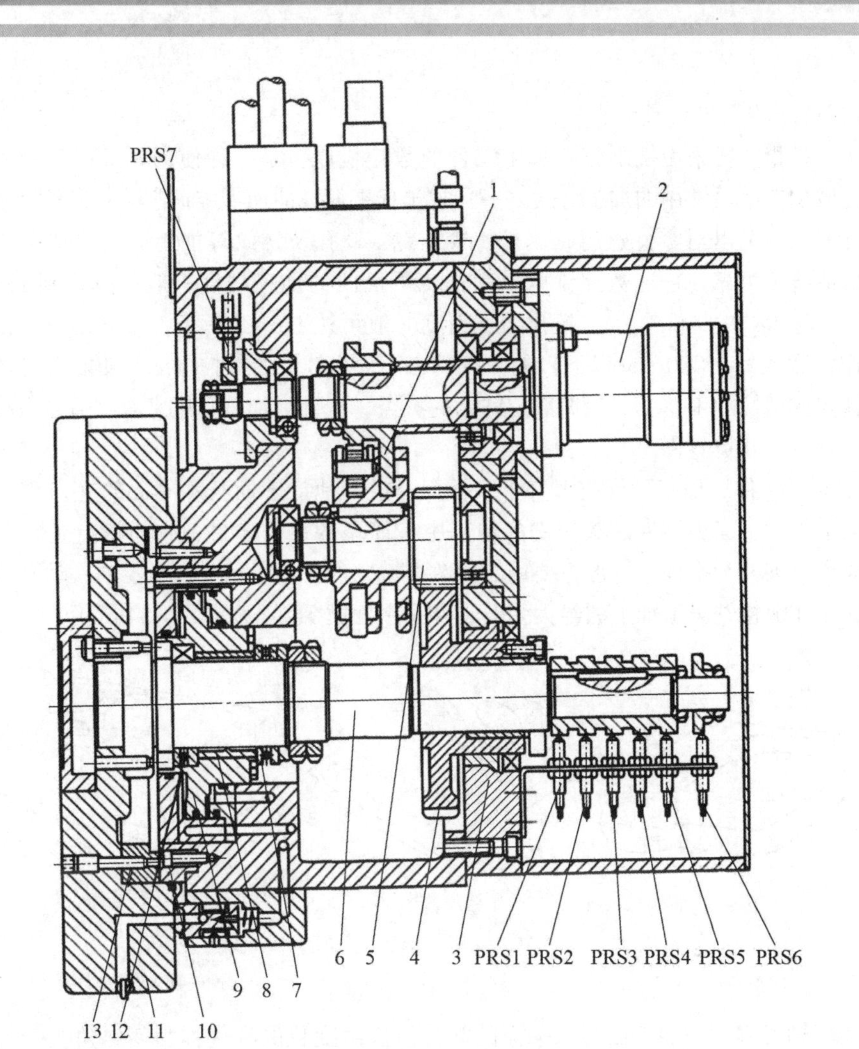

图 2-33 MJ-50 型数控车床的回转刀架结构简图

1—分度凸轮；2—液压马达；3—衬套；4，5—齿轮；6—刀架主轴；
7，12—推力轴承；8—双列滚针轴承；9—活塞；10，13—鼠牙盘；11—刀盘

7）数控车床结构特点

（1）传动链短。由于数控车床刀架两个方向的运动分别由伺服电动机驱动，所以它的传动链短。不必使用挂链、光杆等传动部件，用伺服电动机直接与丝杆连接带动刀架运动。伺服电动机与丝杆间也可以用同步皮带副或齿轮副连接。

（2）刚度高。为了与数控系统高精度控制相匹配，数控车床的结构要求具有高刚度，以便适应高精度的加工。

（3）轻拖动。刀架移动一般采用滚珠丝杠，摩擦因数小，移动轻便，两端安装的配对专用轴承，其压力较大。为了拖动轻便，润滑充分，大部分采用油雾自动润滑。

（4）使用寿命长。数控车床的控制系统的寿命较长，所以数控车床的滑动导轨也要求耐磨性好。数控车床一般采用的是镶钢导轨，这样精度保持较长、使用时寿命也较长。

（5）数控车床还具有加工冷却充分、防护较严密等特点。自动运转时一般都处于全封闭或半封闭状态。数控车床一般还配有自动排屑装置。

2. 数控铣床

1）数控铣床的工艺范围

数控铣床是指主要采用铣削方式加工工件的数控机床，是一种使用非常广泛的机床，而铣削加工是机械加工中最常用的加工方式之一，它包括平面或曲面型腔铣削、外形轮廓铣削、三维复杂型面铣削，也可以对零件进行钻、扩、铰、锪、镗孔及螺纹等加工。数控铣床的加工精度高、加工质量稳定可靠。普通数控铣床铣削加工平面时的加工精度一般可以达到 IT7 ~ IT9 级，表面粗糙度可达 *Ra* 1.6 ~ 6.3 μm，镗孔加工精度一般可达 IT6 ~ IT8 级。一般数控铣床是指规格较小（工作台宽度都在 400 mm 以下）的数控铣床。规格较大的数控铣床其功能已向加工中心靠近，进而演变成柔性加工单元。根据数控铣床的特点，从铣削加工角度来看，适合数控铣床的加工对象主要有以下几类零件。

（1）平面类零件。加工平行或垂直于水平面，或其他加工面与水平面的夹角为定角的零件称为平面类零件。平面类零件是数控铣削加工中最简单的一类零件，它的特点是各个加工单元面是平面或可以展开为平面。一般只要用 3 轴数控铣床的 2 轴联动（或 2.5 轴联动）就可以进行加工，目前，在数控铣床上加工的绝大多数零件是平面类零件，如图 2 – 34 所示。

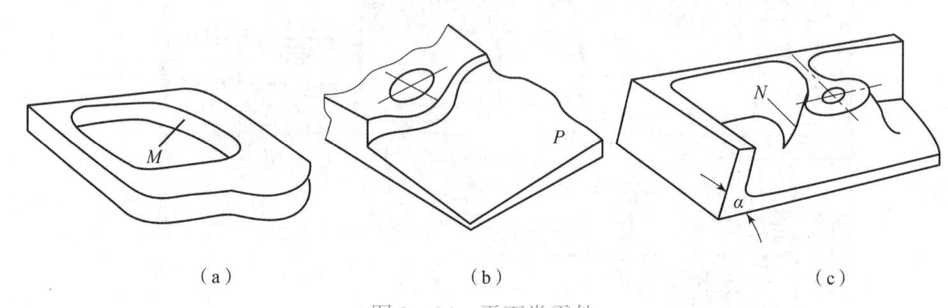

图 2 – 34　平面类零件

（a）带平面轮廓的平面零件；（b）带斜平面的平面零件；（c）带正圆台和斜筋的平面零件

（2）变斜角类零件。加工面与水平面的夹角呈连续变化的零件称为变斜角类零件。这类零件多为飞机零件，其特点是加工面不能展开为平面，在加工中，加工面与铣刀圆周接触的瞬间为一条线。加工这类零件最好采用 4 轴或 5 轴数控铣床摆角加工。没有上述机床时，也可采用 3 轴数控铣床，进行 2.5 轴近似加工。

（3）曲面类零件。加工面为空间曲面的零件称为曲面类零件，又称立体类零件。其特点是加工面不能展开为平面。加工时，加工面始终与铣刀点接触。加工曲面类零件一般采用 3 轴联动数控铣床加工，当曲面较复杂、通道较窄、会伤及相邻表面及需刀具摆动时，要采用 4 轴或 5 轴联动数控铣床进行加工。

随着数控铣床在机械加工中应用越发广泛，它不仅广泛应用于模具加工制造领域，还较多应用于中小批量的零件加工。

2）数控铣床组成及分类

数控铣床型号根据《金属切削机床　型号编制方法》（GB/T 15375—2008）中规定，机床均用汉语拼音字母和数字按一定规律组合进行编号，以表示机床的类型和主要规格。例如，数控铣床编号 XK5025 中字母与数字含义如图 2 – 35 所示。

（1）数控铣床的组成。数控铣床一般由数控系统、主传动系统、进给伺服系统、冷却润滑系统等部分组成，图 2 – 36 所示为 XK5040A 型数控铣床的布局。

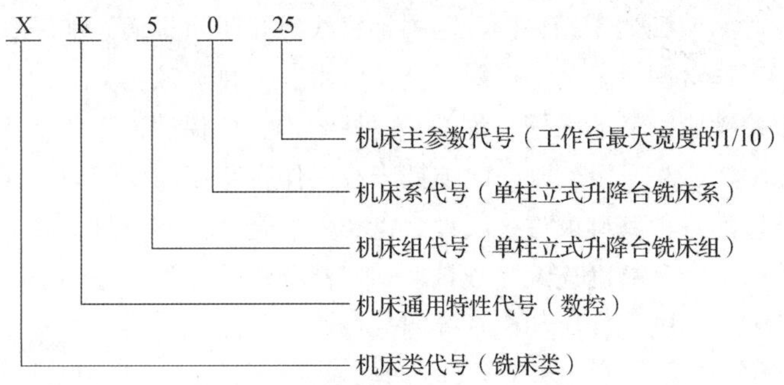

图 2-35　数控铣床编号 XK5025 中字母与数字含义

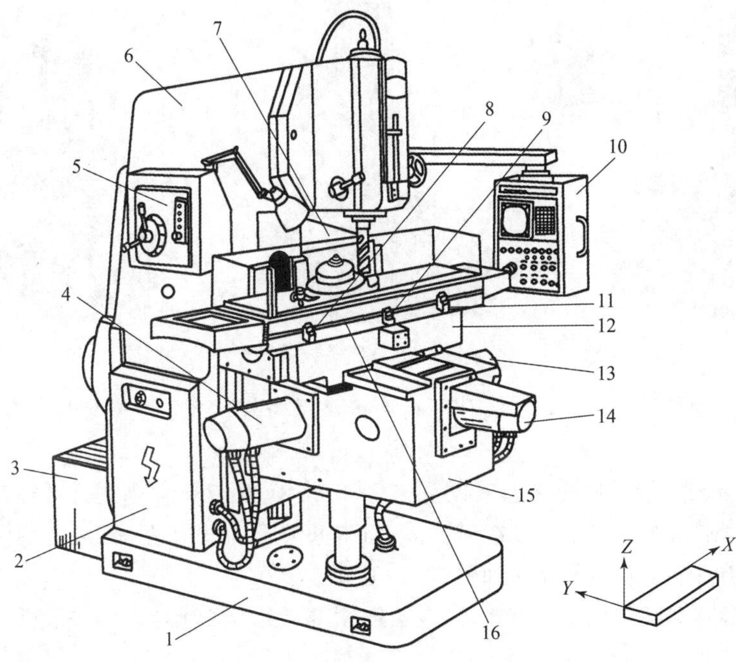

图 2-36　XK5040A 型数控铣床的布局

1—底座；2—强电柜；3—变压器箱；4—垂直升降（Z 轴）进给伺服电机；5—主轴变速手柄和按钮板；6—床身；7—数控柜；8，11—保护开关（控制纵向行程硬限位）；9—挡铁（用于纵向参考点设定）；10—操纵台；12—横向溜板；13—纵向（X 轴）进给伺服电动机；14—横向（Y 轴）进给伺服电动机；15—升降台；16—纵向工作台

主传动系统由主轴箱、主轴电机、主轴和主轴轴承等零件组成。主轴的启动、停止等动作和转速均由数控系统控制，并通过装在主轴上的刀具进行切削。

进给伺服系统由伺服电动机和进给执行机构组成，按照程序设定的进给速度实现刀具和工件之间的相对运动，包括直线进给运动和旋转运动。

控制系统是数控铣床运动控制的中心，执行数控加工程序控制机床进行加工。

辅助装置，如液压、气动、润滑、冷却系统和排屑、防护等装置。

机床基础件通常是指底座、立柱、横梁等，它是整个机床的基础和框架。

(2) 数控铣床的分类。数控铣床常见的分类形式有以下几种。

①按主轴布置形式分类，数控铣床可分为立式数控铣床、卧式数控铣床和龙门数控铣床等。

立式数控铣床一般可进行 3 轴联动加工，目前 3 轴数控立式铣床占大多数。如图 2-37 所示，立式数控铣床主轴与机床工作台面垂直，工件装夹方便，加工时便于观察，但不便于排屑。其主要为中小型数控铣床。

卧式数控铣床与通用型卧式铣床相同，其主轴轴线平行于水平面。如图 2－38 所示，卧式数控铣床的主轴与机床工作台面平行，加工时不便于观察，但排屑顺畅。

对于大尺寸的数控铣床，一般采用对称的双立柱结构，以保证机床的整体刚度和强度，这就是龙门数控铣床。如图 2－39 所示，龙门数控铣床有工作台移动和龙门架移动两种形式。其主要用于大中等尺寸或质量的各种基础大件、板件、盘类件、壳体件和模具等多品种零件的加工，工件一次装夹后可自动高效、高精度连续完成铣、钻、镗和铰等多种工序的加工，适用于航空、重机、机车、造船、机床、印刷、轻纺和模具等制造行业。

图 2－37　立式数控铣床　　图 2－38　卧式数控铣床　　图 2－39　龙门数控铣床

②按数控系统的功能分类，数控铣床可分为经济型数控铣床、全功能数控铣床和高速数控铣床等。

经济型数控铣床一般采用经济型数控系统，如 SIEMENS802S 等采用开环控制，可以实现 3 轴联动。这种数控铣床成本较低，功能简单，加工精度不高，适用于一般复杂零件的加工，一般有工作台升降式和床身式两种类型，如图 2－40 所示。

全功能数控铣床采用半闭环控制或闭环控制，其数控系统功能丰富，一般可以实现 4 轴以上的联动，加工适应性强，应用最广泛，如图 2－41 所示。

高速铣削是数控加工的一个发展方向，技术已经比较成熟，已逐渐得到广泛应用。高速数控铣床采用全新的机床结构、功能部件和功能强大的数控系统，并配以加工性能优越的刀具系统，加工时主轴转速一般在 8 000～40 000 r/min，切削进给速度可达 10～30 m/min，可以对大面积的曲面进行高效率、高质量加工，如图 2－42 所示。

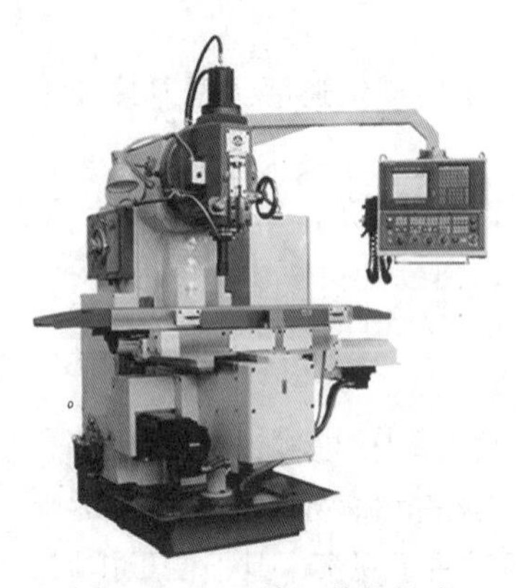

图 2－40　经济型数控铣床

图 2－41　全功能数控铣床

图 2－42　高速数控铣床

3）数控铣床结构特征

数控铣床结构特征有主轴特征和控制机床运动的坐标特征。

（1）数控铣床的主轴特征。数控铣床的主轴开启与停止、主轴正反转与主轴变速等都可以按程序介质上编入的程序自动执行。在数控铣床的主轴套筒内一般都设有自动拉、退刀装置，能在数秒内完成装刀与卸刀，换刀比较方便。此外，多坐标数控铣床的主轴可以绕 X 轴、Y 轴或 Z 轴做数控摆动，扩大了主轴自身的运动范围，但是这样会使得主轴的结构更加复杂。

（2）控制机床运动的坐标特征。为了把工件上各种复杂的形状轮廓连续加工出来，必须控制刀具沿设定的直线、圆弧或空间的直线、圆弧轨迹运动，因此要求数控铣床的伺服系统能在多轴方向同时协调动作，并保持预定的相互关系，实现多轴联动。

4）XK5040A 型数控铣床的用途、布局与参数

图 2－36 为 XK5040A 型数控铣床的布局，床身 6 固定在底座 1 上，用于安装与支承机床各部件。操纵台 10 上有 CT 显示器、机床操作按钮和各种开关及指示灯。纵向工作台 16、横向溜板 12 安装在升降台 15 上，通过纵向进给伺服电动机 13 和垂直升降进给伺服电动机 4 的驱动，完成 X 轴、Y 轴、Z 轴的进给。强电柜 2 中装有机床电气部分的接触器、继电器等。变压器箱 3 安装在床身立柱的后面。数控柜 7 内装有机床数控系统。保护开关 8，11 可控制纵向行程硬限位。挡铁 9 为纵向参考点设定挡铁。主轴变速手柄和按钮板 5 用于手动调整主轴的正转、反转、停止及切削液开停等。

XK5040A 型数控铣床配置的 FANUC－3MA 数控系统，属于半闭环控制，位置反馈采用脉冲编码器，各轴的最小设定单位为 0.001 mm。其主要技术参数见表 2－11。

表 2－11 XK5040A 型数控铣床主要技术参数

<table>
<tr><td colspan="2">工作台工作面积（长×宽）</td><td>1 600 mm×400 mm</td><td colspan="2">主轴孔锥度</td><td>7∶24；50 钢</td></tr>
<tr><td colspan="2">工作台最大纵向行程</td><td>900 mm</td><td colspan="2">主轴孔直径</td><td>27 mm</td></tr>
<tr><td colspan="2">工作台最大横向行程</td><td>375 mm</td><td colspan="2">主轴套筒移动距离</td><td>70 mm</td></tr>
<tr><td colspan="2">工作台最大垂直行程</td><td>400 mm</td><td colspan="2">主轴端面到工作台面距离</td><td>50～450 mm</td></tr>
<tr><td colspan="2">工作台 T 形槽数</td><td>3</td><td colspan="2">主轴中心线至
床身垂直导轨距离</td><td>430 mm</td></tr>
<tr><td colspan="2">工作台 T 形槽宽</td><td>18 mm</td><td colspan="2">工作台侧面至
床身垂直导轨距离</td><td>30～405 mm</td></tr>
<tr><td colspan="2">工作台 T 形槽间距</td><td>100 mm</td><td colspan="2">主轴转速范围</td><td>30～1 500 r/min</td></tr>
<tr><td colspan="2">主电动机功率</td><td>7.5 kW</td><td colspan="2">主轴转速级数</td><td>18</td></tr>
<tr><td rowspan="3">工作台进给量</td><td>纵向</td><td>10～1 500 mm/min</td><td rowspan="3">伺服电动机
额定转矩</td><td>X 轴方向</td><td>18 N·m</td></tr>
<tr><td>横向</td><td>10～1 500 mm/min</td><td>Y 轴方向</td><td>18 N·m</td></tr>
<tr><td>垂直</td><td>10～600 mm/min</td><td>Z 轴方向</td><td>35 N·m</td></tr>
<tr><td colspan="2">机床外形尺寸
（长×宽×高）</td><td colspan="4">2 469 mm×2 100 mm×2 170 mm</td></tr>
</table>

数控铣床的传动结构及调整，图2－43所示为XK5040A型数控铣床的传动系统图，其主体运动是主轴。

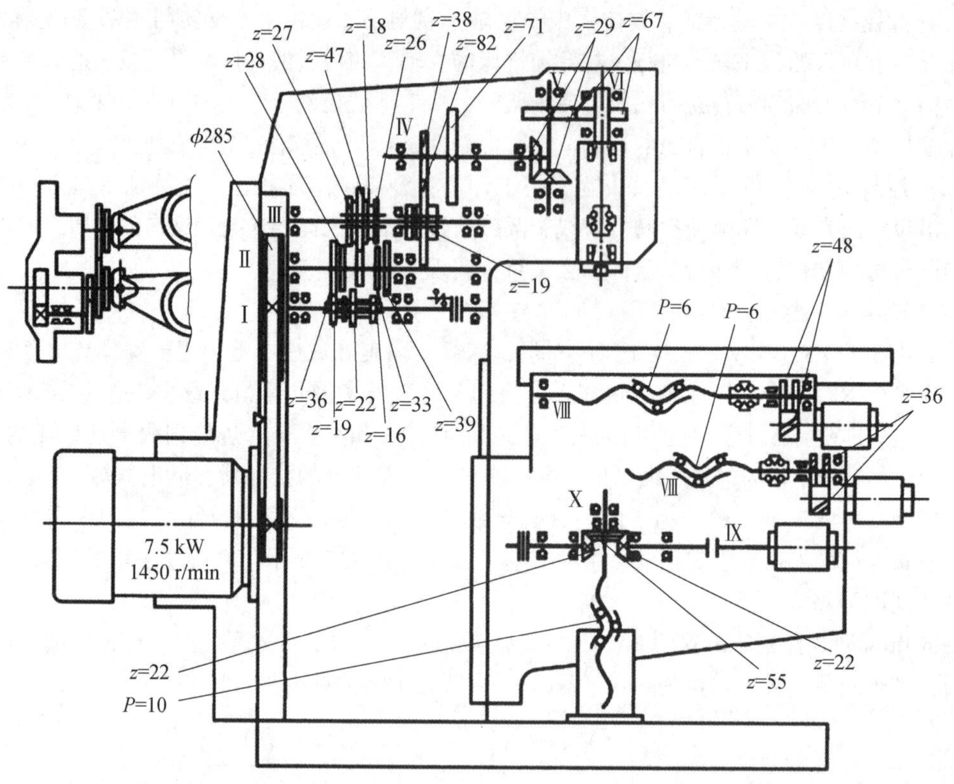

图2－43　XK5040A型数控铣床的传动系统图

主轴具有刀具自动锁紧和松开机构，用于固定主轴和刀具的连接。由碟形弹簧、拉杆和气缸或液压缸组成。主轴具有吹气功能，在刀具松开后，向主轴锥孔吹气，达到清洁锥孔的目的。

进给运动。工作台纵向、横向和垂直三个方向运动。纵向、横向进给运动由FB－15型直流伺服电动机驱动，经过圆柱斜齿轮副带动滚珠丝杠转动，垂直方向进给运动由FB－25型带制动器的直流伺服电动机驱动，经过圆锥齿轮副带动滚珠丝杠转动。进给系统转动齿轮间隙的消除，采用双片斜齿轮间隙消除机构，如图2－44所示，调整螺母，即能靠弹簧自动消除间隙。

5）数控铣床的升降平衡装置

XK5040A型数控铣床升降台自动平衡装置结构如图2－45所示，由摩擦离合器和单向超越离合器构成，其工作原理为当圆锥齿轮4转动时，通过锥销带动单向超越离合器的星轮5，当工作台上升时，星轮的转向是使滚子6和超越离合器的外壳7脱开，外壳不转摩擦片不起作用；当工作台下降时，星轮的转向使滚子6楔在星轮与超越离合器的外壳7之间，外壳7随着圆锥齿轮4一起转动。经过花键与外壳连在一起的内摩擦片与固定的外摩擦片之间产生相对运动，由于内、外摩擦片之间的弹簧压紧，有一定摩擦阻力，起到阻尼作用，上升与下降的力量得以平衡。

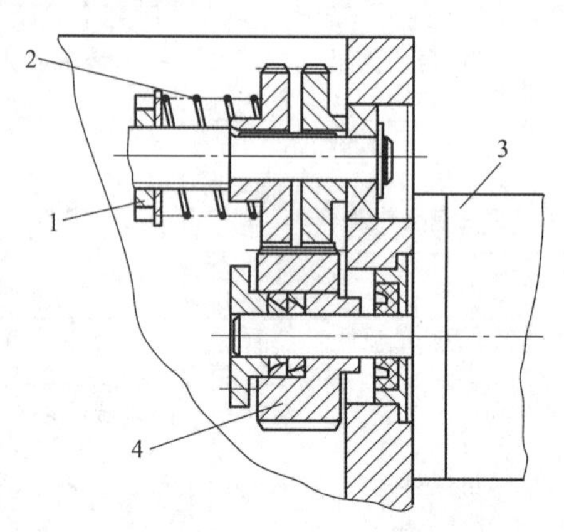

图2－44　双卡齿轮间隙消除机构

1—螺母；2—弹簧；3—电动机；4—齿轮

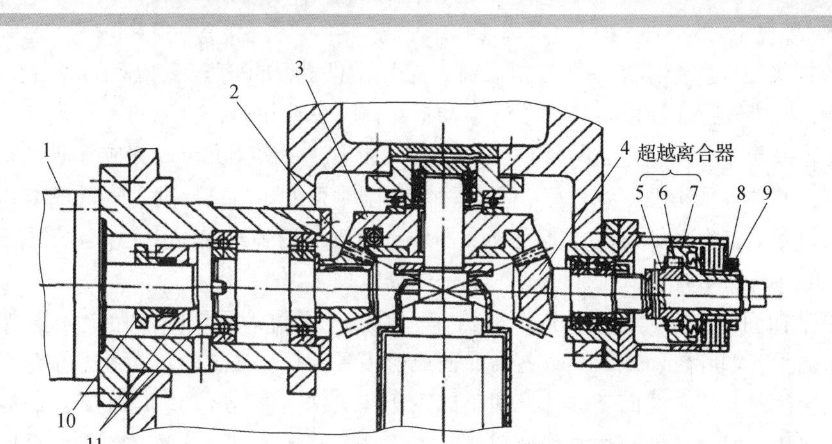

图 2-45 XK5040A 型数控铣床升降台自动平衡装置结构

1—伺服电动机；2，3，4—圆锥齿轮；5—星轮；6—滚子；
7—外壳；8—螺母；9—螺钉；10—锥环连接器；11—十字联轴节

因为滚珠丝杠无自锁作用，在一般情况下，垂直放置的滚珠丝杠会因为部件的自重作用而自动下落，所以必须有阻尼或锁紧机构。XK5040A 型数控铣床选用了带制动器的伺服电动机。阻尼力的大小即摩擦离合器的松紧可由螺母 8 调整，调整前应先松开螺母 8 的锁紧螺钉 9。

6）数控铣床加工工艺特点

数控铣削加工除了具有普通铣床加工的特点外，还有以下特点。

（1）对零件加工的适应性强、灵活性好，能加工轮廓形状特别复杂或难以控制尺寸的零件，如模具类零件、壳体类零件等。

（2）能加工普通机床无法加工或很难加工的零件，如用数学模型描述的复杂曲线零件以及三维空间曲面类零件。

（3）能加工一次装夹定位后，需进行多道工序加工的零件，如在卧式铣床上可方便地对箱体类零件进行钻孔、铰孔、扩孔、镗孔、攻螺纹、铣削端面、挖槽等多道工序的加工。

（4）加工精度高、加工质量稳定可靠。普通数控铣床铣削加工平面时的加工精度一般可以达到 IT7～IT9 级，表面粗糙度可达 Ra 1.6～6.3 μm，镗孔加工精度一般可达 IT6～IT8 级。

（5）生产自动化程度高，可以减轻操作人员的劳动强度，有利于生产管理自动化。

（6）生产效率高。一般可省去划线、中间检验等工作，可省去复杂的工装，减少对零件的安装、调整等工作。能通过选用最佳工艺线路和切削用量，有效地减少加工中的辅助时间，从而提高生产效率。

3. 加工中心

加工中心，又称自动换刀数控机床，是备有刀库并能自动更换刀具、对一次装夹的工件进行多工序加工的数控机床。数控系统控制机床按不同工序自动选择更换刀具、自动对刀、自动改变机床主轴转速、进给量和刀具相对工件的运动轨迹及其他辅助机能，依次完成工件几个加工面上多道工序的加工。加工中心主要用于加工形状复杂工件的高效率自动化机床，推动数控机床行业向高精度、智能化等重要领域发展，是高端装备的组成部分。

1）加工中心的主要加工范围

加工中心适于加工形状复杂、工序多、精度要求高的工件；尤其适用于加工需要多种类型普通机床和繁多的加工刀具、夹具，经过多次装夹和调整才能加工完成的具有适当批量的零件。加工中心主要加工对象有以下四类零件。

(1) 箱体类零件。箱体类零件是指具有一个以上的孔系并有较多型腔的零件，这类零件在机械、汽车、飞机等行业较多，如汽车的发动机缸体、变速箱体，机床的床头箱、主轴箱，柴油机缸体，齿轮泵壳体等。箱体类零件在加工中心上加工，一次装夹可以完成普通机床60%～95%的工序内容，零件各项精度一致性好、质量稳定，同时可缩短生产周期、降低成本。对于加工工位较多，工作台需多次旋转角度才能完成的零件，一般选用卧式加工中心；对于加工工位较少，且跨距不大的零件，可选立式加工中心，从一端进行加工。

(2) 复杂曲面类零件。在航空航天、汽车、船舶、国防等领域的产品中，复杂曲面类零件占有较大的比重，如叶轮、螺旋桨、各种曲面成形模具等。从加工的角度考虑，在不出现加工干涉区或加工盲区时，复杂曲面类零件一般可以采用球头铣刀进行3轴联动加工，这类加工的加工精度较高，但生产效率较低。如果工件存在加工干涉区或加工盲区，就必须考虑采用4轴或5轴联动的加工中心机床进行加工。

(3) 异形零件。异形零件是外形不规则的零件，大多需要点、线、面多工位混合加工，如异形支架、基座、样板、复杂型面模具、靠模类零件等。异形零件的刚度一般较差，夹压及切削变形难以控制，加工精度也难以保证，这时可充分发挥加工中心工序集中的特点，采用合理的工艺措施，一次或两次装夹，完成多道工序或全部内容的加工。

(4) 盘类、套类、板类零件。带有键槽、径向孔或端面有分布孔系以及有曲面的盘套、壳体或轴类零件，还有具有较多孔加工的板类零件，适宜采用加工中心加工。端面有分布孔系、曲面的零件宜选用立式加工中心，有径向孔的可选卧式加工中心。

加工中心可以完成平面或曲面等加工，还可连续完成钻、镗、铣、铰、攻丝等多种工序，因而大幅减少了工件装夹、测量和机床调整等辅助工序的时间，对加工形状比较复杂、精度要求较高、品种更换频繁的零件具有良好的经济效益。

2）加工中心的分类

加工中心的种类很多，其分类方法有多种，一般分类方式有：按加工工序分类，加工中心可分为镗铣加工中心、车铣复合加工中心；按控制轴数分类，加工中心可分为3轴加工中心、4轴加工中心和5轴加工中心；根据加工中心主轴的布置形式，加工中心可分为立式加工中心、卧式加工中心、龙门加工中心（与龙门数控铣床相似）、复合式加工中心（立卧两用加工中心，其主轴能旋转90°或回转工作台绕 X 轴旋转90°），如图2－46所示；按刀库形式，加工中心可分为带刀库和机械手的加工中心、无机械手的加工中心、转塔刀库式加工中心等；按工作台的数量和功能分类，加工中心可分为单工作台加工中心、双工作台加工中心和多工作台加工中心；按加工精度分类，加工中心可分为普通加工中心（分辨率1 μm，最大进给速度15～25 m/min，定位精度10 μm左右）、高精度加工中心（分辨率0.1 μm，最大进给速度15～100 m/min，定位精度2 μm左右。介于2～10 μm的，以±5μm较多，可称精密级）等。

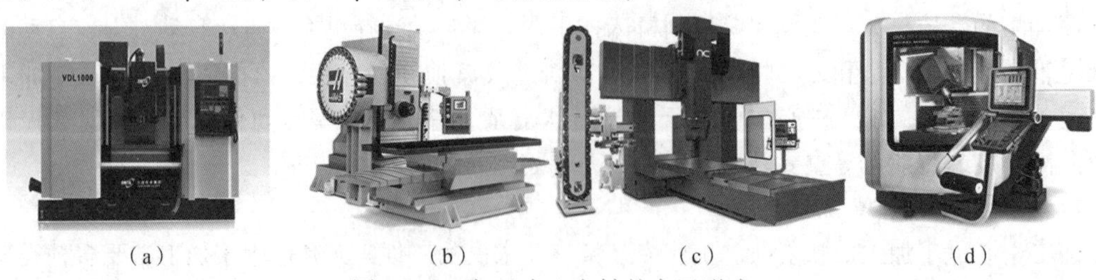

(a)　(b)　(c)　(d)

图2－46　加工中心主轴的布置形式

(a) 立式加工中心；(b) 卧式加工中心；(c) 龙门加工中心；(d) 复合式加工中心

3）加工中心的组成及部分功能结构简介

（1）加工中心的组成。加工中心主要由基础部件、主轴部件、数控系统、自动换刀系统（automatic tool changer，ATC）、辅助装置、自动托盘交换系统等部分组成。图 2-47 所示为立式加工中心外观，图 2-48 为卧式加工中心外观图。

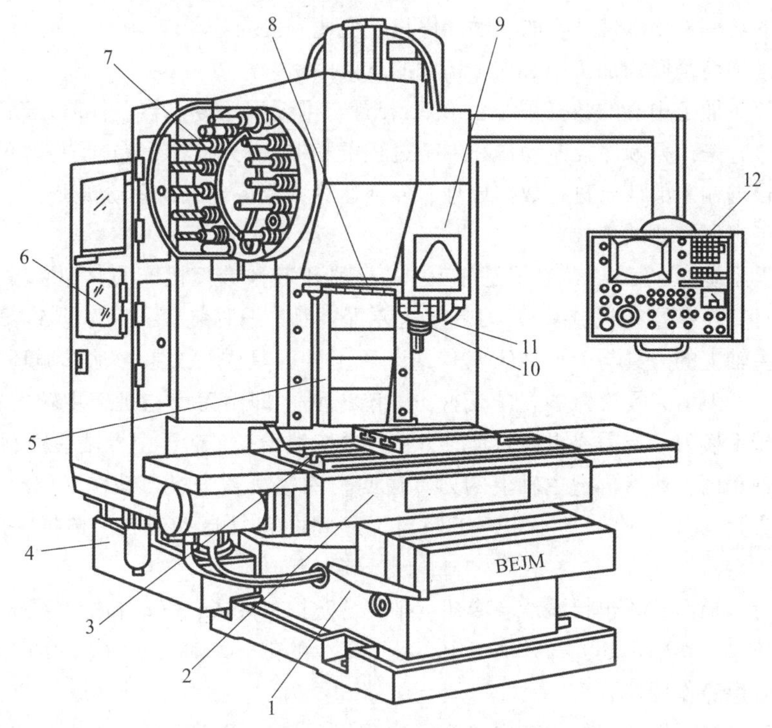

图 2-47　立式加工中心外观

1—床身；2—滑座；3—工作台；4—润滑油箱；5—立柱；6—数控柜；7—刀库；8—机械手；9—主轴箱；10—主轴；11—控制柜；12—操作面板

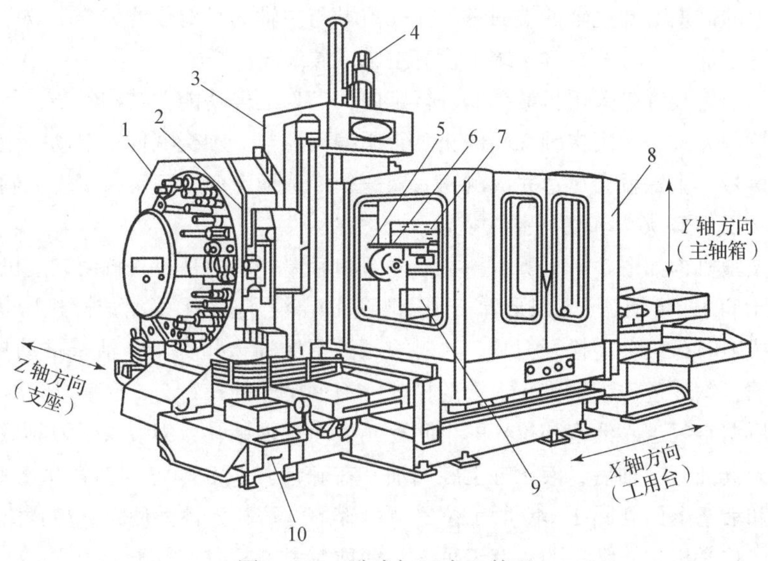

图 2-48　卧式加工中心外观

1—刀库；2—换刀装置；3—支座；4—y 轴伺服电动机；5—主轴箱；6—主轴；7—数控装置；8—防溅挡板；9—回转工作台；10—切屑槽

①基础部件。基础部件是加工中心的基础结构，它主要由床身、工作台、立柱三部分组成。这三部分不仅要承受加工中心的静载荷，还要承受切削加工时产生的动载荷，故加工中心的基础部件必须有足够的刚度。

②主轴部件。主轴部件由主轴箱、主轴电动机、主轴和主轴轴承等零部件组成。主轴是加工中心切削加工的功率输出部件，它的启动、停止、变速、变向等动作均由数控系统控制；主轴旋转精度和定位准确性是影响加工中心加工精度的重要因素。

③数控系统。加工中心的数控系统由 CNC 装置、可编程序控制器、伺服驱动系统以及面板操作系统组成，它是执行顺序控制动作和加工过程的控制中心。CNC 装置是一种位置控制系统，其控制过程是根据输入的信息进行数据处理、插补运算，获得理想的运动轨迹信息，然后输出到执行部件，加工出所需要的工件。

④自动换刀系统（ATC）。该系统是加工中心区别于其他数控机床的典型装置，自动换刀系统由刀库、刀具交换装置（机械手）、刀具传送装置、刀具编码装置、识刀器 5 个部分组成。其职能是将机床主轴上的刀具与刀库或刀具传送装置上的刀具进行交换，动作循环过程为拔刀—新旧刀具交换—装刀。刀具换刀装置的交换方式有两种，即由刀库与机床主轴的相对运动实现换刀或采用机械手换刀。当需要更换刀具时，数控系统发出指令后，由机械手从刀库中取出相应的刀具装入主轴孔内，然后再把主轴上的刀具送回刀库完成整个换刀动作。自动换刀系统解决了工件一次装夹后多工序连续加工中，工序与工序间的刀具自动储存、选择、搬运和交换的任务。

⑤辅助装置。辅助装置包括润滑、冷却、排屑、防护、液压、气动和检测系统等部分。这些装置虽然不直接参与切削运动，却是加工中心不可缺少的部分。对加工中心的加工效率、加工精度和可靠性起着保障作用。

⑥自动托盘交换系统。有的加工中心为了实现进一步的无人化运行或进一步缩短非切削时间，采用多个自动交换工作台方式储备工件。

（2）主轴准停装置。为了将主轴准确地停止在某一固定位置，以便机械手在该处进行换刀时，保证刀柄上的键槽对准主轴的端面键，保证刀具与主轴的相对位置完全一致，提高刀具重复定位精度，为此在加工中心的主轴系统中设有主轴准停装置。

传统的主轴准停装置是采用机械挡铁进行定向，实现准停功能，结构复杂、易磨损。现在一般都采用电气控制方式，实现主轴准确停止。它用编码器与主轴交流伺服电动机配合，只要数控系统发出指令信号，主轴就会迅速完成测速、减速，准确地定向、锁定，实现准确停止。

（3）主轴刀具自动夹紧和切屑清除装置。

刀具自动夹紧机构如图 2－49 所示，主轴内部和后端安装的是刀具自动夹紧机构。它主要由拉杆 7、拉杆端部的四个钢球 3、碟形弹簧 8、活塞 10、液压缸 11 等组成。机床执行换刀指令，机械手从主轴拔刀时，主轴需松开刀具。这时液压缸上腔通入压力油，活塞推动拉杆向下移动，使碟形弹簧压缩，钢球进入主轴锥孔上端的槽内，刀柄尾部的拉钉 2（拉紧刀具用）松开，机械手拔刀之后，压缩空气进入活塞和拉杆的中间孔，吹净主轴锥孔，为装入新刀具做好准备。当机械手将下一把刀具插入主轴后，液压缸上腔回油，在碟形弹簧 8 和螺旋弹簧 9 恢复力的作用下，使拉杆、钢球和活塞退回到图 2－49 所示位置，由碟形弹簧的弹性力使刀具夹紧。

刀杆尾部的拉紧机构，常见的还有卡爪式。钢球拉紧刀柄时，接触应力太大，易将主轴孔和刀柄压出坑痕，而卡爪式则相对较好。

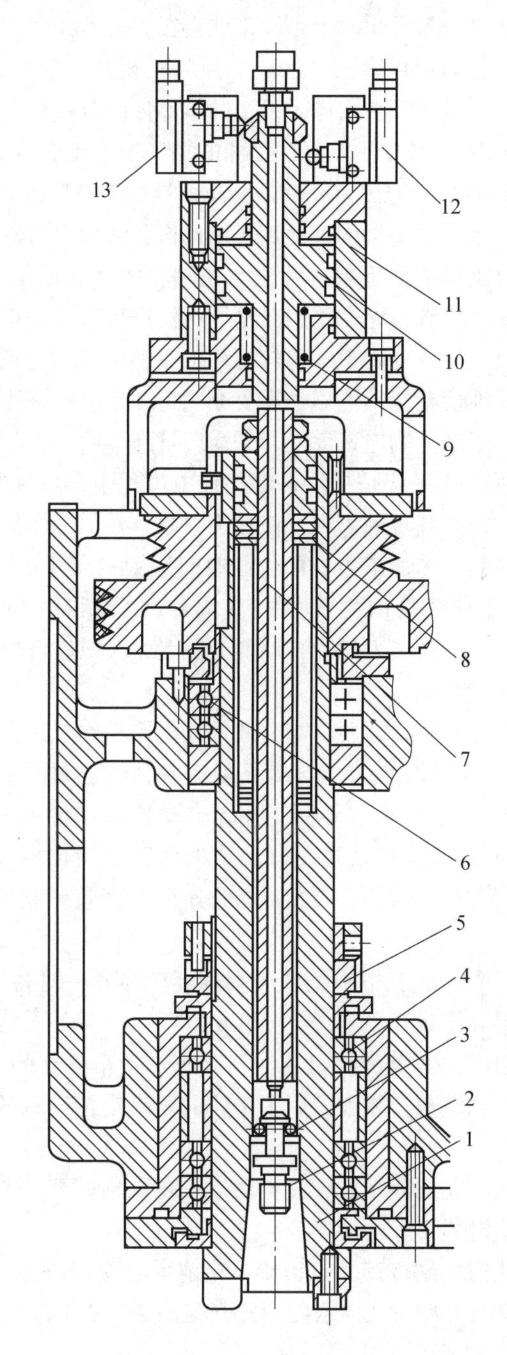

图 2-49 刀具自动夹紧机构

1—主轴；2—拉钉；3—钢球；4，6—角接触球轴承；5—预紧螺母；7—拉杆；
8—碟形弹簧；9—螺旋弹簧；10—活塞；11—液压缸；12，13—行程开关

切屑清除装置。如果主轴锥孔中落入了切屑、灰尘或其他污物，在拉紧刀杆时，锥孔表面和刀杆锥柄表面会被划伤，甚至会使刀杆发生偏斜，破坏刀杆的正确定位，影响零件的加工精度，甚至会使零件超差报废。为了保持主轴锥孔的清洁，常采用的方法是使用压缩空气吹屑。

（4）主轴箱平衡装置。主轴箱的重力是向下的，但切削力是向上的，且铣削的切削力是变

化的。当切削力接近并大于主轴箱重力时，主轴箱就会在垂向丝杠间隙范围内振动。当切削力消失，主轴箱下沉，刀具就会扎向工件表面，出现“掉刀”现象。因此，在主轴箱上应有能与主轴箱的重力相抗衡的平衡力，且该平衡力应大于主轴箱部件的自重。有了该平衡力，主轴箱的振动现象就能减少，也不会出现“掉刀”现象，工件的加工质量也会提高。机床制造厂家提示用户“主轴上不准使用过重的刀具”原因之一就是防止刀具过重破坏建立好的“平衡”。

常见的主轴平衡机构有重锤平衡机构、弹簧平衡机构、液压平衡机构、伺服平衡机构等。重锤平衡机构最简单，但自由重锤的上下移动无法与主轴箱的高速运动相协调，会引起主轴箱的不稳定。弹簧的平衡力一般是变数，它需要用凸轮等机构进行适当修正，但也会因主轴箱的高速运动引发振动等不稳定现象。液压平衡是一种较理想的平衡方式，但需要增设昂贵的液压系统，密封元件会老化，会出现漏油现象，蓄能器也需要充气护理。伺服平衡机构是推出的一种新型平衡机构，该机构具有简便、干净、响应速度快、平衡质量高等优点。

（5）刀库。加工中心的刀库系统是提供自动化加工过程中存放某些工序所需刀具和测量工具的一种装置；刀库和自动换刀装置的出现，使加工中心具备了工序集中的特点，减少了人工装卸刀具、测量和机床调整时间，使加工中心的切削时间达到机床开动时间的80%左右（普通机床仅为15%~20%）；同时还减少了工序之间的工件周转、搬运和存放时间，大幅缩短生产周期，降低生产成本。由于加工中心配备了刀库和自动换刀装置，获得显著的技术经济效果，因此，加工中心就成为数控铣床的替代产品。

加工中心配备了刀库和自动换刀装置，与普通数控机床相比，具有以下几个突出特点。

①工序集中。加工中心备有刀库并能自动更换刀具，对工件进行多工序加工，使得工件在一次装夹后，数控系统能控制机床按不同工序，自动选择和更换刀具，自动改变机床主轴转速、进给量和刀具相对工件的运动轨迹，以及其他辅助功能。现代加工中心更大程度地使工件在一次装夹后实现多表面、多特征、多工位的连续、高效、高精度加工，这是加工中心最突出的特点。

②加工对象的适应性更强。加工中心生产的柔性不仅体现在对特殊要求的快速反应上，还可以快速实现批量生产，提高市场竞争能力。

③加工精度高。加工中心同其他数控机床一样具有加工精度高的特点，而且加工中心由于加工工序集中，避免了长工艺流程，减少了因多工序的重复定位导致的误差，故加工精度更高，加工质量更加稳定。

加工中心有立式、卧式、龙门等多种，其自动换刀装置的原理、结构等更是多种多样，加工中心现最常用鼓盘式刀库、链式刀库的形式。

①鼓盘式刀库。鼓盘式刀库结构简单、紧凑，钻削中心应用较多，一般存放刀具不超过32把，如图2－50所示。鼓盘式刀库有径向取刀形式（见图2－50（a）、图2－50（c））和轴向取刀形式（见如图2－50（b）、图2－50（d））。

②链式刀库。链式刀库是在环形链条上装有许多刀座，刀座的孔中装夹各种刀具，链条由链轮驱动。链式刀库适用于刀库容量较大的场合，多为轴向取刀。链式刀库有单环链式与多环链式。

单环链式刀库一般置于机床立柱侧面，采用轴向取刀方式（见图2－51（a））；当链条较长时，可以增加支承链轮数目，使链条折叠回绕，提高空间利用率（见图2－51（c））。多环链式刀库如图2－51（b）所示，其刀具容量很大（有些可储放120把以上），且刀库外形紧凑，所占空间小，刀具识别装置所用元件也少，选刀时间短。

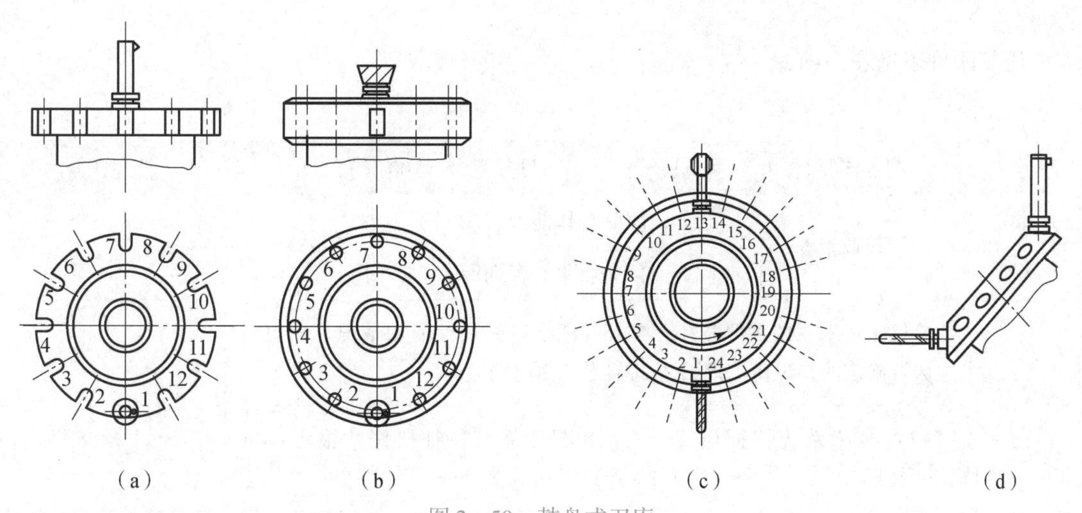

图 2－50 鼓盘式刀库

(a) 径向取刀；(b) 轴向取刀；(c) 径向取刀；(d) 轴向取刀

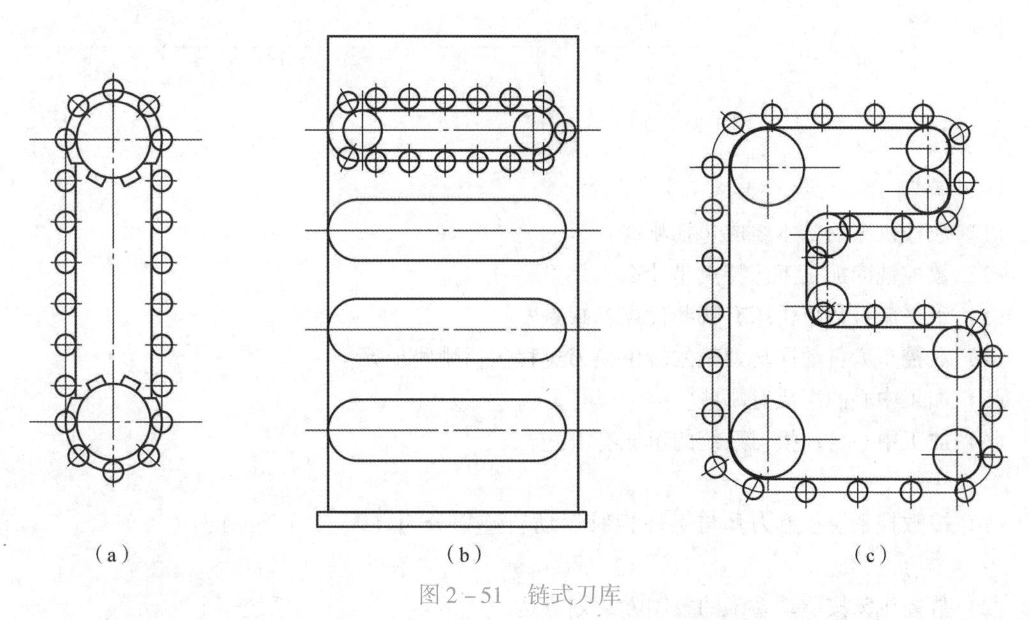

图 2－51 链式刀库

(a) 单环链式；(b) 多环链式；(c) 多链轮支承单环链式

任务实施

(1) 使用 XMind 思维导图将数控机床技术系统主要技术参数及确定的知识树梳理出来并提交。

(2) 使用 XMind 思维导图梳理出数控机床结构与组成，并查阅相关资料深入研究典型数控机床的传动系统、主轴、刀库、尾座、进给、支座、床身及控制系统等的特点，写成一篇《数控机床系统特征研修》的报告并提交。

(3) 在网上收集与数控机床技术系统相关的数字化资源，如 3D 机床图或机床零部件图、数控仿真等并在学习小组里展示。

任务评价

任务评价表见表 2－12。

表 2－12　任务评价表

序号	考核要点	项目（配分：100 分）	教师评分
1	职业素养	团队合作能力（20 分）	
		信息收集、咨询能力（20 分）	
2	数控机床技术系统主要技术参数及确定的知识树梳理	XMind 思维导图软件使用情况、知识树梳理评价（20 分）	
3	《数控机床系统特征研修》研修报告	《数控机床系统特征研修》报告评价（20 分）	
4	数字化资源收集	数字化资源收集与展示评价（20 分）	
得分			

问题探究

1. 问答题

（1）数控机床的基本组成包括哪些？

（2）数控铣床加工工艺特点是什么？

（3）水平床身数控机床有哪些优点和缺点？

（4）数控车床自动回转刀架的转位换刀过程包括哪些步骤？

（5）加工中心的组成有哪些？

（6）加工中心自动换刀系统的组成有哪些？

2. 填空题

（1）按数控系统控制刀具与工件相对运动轨迹划分为（　　　　）、（　　　　）和（　　　　）三类。

（2）数控机床按驱动系统的控制方式划分为（　　　　）系统、（　　　　）系统及（　　　　）系统。

（3）按主轴的布置结构，数控车床分为（　　　　）数控和（　　　　）数控车床两种类型。

（4）卧式数控车床按功能来说可分为经济型数控车床、普通型数控车床和（　　　　）。

（5）按床身与导轨的布局分类，数控车床可分为（　　　　）床身数控车床与（　　　　）床身数控车床。

（6）机床主轴部件是机床实现（　　　　）的执行件。

（7）数控车床的刀架种类可以配备（　　　　）刀架和（　　　　）刀架两种。

（8）加工中心主轴部件由（　　　　）、主轴电动机、主轴和主轴轴承等零部件组成。

3. 判定题

（1）加工中心的刀库系统是提供自动化加工过程中存放某些工序所需刀具和测量工具的一种装置。（ ）

（2）加工面与水平面的夹角呈连续变化的零件称为平面类零件。（ ）

（3）加工面为空间曲面的零件称为曲面类零件。（ ）

4. 单选题

（1）加工中心配备了刀库和自动换刀装置，与普通数控机床相比，具有的突出特点是（ ）。

A. 工序集中　B. 加工对象的适应性更强　C. 加工精度高　D. A&B&C

（2）加工中心现最常用的刀库的形式为（ ）。

A. 立式　B. 卧式　C. 龙门　D. 鼓盘式、链式

（3）高速数控铣床加工时主轴转速一般在（ ）r/min。

A. 2 000～3 000　B. 4 000～6 000　C. 8 000～40 000　D. ≥50 000

模块三　机床夹具设计

学习导航

学习目标	知识目标： 1. 掌握机床夹具的组成、分类、作用； 2. 掌握工件的定位原理与定位副的构建； 3. 掌握夹紧机构的组成、分类、作用； 4. 掌握典型夹紧机构的分析与设计。 技能目标： 1. 能够利用夹具的基础知识与基本原理分析与解决工程问题； 2. 能够独立完成一套夹具的设计与设计输出； 3. 能够完成一项工程问题的设计流程策划与实施。 素养目标： 养成程式化分析问题与解决问题的习惯
知识重点	工件定位的基本原理、工件的定位状态分类
知识难点	定位副的构建与夹紧机构的结构设计
建议学时	40
实训任务	课程设计

模块导入

本模块主要介绍机床夹具设计的基本概念、基本理论、基本原理、基本方法及典型的夹具特点与设计特征，主要学习夹具的概念、组成、分类及作用，系统介绍机床夹具的设计步骤、工件的定位原理、工件的定位状态分析、定位副设计的基本原则以及典型夹紧机构的组成、分类、作用、夹紧力的分析计算等。

本模块涉及的内容较多，既有概念又有流程。通过对典型机床夹具的分析讲解，促进学生结合工程实践去历练和总结，从而增长学生的工程经验；通过理实结合方式，让学生充分体验工程化设计的工作流程、工程组织、工程分析与设计方法，为成长为一名工程师奠定坚实的基础。

对于机床夹具设计的内容和方法，需要重点掌握机床夹具定位与夹紧的原理与分析方法并落实动手设计。通过完成几套机床夹具的设计任务，形成机床夹具设计知识结构的系统性和传承性。最后在熟悉机床夹具设计方法的基础上认真完成任务后的问题探究，有利于加深学生对本模块关键内容的理解。

任务 3.1 机床夹具认知

【任务描述】

根据图 3－1 轴端槽铣夹具结构示意，讨论并回答以下问题。

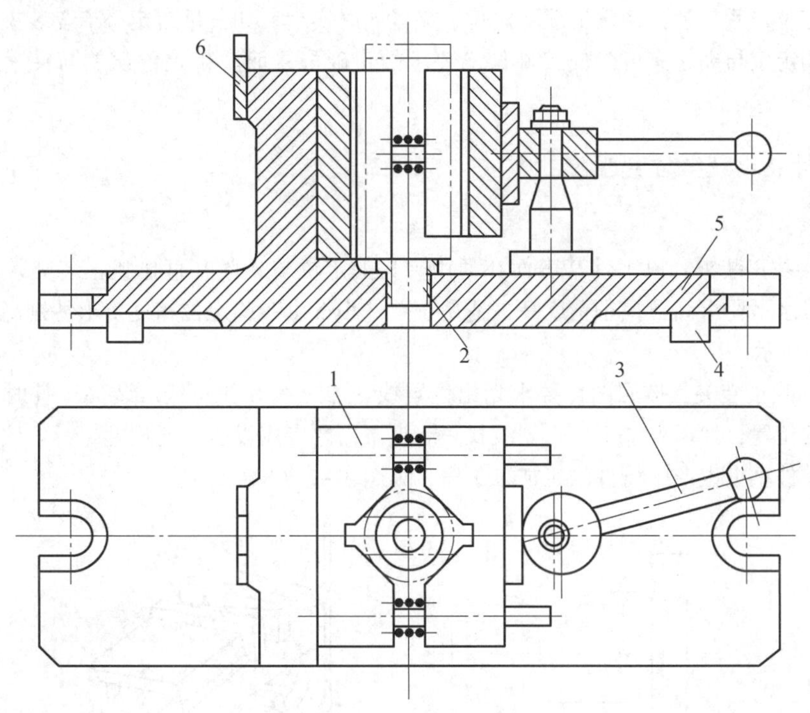

图 3－1 轴端槽铣夹具结构示意

1—V 形块；2—支承套；3—手柄；4—定向键；5—夹具体；6—对刀块

（1）描述轴端槽铣夹具的装夹过程。

（2）轴端槽铣夹具是怎样保证轴端槽加工精度的？

（3）轴端槽铣夹具保证精度的方法属于哪一类？

【学前装备】

（1）准备 CATIA 软件并安装。

（2）准备 XMind 软件并安装。

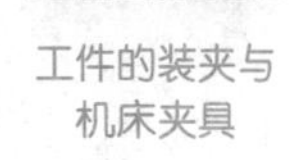

工件的装夹与机床夹具

一、机床夹具的定义

夹具是指在机械制造过程中用来固定加工对象，使之占有正确的位置，以接受加工或检测的装置。

机床夹具是指在机械加工中用来安装工件，以确定工件与切削刀具的相对位置，并将工件夹紧的装置。其特点是结构紧凑，操作迅速、方便、省力，可以保证较高的加工精度和生产效率。其中，专用夹具是指为某一工件的某道工序而专门设计的夹具。

二、工件的装夹

为了保证工件的加工精度，在工件加工前，需要使其在机床或夹具中占据某一正确加工位置，即定位，并予以夹紧。夹紧就是工件定位后，对工件合理施加一定的作用力，以保证工件在加工过程中保持其正确位置不变的过程。

一般先定位、后夹紧，特殊情况下定位、夹紧同时实现，如三爪自定心卡盘装夹工件。

不正确的定位与夹紧有可能使工件偏离要求的正确位置而产生定位误差与夹紧误差，需高度重视。

三、工件装夹获得位置精度的方法

1. 找正装夹

（1）直接找正装夹：以工件某表面在通用夹具上定位与夹紧。直接找正装夹效率低，对操作人员的技术水平要求高，找正精度高，适用于单件小批生产或定位精度要求特别高的场合，如图 3－2（a）所示。

（2）划线找正装夹：按照图样要求划出位置线、加工线和找正线。装夹工件时，先按找正线找正工件的位置，然后夹紧工件。划线找正装夹不需要专用设备，通用性好，但效率低、精度低，可用于单件小批生产中铸件的粗加工工序，如图 3－2（b）所示。

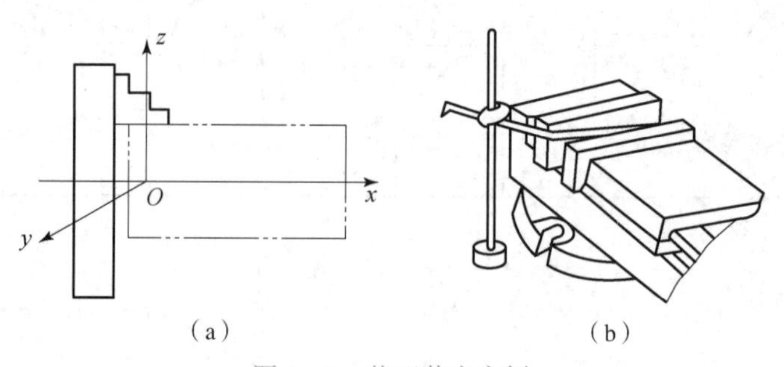

图 3－2　找正装夹实例

（a）四爪卡盘（以工件外圆找正）；（b）平口钳装夹（划线找正）

2. 夹具装夹

装夹效率高，定位精度及可靠性高，可减轻工人的劳动强度和降低对操作人员技术水平的要求，广泛用于生产批量较大或有特殊需要的场合。夹具装夹如图 3－3 所示。

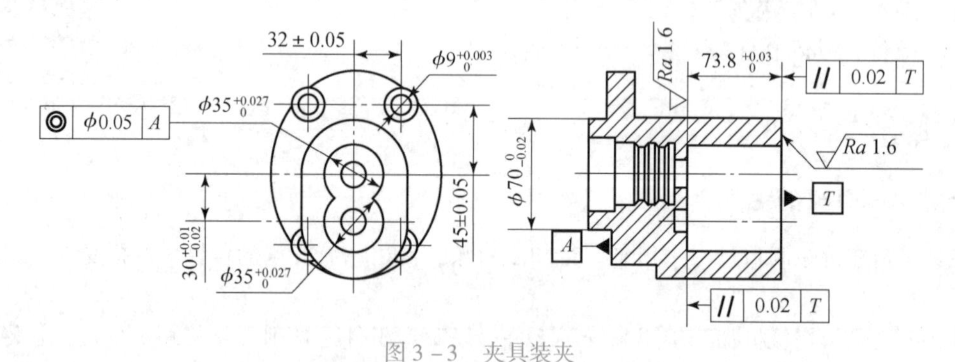

图 3－3　夹具装夹

图 3-4 所示为车削齿轮泵体两孔的夹具。

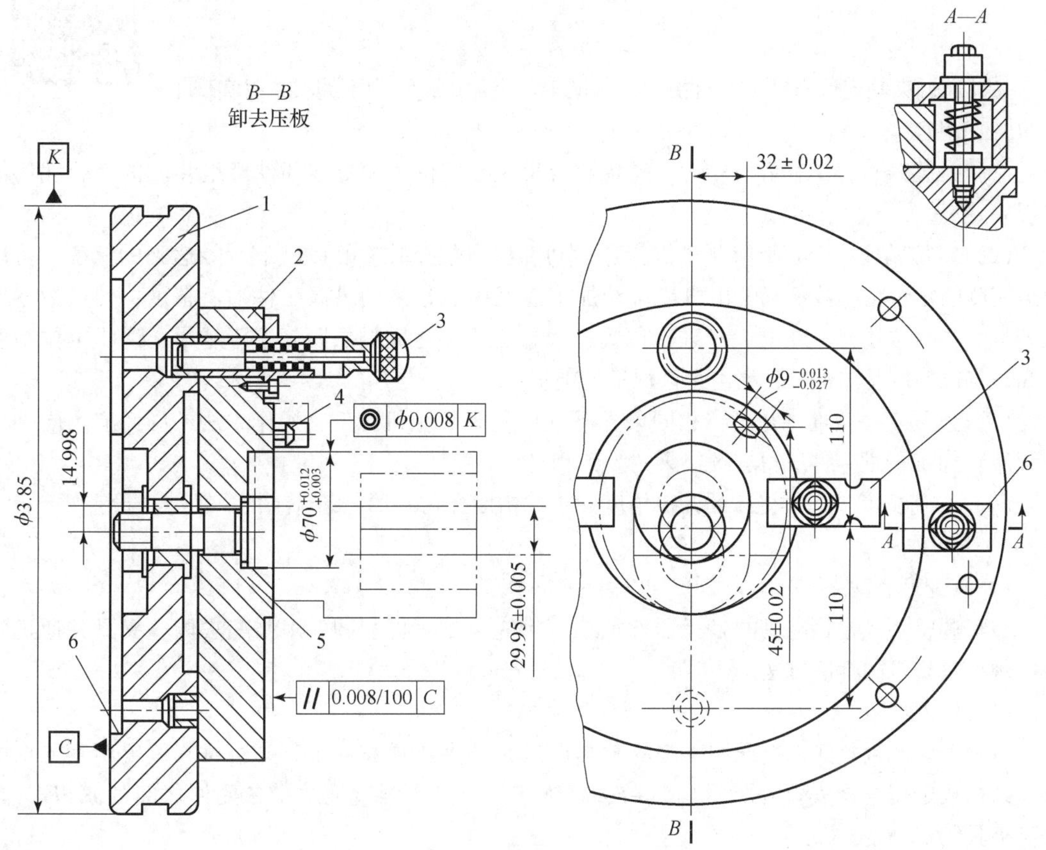

图 3-4 车削齿轮泵体两孔的夹具

1—夹具体；2—转盘；3—对定销；4—削边销；5—螺旋压板；6—L 形压板

在机械加工过程中，影响工件获得位置精度的因素主要涉及以下几个方面。

（1）定位夹紧。定位夹紧是确保工件正确定位的关键步骤。通过夹具等装置将工件固定在机床上的合适位置，并且保持稳定。定位夹紧的质量直接影响工件的位置精度。

（2）加工顺序。加工顺序也能影响工件的位置精度。在制订加工方案时，应先加工对位置精度要求较高的部分，再加工要求相对较低的部分，避免在后续加工过程中对位置精度造成不利影响。

（3）加工工艺参数。合理设置机床的加工工艺参数，如切削速度、切削深度、进给速度等，能够提高位置精度。根据工件的形状、材料特性等因素进行相应的工艺参数调整，以确保位置精度的要求。

（4）检测与修正。在机械加工过程中，需使用合适的测量工具对位置精度进行实时检测，如果工件的位置精度未能满足要求，可以进行补偿或调整。例如，通过机床的自动补偿系统进行修正，或者使用精密测量工具进行微调。

（5）机床选择。在确定位置精度时，对不同类型机床有不同要求。在选择机床时，应根据工件的位置精度要求来选择适合的机床型号和配置，以便在加工过程中满足位置精度的要求。

综上所述，通过合理的定位夹紧、加工顺序、加工工艺参数、检测与修正以及机床选择等方法，可以提高工件在机械加工过程中的位置精度。

四、机床夹具作用

机床夹具作用

1. 保证工件的加工精度

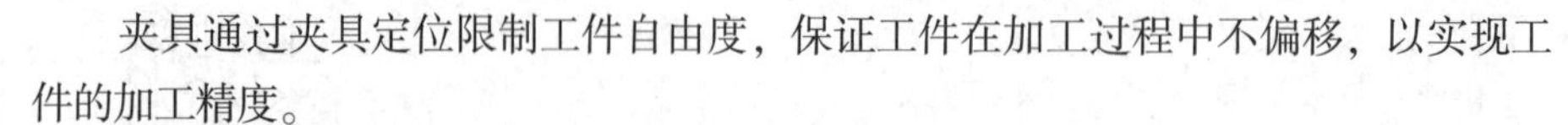

夹具通过夹具定位限制工件自由度，保证工件在加工过程中不偏移，以实现工件的加工精度。

（1）几何精度：又称静态精度，是指综合反映数控机床关键零部件经组装后的综合几何形状误差。

（2）定位精度：一是指所测量机床各运动部位在数控装置的控制下所能达到的精度，可以根据实测的定位精度数值判断出机床自动加工过程中能达到的最高工件加工精度；二是指零件或刀具等实际位置与标准位置（理论位置、理想位置）之间的差距，差距越小，说明定位精度越高。定位精度是零件加工精度得以保证的前提。

（3）重复定位精度：是指在相同条件下（同一台数控机床上，操作方法不同，应用同一零件程序）加工一批零件所得连续结果的一致程度。

（4）切削精度：是对机床的几何精度和定位精度在切削加工条件下的一项综合检查。

2. 提高劳动生产率

1）装配调整法

装配调整法是指将夹具的各元器件加工好后先装配、再装调，用修配法调整夹具并通过试模实现夹具要求的精度方法。

2）装配加工法

有别于装配调整法，装配加工法的基本原理是将夹具视作一个整体，对有位置精度要求的导向结构或定位结构安排在夹具组装后进行加工，以最大限度地减少各元件之间的累积误差，提高夹具制造精度。

夹具一旦调整好，每次使用只需要重复定位 + 夹紧步骤即可完成夹装，因此，夹具的使用能减少辅助时间，提高劳动生产率。

3. 减轻操作者的劳动强度

在夹具设计中，使用了定位元件、夹紧装置、辅助动力、辅助起重等设备，图 3－5 所示夹具零件能减轻操作人员的劳动强度，提高人机工效。

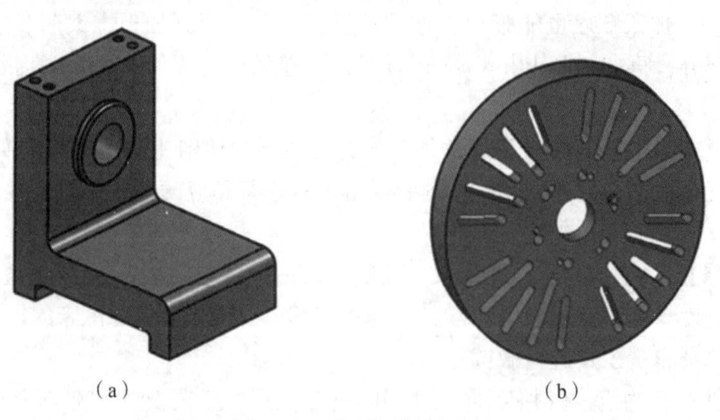

（a）　　　　（b）

图 3－5　夹具零部件示例

（a）某钻床夹具夹具体；（b）某车床夹具夹具体（花盘）

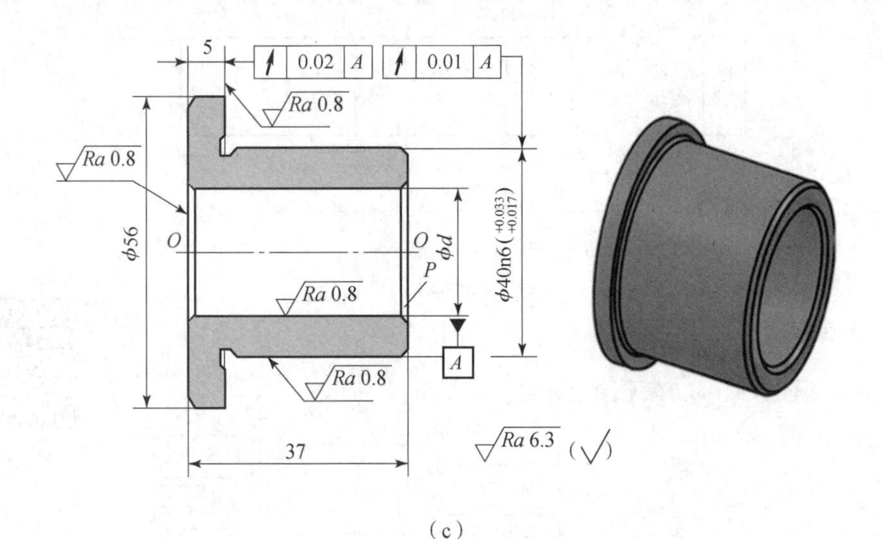

（c）

图 3－5 夹具零部件示例（续）

（c）钻套

4. 扩大机床的工艺范围

机床工艺范围是指机床适应不同生产要求的能力。每一种机床都有其工艺范围。在不同的机床上使用专用夹具，可以扩大原来机床的工艺范围。比如，正确使用角铁式车夹具就可以在车床上完成镗削或钻、扩、铰孔等功能，如图 3－6 所示。

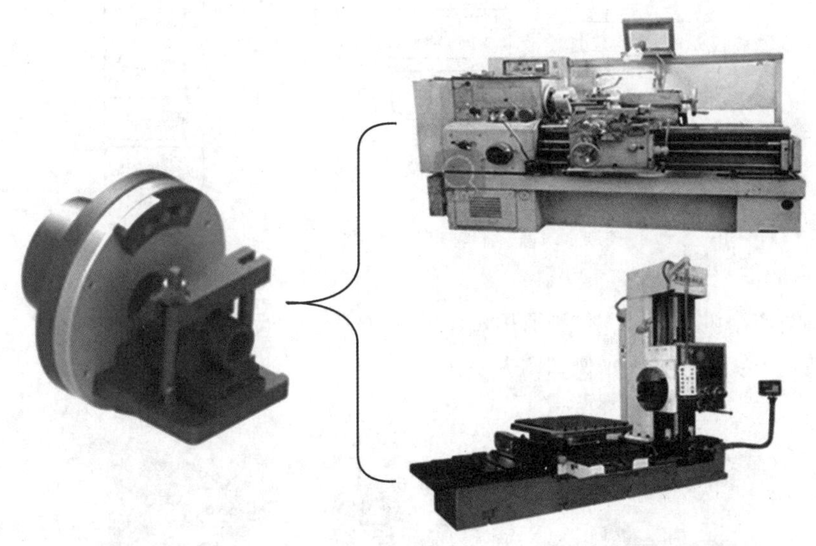

图 3－6 使用角铁式车夹具扩大车床的工艺范围

5. 缩短新产品开发周期

生产准备时间是指从在一台机床上完成上一种产品最后一个零件开始至完成另一种产品的备件加工所花费的时间。生产准备时间包括刀（模）具准备及更换、机床调整、工件的取放及装卸、首件试加工、首件检测等项作业所需要的时间，如图 3－7 所示。减少生产准备时间，可以缩短新产品开发周期，使新产品更快地投入生产。

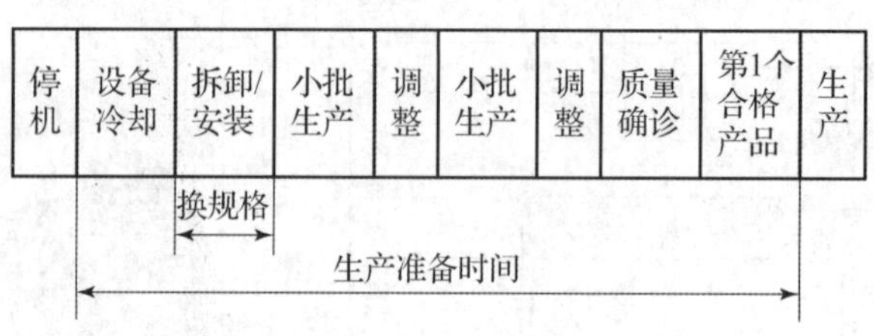

图 3-7　生产准备时间组成

五、机床夹具分类

机床夹具分类

机床夹具从不同方面可以有不同的分类，如图 3-8 所示。

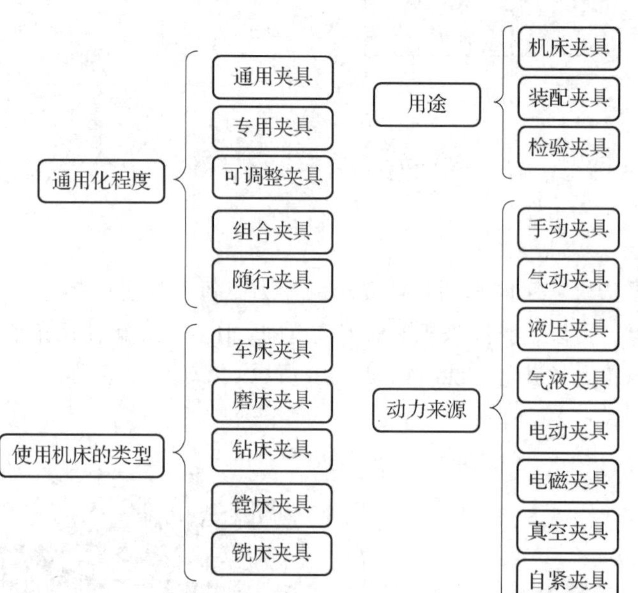

图 3-8　机床夹具分类

1. 通用夹具

通用夹具与通用机床配套，作为通用机床的附件，如三爪自定心卡盘、四爪卡盘、平口钳、分度头和回转台等。通用夹具示例如图 3-9 所示。

图 3-9　通用夹具示例

2. 专用夹具

专用夹具是指为某一工件特定工序专门设计的夹具，此夹具只用于该工件加工（如连杆镗孔夹具），一般都是成批和大量生产中所需，数量也比较大。专用夹具示例如图 3－10 所示。

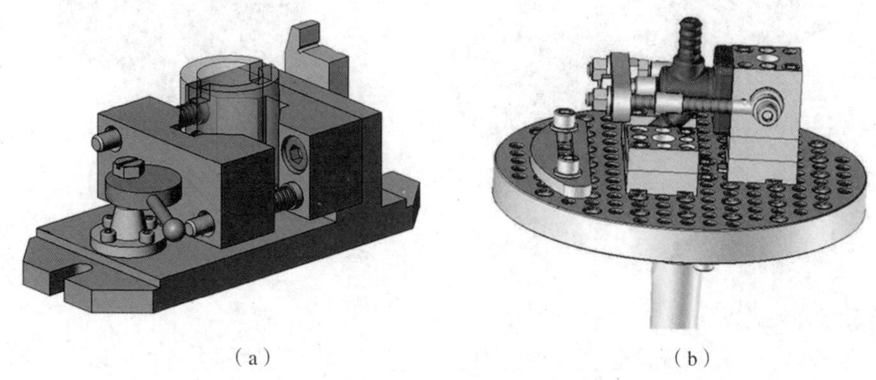

（a）　　（b）

图 3－10　专用夹具示例

3. 可调整夹具

可调整夹具的部分元件可以更换，部分装置可以调整，以适应不同零件的加工。这种夹具主要用于加工形状相似、尺寸相近的工件，一般可分为通用可调整夹具（见图 3－11）和成组夹具两种。

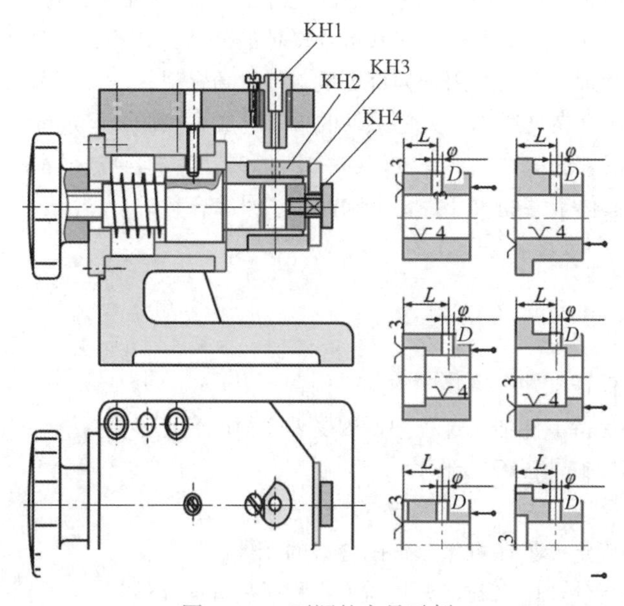

图 3－11　可调整夹具示例

4. 组合夹具

组合夹具是一种模块化的夹具。标准的模块化元件具有较高的精度和耐磨性，可组装成各种夹具，夹具使用完后即可拆卸，留待组装新的夹具，如图 3－12 所示。

组合夹具分为槽系组合夹具和孔系组合夹具两大类。槽系组合夹具和孔系组合夹具是常用的夹具类型，各自具有一些优点和缺点。

图 3 – 12　组合夹具示例

1）槽系组合夹具

优点：结构简单，制造成本较低；夹持力强，适用于大型工件的夹持；可以通过调整槽的宽度来适应不同尺寸的工件。槽系组合夹具可以提供较大的接触面积，增加夹持稳定性。

缺点：刚度较低，可能导致工件在加工过程中产生振动；定位精度较低，可能导致工件的定位不准确。槽系组合夹具适用于较大尺寸的工件，对于小型工件则不太适用。

2）孔系组合夹具

优点：夹具的刚度较高，可以提供较好的稳定性和精度；夹具的定位精度较高，可以确保工件的准确定位。孔系组合夹具适用于各种尺寸的工件，具有较好的通用性。

缺点：制造成本较高，结构复杂。孔系组合夹具的夹持力较小，不适用于大型工件的夹持。孔系夹具的调整较为烦琐，不太适用于频繁更换工件的场合。

综上所述，槽系组合夹具适用于大型工件的夹持，成本较低，但定位精度和刚度较低；孔系组合夹具适用于各种尺寸的工件，具有较好的稳定性和精度，但制造成本较高，夹持力较小。选择夹具类型时应根据具体工件的尺寸、要求和加工场景综合考虑。

六、机床夹具组成

机床夹具组成

1. 基本组成

（1）定位元件：保证工件在夹具中的正确位置。

（2）夹紧装置：保持工件加工过程中不因受外力而改变正确位置。

（3）夹具体：连接夹具各组成部分。

2. 选择元件

（1）连接元件：确定夹具在机床上正确位置的元件。

（2）对刀、导向元件：用来确定夹具与刀具相对位置的元件。

（3）其他元件：有些夹具根据加工要求有分度机构，铣床夹具还要有定位键等。

七、机床夹具中各部件间关系

在机械加工领域中，机床夹具、机床、刀具和工件之间存在着密切的关系，如图 3 – 13 所示。

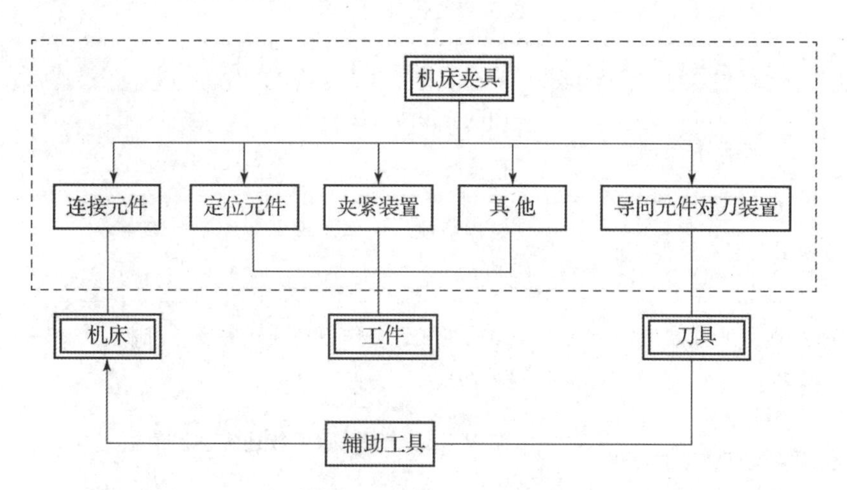

图 3-13 机床夹具、机床、刀具和工件之间的关系

（1）机床夹具。机床夹具是一种用于固定和支撑工件的装置。它可以安装在机床上。其设计目的是保持工件的位置和姿态，以便在机床上进行精确的切削和加工操作。机床夹具通常由夹紧机构、定位元件和支撑部件组成。使用适当的机床夹具可以确保工件在加工过程中保持稳定，提高加工精度和效率。

（2）机床。机床是一种用于加工工件的设备。它具备切削、成形、钻孔、磨削等功能。机床包括各种类型，如车床、铣床、钻床、磨床等。机床通常由机身、传动系统、控制系统和工作台等组成。机床通过刀具在工件上进行切削，形成所需的形状、孔径和表面质量。

（3）刀具。刀具是机床上用于切削工件的工具。它包括铣刀、车刀、钻头、刨刀和刻刀等。刀具的选择根据加工要求和工件材料的不同而变化，具体设计取决于切削力、切削速度、刀具耐磨性等因素。正确选择和使用刀具对于实现高质量、高效率的加工至关重要。

（4）工件。工件是经过加工前的原始物体，是通过机床夹具夹住并在机床上进行切削、成形、钻孔等加工操作的对象。工件可以是金属、塑料、陶瓷或复合材料等，具体形状、尺寸和材料与加工材料有关。机床、刀具和机床夹具的选择和设置需根据工件的特性和要求来确定。

综上所述，机床夹具、机床、刀具和工件之间形成了一个密不可分的系统，它们相互配合，共同实现加工操作，并直接影响加工的质量、精度和效率。

任务实施

完成如下内容。

（1）描述图 3-1 所示轴端槽铣夹具的装夹过程。

（2）图 3-1 所示轴端槽铣夹具是怎样保证轴端槽加工精度的？

（3）图 3-1 所示轴端槽铣夹具保证精度的方法属于哪一类？

任务评价

任务评价表见表 3-1。

表 3-1 任务评价表

序号	考核要点	项目（配分：100 分）	教师评分
1	职业素养	团队合作能力（20 分）	
		信息收集、咨询能力（20 分）	
2	铣夹具的装夹过程	结构组成、工作原理叙述完整、清晰（20 分）	
3	铣夹具保证轴端槽加工精度的方法	结构组成、工作原理叙述完整、清晰（20 分）	
4	铣夹具保证精度的方法	结构组成、工作原理叙述完整、清晰（20 分）	
得分			

问题探究

1. 问答题

（1）机械加工中使用的机床夹具有哪些？

（2）什么是机床夹具？

（3）装夹是一个什么样的过程？

（4）什么是定位过程？

（5）什么是夹紧过程？

（6）机械加工中获得定位精度有哪些方法？

（7）描述机床夹具作用。

（8）描述机床夹具分类。

（9）描述机床夹具组成。

2. 填空题

（1）在机械加工中用来安装工件，以确定工件与切削刀具的相对位置，并将工件夹紧的装置称为（　　　　）。

（2）为了保证工件的加工精度，工件加工前，使其在机床或夹具中占据某一正确加工位置，并予以压紧的过程称为（　　　　）。

（3）工件定位后，对工件合理施加一定的作用力，以保证工件在加工过程中保持其正确位置不变的过程称为（　　　　）。

（4）工件是经过加工前的原始物体，是通过机床夹具夹住并在机床上进行切削、成形、钻孔等加工操作的（　　　　）。

（5）刀具是机床上用于切削工件的（　　　　）。

（6）机床工艺范围是指机床适应不同生产要求的（　　　　）。

3. 判断题

（1）装夹的过程就是夹紧的过程。（　　）

（2）划线找正装夹比直接找正装夹的效率高。 （ ）

（3）工件在装夹过程中必须是先定位后夹紧。 （ ）

（4）机床工艺范围是指机床适应不同生产要求的能力。 （ ）

4. 单选题

（1）划线找正装夹比直接找正装夹的效率（ ）。

A. 高 B. 低 C. 一样 D. 没法比较

（2）据统计，在机械加工过程中夹具的使用频率为（ ）。

A. 30% B. 50% C. 70% D. 100%

（3）在机床夹具组成中的选择元件之一是（ ）。

A. 定位元件 B. 夹具体

C. 连接元件 D. 夹紧装置

任务3.2 工件定位方案设计

【任务描述】

根据图3－1讨论并回答以下问题。

（1）描述轴端槽铣夹具的装夹过程。

（2）轴端槽铣夹具定位方案是怎么设计的？

（3）分析轴端槽铣夹具定位误差来源。

【学前装备】

（1）准备UG NX或CATIA三维设计软件并安装。

（2）准备XMind软件并安装。

（3）准备CAXA工艺图表（CAPP）软件并安装。

预备知识

工件定位的基本原理

一、工件定位的基本原理

1. 基准

1）设计基准

设计基准是指设计图样上标注设计尺寸所依据的基准，如图3－14所示。

2）工艺基准

（1）工序基准：工序图上用来确定工序加工表面尺寸、形状和位置所依据的基准，如图3－15所示。

（2）定位基准：与夹具定位元件接触的工件上的点、线、面，用来确定工件在夹具中的正确位置。

（3）测量基准：工件在加工中或加工后，测量尺寸和形位误差所依据的基准。

（4）装配基准：装配时用来确定零件或部件在产品中相对位置所依据的基准。

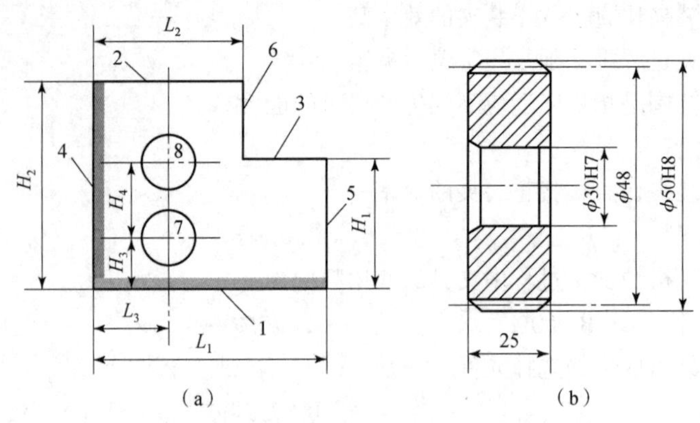

图 3-14　设计基准

2. 自由度

由刚体运动学可知，一个自由刚体在空间有且仅有 6 个自由度。对于图 3-16 所示工件，它在空间的位置是任意的，即它既能沿 X 轴、Y 轴、Z 轴三个坐标轴移动，称为移动自由度，表示为 $\vec{X}$，$\vec{Y}$，$\vec{Z}$；又能绕 X 轴、Y 轴、Z 轴三个坐标轴转动，称为转动自由度，分别表示为 $\widehat{X}$，$\widehat{Y}$，$\widehat{Z}$。

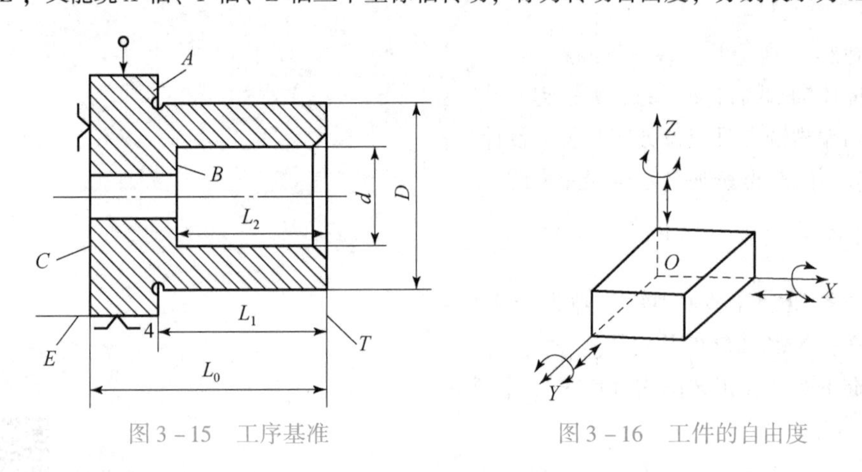

图 3-15　工序基准　　　　图 3-16　工件的自由度

3. 六点定位原则

由自由度的概念可知，如果要使一个自由刚体在空间有一个确定的位置，就必须设置相应的 6 个约束分别限制刚体的 6 个运动自由度。在具体讨论工件的定位时，工件即自由刚体，如果工件的 6 个自由度都被限制了，工件在空间的位置也就完全被确定下来了。因此，工件定位实质上就是限制工件的自由度。

工件定位时，常用 1 个支承点限制工件的 1 个自由度。六点定位原则，即用合理设置的 6 个支承点，限制工件的 6 个自由度，使工件在夹具中的位置完全确定。平面几何体工件的定位如图 3-17所示。

注意事项如下。

(1) 用支承点限制工件自由度时，定位支承点必须与工件定位基准面始终保持紧密接触，两者一旦脱离，定位作用就自然消失。

(2) 分析定位时不考虑力的影响，工件在某个方向的自由度被限制，是指工件在该方向上有了确定的位置，当工件受到脱离支承点的外力作用时将产生运动。

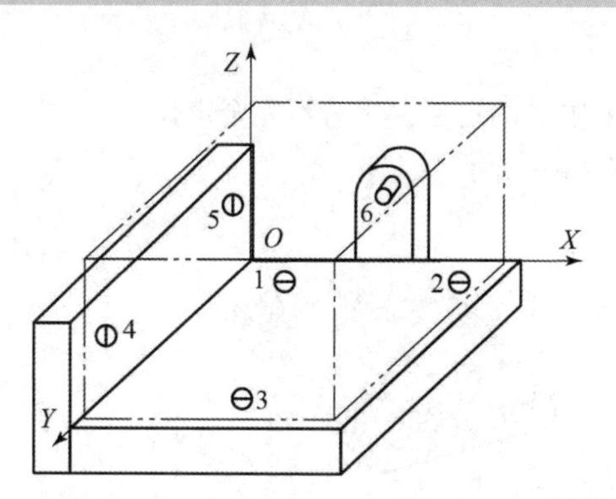

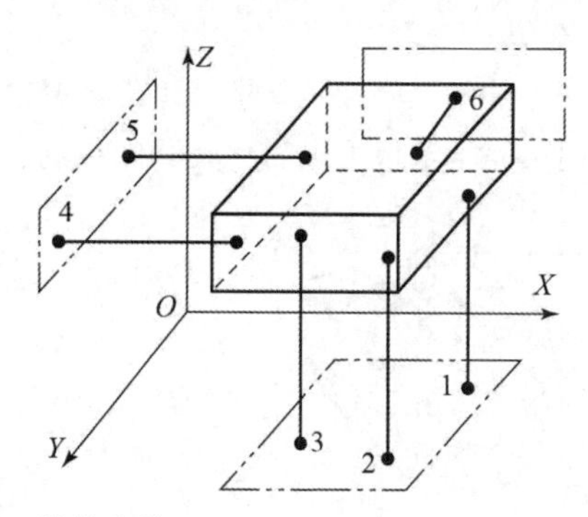

图 3－17 平面几何体工件的定位

（3）使工件在外力作用下也不运动的是夹紧的结果。

（4）定位和夹紧是两个不同的概念。

①定位支承点的合理分布主要取决于定位基准的形状和位置。

②工件定位由工件定位面与夹具的定位元件的工作面保持接触或配合实现。

③工件定位后由夹紧装置将工件夹紧紧固。

④定位支承点所限制的自由度名称，可按定位接触处的形态确定。

⑤定位点数量及布置不一定明显直观。

（5）判断工件在某一方向的自由度是否被限制，唯一的标准是看同一批工件定位后，在该方向上的位置是否一致。

（6）定位基本原理的理解。

①工件在夹具中定位，可以使用在空间直角坐标系中用定位元件限制工件自由度的方法来分析。

②工件定位时应限制的自由度数目主要由工件工序加工要求确定。

③一般讲，工件定位所选定位元件限制自由度不大于6。

④各定位元件限制的自由度原则上不允许重复或干涉。

⑤定位基本原理限制了理论上应该限制的自由度，使一批工件定位位置一致。

二、工件定位状态分析

工件的定位状态通常分为4种状态，即完全定位、不完全定位、欠定位与过定位。

1. 完全定位

根据工件的工序加工要求（尺寸、位置精度等），必须限制工件6个自由度的定位，方式称为完全定位，如图3－18所示。

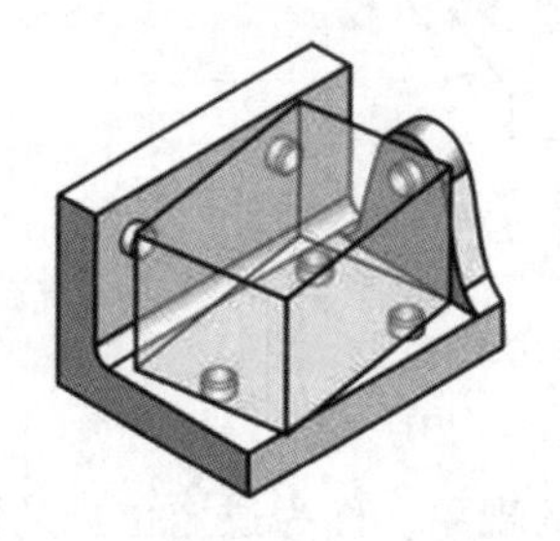
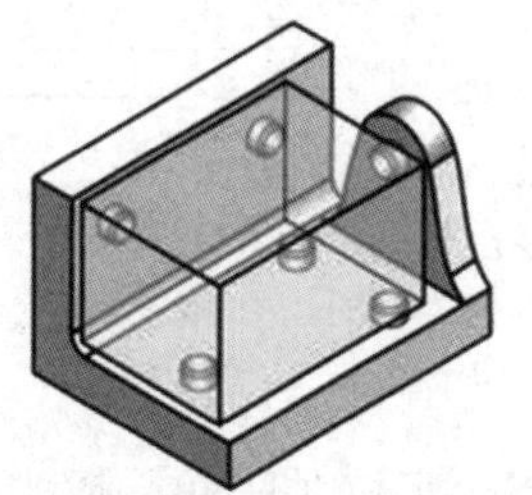
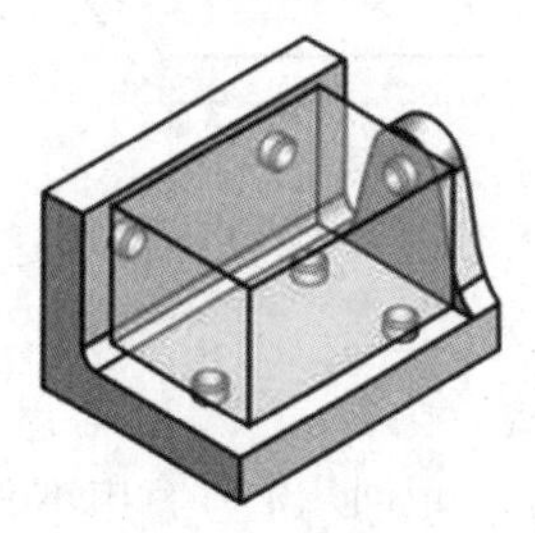

工件定位状态分析

图 3－18 箱体类工件完全定位

2. 不完全定位

根据工件的工序加工要求，工件部分自由度被限制的定位，称为不完全定位。

采用不完全定位可以简化夹具的结构，如图 3 – 19 所示。

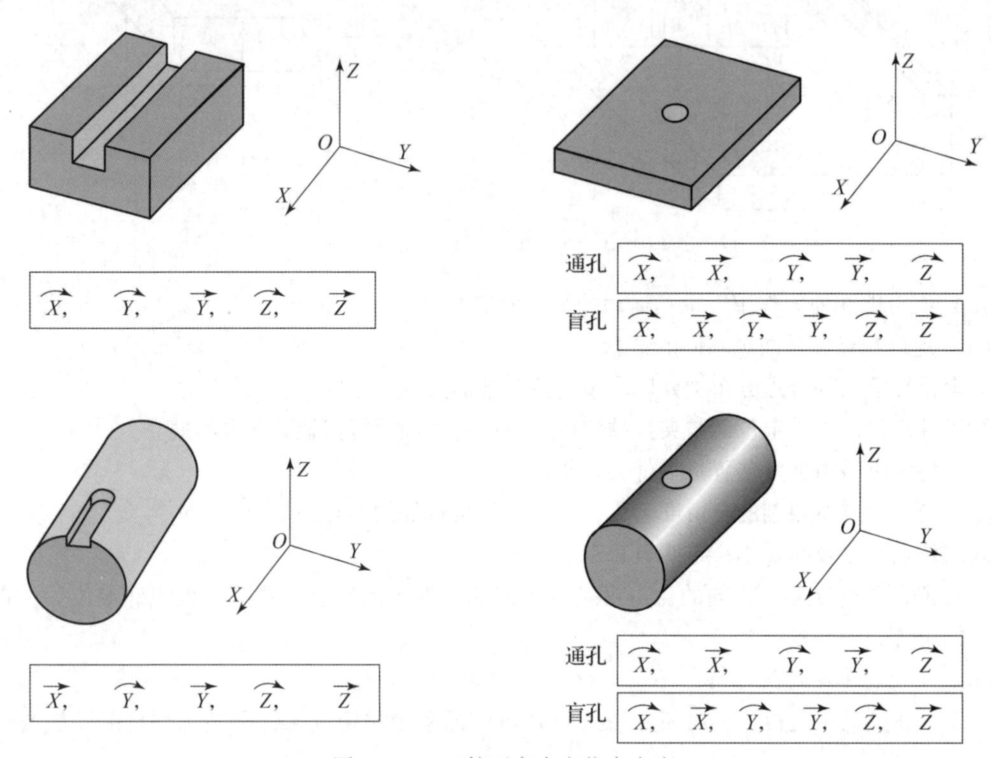

图 3 – 19 工件不完全定位自由度

3. 欠定位

欠定位是指按照工件的工序加工要求，本应该被限制的自由度实际上没有完全被限制的现象(见图 3 – 20)。

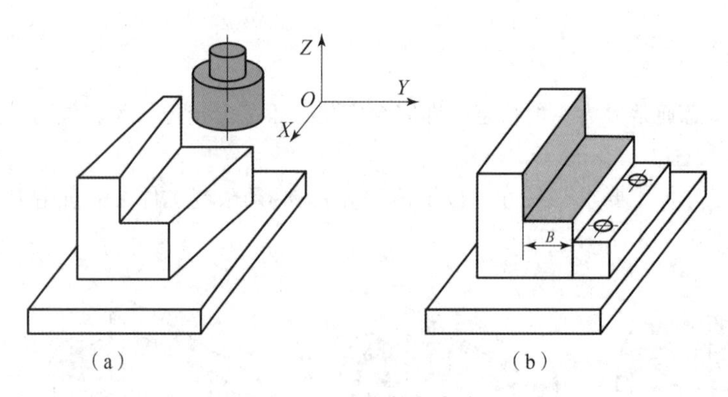

图 3 – 20 工件欠定位

4. 过定位

工件的同一个（或同几个）自由度被多个定位元件重复限制的现象，称为过定位，又称重复定位，如图 3 – 21、图 3 – 24（a）所示。

过定位造成的后果是使工件产生定位不稳，工件或定位元件产生变形，从而降低加工精度，甚至使工件无法安装，以致不能进行加工。欠定位和过定位都是违反定位原理而造成的非正常定位。为了消除或减小过定位的危害，可采取下列措施。

(1) 减小接触面积，如图 3-22、图 3-24 (b) 所示。

(2) 修改定位元件的形状，以减少定位点 (见图 3-23)。

(3) 缩短圆柱面的接触长度 [见图 3-24 (c)]。

(4) 使过定位的定位元件在干涉方向上浮动，以减少实际定位点的数量 [见图 3-24 (d)]。

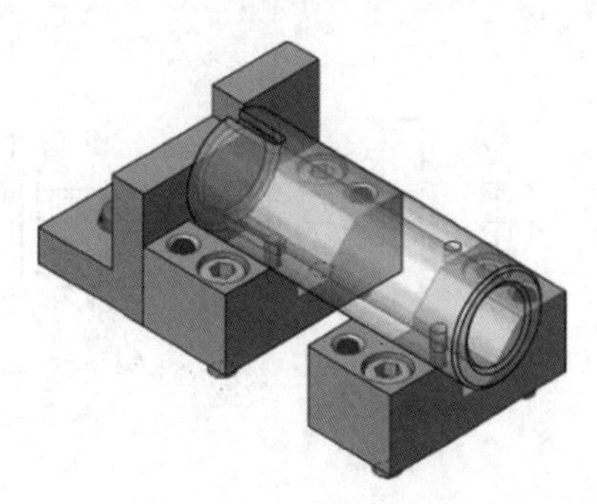

图 3-21 工件过定位

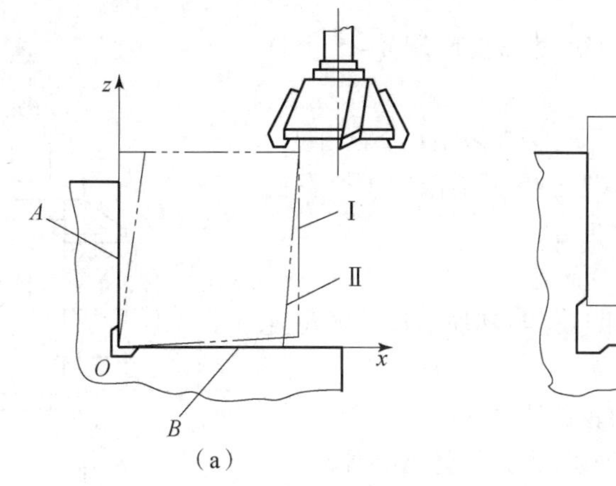

图 3-22 过定位及消除方法

(a) 定位不稳定；(b) 改进方法

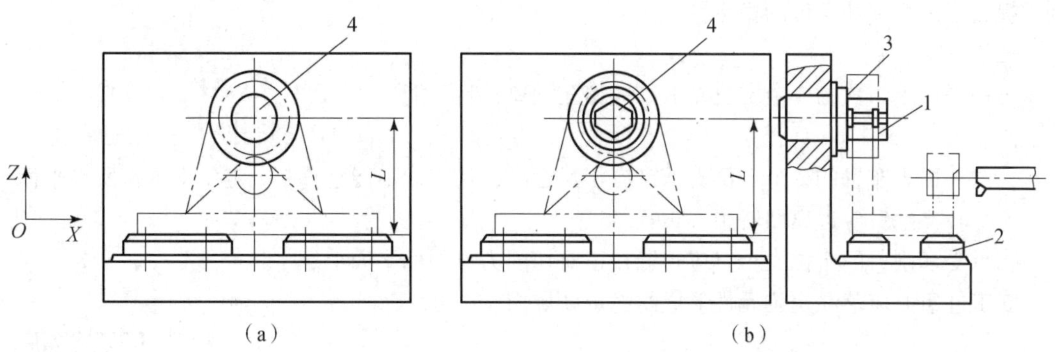

图 3-23 过定位及消除方法

(a) 过定位；(b) 完全定位

1—菱形销；2—支承板；3—菱形销台阶面；4—圆柱定位销

(5) 拆除多余的过定位元件。

(6) 提高定位副的加工精度 (见图 3-25)。

5. 限制自由度与加工技术要求的关系

1) 一般情况下

(1) 保证一个方向上的加工尺寸需要限制 1~3 个自由度。

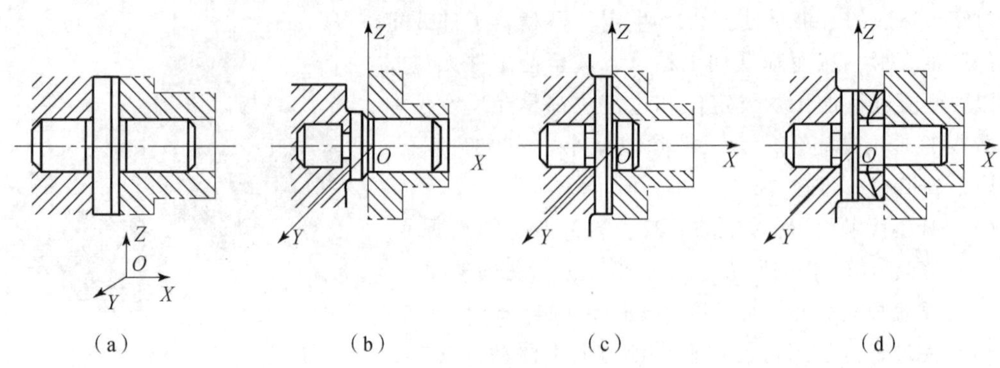

图 3－24　过定位及消除方法

(a) 过定位；(b) 减小接触面积；(c) 缩短圆柱面的接触长度；(d) 浮动定位元件

(2) 保证两个方向上的加工尺寸需要限制 4～5 个自由度。

(3) 保证三个方向上的加工尺寸需要限制 6 个自由度。

特殊性例外，例如，在圆球上铣平面需限制 1 个自由度，在圆柱上铣平面需限制 2 个自由度。

2) 自由度的意义

(1) 说明工件被限制的自由度是与其加工尺寸或位置公差要求相对应的。

(2) 自由度是分析加工精度的方法之一。

(3) 分析这类自由度是定位设计方案的重要依据。

3) 定位元件的合理布置

(1) 定位元件的合理布置要求：定位元件的布置应有利于提高定位精度和定位的稳定性。

(2) 布置原则。

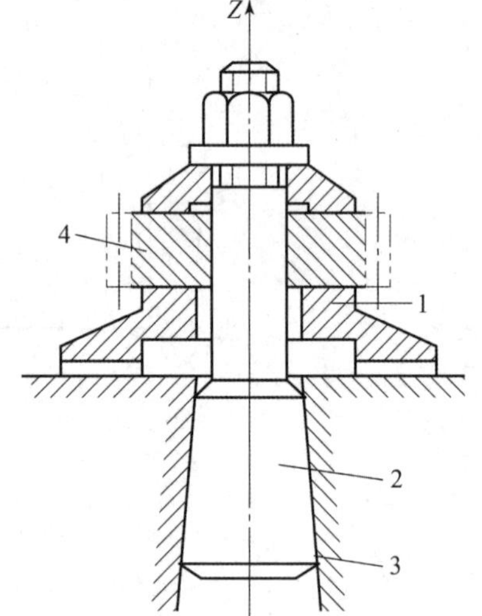
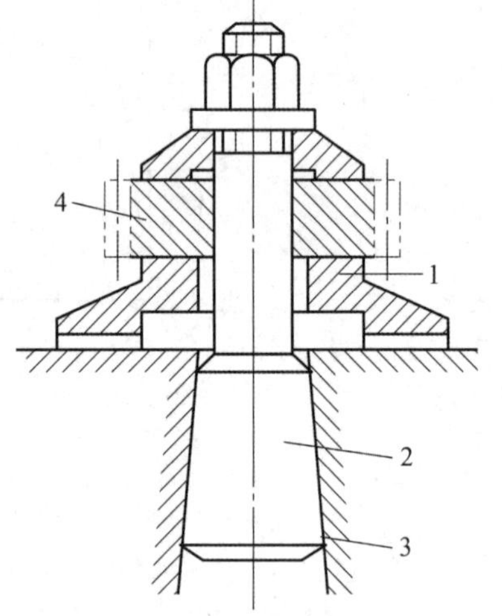

图 3－25　滚齿夹具

1—支承凸台；2—芯轴；3—通用底盘；4—齿轮

①一平面上布置的 3 个定位支承钉应相互远离，且不能共线。

②窄长面上布置的 2 个定位支承钉应相互远离，且连线不能垂直 3 个定位支承钉所在平面。

③防转支承钉应远离回转中心布置。

④承受切削力的定位支承钉应布置在正对切削力方向的平面上。

⑤工件重心应落在定位元件形成的稳定区域内。

三、定位元件的选择与设计

定位原件的选择与设计

1. 对定位元件的基本要求

(1) 足够的精度。

(2) 足够的强度和刚度。

(3) 较高的耐磨性。

(4) 良好的工艺性。

2. 典型表面的定位方法及其定位元件

工件的定位基准面有各种形式，如平面、外圆、内孔等，不同定位基准面应采用相应结构的定位元件，常见的定位方法有平面定位、圆孔定位、外圆柱面定位、组合表面定位。

3. 常用定位元件限制的自由度

常用定位元件能限制的工件自由度见表 3－2。

表 3－2 常用定位元件能限制的工件自由度

定位基准	定位简图	定位元件	限制的自由度
大平面	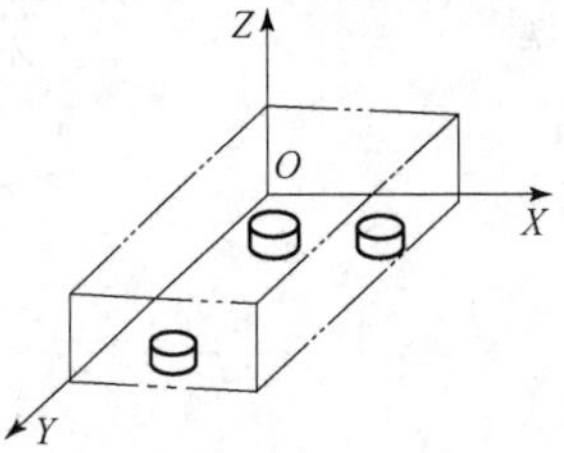	支承钉	$\overrightarrow{X}$，$\overrightarrow{Y}$，$\overrightarrow{Z}$ $\widehat{X}$，$\widehat{Y}$，$\widehat{Z}$
	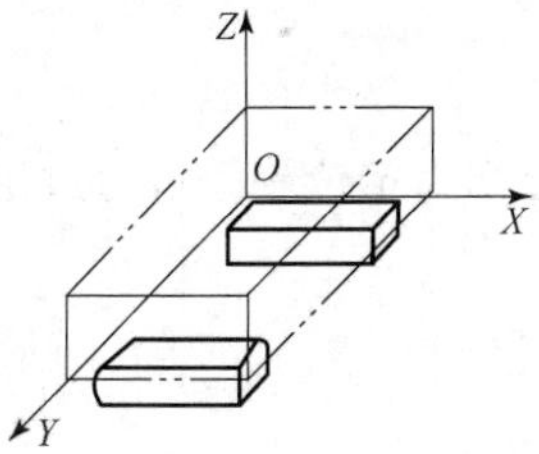	支承板	$\overrightarrow{Z}$，$\widehat{X}$，$\widehat{Y}$
长圆柱面	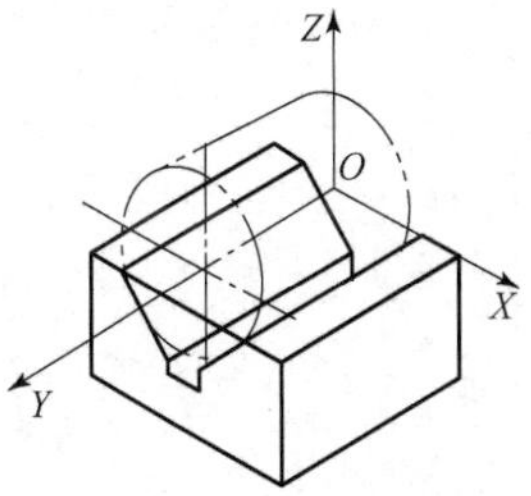	固定式 V 形块	$\overrightarrow{X}$，$\overrightarrow{Z}$，$\widehat{X}$，$\widehat{Z}$
	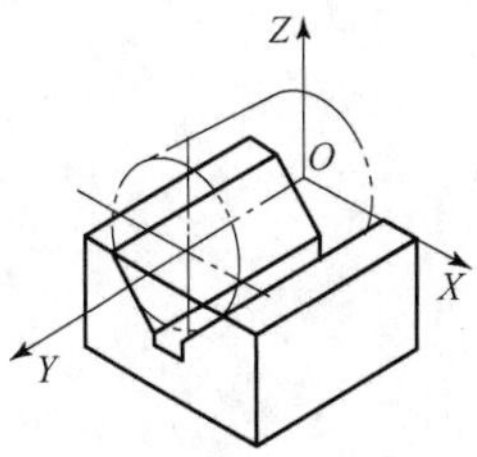		
	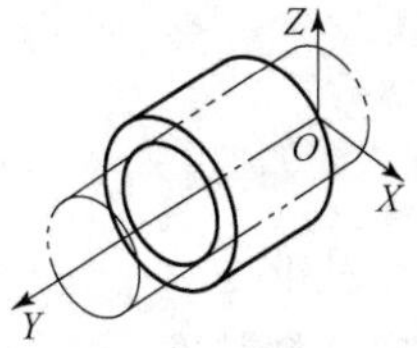	定位套	$\overrightarrow{X}$，$\overrightarrow{Z}$，$\widehat{X}$，$\widehat{Z}$
	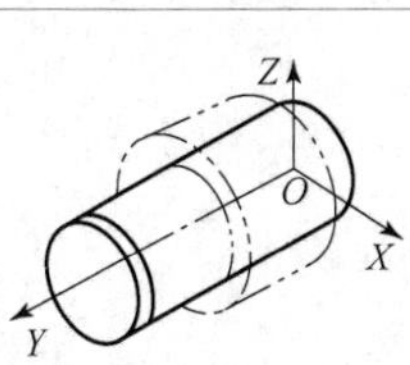	长圆柱芯轴	$\overrightarrow{X}$，$\overrightarrow{Z}$，$\widehat{X}$，$\widehat{Z}$

续表

定位基准	定位简图	定位元件	限制的自由度
长圆柱面		卡盘	$\vec{X}$，$\vec{Z}$，$\widehat{X}$，$\widehat{Z}$

四、定位副的构建

工件上的定位基准面与相应定位元件的工作表面合称为定位副。可通过定位基准面确定定位基准，通过定位元件工作面确定限位基准。

1. 定位元件的选择与设计

1）设计依据

（1）工件的加工要求。

（2）工件定位基准面的形状、尺寸、精度等。

2）原则

利用六点定位原则正确选择定位方法。

3）主要内容

（1）定位元件的结构、形状、尺寸。

（2）布置形式。

（3）材料选择。

4）基本要求

（1）足够的精度。

（2）足够的强度和刚度。

（3）较高的耐磨性。

（4）良好的工艺性。

2. 定位基准的选择

（1）基准重合原则，即定位基准与工序基准重合。

（2）定位基准选择顺序：先选定位精基准，后选定位粗基准。

（3）定位基准使用顺序：先使用定位粗基准，后使用定位精基准。

（4）定位副的定位基准面分类。

①以平面作为定位基准面。

②以内孔作为定位基准面。

③以外圆作为定位基准面。

④以“一孔两面”作为定位基准面。

3. 定位副设计

1）以平面作为定位基准面

平面定位是支承定位，由工件的定位基准面与定位元件表面相接触而实现定位。常见的支承元件有支承钉、支承板、可调支承元件和自位支承（浮云支承）等。

（1）支承钉，如图 3－26 所示。

规格：D＝5 mm、6 mm、8 mm、12 mm、16 mm、20 mm、25 mm、30 mm、40 mm。

材料：T8，55～60 HRC。

与夹具体的连接：d（H7/r6，H7/n6）。

A 型（平头）：较小精基准平面定位用，注意几块保证等高。

B 型（球头）：与工件定位面接触良好（水平面粗基准定位用）。

C 型（齿纹）：与工件接触防滑（侧平面粗基准定位用），表面磨损后更换不便。

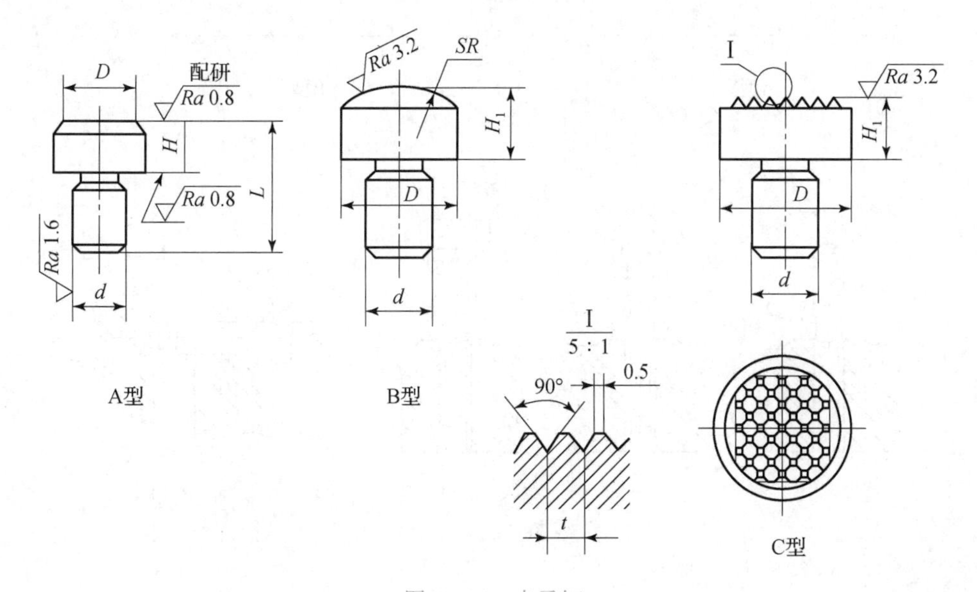

图 3－26 支承钉

（2）支承板，如图 3－27 所示。

规格：厚度 H＝6 mm、8 mm、10 mm、12 mm、16 mm、20 mm、25 mm。

材料：T8，55～60 HRC。

与夹具体连接：螺钉紧固；多块运用时，注意几块保证等高。

A 型：光面板，即垂直布置。

B 型：斜槽板，即水平布置，槽防切屑。

（3）可调支承钉，如图 3－28 所示。

材料：45 钢（头部 40～50 HRC）。

特点：保证工件加工余量足够、均匀。

用途：毛坯精度不高，而又以粗基准定位时；成组可调夹具中用。

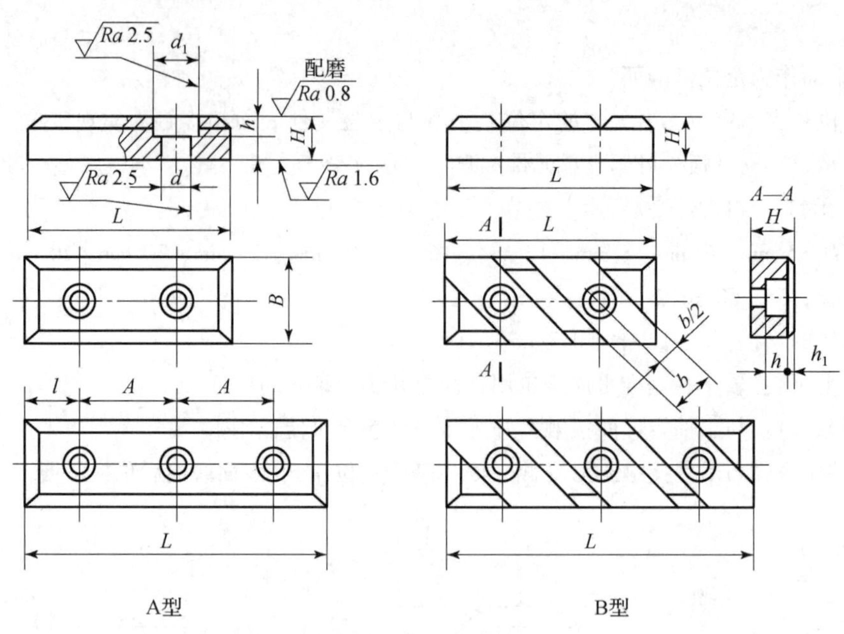

图 3-27 支承板

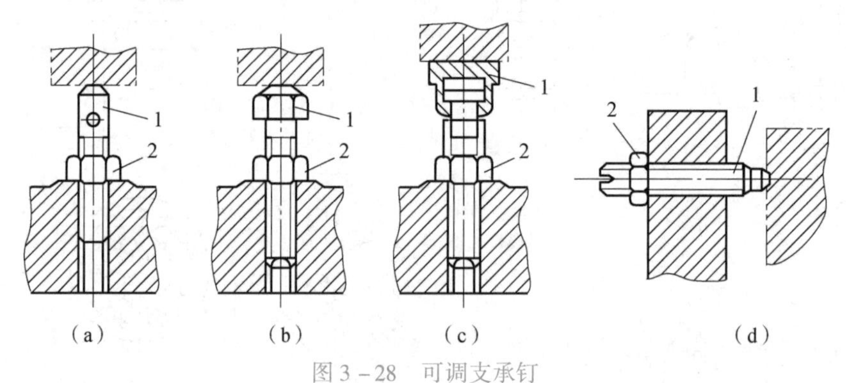

图 3-28 可调支承钉

(a)，(d) 圆柱头支承；(b) 六角头支承；(c) 活动块支承

1—可调支承钉；2—锁紧螺母

(4) 浮动支承——只限制一个自由度，如图 3-29 所示。

用途：大型零件（机体、箱体）或刚度较低的薄板状零件。

作用：减小工件变形和振动，提高工件的稳定性，又不发生过定位。

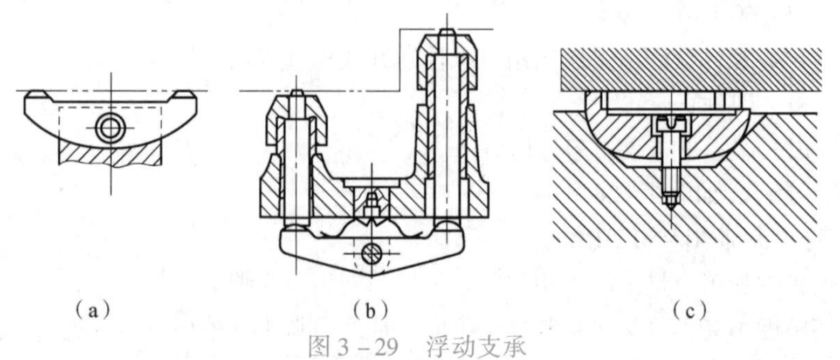

图 3-29 浮动支承

(a) 摆杆式浮动支承；(b) 移动式浮动支承；(c) 球形浮动支承

(5) 辅助支承。

辅助支承是提高平面支承定位刚度的办法之一。具体操作辅助支承时，先让定位元件定位好之后再使辅助支承与工件接触，所以辅助支承不起定位作用，如图 3－30 所示。

常用的辅助支承有螺旋式辅助支承、自位式辅助支承、推引式辅助支承、液压锁紧式辅助支承等，如图 3－31 所示。

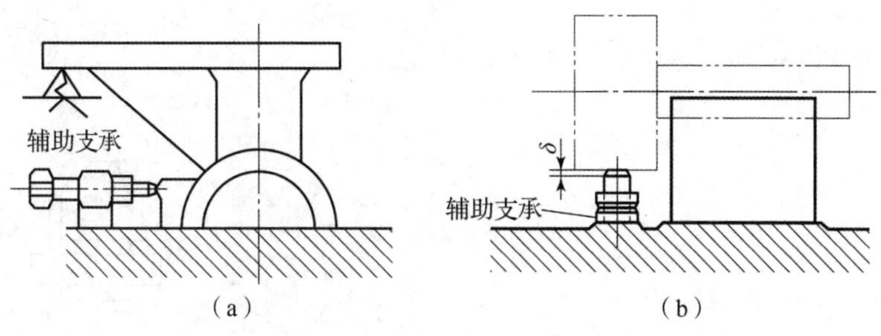

图 3－30 辅助支承应用示例

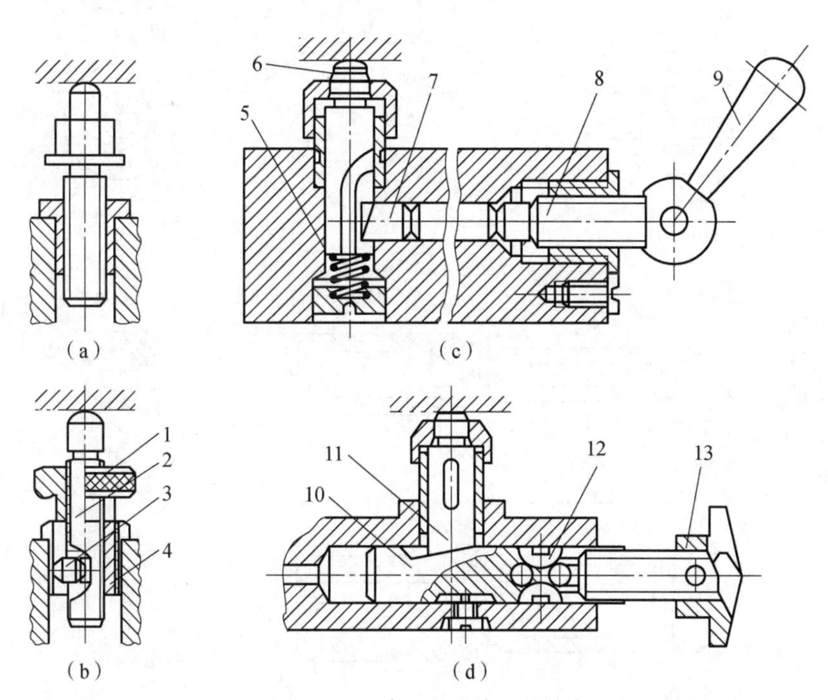

图 3－31 常见辅助支承结构

(a)，(b) 螺旋式辅助支承；(c) 自位式辅助支承；(d) 推引式辅助支承

1—螺母；2—支承钉；3—止动销；4—套筒；5—弹簧；6—支承销；7—斜面顶销；8—锁紧螺钉；9，13—回转手柄；10—推杆；11—支承滑柱；12—半圆键

2) 以内孔作为定位基准面

工件以内孔定位是一种中心定位，定位基准面为圆柱孔，定位基准为孔的中心线，通常要求内孔基准面有较高的精度。常用的定位元件有定位销和定位芯轴。

(1) 定位销。定位销分为固定式定位销、可换式定位销、菱形销和定位插销，如图 3－32 ~ 图 3－35 所示。

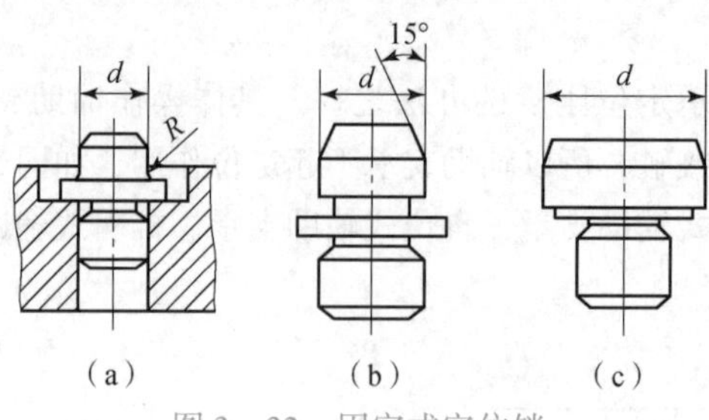

图 3－32　固定式定位销

（a）$d>3\sim10$ mm；（b）$d>10\sim18$ mm；（c）$d>18$ mm

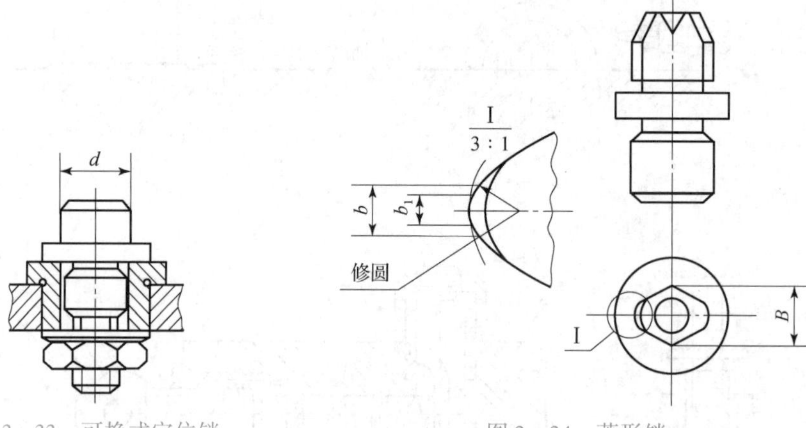

图 3－33　可换式定位销　　　　图 3－34　菱形销

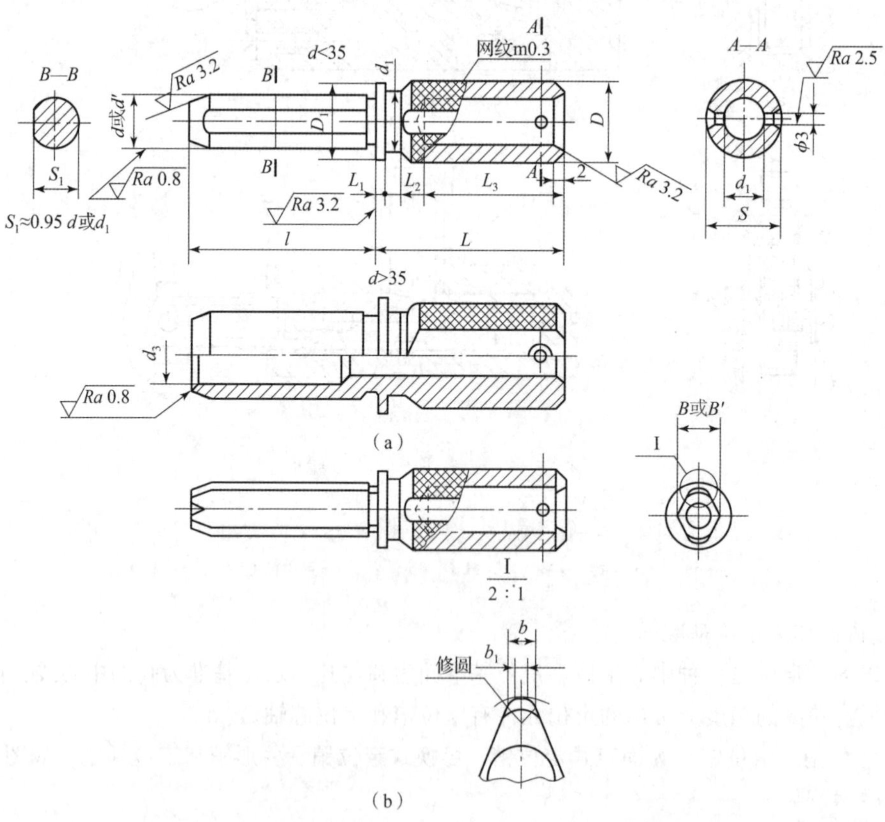

图 3－35　定位插销

（2）定位芯轴。定位芯轴可分为间隙配合芯轴、过盈配合芯轴、花键芯轴、锥度芯轴、专用定位芯轴、圆锥销等，如图 3－36 ~ 图 3－43 所示。

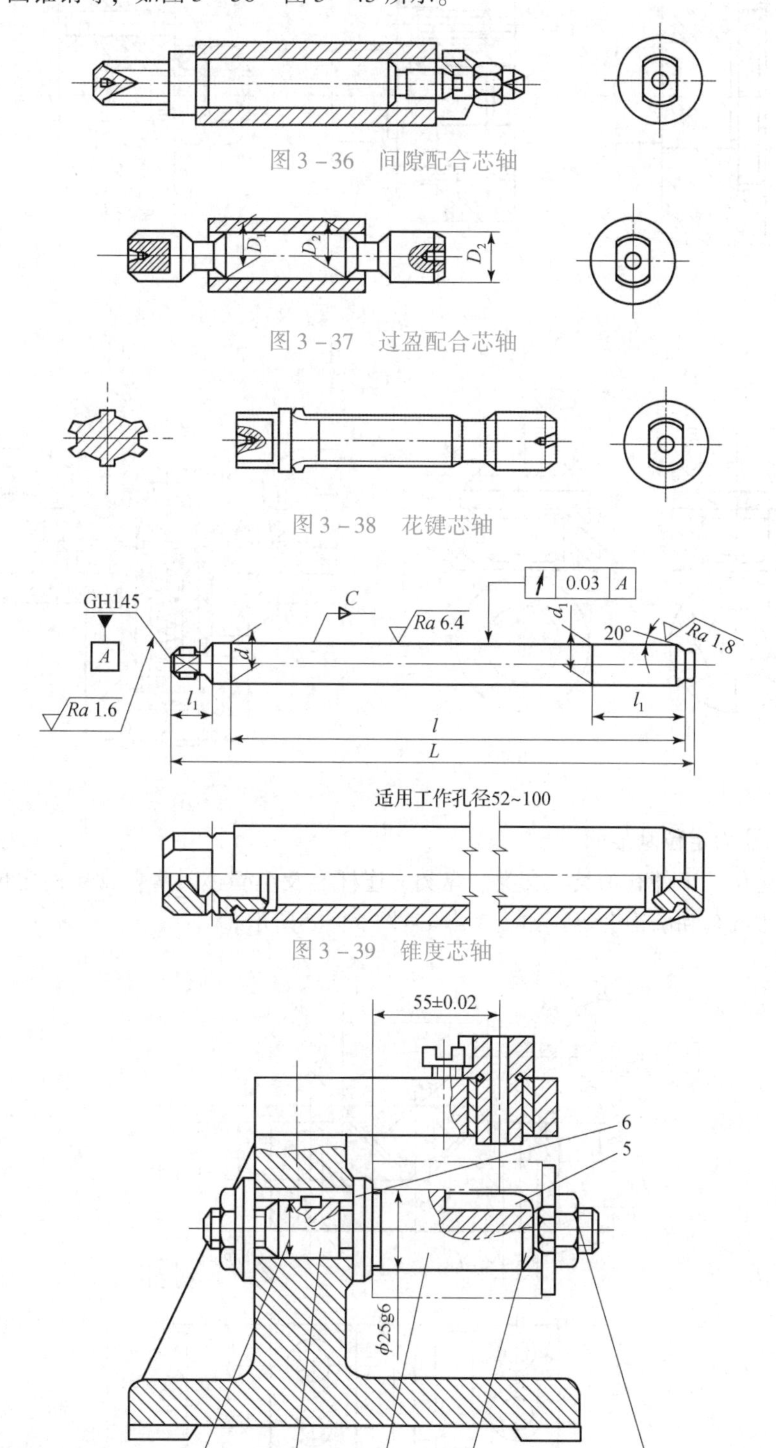

图 3－36　间隙配合芯轴

图 3－37　过盈配合芯轴

图 3－38　花键芯轴

图 3－39　锥度芯轴

图 3－40　钻模专用定位芯轴

1—与夹具体的连接部分；2—定位部分；3—引导部分；4—夹紧机构；5—排屑槽；6—台阶定位面

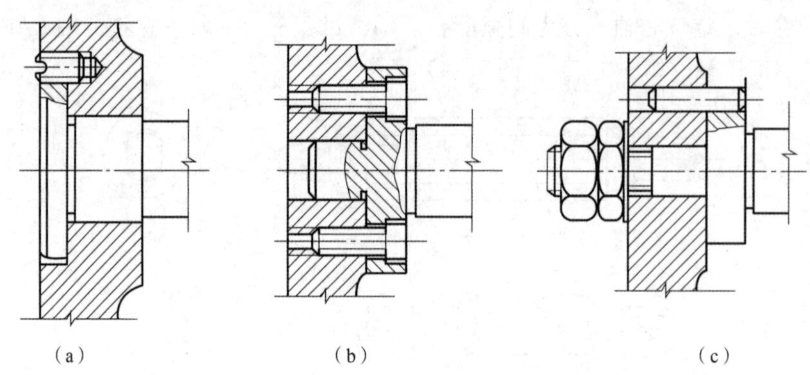

图 3-41　专用定位芯轴与夹具体连接示例

(a) 骑缝螺钉紧固；(b) 六角螺钉紧固；(c) 圆柱销与螺母组合

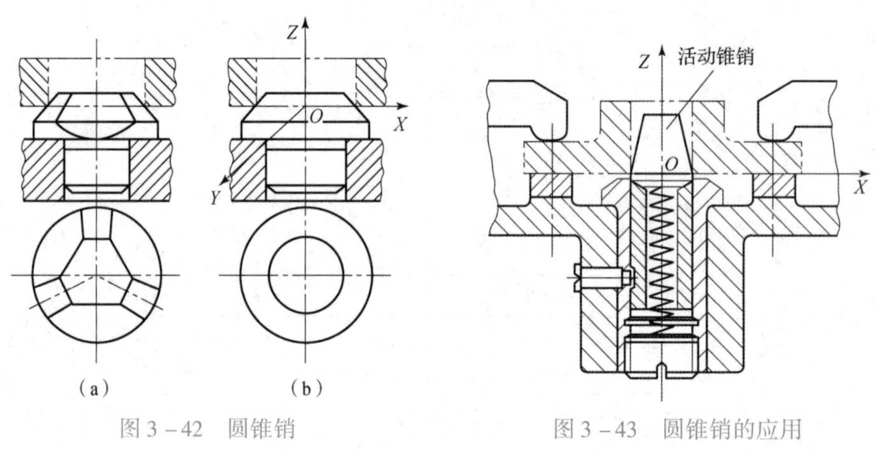

图 3-42　圆锥销

图 3-43　圆锥销的应用

3）以外圆作为定位基准面

以圆柱面定位的工件有轴类、套类、盘类、连杆类及小壳体类等。常用的定位元件有 V 形块、定位套、半圆套和圆锥套等，如图 3-44 ~ 图 3-48 所示。

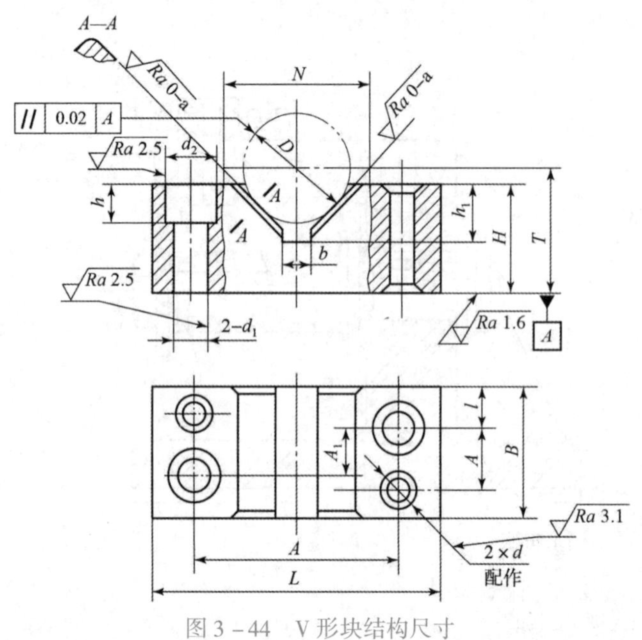

图 3-44　V 形块结构尺寸

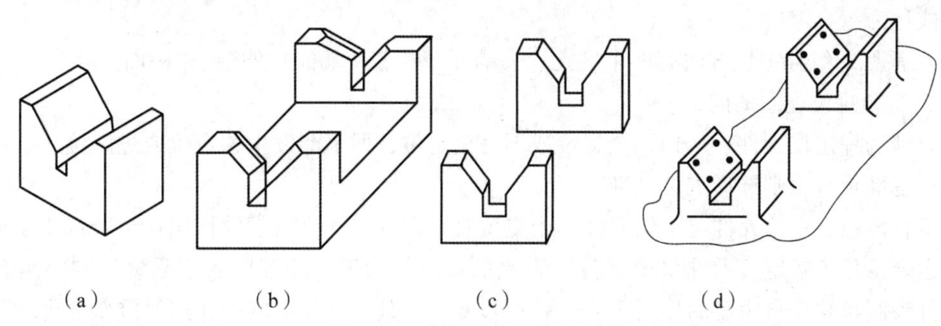

（a）　　（b）　　（c）　　（d）

图 3－45　常用固定式 V 形块

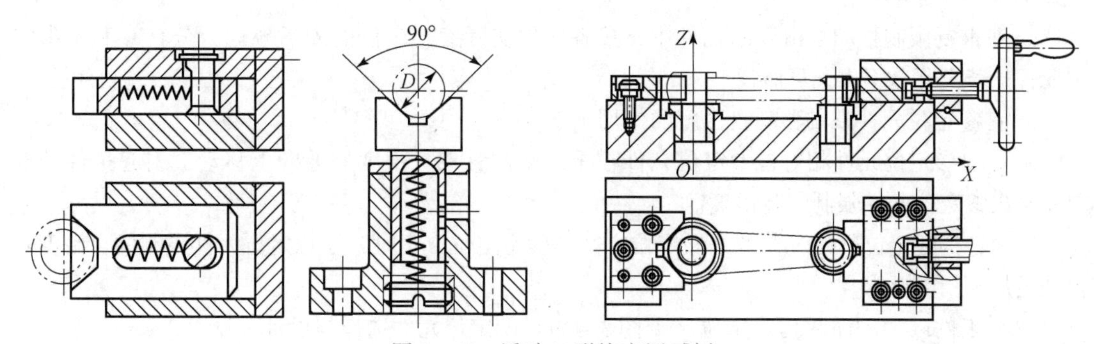

图 3－46　活动 V 形块应用示例

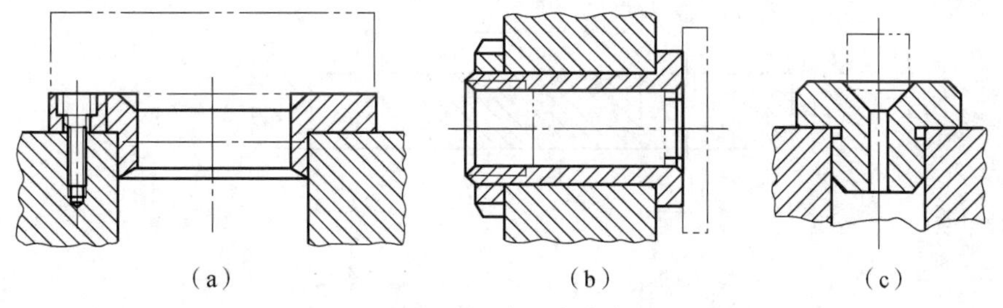

（a）　　（b）　　（c）

图 3－47　常用定位套

（a）以端面为主要定位基面；（b）以圆柱孔为主要定位基面；

（c）以圆柱面端部为主要定位基面

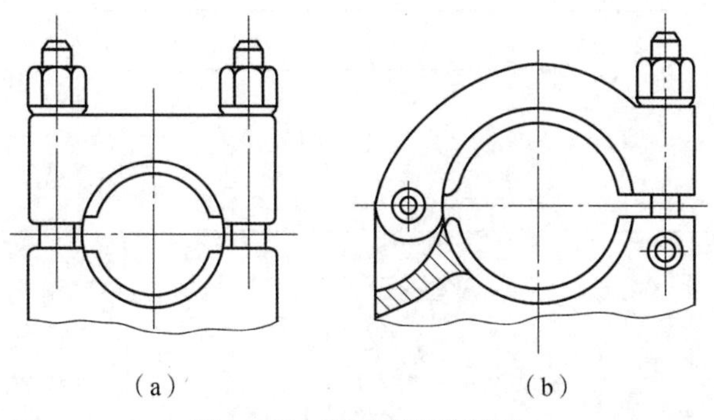

（a）　　（b）

图 3－48　半圆套定位装置

4）组合定位

实际生产中机器零件的结构形状复杂，仅以单一定位表面进行定位不能满足加工要求，常采用几个定位表面相组合的方式进行定位，即工件以两个及两个以上定位基准进行定位，这种定位方式称为组合定位。

（1）常见的组合定位方法有两个尖孔、一端面一孔、一端面一外圆、“一面两孔”。

（2）组合定位注意的问题。

①合理选择定位元件，达到完全定位或不完全定位，但不能发生欠定位或过定位。

②按基准重合原则选择定位基准。

③组合定位，定位元件与定位元件单个定位时，限制转动自由度的作用在组合定位中不变。

④组合定位中各定位元件单个定位时限制的移动自由度，相互间若无重复，则在组合定位中该元件限制该移动自由度的作用不变；若有重复，则其限制自由度的作用要重新分析判断，方法如下。

a. 在重复限制移动自由度的元件中，按各元件实际参与定位的先后顺序，分首参和次参定位元件，若实际分不出，可假设。

b. 首参定位元件限制移动自由度的作用不变。

c. 让次参定位元件相对首参定位元件在重复限制移动自由度的方向上移动，引起工件的动向就是次参定位元件限制的自由度。

结论：构建定位副的过程就是做定位方案。确定定位方案时，注意定位元件限制的自由度是否满足加工精度要求。

（3）工件以“一面两孔”定位（见图 3－49）的定位元件选择与设计，见表 3－3。

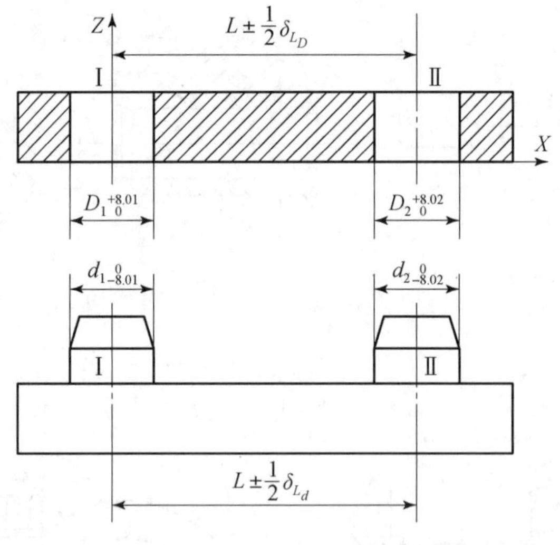

图 3－49 “一面两孔”定位

表 3－3 “一面两孔”定位元件设计

定位基准面	定位元件	限制的自由度
平面	支承板	$\overrightarrow{X}$，$\overset{\frown}{X}$，$\overset{\frown}{Y}$
孔 I	定位销 I	$\overrightarrow{X}$，$\overrightarrow{Y}$
孔 II	定位销 II	$\overrightarrow{X}$，$\overset{\frown}{Z}$

①元件选择。

由于两孔、两销直径和中心距都存在误差，为了工件能顺利装卸，定位元件的设计可采取两种方案。两圆柱销限位时工件顺利装卸的条件如图 3 – 50 所示。

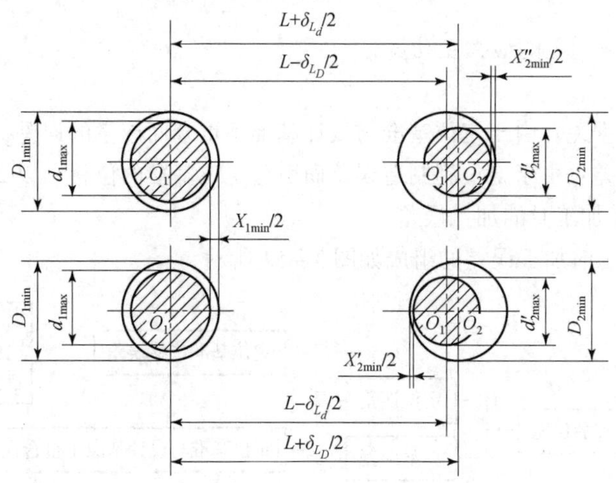

图 3 – 50　两圆柱销限位时工件顺利装卸的条件

第一种方案：缩小第二定位销直径。

缺点：增大了工件的转动误差。

用处：加工要求不高的场合直径缩小后的第二销与第二孔之间的最小间隙值为

$$X_{2min}=D_{2min}+d_{2max}=\delta_{L_D}+\delta_{L_d}+X_{2min}$$

第二种方案：将定位销削边为菱形结构。

优点：只增大连心线方向上的间隙，不增大工件的转动误差，因而定位精度较高。

用途：加工要求高的场合。

满足工件顺利装卸的条件为

$$a=\frac{\delta_{L_D}+\delta_{L_d}}{2}$$

削边销与孔的最小配合间隙为

$$X_{2min}=\frac{2ab}{D_{2min}}$$

②定位元件的设计步骤。

确定两销中心距尺寸及公差为

$$\delta_{L_d}=(1/3\sim1/5)\times\delta_{L_D}$$

确定圆柱销的尺寸及公差为

基本尺寸 = 工件孔的最小尺寸

直径公差带取 g6 或 f7，确定菱形销的尺寸及公差，如图 3 – 51 所示。

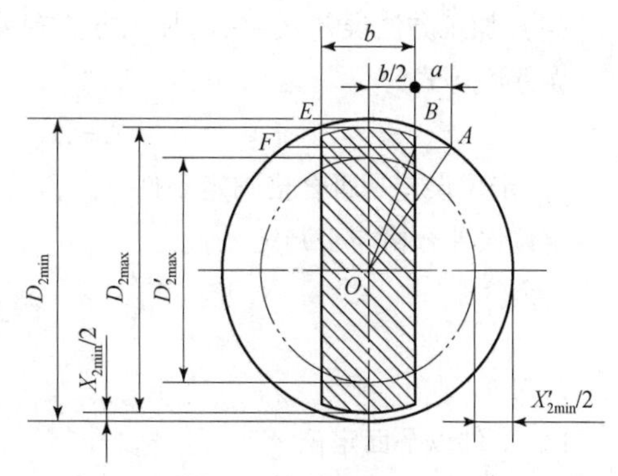

图 3 – 51　菱形销的宽度

菱形销宽带 b，计算为

$$X_{2min}=2ab/D_{2min}$$

求出菱形销的最大直径为

$$D_{2max}=D_{2min}-X_{2min}$$

五、定位误差分析

定位误差分析

1. 定位误差的概念

1）定义

设计基准在尺寸方向上的最大变动量。

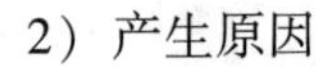

2）产生原因

（1）基准不重合误差：由于定位基准与设计基准不重合而产生的误差，以 Δ_{jb} 来表示。

（2）基准位移误差：由于定位副制造误差而引起定位基准的位移，以 Δ_{wy} 来表示。

3）工件在夹具中加工时的加工误差

工件在夹具中加工时加工误差的组成如图 3－52 所示。

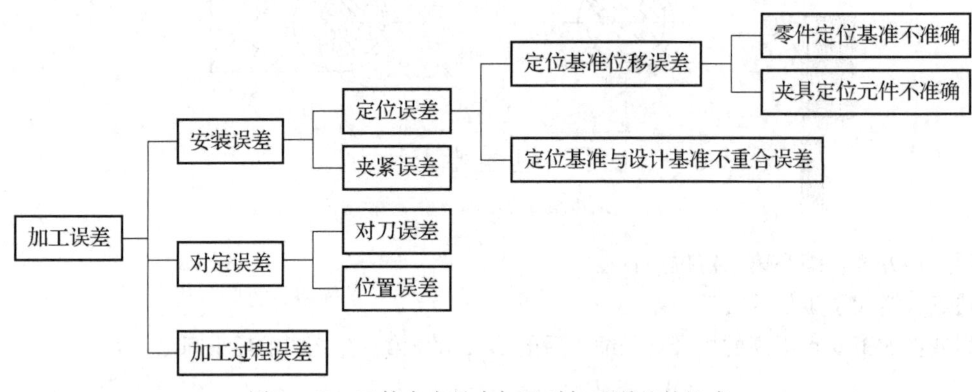

图 3－52　工件在夹具中加工时加工误差的组成

4）误差值的估算

一般夹具的制造精度，其误差值取该零件尺寸公差值 T 的 1/5～1/3。

安装误差和对定误差都是和夹具有关的误差，一般约占整个加工误差的 1/3。

5）误差不等式

使用夹具时造成工件加工误差的因素包括如下 4 个方面。

（1）定位误差 Δ_{dw}——与工件在夹具上定位有关的误差。

（2）安装误差 Δ_{ja}——与夹具在机床上安装有关的误差。

（3）调整误差 Δ_{dt}——刀具与夹具定位元件调整有关的误差。

（4）加工方法误差 ε——与加工方法有关的误差。

误差不等式为

$$\Delta = \Delta_{dw} + \Delta_{ja} + \Delta_{dt} + \varepsilon \leqslant T$$

6）定位误差是否合格判定条件

定位误差合格与否判定公式为

$$\Delta_{dw} \leqslant \frac{T}{3}$$

2. 定位误差分析与计算

1）工件以平面定位

（1）基准不重合误差及计算。

（2）以平面作为定位基准面时的定位位移误差 $\Delta_y = 0$，如图 3－53 所示。

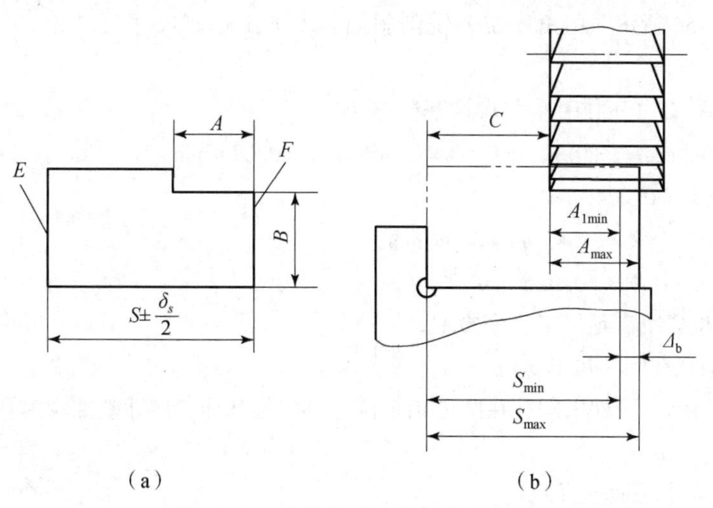

图 3-53 工件平面定位误差的计算

$\Delta_y=0$ 的原因：夹具采用调整法获得精度。

例 如图 3-54 所示，以 A 平面定位加工 ϕ20H8 孔，求加工尺寸（40 ±0.1）mm 的定位误差。

解：设计基准 B 与定位基准 A 不重合，因此将产生基准不重合误差，所以 Δ_b 存在，即

$$\Delta_y=0$$

$$d_{dw}=\Delta_y+\Delta_b$$

$$\Delta_{dw}=0.15\ \text{mm}>1/3\times0.2\ \text{mm}=0.0666\ \text{mm}$$

所以本定位方案不符合本工序加工要求。

2）工件以外柱圆面在 V 形块上定位

工件以外圆柱面在 V 形块上定位时，其定位基准为工件外圆柱面的轴心线，定位基面为外圆柱面。

由图 3-55 可知，若 V 形块的夹角 $\alpha=90°$，且不计 V 形块的误差，仅考虑工件的外圆尺寸公差 δ_d 的影响，使工件中心沿 Z 轴方向从 O_1 移至 O_2，即在 Z 轴方向的基准位移量为

$$\Delta_{dw}=O_1O_2=\frac{\delta_d}{2\sin(\alpha/2)}=0.707\delta_d$$

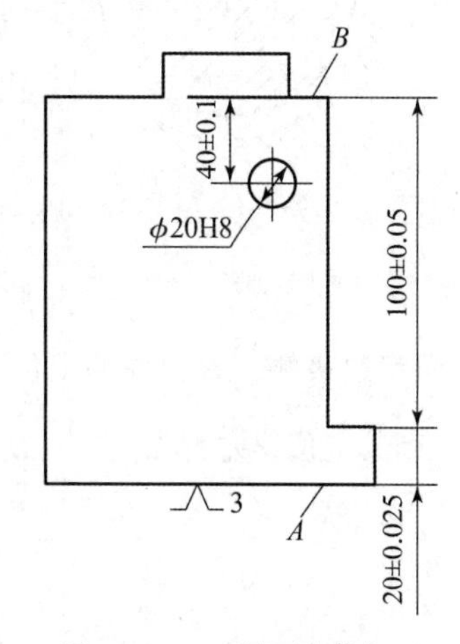

图 3-54 A 平面定位加工

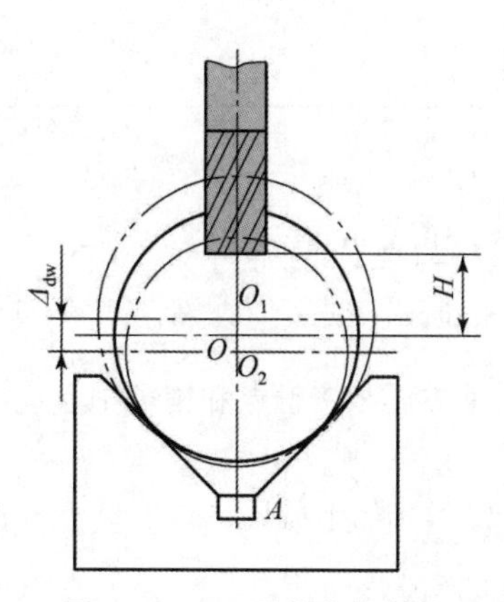

图 3-55 V 形块定位误差

例 如图3－56所示，用角度铣刀铣削斜面，求加工距离尺寸为（39 ± 0.04）mm的定位误差。

解：①Δ_b不存在（定位基准与设计基准重合）。

②$\Delta_y = 0.707\delta_d \cos\beta = (0.707 \times 0.04 \times 0.866)\ \text{mm} = 0.024\ \text{mm}$。

③$\Delta_{dw} = \Delta_b + \Delta_y = 0.024\ \text{mm}$。

④工序要求的$T = 2 \times 0.04\ \text{mm} = 0.08\ \text{mm}$。

$\Delta_{dw} = 0.024\ \text{mm} < T/3 = 0.026\ \text{mm}$。

所以，本定位方案满足加工工序要求。

3）工件以圆孔在圆柱销上定位

如图3－57所示，工件以圆孔在圆柱销定位，其定位基准、设计基准均为孔的中心线，定位基面为内孔表面。

（1）圆柱销与水平面垂直。

如图3－58所示，当工件孔径为最大，定位销直径为最小时，孔心在任意方向上的最大变动量等于孔与销配合的最大间隙量，即无论工序尺寸方向如何，只要工序尺寸方向垂直于孔心轴线，其定位误差均为

$$\Delta_{dw} = D_{max} - d_{min}$$

式中 Δ_{dw}——定位误差；

D_{max}——工件定位孔最大直径；

d_{min}——夹具定位销最小直径。

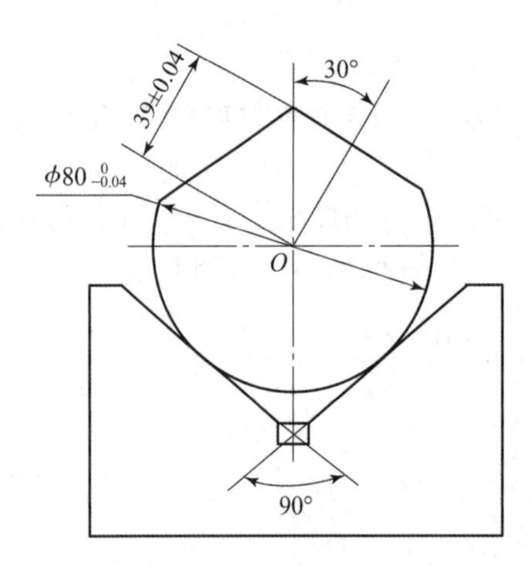

图3－56 角度铣刀铣削斜面

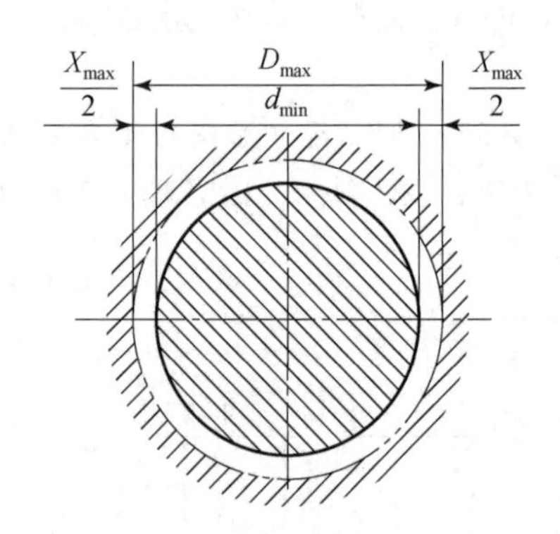

图3－57 工件以圆孔在圆柱销定位

（2）圆柱销与水平面平行。

如图3－59所示，此时，工件孔与夹具定位销保持固定边接触，若工件的定位基准仍为孔心，且工序尺寸方向与接触点和销子中心连线方向相同，则其定位误差为$\Delta_{dw} = \frac{1}{2}(D_{max} - D_{min}) + \frac{1}{2}(d_{max} - d_{min}) = \frac{1}{2}(T_D + T_d)$。

4）组合定位误差

（1）工件以“一面两孔”组合定位时定位误差计算，如图3－60所示。

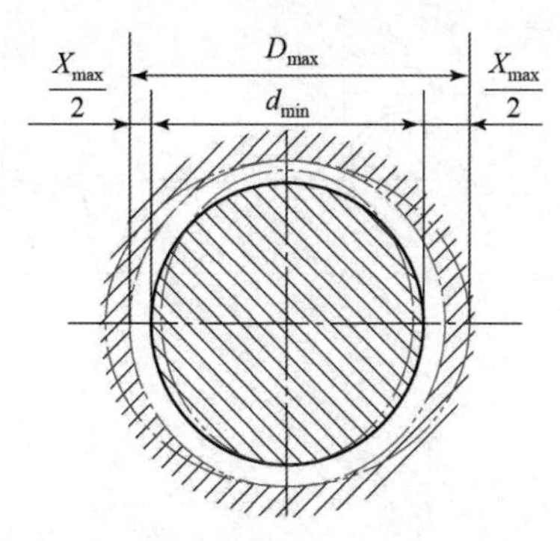

图 3－58 圆柱销与水平面垂直

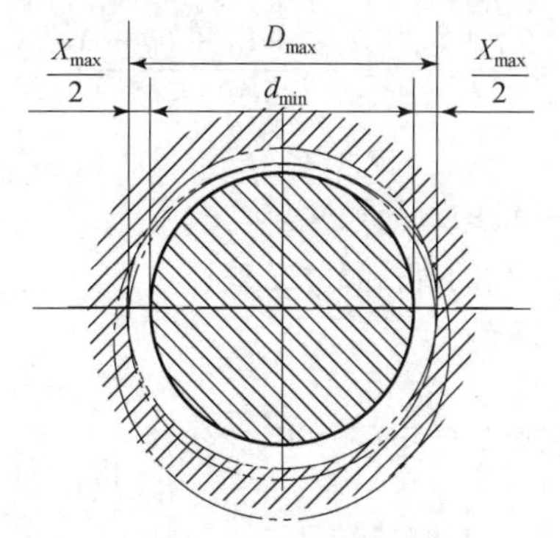

图 3－59 圆柱销与水平面平行

在加工箱体、支架类零件时，常用工件的“一面两孔”定位，以使基准统一。这种组合定位方式以支承板、圆柱销和菱形销为定位元件，以平面作为主要定位基准，限制 3 个自由度，其中圆柱销限制 2 个自由度，菱形销限制 1 个自由度。菱形销作为防转支承，其长轴方向应与两销中心连线相垂直。菱形销的主要结构参数见表 3－4。

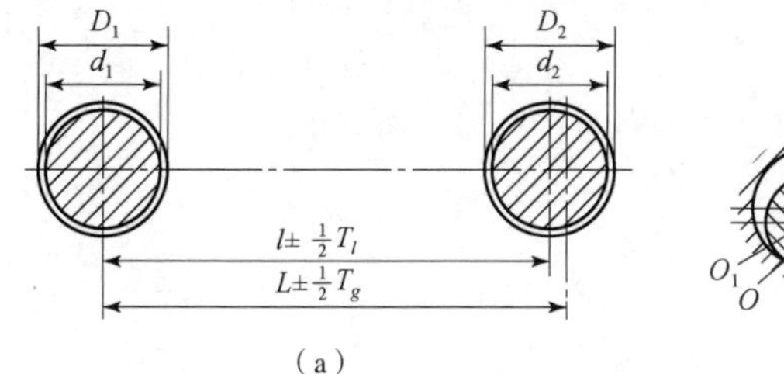

（a） （b）

图 3－60 工件以“一面两孔”组合定位时定位误差计算

（a）“一面两孔”定位误差产生的情形；（b）“一面两孔”定位误差的分析计算

表 3－4 菱形销的主要结构参数（JB/T 8014.2—1999） mm

d	3～6	6～8	8～20	20～25	25～32	32～40	40～50
B	$d-0.5$	$d-1$	$d-2$	$d-3$	$d-4$	$d-5$	$d-6$
b_1	1	2	3	3	3	4	5
b	2	3	4	5	5	6	8

（2）“一面两孔”定位误差分析计算（见图 3－61）分项计算步骤如下。

①找到组合定位有哪几个定位副。

②分析单个定位副的定位误差，并计算出单个定位副的定位误差 Δ_{dw}。

③组合分析每一个定位副对工序加工要求的影响。

④使用平面解析几何计算组合状态下组合定位对工序加工要素的误差值。

⑤评判组合定位是否满足工序加工的要求。

其中：

$$\Delta_{dw1} = T_{d_1} + T_{D_1} + \Delta_{1\min}$$
$$\Delta_{dw2} = T_{d_2} + T_{D_2} + \Delta_{2\min}$$

$$\tan\alpha = \frac{T_{d_1} + T_{D_1} + \Delta_{1\min} + T_{d_2} + T_{D_2} + \Delta_{2\min}}{2l}$$

$$\theta = 2\alpha$$

式中 T_d——销的直径尺寸公差；

T_D——孔的直径尺寸公差；

θ——转角。

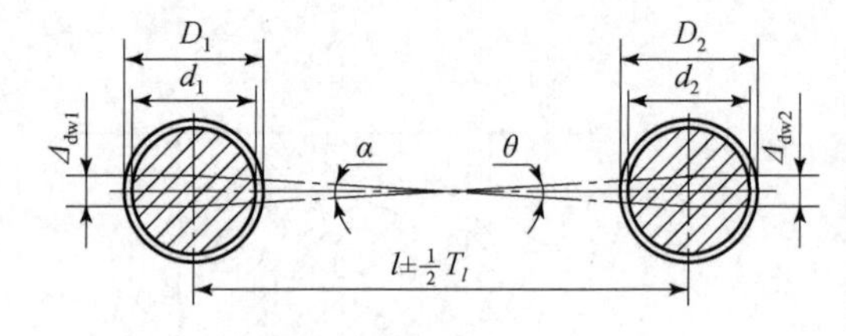

图 3－61 "一面两孔"定位误差分析计算

六、提高夹具定位精度的措施

（1）提高夹具制造精度。

（2）提高上道工序尺寸或毛坯制造精度。

（3）改变定位元件及定位方案。

（4）改变设计基准。

（5）改变工序尺寸方向。

七、定位方案设计

1. 定位方案设计的基本原则

（1）遵循基准重合原则。

（2）遵循基准统一。

（3）合理选择定位基准。

（4）装夹方便。

2. 定位方案设计的步骤

（1）分析与加工要求有关的自由度。

（2）选择定位基准并确定定位方式。

（3）选择定位元件结构。

（4）分析定位误差并审核定位精度。

（5）绘图，如图 3－62、图 3－63 所示。

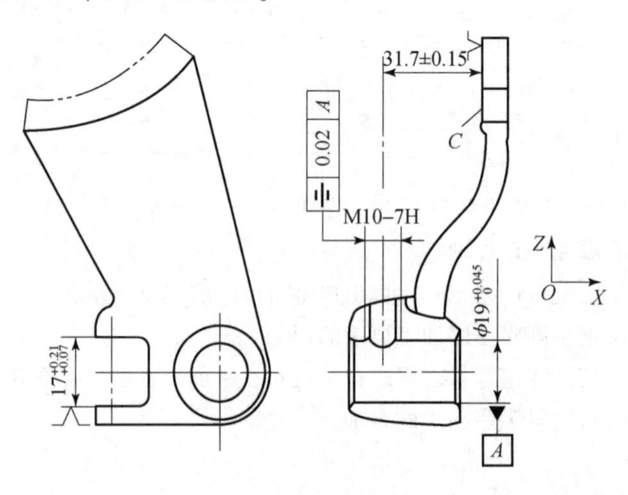

图 3－62 拨叉钻孔工序简图

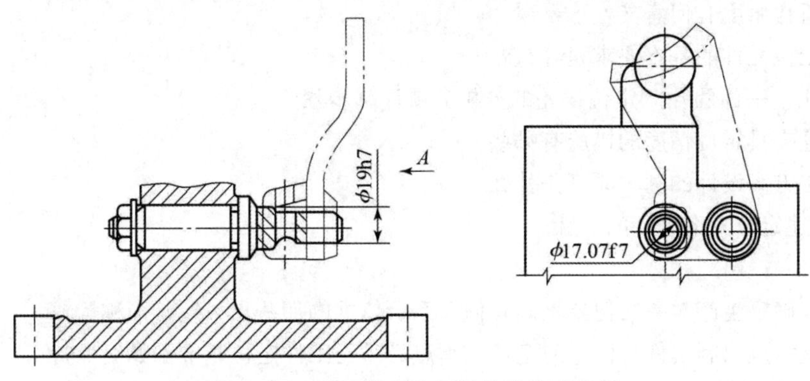

图 3-63 拨叉各定位元件的结构及布置

任务实施 

完成如下内容。

(1) 描述图 3-1 所示轴端槽铣夹具的装夹过程。

(2) 图 3-1 所示轴端槽铣夹具定位方案是怎么设计的?

(3) 分析图 3-1 所示轴端槽铣夹具定位误差来源。

任务评价 

任务评价表见表 3-5。

表 3-5 任务评价表

序号	考核要点	项目(配分:100 分)	教师评分
1	职业素养	团队合作能力(20 分)	
		信息收集、咨询能力(20 分)	
2	铣夹具的装夹过程描述	装机过程、工作原理描述完整、清晰(20 分)	
3	铣夹具定位方案分析	定位结构组成、工作原理叙述完整、清晰(20 分)	
4	铣夹具定位误差来源分析	定位误差来源叙述完整、清晰(20 分)	
得分			

问题探究 

1. 问答题

(1) 基准的分类有哪些?

(2) 什么是六点定位原则?

(3) 工件定位状态有哪些?

(4) 消除过定位的措施有哪些?

(5) 分析自由度有何意义？
(6) 对定位元件的基本要求是什么？
(7) 描述“一面两孔”定位误差的分析分项计算步骤。
(8) 提高夹具定位精度的措施有哪些？
(9) 定位方案设计的基本原则是什么？
(10) 描述定位方案设计的步骤。

2. 填空题

(1) 用来确定生产对象几何要素间几何关系所依据的那些点、线、面称为（　　）。
(2) 用支承点限制工件自由度时定位支承点必须与工件定位基准面始终保持(　　　　)。
(3) 工件的定位状态通常分为（　　　　）、（　　　　）、（　　　　）与（　　　　）四种状态。
(4) 定位元件设计的主要内容：定位元件的结构、形状、尺寸、布置形式、(　　　) 选择。
(5) 常见的定位方法有以平面、外圆柱面、内圆柱面和（　　　　）作为基准来定位。
(6) 工件上的定位基准面与相应的定位元件的工作表面合称为（　　　）。
(7) 基准不重合误差是由于（　　　）基准与设计基准不重合而产生的误差。
(8) 基准位移误差是由于定位副（　　　　）而引起定位基准的位移。

3. 判断题

(1) 工件在夹具中定位时，欠定位状态虽然少于 6 个自由度但也可以使用。（　　）
(2) 工件在夹具中定位时过定位是允许使用的，但使用时必须消除过定位。（　　）
(3) 工件在装夹过程中必须是先定位后夹紧。（　　）
(4) 一般夹具的制造精度，其误差值取该零件尺寸公差值的 1/5 ~ 1/3。（　　）

4. 单选题

(1) 长 V 形块限制的自由度数是（　　）。
A. 2　　B. 3　　C. 4　　D. 5
(2) 短 V 形块限制的自由度数是（　　）。
A. 2　　B. 3　　C. 4　　D. 5
(3) 一般夹具的制造精度，其误差值取该零件尺寸公差值的（　　）。
A. 1/3 ~ 1/2　　B. 1/5 ~ 1/3　　C. 1/6 ~ 1/5　　D. 1/8 ~ 1/6
(4) 以平面作为定位基准面时的定位位移误差 Δ_y =（　　）
A. 2　　B. 3　　C. 4　　D. 0

任务 3.3　机床夹具夹紧机构设计

【任务描述】

根据图 3 - 1，请讨论并回答以下问题。
(1) 描述轴端槽铣夹具的装夹过程。
(2) 列出轴端槽铣夹具夹紧装置的组成。
(3) 分析轴端槽铣夹具夹紧装置的设计思路，并指出其属于哪一类。

【学前装备】

（1）准备 UG NX 或 CATIA 三维设计软件并安装。

（2）准备 XMind 软件并安装。

（3）准备 CAXA 工艺图表（CAPP）软件并安装。

（4）准备机械运动仿真（UG NX 仿真模块或 CATIA 仿真模块）软件并安装。

预备知识

夹紧机构概述

一、机床夹具夹紧机构概述

1. 夹紧机构的分类与组成

1）夹紧机构的分类

机床夹具的夹紧机构分为手动夹紧机构和机动夹紧机构两类。手动夹紧机构是利用人的体力对工件夹紧，机动夹紧机构用气动、液压、电动及机床运动等方式对工件夹紧。

2）夹紧机构的组成

夹紧机构由动力装置、中间传力机构和夹紧元件组成，如图 3－64 所示。动力装置指动力源，为夹紧机构提供原动力，常用的有气压、液压、电力等；中间传力机构是指将原动力传递给夹紧元件的机构，其主要作用是改变夹紧力的大小、方向、作用点以及保证自锁；夹紧元件是指直接与工件接触的元件，是夹紧机构的最终执行元件。

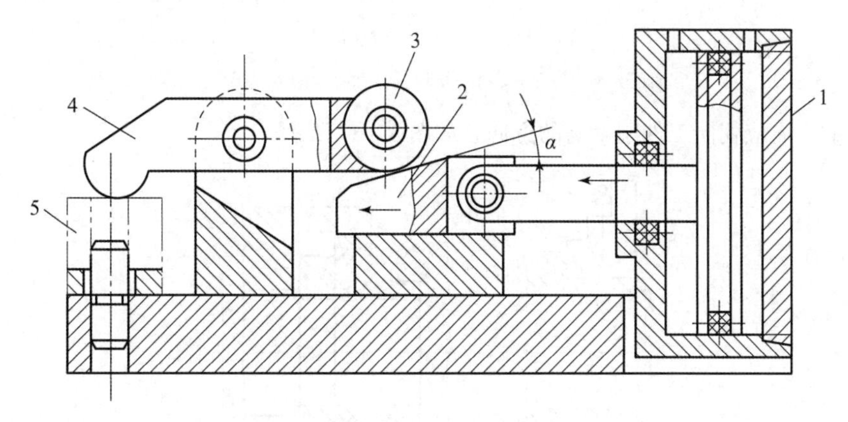

图 3－64　夹紧装置的组成

1—气缸；2—斜楔；3—滚子；4—压板；5—工件

2. 夹紧装置的设计原则

在夹紧工件的过程中，夹紧作用的效果会直接影响工件的加工精度、表面粗糙度及生产效率，因此设计夹紧装置应遵循以下 5 个原则。

（1）工件不移动原则。

（2）工件不变形原则。

（3）工件不振动原则。

（4）安全可靠原则。

（5）经济实用原则。

设计夹紧装置时，夹紧力的确定包括夹紧力的方向、作用点和大小 3 个要素。这是一个综合性问题，必须结合工件的形状、尺寸、质量、加工要求、定位元件的结构及布置方式、切削力的大小等具体情况来考虑。

1）夹紧力方向的确定

夹紧力的方向主要与定位元件的配置情况及工件所受外力的方向等有关，确定的原则是夹紧力应垂直指向主要定位基准面，如图 3－65 所示。

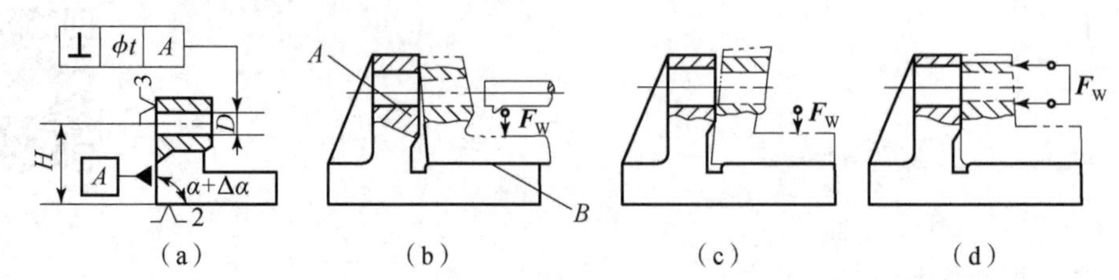

图 3－65 夹紧力垂直指向主要定位基准面

夹紧力的方向有利于减少夹紧力，如图 3－66 所示。

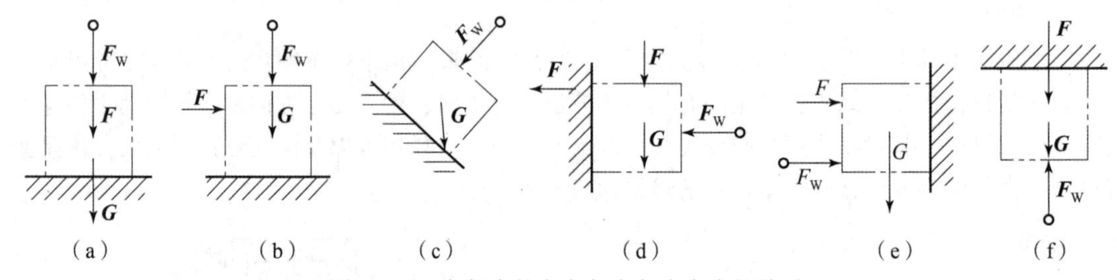

图 3－66 夹紧力的方向与夹紧力大小的关系

夹紧力的方向应朝向工件刚度高的方向，如图 3－67 所示。

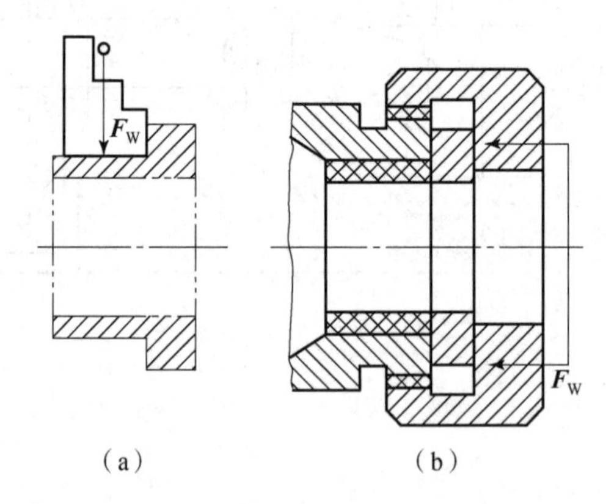

图 3－67 夹紧力的方向对工件变形的影响

（a）径向夹紧；（b）轴向夹紧

2）选择夹紧力作用点的原则

选择夹紧力的作用点和数目，应遵循使工件夹紧稳定可靠、不破坏工件定位以及使夹紧变形尽量小的原则。

夹紧力的作用点必须在定位元件支承面上或在几个定位元件所形成的支承面内，如图 3－68 所示。

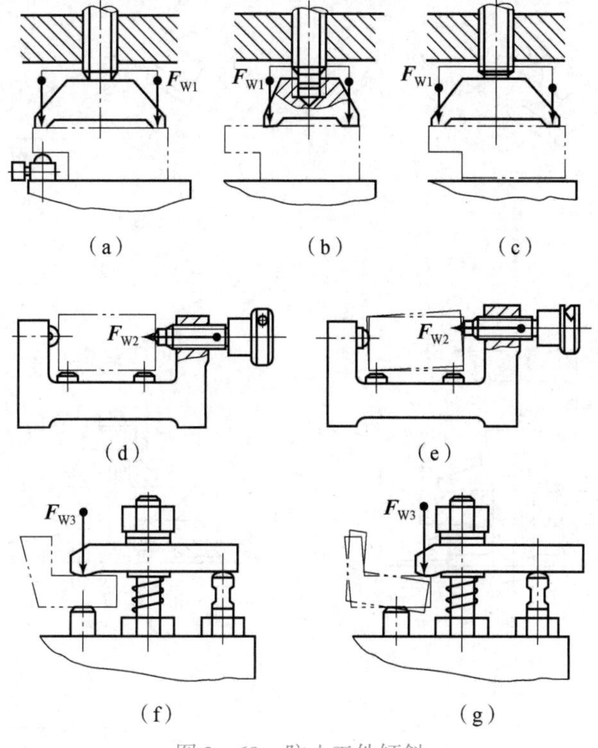

图 3-68 防止工件倾斜

夹紧力的作用点应在工件刚度较好的部位上，如图 3-69 所示。

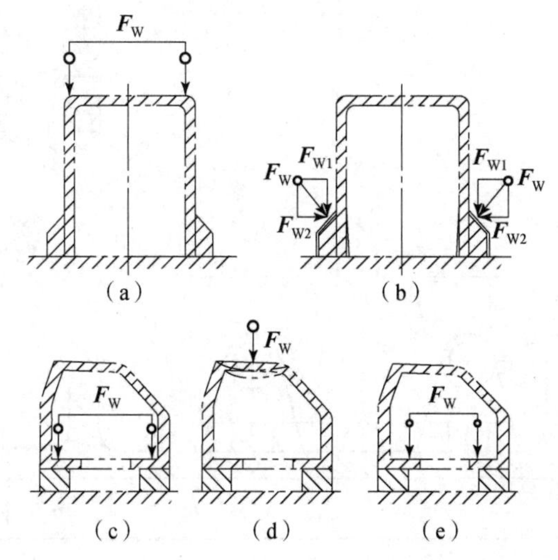

图 3-69 夹紧力作用点对工件变形的影响

夹紧力的作用点应靠近加工表面，如图 3-70 所示。可增设辅助支承和辅助夹紧力，如图 3-71 所示。

3）夹紧力大小的估算

夹紧力 $\boldsymbol{F}_W$ 可根据切削力和工件重力的大小、方向及相互位置关系，由静力平衡方程计算。考虑到工件切削过程的变化因素和安全性，实际夹紧力为

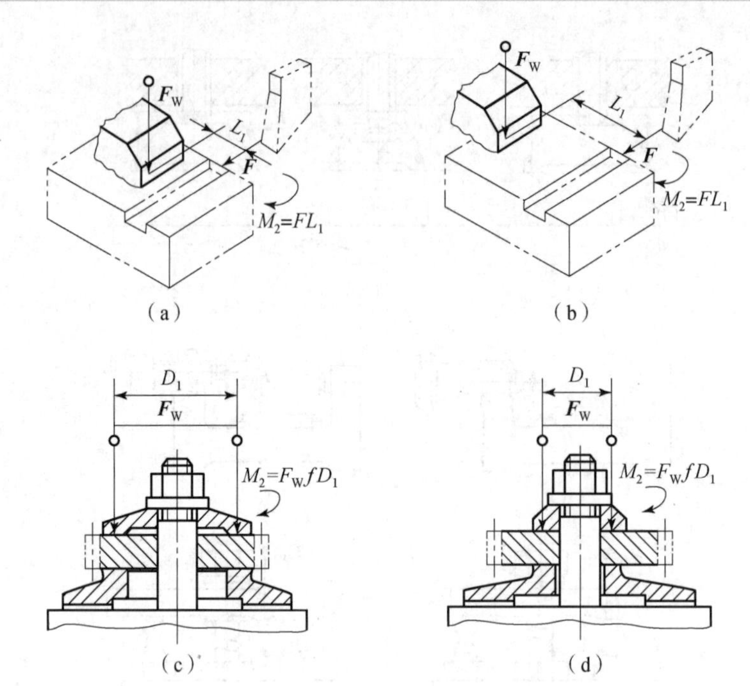

图 3－70　夹紧力的作用点靠近加工表面

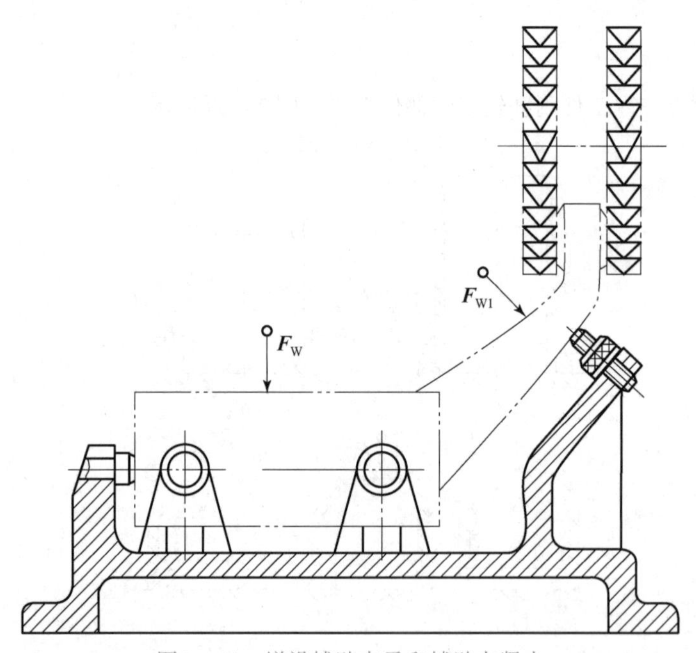

图 3－71　增设辅助支承和辅助夹紧力

$$\boldsymbol{F}_{WK} = K\boldsymbol{F}_W$$

式中　$\boldsymbol{F}_{WK}$——实际夹紧力，N；

$\boldsymbol{F}_W$——理论夹紧力，N；

K——安全系数，粗加工，$K=2.5\sim3.0$；精加工，$K=1.5\sim2.0$。

$$K = K_0K_1K_2K_3K_4K_5K_6$$

安全系数 $K_0 \sim K_6$ 见表 3-6。

表 3-6 安全系数 $K_0 \sim K_6$

<table>
<tr><th>符号</th><th colspan="2">考虑的因素</th><th>系数值</th><th>符号</th><th colspan="2">考虑的因素</th><th>系数值</th></tr>
<tr><td rowspan="2">K_0</td><td colspan="2" rowspan="2">考虑工件材料及加工余量均匀性的基本安全系数</td><td rowspan="2">1.2~1.5</td><td rowspan="2">K_4</td><td rowspan="2">夹紧力的稳定性</td><td>手动夹紧</td><td>1.3</td></tr>
<tr><td>机动夹紧</td><td>1.0</td></tr>
<tr><td rowspan="2">K_1</td><td rowspan="2">加工性质</td><td>粗加工</td><td>1.2</td><td rowspan="2">K_5</td><td rowspan="2">手动夹紧时的手柄位置</td><td>操作方便</td><td>1.0</td></tr>
<tr><td>精加工</td><td>1.0</td><td>操作不方便</td><td>1.2</td></tr>
<tr><td>K_2</td><td colspan="2">刀具钝化程度（见表 3-7）</td><td>1.0~1.9</td><td rowspan="3">K_6</td><td rowspan="3">仅有力矩使工件回转时工件与支承面的接触情况</td><td>接触点确定</td><td>1.0</td></tr>
<tr><td rowspan="2">K_3</td><td rowspan="2">切削特点</td><td>连续切削</td><td>1.0</td><td rowspan="2">接触点不确定</td><td rowspan="2">1.5</td></tr>
<tr><td>断续切削</td><td>1.2</td></tr>
</table>

表 3-7 安全系数 K_2

<table>
<tr><th rowspan="2">加工方法</th><th rowspan="2">切削力矩或切削分力</th><th colspan="2">K_2</th></tr>
<tr><th>铸铁</th><th>钢</th></tr>
<tr><td>钻削</td><td>$\boldsymbol{M}_c$
$\boldsymbol{F}_f$</td><td>1.15
1.0</td><td>1.15
1.0</td></tr>
<tr><td>粗扩（毛坯）</td><td>$\boldsymbol{M}_c$
$\boldsymbol{F}_f$</td><td>1.3
1.2</td><td>1.3
1.2</td></tr>
<tr><td>精扩</td><td>$\boldsymbol{M}_c$
$\boldsymbol{F}_f$</td><td>1.2
1.2</td><td>1.2
1.2</td></tr>
<tr><td>粗车</td><td>$\boldsymbol{F}_c$
$\boldsymbol{F}_p$
$\boldsymbol{F}_f$</td><td>1.0
1.2
1.25</td><td>1.0
1.4
1.6</td></tr>
<tr><td>精车</td><td>$\boldsymbol{F}_c$
$\boldsymbol{F}_p$
$\boldsymbol{F}_f$</td><td>1.05
1.4
1.3</td><td>1.0
1.05
1.0</td></tr>
<tr><td>圆周铣削（粗、精）
端面铣削（粗、精）
磨削</td><td>$\boldsymbol{F}_c$
$\boldsymbol{F}_c$
$\boldsymbol{F}_c$</td><td>1.2~1.4
1.2~1.4
—</td><td>1.6~1.8（含碳量小于 3%）
1.2~1.4（含碳量大于 3%）
1.6~1.8（含碳量小于 3%）
1.2~1.4（含碳量大于 3%）
1.15~1.2</td></tr>
<tr><td>拉削</td><td>$\boldsymbol{F}_c$</td><td>—</td><td>1.5</td></tr>
</table>

常见夹紧形式所需夹紧力的计算公式见表 3-8。

表 3-8　常见夹紧形式所需夹紧力的计算公式

夹紧形式	简图	计算公式
用卡爪夹紧工件外侧	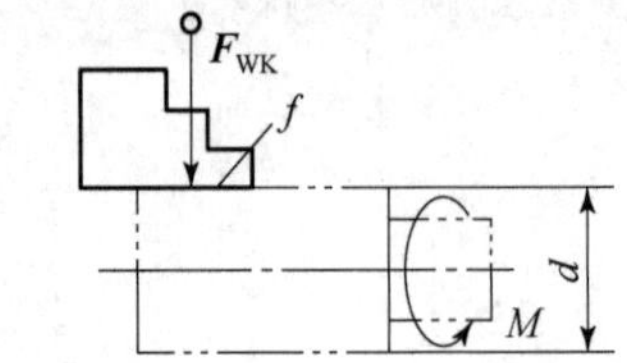	$F_{WK}=\frac{2KM}{ndf}$
用可涨芯轴斜楔夹紧工件内圆	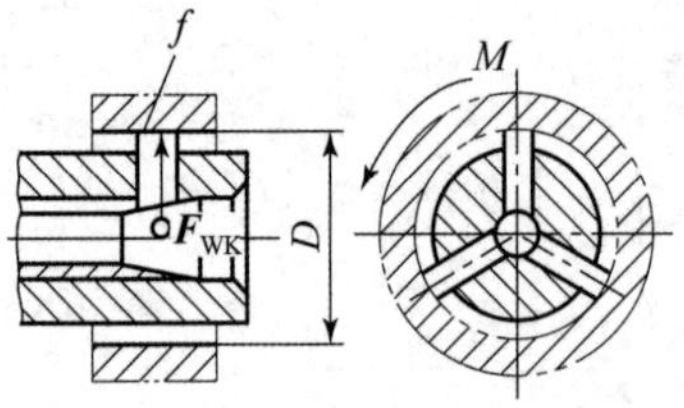	$F_{WK}=\frac{2KM}{ndf}$
用拉杆压板夹紧工件端面	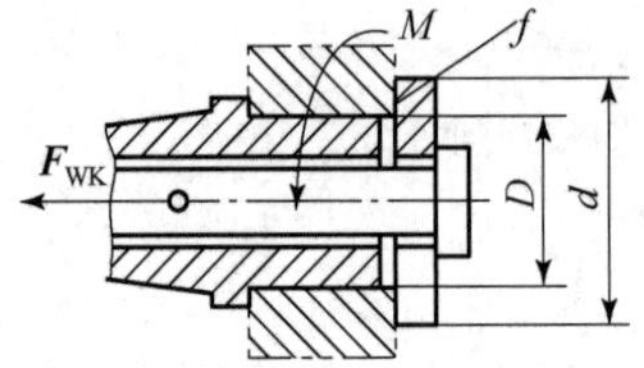	$F_{WK}=\frac{2KM}{(d+D)f}$
用弹簧夹头夹紧工件外圆	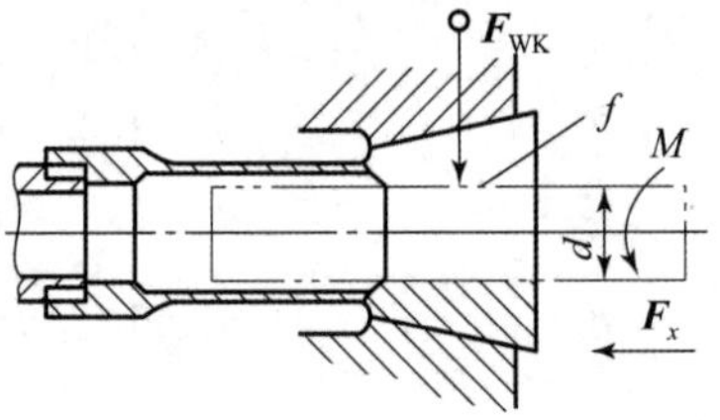	$F_{WK}=\frac{K}{f}\sqrt{\frac{4M^2}{d^2}+F_x^2}$
用压板压紧工件端面	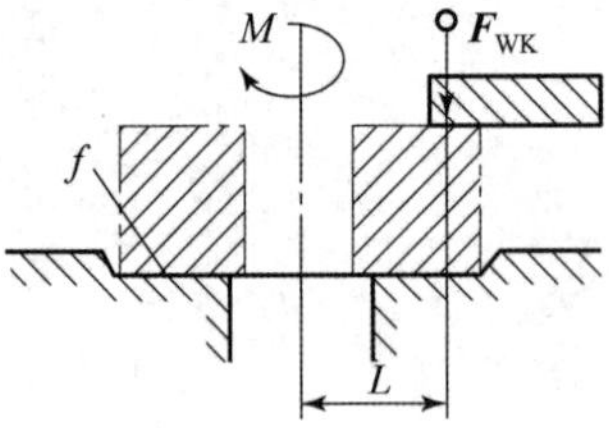	$F_{WK}=\frac{KM}{Lf}$
用钳口夹紧工件端面	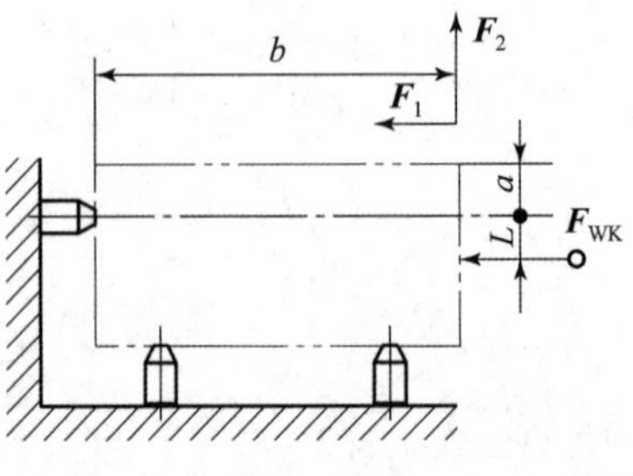	$F_{WK}=\frac{K(F_1a+F_2b)}{L}$

续表

夹紧形式	简图	计算公式
用压板压紧V形块上的圆柱体工件		$F_{WK}=\dfrac{2KM\sin\dfrac{\alpha}{2}}{df\left(1+\sin\dfrac{\alpha}{2}\right)}$

不同接触表面摩擦因数见表3－9。

表3－9 各种不同接触表面之间的摩擦因数

接触表面的形式	摩擦因数 f	接触表面的形式	摩擦因数 f
接触表面均为加工后的光滑表面	0.12～0.25	夹具夹紧元件的淬硬表面在垂直主切削力方向有齿纹	0.40
工件表面为毛坯，夹具支承面为球面	0.20～0.30	夹具夹紧元件的淬硬表面有相互垂直的齿纹	0.40～0.50
夹具夹紧元件的淬硬表面在沿主切削力方向有齿纹	0.30	夹具夹紧元件的淬硬表面有网状齿纹	0.70～0.80

二、典型夹紧机构

典型夹紧机构及夹紧的动力装置

1. 典型夹紧机构类型

1）斜楔夹紧机构

（1）工作原理。

斜楔夹紧机构是指利用楔块上的斜面移动产生的压力直接或间接将工件夹紧的机构，如图3－72所示。

（2）斜楔机构受力分析如图3－73所示，其夹紧力的计算为

$$\boldsymbol{F}_1+\boldsymbol{F}_{Kx}=\boldsymbol{F}_Q$$

$$\boldsymbol{F}_{Ky}=\boldsymbol{F}_W$$

$$\boldsymbol{F}_1=\boldsymbol{F}_W\tan\varphi_1$$

$$\boldsymbol{F}_{Kx}=\boldsymbol{F}_W\tan(\alpha+\varphi_2)$$

$$\boldsymbol{F}_W=\frac{\boldsymbol{F}_Q}{\tan\varphi_1+\tan(\alpha+\varphi_2)}$$

其中：

$$F_1 > F_{Kx}$$

$$F_W \tan\varphi_1 > F_W \tan(\alpha - \varphi_2)$$

$$\tan\varphi_1 > \tan(\alpha - \varphi_2)$$

$$\alpha < \varphi_1 + \varphi_2$$

斜楔机构的自锁条件如下。

手动夹紧——$\alpha = 6° \sim 8°$。

自锁机动——$\alpha < 12°$。

非自锁机动——$\alpha = 15° \sim 30°$。

双斜面夹紧——$\alpha = 10° \sim 12°$（见图 3-73（b））。

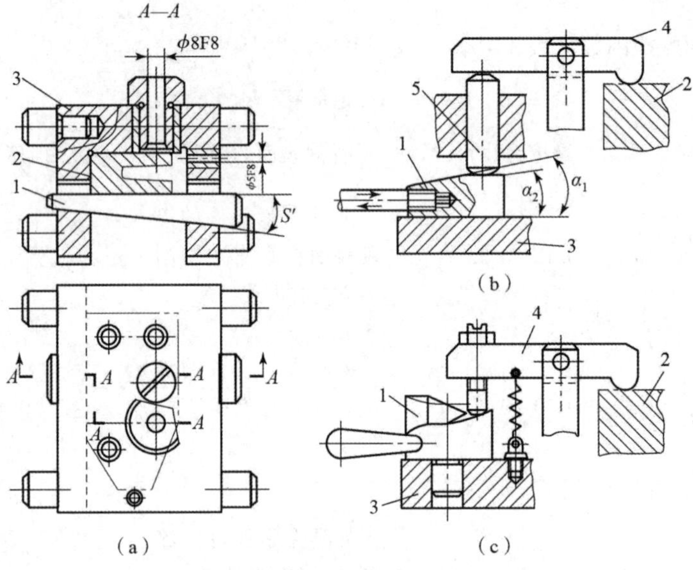

图 3-72　斜楔夹紧机构

1—斜楔；2—工件；3—夹具体；4—压板；5—滑柱

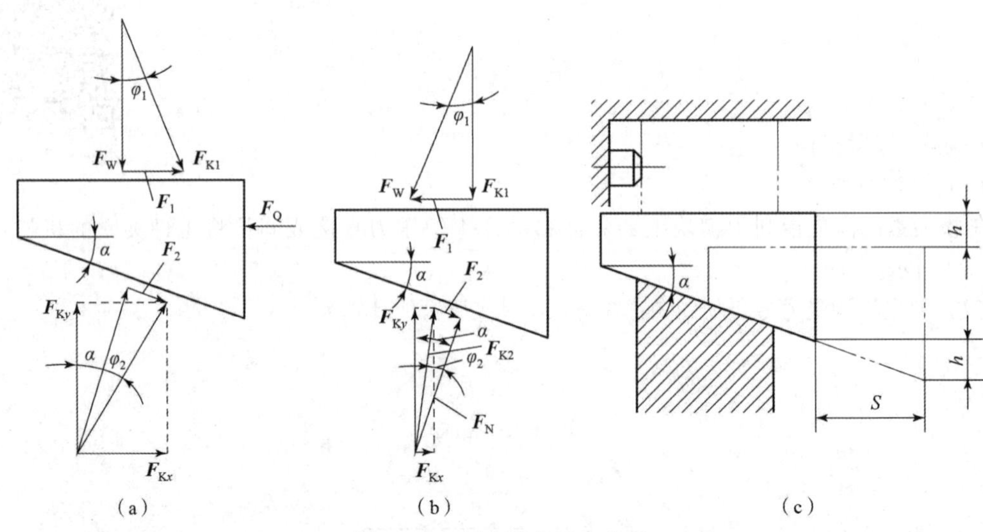

图 3-73　斜楔机构受力分析

（3）斜楔机构的特点：具有自锁作用，能改变夹紧作用力的方向，具有增力作用，斜楔机构的夹紧行程小。

根据图3－73（b）、图3－73（c）可知斜楔夹紧机构增力比为

$$i_{\mathrm{p}}=\frac{F_{\mathrm{W}}}{F_{\mathrm{Q}}}=\frac{1}{\tan\varphi+\tan(\alpha+\varphi_2)}$$

2）螺旋夹紧机构

（1）工作原理：采用螺旋装置直接夹紧或与其他元件组合实现夹紧工件。

（2）组成：螺钉、螺母、垫圈、压板等，如图3－74、图3－75所示。

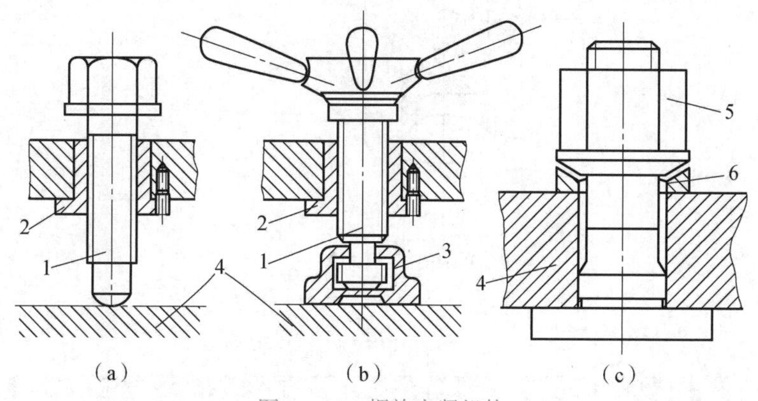

图3－74　螺旋夹紧机构

1—螺杆；2—螺母；3—活动压块；4—工件；5—球面螺母；6—锥面垫圈

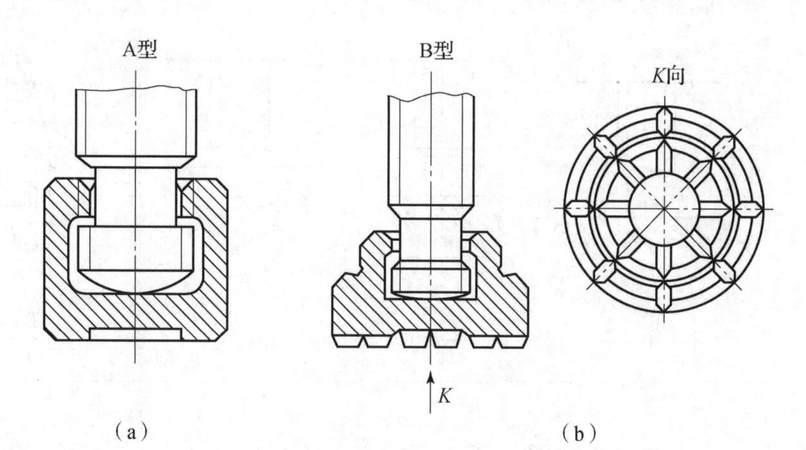

图3－75　标准活动压块

（3）单螺旋夹紧机构受力如图3－76所示，螺杆端部的当量摩擦半径见表3－10。

（4）螺旋夹紧机构的特点。

螺旋夹紧机构自锁性好，夹紧可靠（$\alpha\leqslant40°$），螺旋夹紧的增力比较大，夹紧行程不受限制（见图3－77），结构简单，制造容易（见图3－78）。

3）偏心夹紧机构

偏心夹紧机构分为圆偏心夹紧机构和曲线偏心夹紧机构。前者结构简单，制造容易，使用较广；后者又可细分为阿基米德螺旋线和对数螺旋线，其升角变化均匀，夹紧稳定、可靠，但制造困难，因而很少采用。下面主要以圆偏心夹紧机构为例。

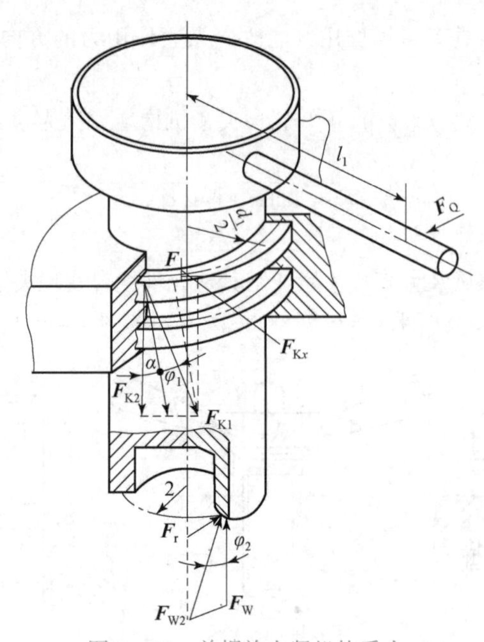

图 3－76　单螺旋夹紧机构受力

表 3－10　螺杆端部的当量摩擦半径

形式	1	2	3	4
	点接触	平面接触	圆周线接触	圆环面接触
简图		d_0	R β_1	D_0 D
r	0	$\frac{1}{3}d_0$	$R\tan\frac{\beta_1}{2}$	$\frac{D^3-D_0^3}{3(D^2-D_0^2)}$

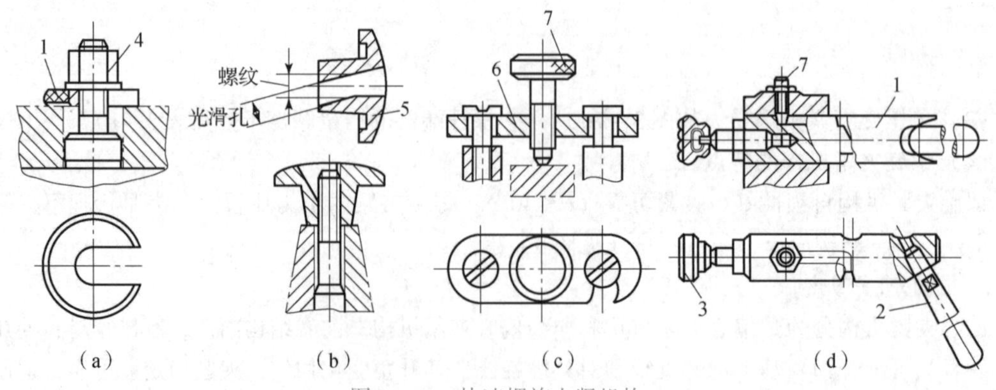

图 3－77　快速螺旋夹紧机构

1—螺杆；2—手柄；3—活动压块；4—开口垫圈；5—螺母；6—铰链板；7—螺钉

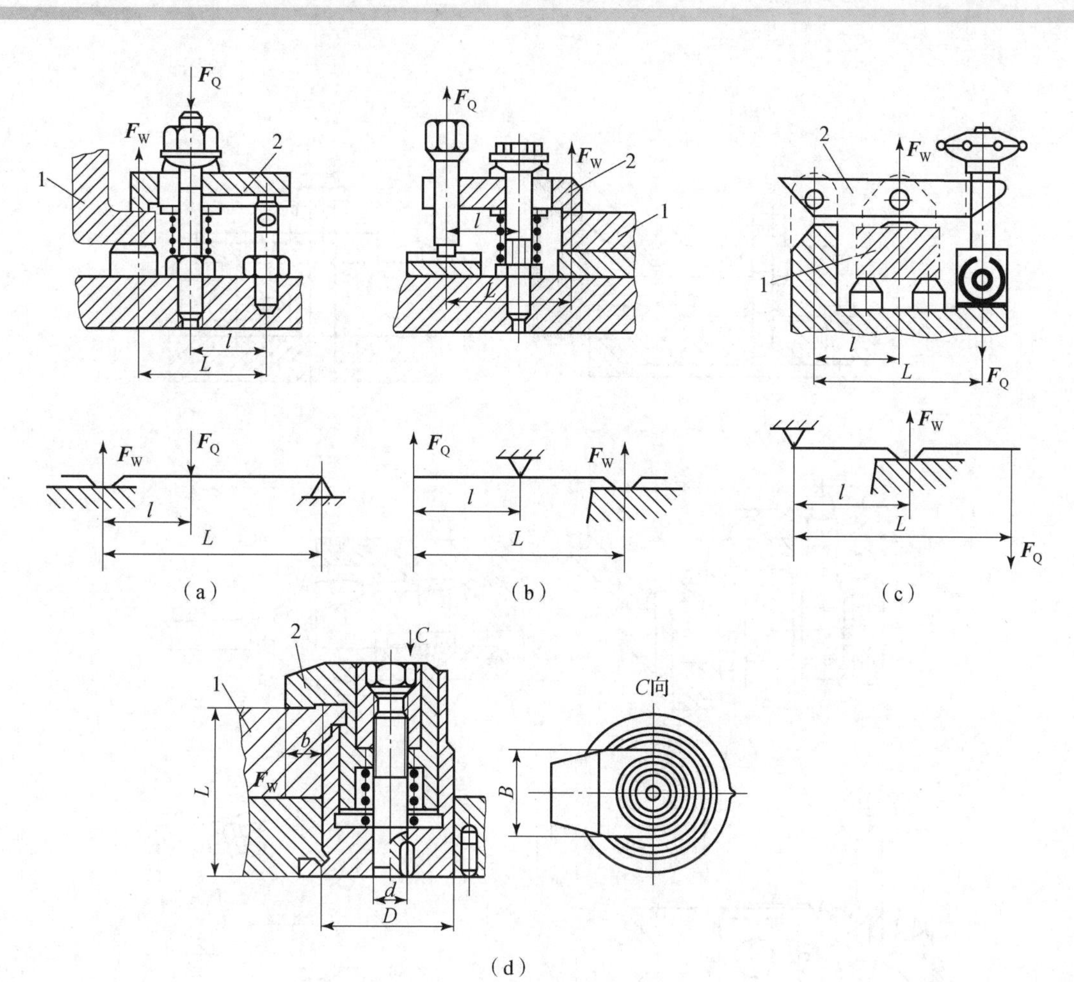

图 3 – 78 典型螺旋压板夹紧机构

(a)，(b) 移动压板；(c) 铰链压板；(d) 钩形压板

1—工件；2—压板

(1) 圆偏心夹紧机构工作原理。

圆偏心夹紧机构工作原理如图 3 – 79 所示。圆偏心夹紧机构优点是操作简单、夹紧力可调。其广泛应用于机械制造、汽车工业领域。圆偏心夹紧机构组合形式如图 3 – 80 所示。

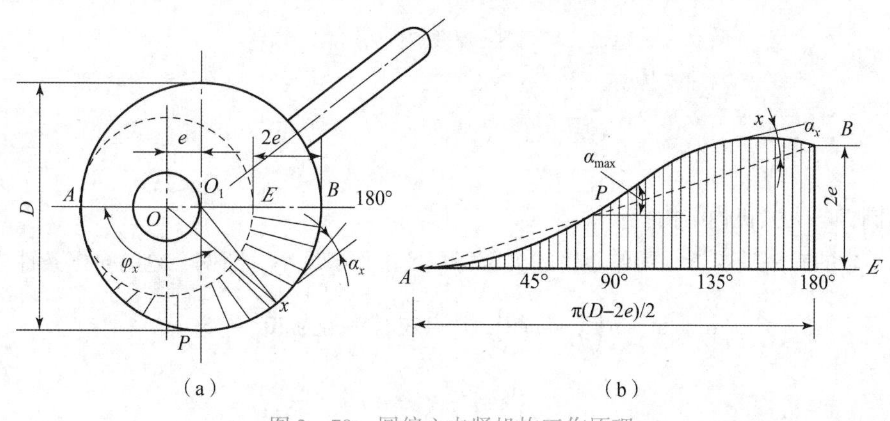

图 3 – 79 圆偏心夹紧机构工作原理

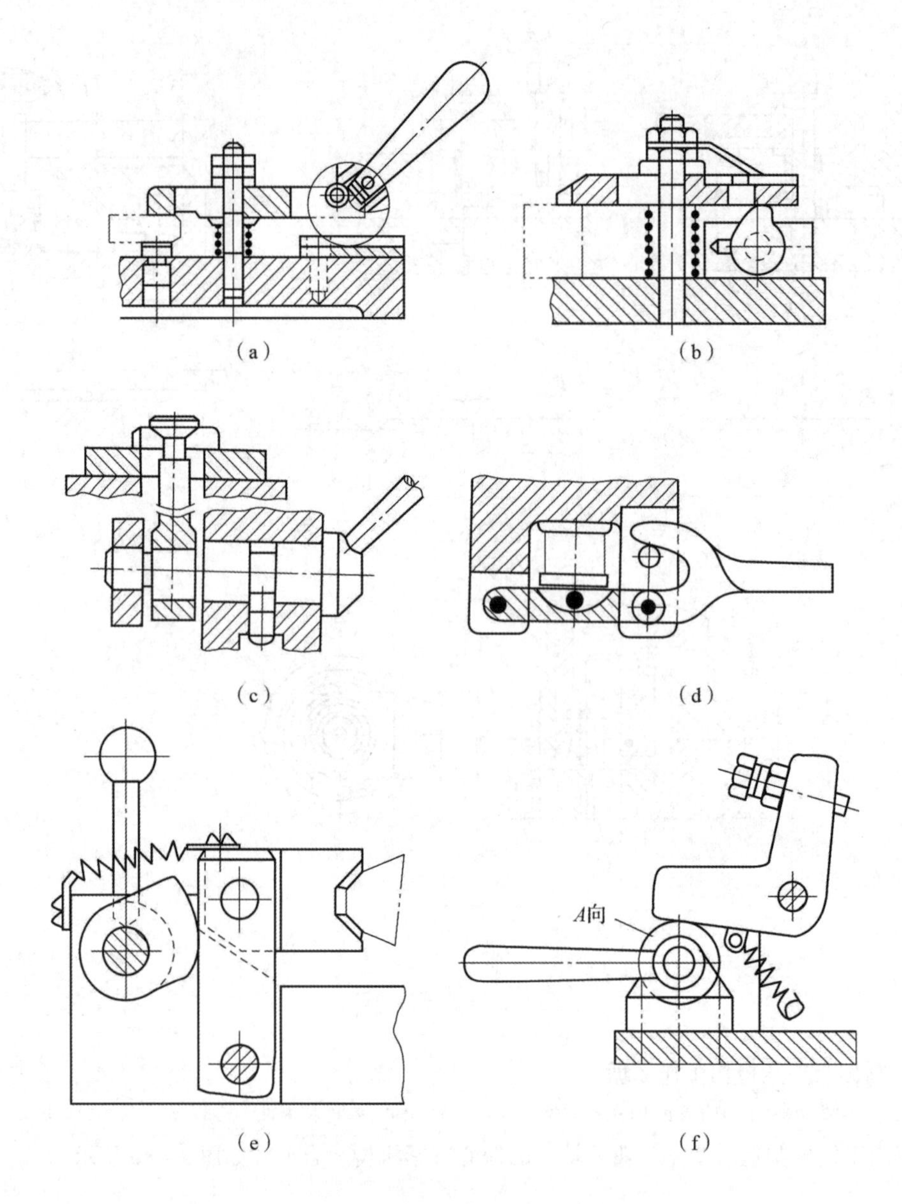

图 3-80　圆偏心夹紧机构组合形式

(a)，(b) 圆偏心轮与压板组合；(c) 偏心轴与拉杆组合；(d) 偏心圆弧与铰链压板组合；(e) 凸轮与铰链组合；(f) 凸轮与杠杆组合

(2) 圆偏心夹紧机构结构特点。

圆偏心轮的升角是变值，圆偏心轮的夹紧行程及工作区域小。圆偏心轮的自锁条件为

$$\alpha_x = \arcsin\left(\frac{2e}{D}\sin\varphi_x\right)，P\text{ 点左右夹角为 }30^\circ \sim 45^\circ$$

$$\alpha_{\max} \leqslant \varphi_1 + \varphi_2$$

$$\tan\alpha_{\max} \leqslant \tan\varphi_1$$

$$\alpha_{\mathrm{P}}\alpha_{\max}=\frac{2e}{D}$$

$$\tan\varphi_1=f_1$$

$$\frac{2e}{D}\leqslant f_1$$

式中 φ_2——轮周作用点的摩擦角，(°)；

φ_2——转轮处的摩擦角，(°)；

f_1——轮周作用点的摩擦因数。

（3）夹紧力的计算（见图3－81）。

$$F'_{\mathrm{Q}}\rho=F_{\mathrm{Q}}L$$

即

$$F'_{\mathrm{Q}}=\frac{F_{\mathrm{Q}}L}{\rho}$$

$$F_{\mathrm{W}}=\frac{F'_{\mathrm{Q}}}{\tan\varphi_1+\tan(\alpha_P+\varphi_2)}=\frac{F_{\mathrm{Q}}L}{\rho[\tan\varphi_1+\tan(\alpha_P+\varphi_2)]}$$

式中 ρ——转动中心 O_1 到作用点 P 的距离，mm。

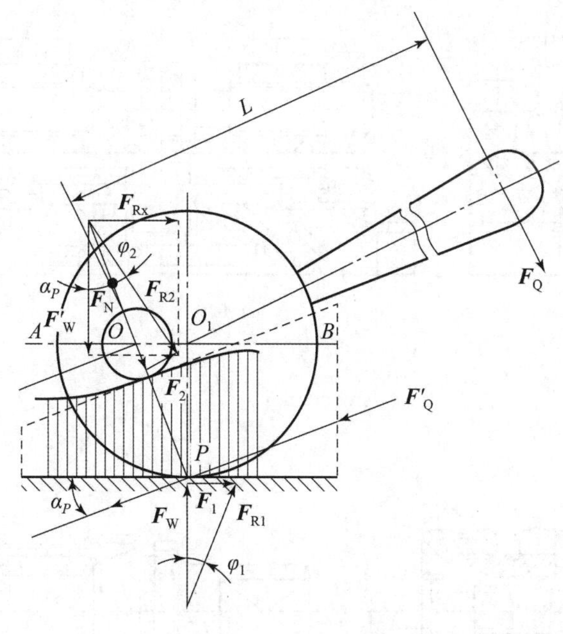

图3－81 圆偏心机构夹紧力分析

4）定心夹紧机构

其属于特殊夹紧机构，具有定心和夹紧作用，定位、夹紧元件“合二为一”，工作原理是利用“定位—夹紧”元件的等速移动或均匀弹性变形来实现定心或对中。

因 $\Delta_{\mathrm{y}}=0$，其适用于定位精度高的场合。定心夹紧机构常见结构形式：三爪自定心卡盘、斜楔式定心夹紧机构（见图3－82）、螺旋式定心夹紧机构（见图3－83）、弹性定心夹紧机构（见图3－84）、液性塑料定心夹紧机构（见图3－85）等结构形式。

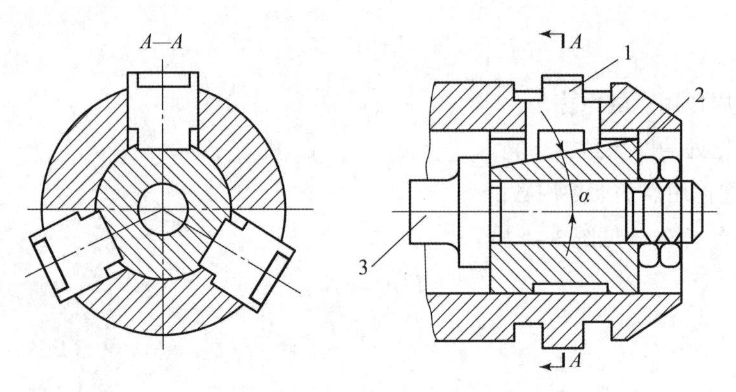

图 3－82　斜楔式定心夹紧机构

1—滑块；2—滑套；3—拉杆

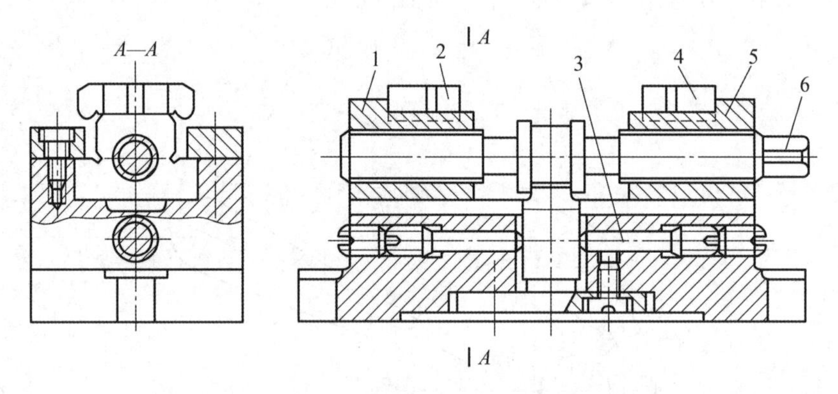

图 3－83　螺旋式定心夹紧机构

1，5—滑座；2，4—V 形块钳口；3—调节杆；6—双向螺杆

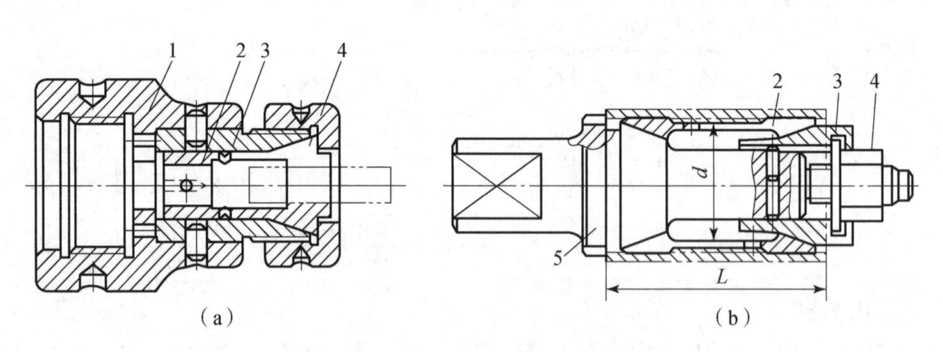

图 3－84　弹性定心夹紧机构

1—夹具体；2—弹性筒夹；3—锥套；4—螺母；5—芯轴

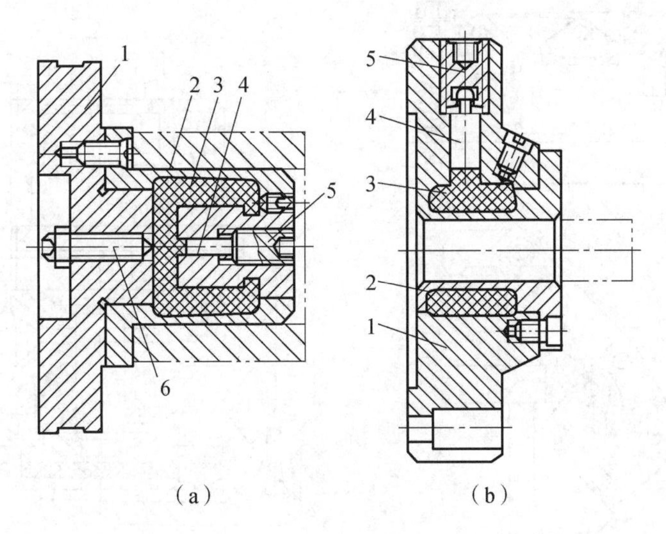

图 3-85 液性塑料定心夹紧机构

1—夹具体；2—薄壁套筒；3—液性塑料；4—滑柱；5—螺钉；6—限位螺钉

5）联动夹紧机构

联动夹紧机构可分：单件多点联动夹紧机构，如图 3-86、图 3-87 所示；多件联动夹紧机构，如图 3-88、图 3-89 所示。联动夹紧机构设计要点是必须设计浮动环节。

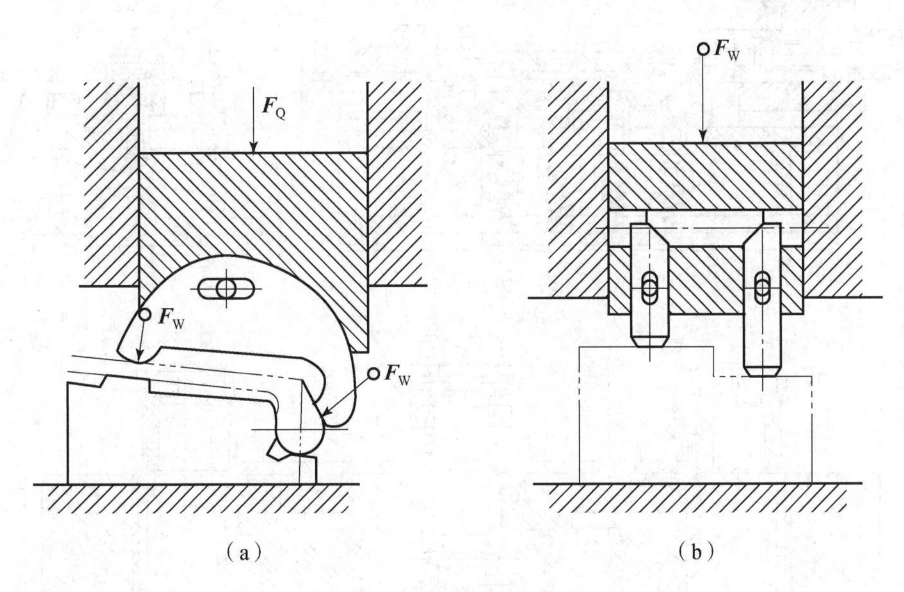

图 3-86 浮动压头夹紧机构

2. 夹紧动力装置

在大批量生产中，为提高生产率，降低操作人员劳动强度，大多数夹具都采用机动夹紧装置，按驱动方式，夹紧装置分为气动夹紧装置、液动夹紧装置、气-液联合夹紧装置、电（磁）夹紧装置、真空吸附夹紧装置。

气动式夹紧的动力装置：活塞式气缸，如图 3-90 所示；薄膜式气缸，如图 3-91 所示。

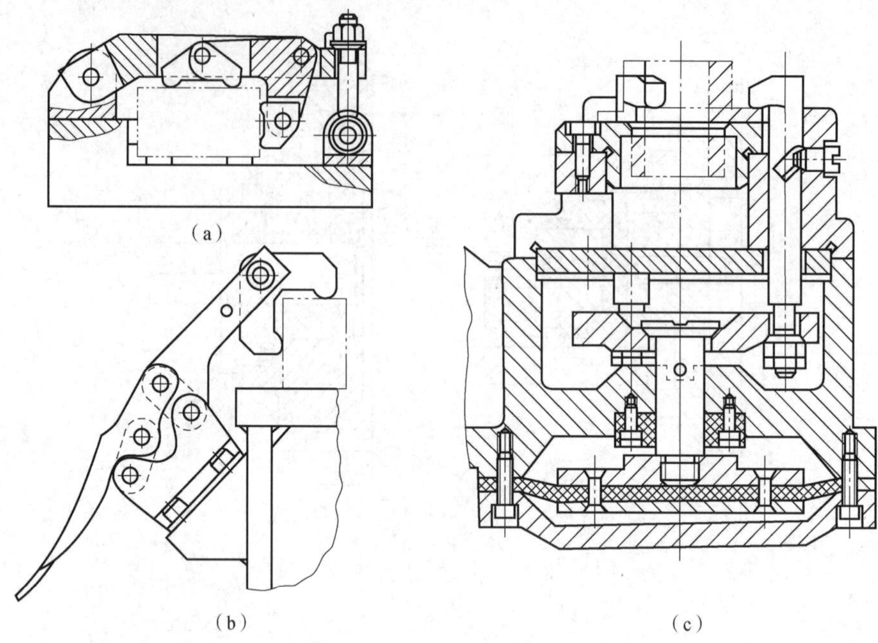

图 3－87　多点联动夹紧机构

(a)，(b) 双向联动夹紧机构；(c) 平行联动夹紧机构

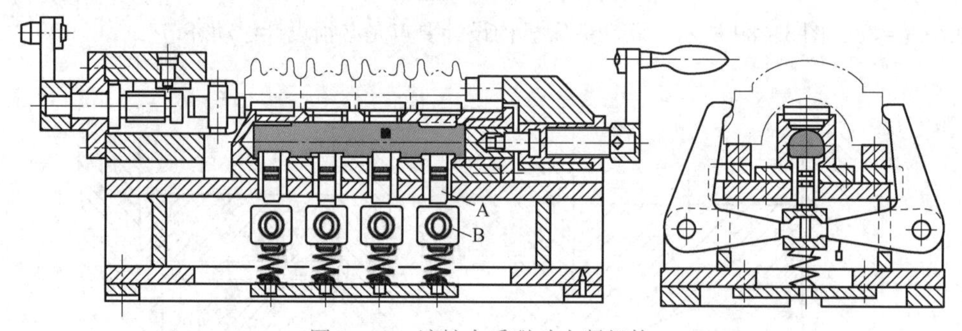

图 3－88　液性介质联动夹紧机构

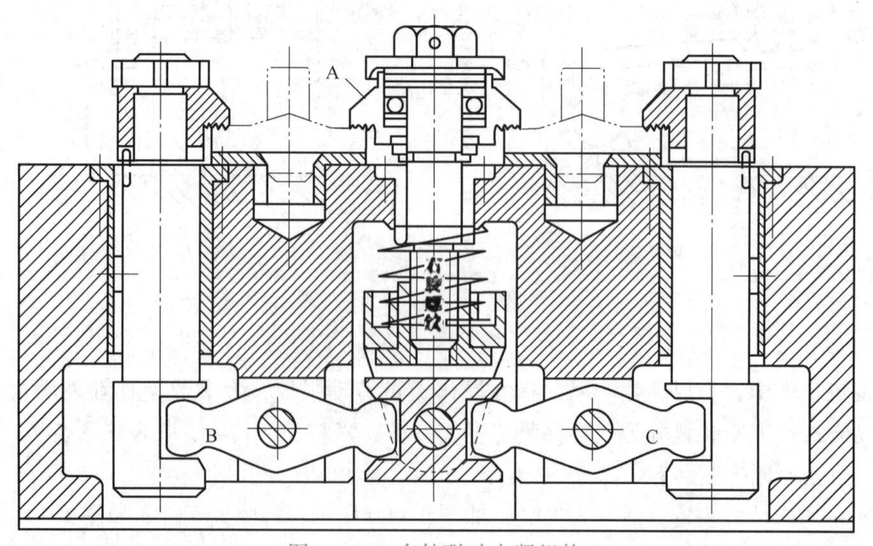

图 3－89　多件联动夹紧机构

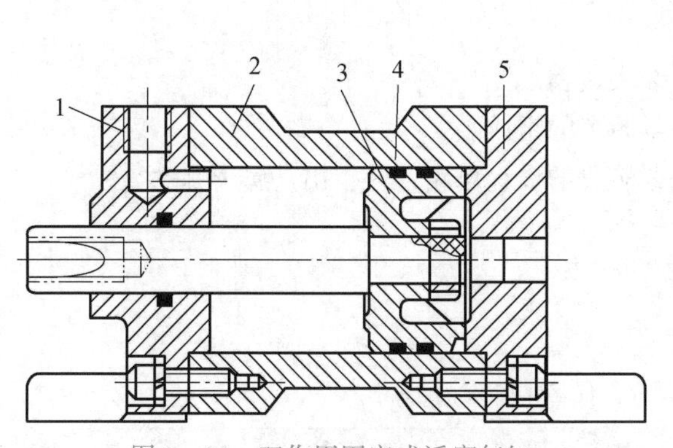

图 3－90 双作用固定式活塞气缸

1—前盖；2—气缸体；3—活塞；4—密封圈；5—后盖

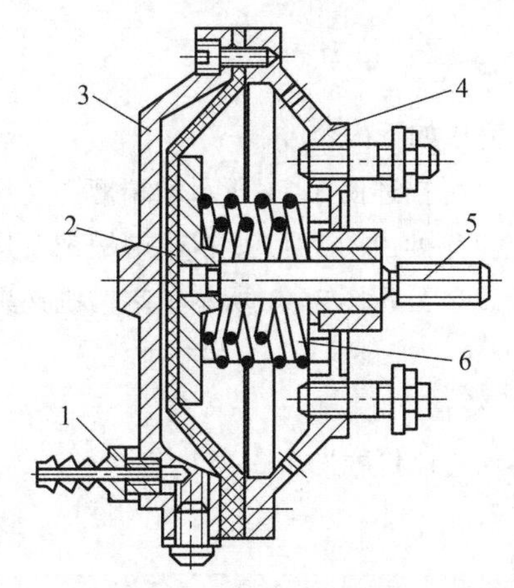

图 3－91 薄膜式气缸

1—气管街头；2—薄膜；3—左气缸壁；4—右气缸壁；5—推杆；6—弹簧

气－液联合夹紧装置工作原理如图 3－92 所示。

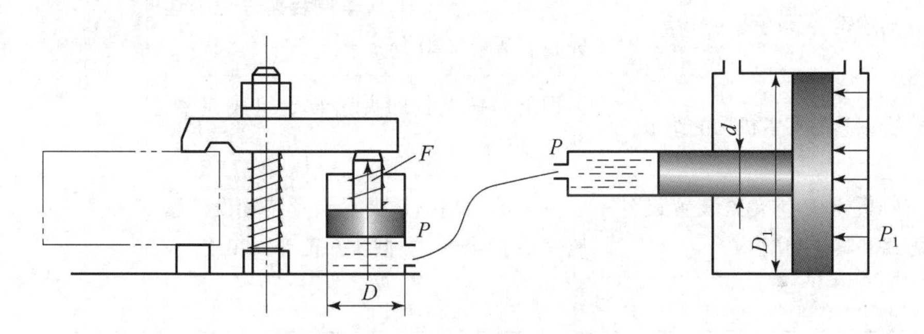

图 3－92 气－液联合夹紧工作原理图

真空吸附夹紧装置如图 3－93 所示。

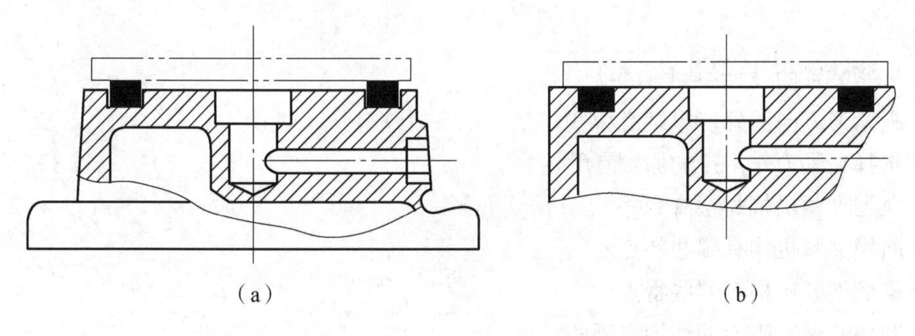

图 3－93 真空吸附夹紧装置

综上所述，机床夹具夹紧机构设计要求：夹紧位置适宜，即机构应能保持工件定位的正确位置；且夹紧行程足够，即夹紧力的大小应能保证工件在加工时的位置不变，同时不能使工件产生变形。夹紧机构操作应省力、简单、可靠。夹紧机构应容易制造、机构简单、零部件尽可能少、装配调试简单，装调容易等。

任务实施

完成如下内容。

(1) 描述图 3－1 所示轴端槽铣夹具的装夹过程。

(2) 列出图 3－1 所示轴端槽铣夹具夹具装置的组成。

(3) 分析图 3－1 所示轴端槽铣夹具夹紧装置的设计思路，并指出其属于哪一类。

任务评价

任务评价表见表 3－11。

表 3－11　任务评价表

序号	考核要点	项目（配分：100 分）	教师评分
1	职业素养	团队合作能力（20 分）	
		信息收集、咨询能力（20 分）	
2	描述铣夹具的装夹过程	结构组成、工作原理与装夹过程描述完整、清晰（20 分）	
3	铣夹具的夹紧机构的组成	列出的铣夹具的夹紧装置组成完整、清晰、正确（20 分）	
4	分析铣夹具夹紧装置设计思路和具体类型	分析的轴端槽铣夹具夹紧装置设计思路完整、清晰；类型认知正确（20 分）	
得分			

问题探究

1. 问答题

(1) 夹紧装置的设计原则有哪些？

(2) 夹紧力方向的确定原则有哪些？

(3) 选择夹紧力作用点的原则有哪些？

(4) 典型夹紧机构类型有哪些？

(5) 斜楔夹紧机构有哪些特点？

(6) 螺旋夹紧机构有哪些特点？

(7) 圆偏心夹紧机构的结构有哪些特点

(8) 联动夹紧机构有哪些类型？

2. 填空题

(1) 夹紧机构的功能本质是保持工件定位状态在加工过程中始终保持（　　　）。

(2) 机床夹具的夹紧机构分为（　　　）夹紧机构和（　　　）夹紧机构两类。

(3) 夹紧机构由动力装置、中间传力机构和（　　　）组成。

(4) 楔块夹紧机构是利用（　　　）上的斜面移动产生的压力来直接或间接将工件夹

紧的机构。

（5）螺旋夹紧的增力比较（　　）。

（6）定心夹紧机构工作原理是利用“定位－夹紧”元件的（　　　　　　　　　　）或（　　　　　　　）来实现定心或对中。

（7）联动夹紧机构设计必须设计（　　　　）环节。

3. 判定题

（1）夹紧机构的功能本质是保持工件定位状态在加工过程中始终保持不变。（　　）

（2）夹紧力的作用点必须在定位元件支承面上或在几个定位元件所形成的支承面内。（　　）

（3）夹紧力的作用点应在工件刚度较好的部位上。（　　）

（4）夹紧力作用点不应靠近加工表面。（　　）

（5）螺旋夹紧的增力比较小。（　　）

（6）定心夹紧机构工作原理是利用“定位－夹紧”元件的等速移动或均匀弹性变形来实现定心或对中。（　　）

（7）定心夹紧机构定位和夹紧元件“合二为一”。（　　）

（8）联动夹紧机构设计要求必须设计浮动环节。（　　）

4. 单选题

（1）楔块夹紧机构是利用（　　）上的斜面移动产生的压力来直接或间接将工件夹紧的机构。

A. 楔块　　B. 杠杆　　C. 螺杆　　D. 螺栓

（2）据统计，在机械加工过程中夹具的使用频率为（　　）。

A. 30%　　B. 50%　　C. 70%　　D. 100%

（3）在机床典型夹紧机构中，螺旋夹紧的增力比较（　　）。

A. 小　　B. 一般　　C. 大　　D. 相等

（4）定心夹紧机构工作原理是利用“（　　）”元件的等速移动或均匀弹性变形来实现定心或对中。

A. 定位　　B. 夹紧　　C. 定位－夹紧　　D. 连接

（5）定心夹紧机构因 Δ_y（　　），适合于定位精度高的场合。

A. ≤0　　B. =0　　C. ≥0　　D. 不存在

任务 3.4　机床夹具设计

【任务描述】

根据图 3－94 所示机床夹具设计工件图，设计一副夹具，设计条件为工件材料是 Q235，其生产纲领为能大量生产。要求：夹具可用于加工 $5^{+0.02}_{0}$ mm 槽，并保证图纸设计要求的加工精度。

任务实施完成后回答以下问题。

（1）按机床夹具的设计步骤编制“夹具设计说明书”，字数要求大于 3 000 字，图文并茂。

（2）按“三图一卡”要求编制一套“三图一卡”。

（3）完成 3D 夹具总图设计，提交全套夹具设计 2D 工程图纸，并采用 PDF 格式输出所有工程图纸。

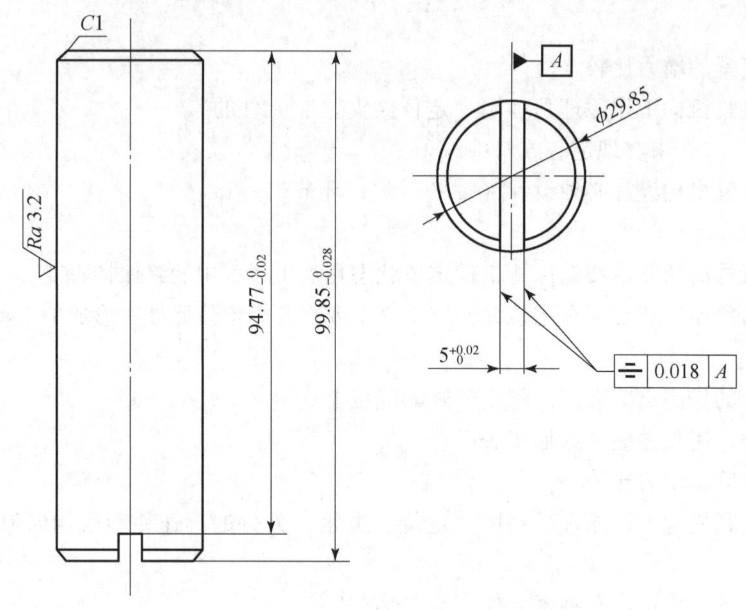

图 3-94　机床夹具设计工件图

【学前装备】

（1）准备 UG NX 或 CATIA 三维设计软件并安装。

（2）准备 XMind 软件并安装。

（3）准备 CAXA 工艺图表（CAPP）软件并安装。

（4）准备机械运动仿真（UG NX 仿真模块或者 CATIA 仿真模块）软件并安装。

（5）准备 AutoCAD 软件并安装。

（6）装备 IdeaVR 软件并安装。

预备知识 

一、机床夹具设计方法概述

1. 机床夹具的设计步骤

1）明确设计要求并收集研究资料

（1）了解零件的作用、结构特点和技术要求。

（2）了解加工件的工艺规程。

（3）了解使用的机床和刀具。

（4）了解工件的定位基准和工序尺寸。

2）确定夹具的结构方案

（1）定位方案设计，计算定位误差。

（2）对刀或导向装置设计。

（3）明确夹紧方案，确定夹紧机构（夹紧装置设计）。

（4）明确夹具体的形式和夹具的总体结构。

（5）其他结构形式设计（分度、夹具与机床连接）。

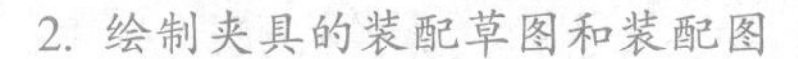

2. 绘制夹具的装配草图和装配图

主视图尽量选取与操作人员正对的位置。在夹具装配图中，视工件为透明体。

绘制步骤如下。

（1）用细双点画线画出工件外形轮廓和定位面、加工面。

（2）画出定位元件和导向元件。

（3）按夹紧状态画出夹紧装置。

（4）画出其他元件或机构。

（5）画出夹具体，把上述各部分组合成一体，形成完整的夹具。

①标注尺寸、配合及技术要求。

②绘制夹具零件图。

③编写夹具设计说明书。

机床夹具设计方法

3. 机床夹具的设计方法

1）夹具的基本要求

（1）能稳定保证工件的加工精度。

（2）能提高机械加工的劳动生产率，降低工件的制造成本。

（3）经济性好：结构简单，操作方便，安全和省力。

（4）使用性好：便于排屑。

（5）工艺性好：有良好的结构工艺性，便于夹具的制造、装备、检验、调整和维修。

（6）设计时应在保证加工精度的前提下，综合考虑生产率、经济性和劳动条件等因素。

2）夹具的设计过程

（1）研究原始资料，明确设计任务。

（2）确定夹具的结构方案，绘制结构草图。

（3）确定工件的定位方案、夹紧方案。

（4）确定其他元件或装置的结构形式，如导向、分度装置等。

（5）合理布置各元件或装置，确定夹具的总体结构，绘制草图。

（6）进行必要计算。

（7）审查方案，改进设计。

（8）绘制夹具总装配图。

①总装配图的比例应尽量采用1∶1的比例。

②总装配图视图的选择，主视图应选面对操作人员的工作位置。

③绘制总装配图的顺序，先用细双点画线将工件的外形轮廓、定位基面、夹紧表面及加工表面绘制在各个视图上，视工件为透明体；再绘出定位、对刀引导、夹紧元件及其他元件或装置，标注有关的尺寸、公差和技术要求；最后绘出夹具体，并填写明细表及标题栏。

（9）绘制夹具零件图：夹具总装配图中的非标准零件均要绘制零件图，并按夹具总装配图的要求，确定各零件的尺寸、公差及技术要求。

3）夹具总图上的尺寸和公差

（1）最大轮廓尺寸。

（2）影响定位精度的尺寸和公差。

（3）影响对刀精度的尺寸和公差。

（4）影响夹具制造精度的尺寸和公差。

（5）其他重要尺寸和公差。

4）夹具总图上的技术要求

4类技术要求：定位元件之间的定位要求、定位元件与连接元件和（或）夹具体底面的相互位置要求、导引元件和夹具体底面的相互位置要求、导引元件与定位元件间的相互位置要求。

5）夹具总图上公差值的确定

（1）直接影响工件加工精度的夹具公差：夹具公差取工件公差的1/5～1/3，工件产量大，精度低时，取小值；精度高时，取大值。

（2）与工件上未注公差的加工尺寸对应的夹具公差：工件的加工尺寸未注公差时，工件公差视为IT12～IT14，夹具上的相应尺寸公差按IT9～IT11标注；工件上的位置要求未注公差时，工件位置公差视为9～11级，夹具上相应位置公差按7～9级标注；工件上加工角度未注公差时，工件公差视为±10′～±30′，夹具上相应角度公差标为±3′～±10′。

6）工件在夹具上加工的精度分析

（1）影响加工精度的因素（见图3－95）。

①定位误差。

②对刀误差。

③安装误差。

④夹具制造误差。

⑤加工方法误差。

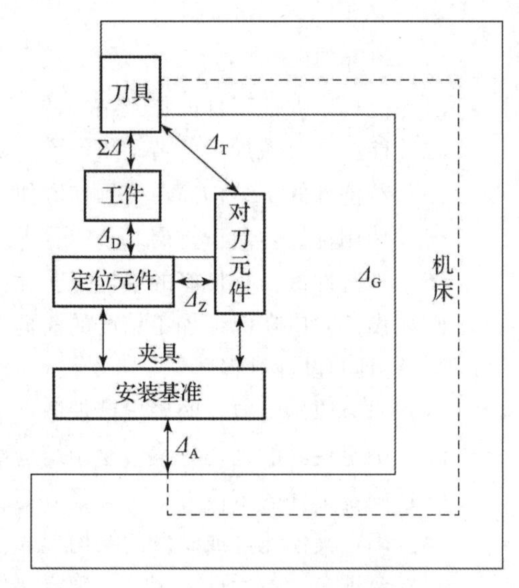

图3－95　工件在夹具中加工时影响加工精度的主要因素

（2）保证加工精度的条件

$$\Sigma\Delta = \sqrt{\Delta_D^2 + \Delta_T^2 + \Delta_A^2 + \Delta_Z^2 + \Delta_G^2} \leqslant T_K$$

式中　$\Sigma\Delta$——加工误差；

Δ_D——定位误差；

Δ_T——对刀导向误差；

Δ_A——夹具位置误差；

Δ_Z——夹具在机床上的安装误差；

Δ_G——某些加工因素造成的加工误差；

T_K——工序尺寸公差。

7）夹具的制造特点及其保证精度的方法

（1）夹具的制造特点：单件生产，制造周期短，精度高，常采用修配法。

（2）保证夹具制造精度的方法如下。

①修配法：装配时修去制订零件上预留的修配量达到装配精度的方法，如图3－96所示。

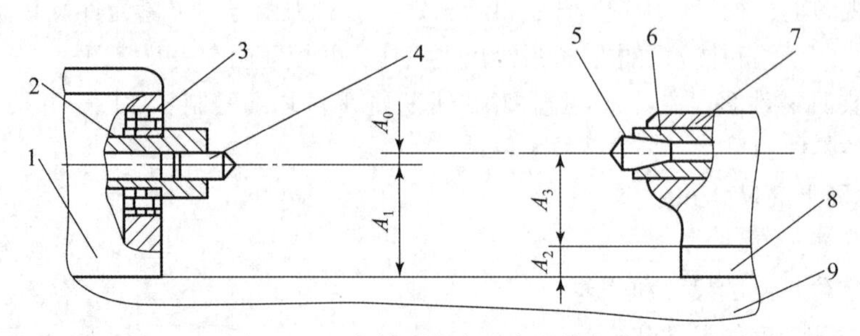

图3－96　主轴和尾座顶尖的等高度

1—主轴箱；2—主轴；3—轴承；4—顶针；5—尾座顶针；6—尾座套筒；7—尾座；8—底板；9—床身

②调整法：用改变可调整零件的相对位置或选用合适的调整件达到装配精度的方法（可动、固定），如图3－97所示。

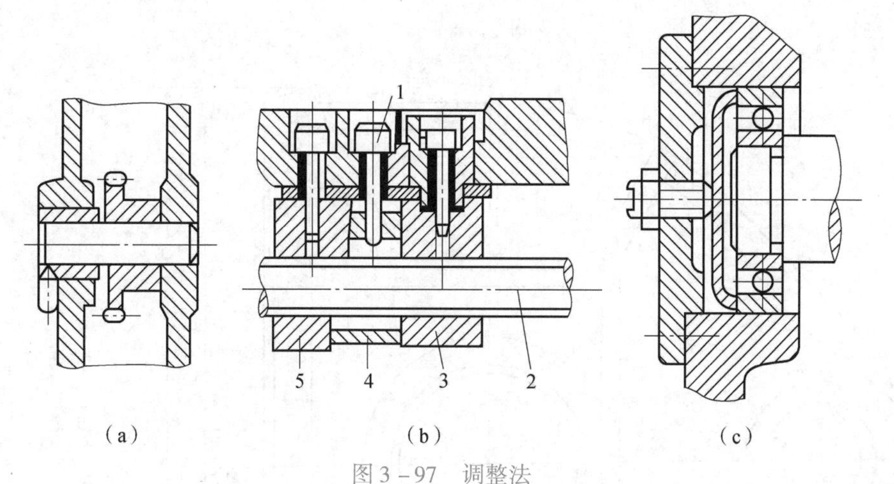

（a）　（b）　（c）

图3－97　调整法

（a）齿轮端面间隙调整；（b）丝杆间隙调整；（c）轴承间隙调整

1—调整螺钉；2—丝杆；3—螺母；4—楔块；5—螺母

三图一卡

二、"三图一卡"

"三图一卡"，是将前面确定的工艺方案和机床总体布局用图样形式表达出来。其中，"三图"为零件工序图、加工示意图、机床联系尺寸总图；"一卡"为机床生产率计算卡。

1. 零件工序图

1）零件工序图作用与主要内容

（1）零件工序图作用。

零件工序图（见图3－98）根据制订的工艺方案来表示：所设计的组合机床（或自动生产线）上完成的工艺内容，加工部位的尺寸、精度、表面粗糙度及技术要求，加工用的定位基准、夹压部位，零件的材料、硬度，以及在本机床加工前加工余量、毛坯或半成品情况。它是组合机床设计的具体依据，也是制造、使用、调整和检验机床精度的重要文件。

（2）零件工序图主要内容。

①零件的形状和主要轮廓尺寸，以及与本工序机床设计有关部位结构形状和尺寸。

②零件在本工序的定位基准、夹压部位及夹紧方向，用以进行夹具的支承、定位、夹紧和导向等机构设计。

③本工序加工表面的尺寸、精度、表面粗糙度、形位公差等技术要求及对上道工序的技术要求。

④注明零件的名称、编号、材料、硬度及加工部位的余量。

2）绘制零件工序图的规定

（1）应按一定比例，绘制足够的视图及剖面。

（2）本工序加工部位用粗实线表示，其余非加工部位用细实线表示，保证的加工部位尺寸及位置尺寸数值下方用粗实线画线。

（3）定位基准符号用"⌒"，并用下标数表明消除自由度数量。

（4）夹压位置符号用"↓"。

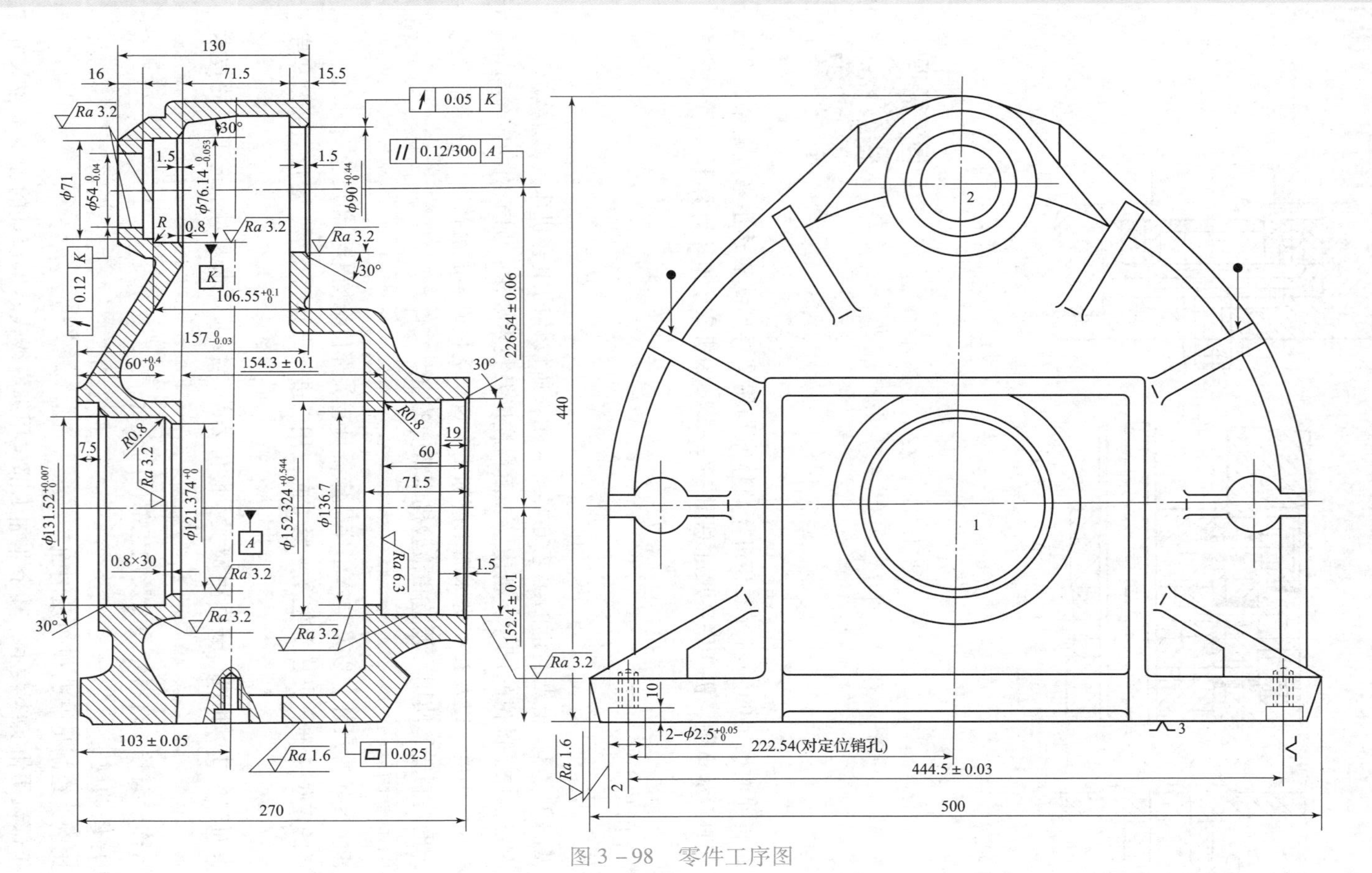

图 3－98　零件工序图

注：1. 零件名称及编号为末端传动壳体（Z－1136A）；材料及硬度为 HT200，170～241 HBS；

2. 图中“⋏”为定位基准符号，“↓”为夹压符号；

3. 粗实线上尺寸为本工序保证尺寸；

4. 加工部位余量：1 号孔直径上 0.5 mm；2 号孔直径上 0.25 mm。

（5）辅助支承符号用“⚠”。

3）绘制零件工序图注意事项

（1）本工序加工部位的位置尺寸应与定位基准直接发生关系。

（2）对工件毛坯应有要求，对孔的加工余量要认真分析。

（3）当本工序有特殊要求时必须注明。

2. 加工示意图

加工示意图是根据加工工序图和生产率要求等绘制的机床工艺方案图。

（1）作用。

①加工示意图是设计刀具、夹具、多轴箱和液压、电气系统以及选择动力部件的主要依据。

②加工示意图是机床总体布局和性能的原始要求。

③加工示意图是调整机床和刀具所必需的重要技术文件。

（2）加工示意图应表达和标注的内容。

①机床的加工方法、切削用量、工作循环和工作行程。

②工件、刀具、导向、托架及多轴箱之间的相对位置及其联系尺寸。

③主轴结构类型、尺寸及外伸长度。

④刀具类型、数量和结构尺寸（直径和长度）。

⑤接杆（包括镗杆）、浮动卡头、导向装置、攻螺纹靠模装置等结构尺寸。

⑥刀具、导向套间的配合，刀具、接杆、主轴之间的连接方式及配合尺寸等。

（3）绘制加工示意图的注意事项。

需绘制成展开图，且按比例用细实线画出工件外形。

①加工部位、加工表面用粗实线绘制，必须使工件和加工方位与机床布局相吻合。

②同一多轴箱上结构尺寸完全相同的主轴只画一根，且在主轴上标注与工件孔号相对应的轴号。

③主轴的分布不受真实距离的限制，但中心距很近时必须以实际中心距严格按比例绘制，以便检查相邻主轴、刀具、导向等是否相互干涉。

④主轴应从多轴箱端面画起。

⑤刀具画在加工终止位置（攻螺纹则应画在加工开始位置）。

⑥对采用浮动卡头的镗孔刀杆，为避免刀杆退出导向时下垂，常选用托架支撑退出的刀杆，这时必须画出托架并标出联系尺寸。

⑦标准通用结构（刀具、接杆、浮动卡头、攻螺纹靠模及丝锥卡头、通用多轴箱外伸出部分等）只画外轮廓，但须加注规格代号，见表3－12、表3－13。

⑧对一些专用结构，如专用的刀具、导向、刀杆托架、专用接杆或浮动卡头等，需用剖视图表示其结构，并标注尺寸、配合及精度。

⑨当轴数较多时，加工示意图必须用细实线画出工件加工部位分布情况简图（向视图），并在孔旁标明相应号码，以便于设计和调整机床。

⑩多面多工位机床的加工示意图一定要分工位，按每个工位的加工内容顺序进行绘制。并画出工件在回转工作台或鼓轮上的位置示意图，以便清楚地看出工件及在不同工位与相应多轴箱主轴的相对位置。

表 3-12 轴能承受的转矩

<table>
<tr><th rowspan="2">轴径
d/cm</th><th colspan="3">许用扭转角[φ]/[(°)·m^{-1}]</th><th rowspan="2" colspan="4">计算依据</th></tr>
<tr><th>1/4</th><th>1/2</th><th>1</th></tr>
<tr><td>10</td><td>0.35</td><td>0.69</td><td>1.4</td><td rowspan="9" colspan="4">$d=B\sqrt[4]{T}$
$\frac{T}{W_P}\leqslant[\tau]$
式中 d——轴的直径，m；
T——轴所传递的转矩，N·m；
W_P——轴的抗扭截面模数，m^3，实心轴的 $W_P\approx0.2d^3$；
[τ]——许用剪切应力，Pa，本表是以 45 钢编制的，45 钢的 [τ] = 31 MPa；
B——系数。当材料的剪切弹性模数 G = 81 GPa 时，B 值如下</td></tr>
<tr><td>12</td><td>0.72</td><td>1.4</td><td>2.9</td></tr>
<tr><td>15</td><td>1.75</td><td>3.5</td><td>7.1</td></tr>
<tr><td>20</td><td>5.5</td><td>11</td><td>23</td></tr>
<tr><td>25</td><td>13.5</td><td>27</td><td>55</td></tr>
<tr><td>30</td><td>28</td><td>56</td><td>114</td></tr>
<tr><td>35</td><td>52</td><td>104</td><td>210</td></tr>
<tr><td>40</td><td>89</td><td>178</td><td>360</td></tr>
<tr><td>45</td><td>142</td><td>285</td><td>580</td></tr>
<tr><td>50</td><td>217</td><td>434</td><td>880</td></tr>
<tr><td>55</td><td>317</td><td>635</td><td>/</td><td>[φ]/((°)·m^{-1})</td><td>1/4</td><td>1/2</td><td>1</td></tr>
<tr><td>60</td><td>450</td><td>900</td><td>/</td><td>B</td><td>0.013</td><td>0.011</td><td>0.009 2</td></tr>
</table>

表 3-13 攻螺纹主轴直径的确定

<table>
<tr><th>被加工材料</th><th colspan="2">铸铁</th><th colspan="2">钢</th><th rowspan="2">计算依据</th></tr>
<tr><th>螺纹</th><th>转矩/(N·m)</th><th>主轴直径/mm</th><th>转矩/(N·m)</th><th>主轴直径/mm</th></tr>
<tr><td>M3</td><td>0.32</td><td>8</td><td>0.44</td><td>10</td><td rowspan="16">$d=0.011\sqrt[4]{T}$
加工铸铁：$T=0.195D^{1.4}p^{1.5}$；
加工钢：$T=0.27D^{1.4}p^{1.5}$；
式中，d——主轴的直径，m；
T——转矩，N·m；
D——螺纹大径，mm；
p——螺距，mm。</td></tr>
<tr><td>M4</td><td>0.8</td><td>10</td><td>1.1</td><td>12</td></tr>
<tr><td>M5</td><td>1.34</td><td>12</td><td>1.85</td><td>15</td></tr>
<tr><td>M6</td><td>2.40</td><td>15</td><td>3.3</td><td>15</td></tr>
<tr><td>M8</td><td>5</td><td>17</td><td>7</td><td>20</td></tr>
<tr><td>M10</td><td>9</td><td>20</td><td>12.5</td><td>20</td></tr>
<tr><td>M12</td><td>14.6</td><td>25</td><td>20.3</td><td>25</td></tr>
<tr><td>M14</td><td>22.2</td><td>25</td><td>30.7</td><td>25</td></tr>
<tr><td>M16</td><td>26.7</td><td>25</td><td>37</td><td>30</td></tr>
<tr><td>M18</td><td>44.1</td><td>30</td><td>61</td><td>30</td></tr>
<tr><td>M20</td><td>51.1</td><td>30</td><td>70.7</td><td>35</td></tr>
<tr><td>M22</td><td>58.4</td><td>30</td><td>80.6</td><td>35</td></tr>
<tr><td>M24</td><td>86.7</td><td>35</td><td>120</td><td>40</td></tr>
<tr><td>M27</td><td>102</td><td>35</td><td>142</td><td>40</td></tr>
<tr><td>M30</td><td>149</td><td>40</td><td>207</td><td>45</td></tr>
</table>

（4）刀具的选择：应考虑工件材质、加工精度、表面粗糙度、排屑及生产率等要求。

（5）导向结构的选择：应正确选择导向结构和确定导向类型、参数、精度。

（6）确定主轴类型、尺寸、外伸长度：主轴类型依据工艺方法和刀杆与主轴的连接结构进行确定；主轴轴颈及轴端尺寸取决于进给抗力和主轴 – 刀具系统结构。通用主轴的系列参数见表 3 – 14。

表 3 – 14 通用主轴的系列参数

主轴外伸	主轴类型	主轴直径/mm							
短主轴（用于与刀具浮动连接的镗、扩、铰等工序）	滚锥短主轴	—	—	25	30	35	40	50	60
长主轴（用于与刀具刚性连接的钻、扩、铰、倒角、锪平面等工序或攻螺纹工序）	滚锥长主轴	—	20	25	30	35	40	50	60
	滚珠主轴	15	20	25	30	35	40	—	—
	滚针主轴	15	20	25	30	35	40	—	—
主轴外伸尺寸	D/d_1	25/16	32/22	40/28	50/36	50/36	67/48	80/60	90/60
	L	85	115	115	115	115	135	100（85）	135
接杆莫氏圆锥号		1	1，2	1，2，3	2，3	2，3	3，4	4，5	4，5

（7）选择接杆、浮动卡头。

（8）标注联系尺寸。

（9）标注切削用量。

（10）动力部件工作循环及行程的确定。

动力部件从原始位置开始运动到加工终止位置又返回到原位的动作过程包括快速前进、工作进给和快速退回等动作。有时还有中间停止、多次往复进给、跳跃进给、死挡铁停留等特殊要求，如图 3 – 99 所示。

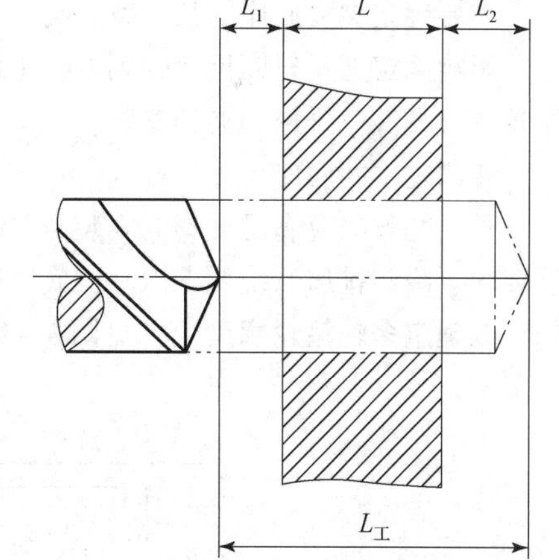

图 3 – 99 工作进给长度

（11）其他注意事项。

①加工示意图应与机床实际加工状态一致，即表示出工件安装状态及主轴加工方法。

②加工示意图中尺寸应标注完整，尤其是从多轴箱端面至刀尖的轴向尺寸链应齐全，以便于检查行程和调整机床；加工示意图中应表示出机床动力部件的工作循环图及各行程长度；确定钻 – 攻复合工序动力部件工作循环时，要注意攻螺纹循环（包括攻进和退出）提前完成丝锥退出工件后动力部件才能开始退回。

③加工示意图应有必要的说明，如零件的名称、图号、材料、硬度、加工余量、毛坯要求、是否加切削液及其他特殊的工艺要求等。

3. 机床联系尺寸总图

（1）作用：用来表示机床各部件间相互尺寸联系和运动关系的总体布局图。其是专用部件设计、确定机床占地面积的技术文件。机床联系尺寸总图可用来确定、检验专用部件的轮廓尺寸和机床主要联系尺寸，以及检验所选择的通用部件是否合适等。

（2）内容：机床的布局形式、专用部件的轮廓尺寸、工件以及各部件间的主要联系尺寸和动力部件的运动尺寸、通用部件的型号、规格和电动机的型号、功率及转速等，标明机床验收标准及安装规程。

（3）绘制机床联系尺寸总图之前应确定的主要内容。

①选择动力部件。

$$P_{多轴箱}=\frac{P_{切削}}{\eta}$$

$$加工示意图\rightarrow a_{p},\ f,\ v\rightarrow F_{切},\ P_{切}$$

注意事项如下。

当某规格的动力部件的功率 P 或进给力 F 不能满足要求，但又相差不大时，不要轻易选用大一规格的动力部件，应在不影响加工精度和效率的前提下，适当降低关键性刀具的切削用量或将刀具错开顺序加工，可以降低功率和进给力。

②确定机床装料高度 H。

装料高度一般是指工件安装基面至地面的垂直距离。确定装料高度时需考虑几点因素：操作的方便性；车间运送工件的滚道高度；中间底座的足够高度，以便通过随行夹具或冷却排屑系统；机床内部结构尺寸限制和刚度要求。

机床装料高度 H，国家标准 $H=1\ 060$ mm，在实际设计中取 850～1 060 mm，而自动生产线中取 1 000 mm 左右；回转鼓轮式组合机床取 1 200～1 400 mm。

③确定夹具轮廓尺寸。

主要确定夹具底座的长、宽、高等尺寸。

影响确定夹具轮廓尺寸的因素：工件的轮廓尺寸和形状、工件的定位、夹紧机构、刀具导向装置、夹具底座排屑、夹具安装。

④确定中间底座尺寸。

长、宽方向应满足夹具的安装需要，并考虑滑台的前备量；高度方向尺寸，应注意机床的刚度要求、冷却排屑系统要求以及侧底座连接尺寸要求。

⑤确定多轴箱轮廓尺寸（见图 3－100）。

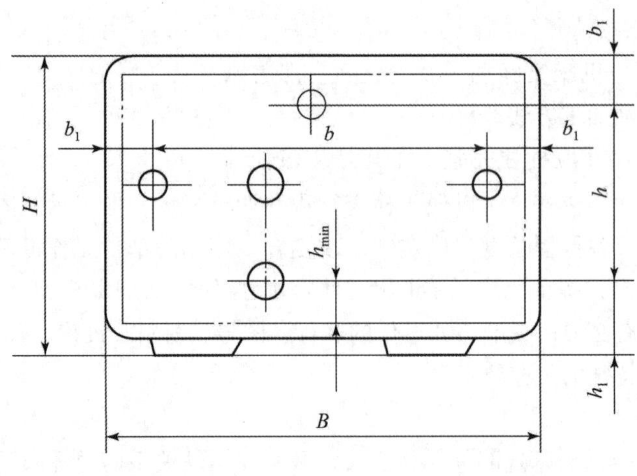

图 3－100　确定多轴箱轮廓尺寸

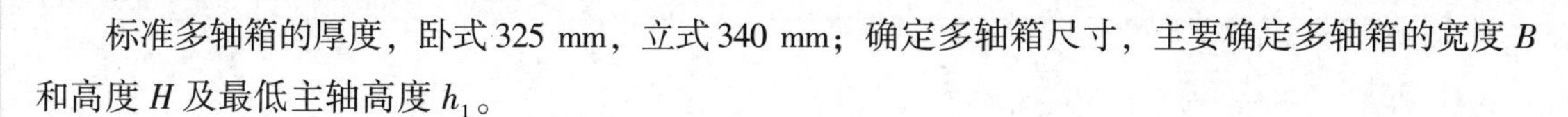

标准多轴箱的厚度，卧式 325 mm，立式 340 mm；确定多轴箱尺寸，主要确定多轴箱的宽度 B 和高度 H 及最低主轴高度 h_1。

$$B = b + 2b_1,\ H = h + h_1$$

式中 b——工件水平最大孔距，mm；

b_1——一般取 70 ~ 100 mm；

h——工件垂直最大孔距，mm；

h_1——$h_1 = 85 \sim 140$ mm。

（4）绘制机床联系尺寸总图的注意事项。

①机床联系尺寸总图应按机床加工终止状态绘制。

②机床联系尺寸总图中应绘出机床各部件在长、宽、高方向的相对位置联系尺寸及动力部件退至起始位置尺寸（起始位置画双点画线）。

③绘出动力部件的总行程和工作循环图。

④注明通用部件的型号、规格和电动机型号、功率及转速。

⑤对机床各组成部件分组编号。

⑥当工件上加工部位与工件中心线不对称时，应注明动力部件中心线同夹具中心线的偏移量。

⑦对机床单独安装的液压站和电气柜及控制台等设备应确定安装位置。

⑧各部件按同一比例绘制，在长、宽、高 3 个坐标方向的尺寸链均要封闭。

（5）机床分组。

第 10 ~ 第 19 组——支承部件；第 20 ~ 第 29 组——夹具及输送设备；第 30 ~ 第 39 组——电气设备；第 40 ~ 第 49 组——传动装置；第 50 ~ 第 59 组——液压和气压装置；第 60 ~ 第 69 组——刀具、工具、量具和辅助工具等；第 70 ~ 第 79 组——多轴箱及其附属部件；第 80 ~ 第 89 组——冷却、排屑及润滑装置；第 90 ~ 第 99 组——电气、液压、气动等各种控制挡铁。

4. 机床生产率计算卡

根据加工示意图所确定的工作循环及切削用量等，可以计算机床生产率并编制生产率计算卡。生产率计算卡是反映机床生产节拍或实际生产率和切削用量、动作时间、生产纲领及负荷率等关系的技术文件，是用户验收机床生产效率的重要依据。生产率计算卡见表 3 - 15。

（1）理想生产率 Q 是指完成生产纲领 A（包括备品及废品率）所要求的机床生产率。

$$Q = \frac{A}{t_{K}}$$

（2）实际生产率 Q_1 是指所设计机床每小时实际可生产的零件数量。

$$Q_1 = \frac{60}{t_{单}}$$

（3）机床负荷率：组合机床 $\eta_{负} = 0.75 \sim 0.90$；自动生产线 $\eta_{负} = 0.60 \sim 0.70$。组合机床允许最大负荷率见表 3 - 16。

$$\eta_{负} = \frac{Q}{Q_1}$$

表 3 - 15　生产率计算卡

序号	工步名称	零件数量	加工直径/mm	加工长度/mm	加工行程/mm	切削速度/(m·min⁻¹)	转速/(r·min⁻¹)	进给量/(mm·r⁻¹)	进给速度/(mm·min⁻¹)	工时/min 机加工时间	工时/min 辅助时间	工时/min 共计
零件	图号		Z - 11362A					毛坯种类		铸件		
	名称		末端传动箱壳件					毛坯质量				
	材料		HT200					硬度		180 ~ 220 HBS		
工序名称			左右面镗孔及刮止口					工度号				
1	装卸工件	1									1. 500	1. 500
2	右动力部件											
	滑台快进 130 mm										0. 016	0. 016
	右多轴箱工进（镗孔 1#）		152. 2		70	92. 6	194	0. 080	24	2. 92		2. 920
	（镗孔 2#）		90. 0	15. 5	70	84. 8	300	0. 124	24			
	（刮止口）									0. 052		0. 052
	滑台快退 200 mm								8 000		0. 025	0. 025
备注		装卸工件时间取决于操作人员熟练程度，本机床计算时取 1. 5 min							总计		4. 50 min	
									单件工时		4. 50 min	
									机床生产率		13. 3 件/h	
									机床载荷率		80%	

表 3-16 组合机床允许最大负荷率

机床复杂程度	单面或双面加工			三面或四面加工		
主轴数	15	16~40	41~80	15	16~40	41~80
负荷率	≈0.90	0.86~0.90	0.80~0.86	≈0.86	0.80~0.86	0.75~0.80

任务实施 

根据图 3-98，完成如下内容。

（1）按机床夹具的设计步骤编制“夹具设计说明书”，字数要求大于 3 000 字，图文并茂。

（2）按“三图一卡”要求编制一套“三图一卡”。

（3）完成 3D 夹具总图设计，提交全套夹具设计 2D 工程图纸，并采用 PDF 格式输出所有工程图纸。

任务评价 

任务评价表见表 3-17。

表 3-17 任务评价表

序号	考核要点	项目（配分：100 分）	教师评分
1	职业素养	团队合作能力（20 分）	
		信息收集、咨询能力（20 分）	
2	“夹具设计说明书”编写	符合老师对“夹具设计说明书”的要求（20 分）	
3	“三图一卡”	编制的“三图一卡”符合工程规范，输出文件完整、清晰（20 分）	
4	夹具设计的 2D/3D 图	夹具设计完整输出的 2D/3D 图符合工程规范，且按老师规定的时间完成（20 分）	
得分			

问题探究 

1. 问答题

（1）机床夹具的设计步骤有哪些?

（2）机床夹具的设计过程有哪些?

（3）影响加工精度的因素有哪些?

（4）保证加工精度的条件是什么?

（5）夹具的制造特点是什么?

（6）保证夹具制造精度的方法有哪些？

（7）“三图一卡”具体指的是哪“三图”哪“一卡”？

（8）确定机床夹具轮廓尺寸的影响因素有哪些？

2. 填空题

（1）CAD 主视图尽量选取与（　　　　）正对的位置。

（2）在机床夹具设计过程中夹具总装配图的比例应尽量采用（　　　　）的比例。

（3）夹具总装配图中的（　　　　）零件均要绘制零件图。

（4）工件的加工尺寸未注公差时，工件公差视为 IT12 ~ IT14，夹具上的相应尺寸公差按（　　　　）标注。

（5）保证夹具制造精度的方法有（　　　　）和（　　　　）两种。

（6）生产率计算卡是反映机床（　　　　）或实际生产率和切削用量、动作时间、生产纲领及负荷率等关系的技术文件。

3. 判定题

（1）夹具总装配图中的非标准零件均要绘制零件图。（　　）

（2）刀具的选择应考虑工件材质、加工精度、表面粗糙度、排屑及生产率等要求。（　　）

（3）机床联系尺寸总图应按机床加工终了状态绘制。（　　）

（4）生产率计算卡是用户验收机床生产效率的重要依据。（　　）

4. 单选题

（1）在机床夹具设计过程中夹具总装配图的比例应尽量采用（　　）的比例。

A. 1∶1　　B. 1∶2　　C. 1∶3　　D. 1∶4

（2）夹具总装配图中的（　　）零件均要绘制零件图。

A. 标准　　B. 非标准　　C. 装配　　D. 部件

（3）工件的加工尺寸未注公差时，工件公差视为 IT12 ~ IT14，夹具上的相应尺寸公差按（　　）标注。

A. 按标准　　B. IT9 ~ IT11

C. IT12 ~ IT14　　D. 比工件公差低 1 级

（4）机床装料高度 H，国家标准 $H=$（　　）mm。

A. 890　　B. 890 ~ 1 000　　C. 1 060　　D. 1 200

任务 3.5　典型机床夹具设计

【任务描述】

根据教学情况，安排车床夹具设计、钻夹具设计、铣夹具设计、镗夹具设计。作为课程设计任务下达，完成并提交如下文件。

（1）封面。

（2）课程设计任务书。

（3）课题零件图图纸，要求有二维 CAD 规范图框。

（4）课程设计说明书，要求字数不少于 10 000 字，图文并茂。

（5）工程设计文件。

①工艺规程（含过程卡、工序卡）。

②夹具设计图（含总图、零件图）。

③其他设计人员认为有必要表达的工程文件。

【学前装备】

（1）准备 UG NX 或 CATIA 三维设计软件并安装。

（2）准备 XMind 软件并安装。

（3）准备 CAXA 工艺图表（CAPP）软件并安装。

（4）准备机械运动仿真（UG NX 仿真模块或者 CATIA 仿真模块）软件并安装。

（5）准备 AutoCAD 软件并安装。

（6）装备 IdeaVR 软件并安装。

预备知识

一、车床夹具设计方法概述

1. 车床夹具的类型

车床夹具（见图 3-101）主要类型包括安装在车床主轴的夹具，安装在滑板上的夹具，安装在尾座上的夹具。

图 3-101 车床夹具

2. 车床夹具的典型结构

其典型结构分为芯轴类车床夹具，如圆柱芯轴、弹簧芯轴、顶尖式芯轴；角铁式车床夹具；花盘式车床夹具；安装在拖板上的车床夹具；安装在尾座上的车床夹具。

1）芯轴类车床夹具

如图 3-102 所示，芯轴类车床夹具结构简单、紧凑，夹紧力均匀，使用方便，适用于成批生产。

2）角铁式车床夹具

如图 3-103 所示，角铁式车夹具常用于壳体、支座、接头等形状较复杂零件上的圆柱面及端面的加工。

3. 车床夹具的设计要点

1）定位装置的设计要求

（1）定位装置的设计要求做到三中心重合，即主轴回转中心、夹具回转中心、被车削表面中心三中心重合。

（2）对于壳体、接头或支座等工件，当被加工的回转面轴线与工序基准之间有尺寸联系或相互位置精度要求时，应以夹具轴线为基准确定定位元件工作表面的位置。

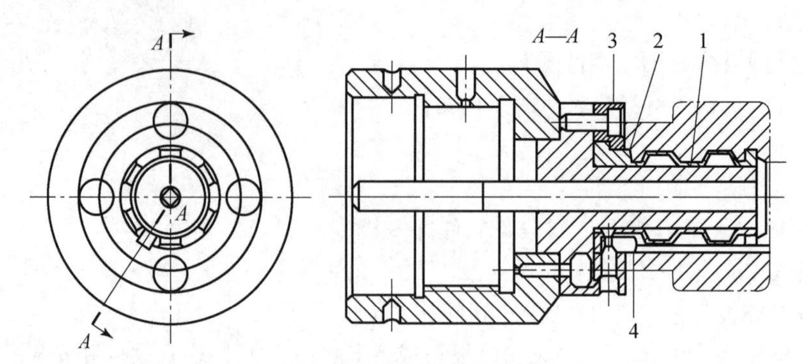

图 3－102　波纹套定芯轴

1—拉杆；2—波纹套；3—定位盘；4—键

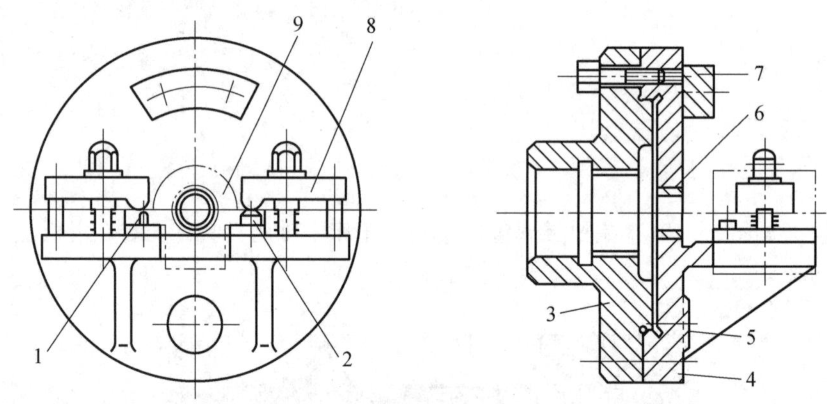

图 3－103　角铁式车床夹具

1—圆柱销；2—削边销；3—过渡盘；4—夹具体；5—定程基面；6—导向套；7—平衡块；8—压板；9—工件

2）夹紧装置的设计要求

（1）工件受力：切削扭矩、离心力、定位基准位置相对于切削力和重力的方向是变化的。

（2）夹紧机构必须具有足够的夹紧力，自锁性能可靠。

（3）对于角铁式车床夹具，应注意施力方式，防止引起夹具变形，如图 3－104 所示。

3）车床夹具与机床主轴的连接

（1）$D<140$ mm 或 $D<(2\sim3)d$ 的小型夹具如图 3－105（a）所示）。

（2）径向尺寸较大的夹具，由过渡盘与车床主轴端部连接，如图 3－105（b）、图 3－105（c）、图 3－105（d）所示。

4）总体结构的设计要求

（1）为了保证加工的稳定性，夹具的结构应力求紧凑、轻便，悬伸长度要短，重心尽可能靠近主轴。

（2）应考虑平衡机构的设计。

（3）应考虑安全措施。

4. 车床夹具的制造精度

（1）车床夹具的安装误差包括夹具定位元件与本体安装基面的相互位置误差；夹具安装基面自身的制造误差，以及与安装面的连接误差。

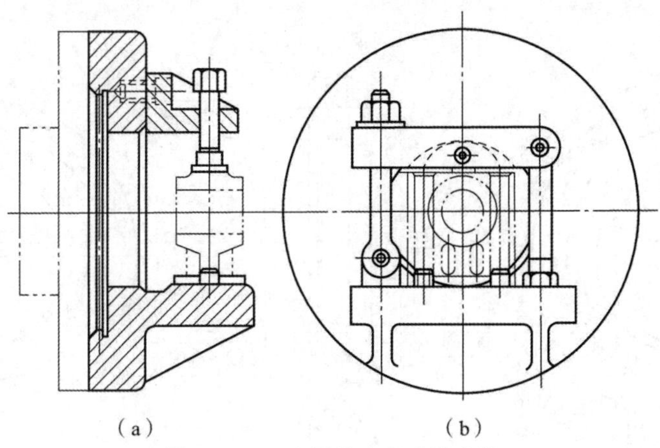

图 3－104 夹具施力方式的比较

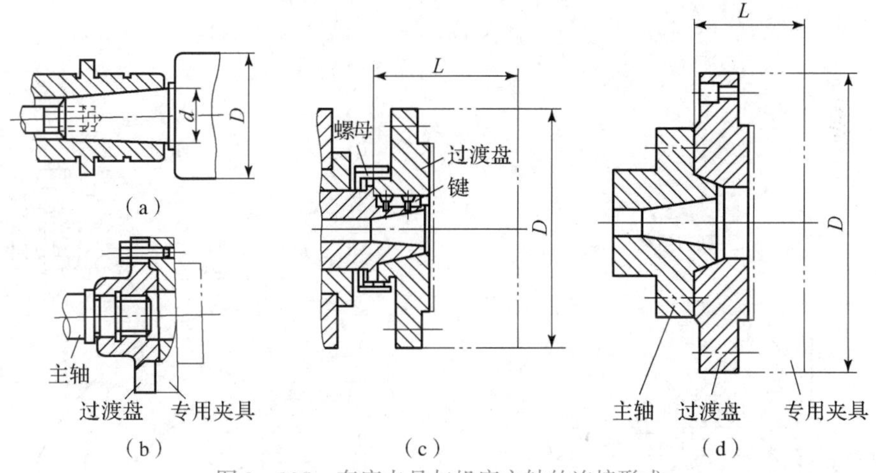

图 3－105 车床夹具与机床主轴的连接形式

不同车床夹具安装误差影响因素是不一样的：芯轴类车床夹具——芯轴工作表面轴线与中心孔或者芯轴锥柄轴线间的同轴度误差；其他夹具——过渡盘作为附件使用，产生误差的因素。

①定位元件与夹具体止口轴线间的同轴度误差，或者相互位置尺寸误差。

②夹具体止口与过渡盘凸缘间的配合间隙，过渡盘定位孔与主轴端部间的配合间隙。

（2）车床夹具制造精度。

①工件与定位元件之间的联系尺寸及公差。

②定位元件至夹具中心的距离尺寸及公差。

③夹具连接圆直径的尺寸及公差。

④定位元件对夹具连接表面的位置公差。

⑤找正圆对连接圆中心的径向圆跳动公差。

⑥关于车床夹具制造精度的标注示例，如图 3－106、图 3－107 所示。

二、铣床夹具

铣床用途：用于加工零件上的平面、键槽、缺口及成形表面等，如图 3－108 所示。

铣削特点：铣削力较大，断续切削，加工中易振动。

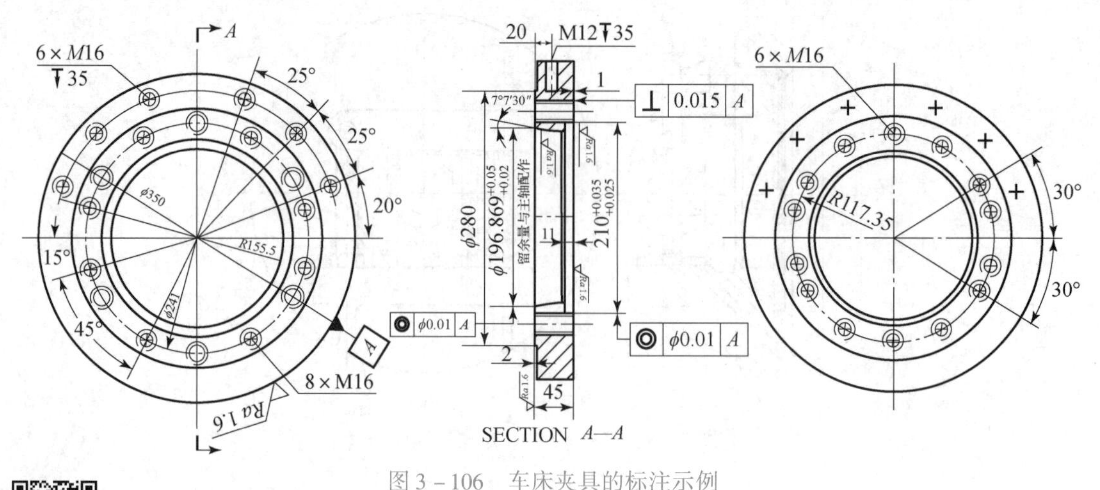

图 3－106　车床夹具的标注示例

1—平衡块；2—定位轴；3—圆盘；4—顶杆；5—薄壁套；6—可卸式锥套；7—滑柱；8—挡销；9—压环；10—螺母；11—可卸式外锥套；12—拨杆；13—夹具体

车床夹具

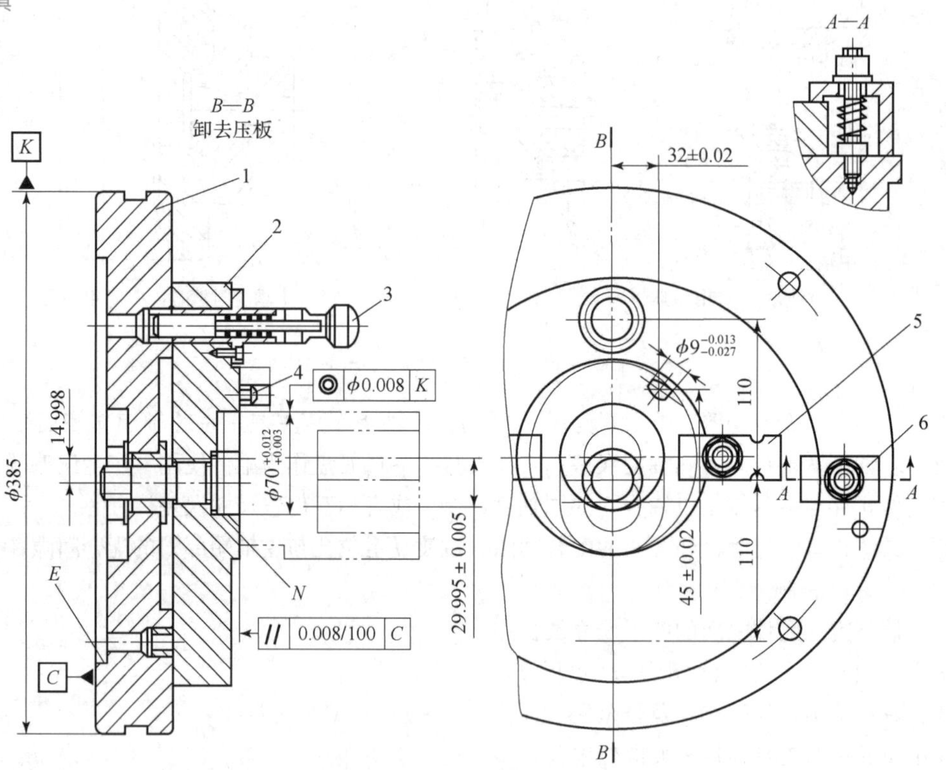

图 3－107　车削齿轮泵体两孔的夹具

1—夹具体；2—转盘；3—对定销；4—削边销；5—螺旋压板；6—L 形压板

对铣床夹具要求：受力元件要有足够的强度，夹紧力应足够大，且有较好的自锁性。

刀具与工件的相对位置：由对刀装置确定。

铣床夹具与机床的连接：定向键导向，螺栓紧固。

图 3－108 铣床

(a) 立式铣床；(b) 卧式铣床

1. 铣床夹具的类型

铣床夹具的类型可分为直线进给、圆周进给、模进给三类。

(1) 直线进给式铣床夹具，如图 3－109 所示。

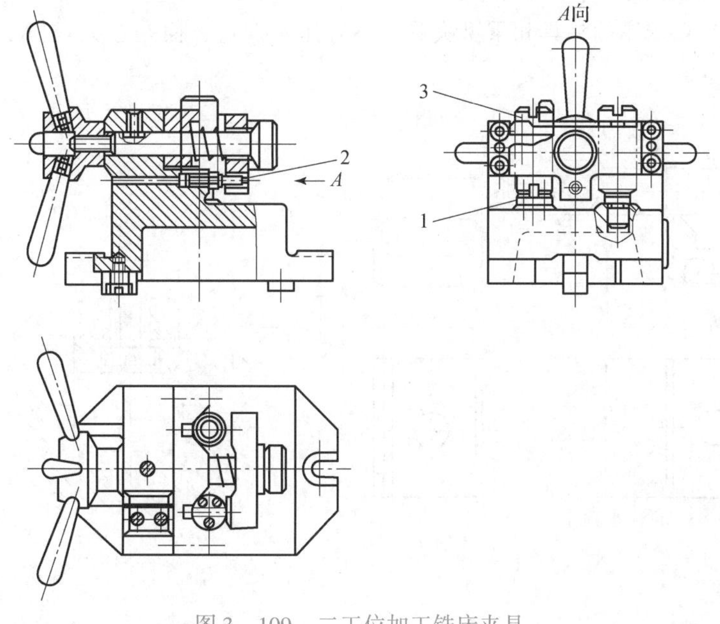

图 3－109 二工位加工铣床夹具

1—定位块；2—小销；3—对刀块

铣床夹具

(2) 模进给式铣床夹具，如图 3－110 所示。

2. 铣床夹具的设计要点

1) 定向键

(1) 作用：定向键使定位元件相对于工作台送进方向具有正确的相互位置；可承受铣削扭矩，减轻夹紧螺栓的载荷，加强夹具在加工过程中的稳固性，如图 3－111 所示。

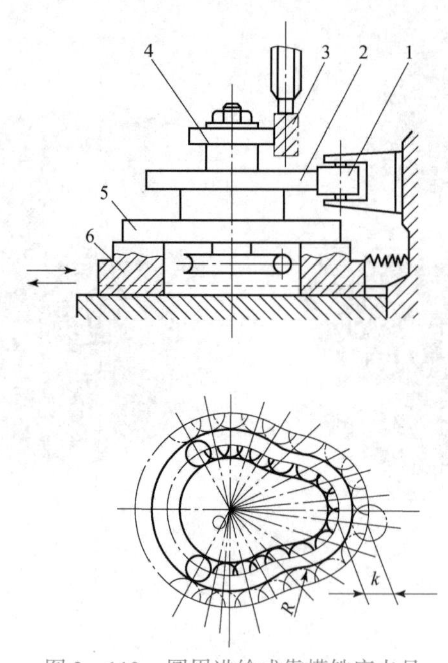

图 3-110　圆周进给式靠模铣床夹具

1—滚柱；2—靠模板；3—铣刀；4—工件；5—回转台；6—滑座

（2）定向键的断面形式：矩形和圆柱形。

（3）定向精度要求高的夹具和重型夹具，不宜用定向键，而是在夹具体上加工找正基面，来校正夹具安装位置。

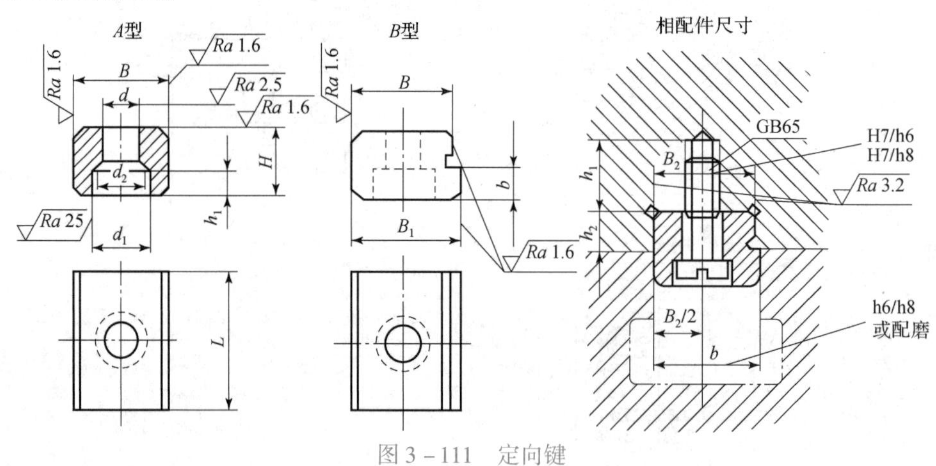

图 3-111　定向键

2）对刀装置

如图 3-112 所示，对刀装置由对刀块和塞尺组成。对刀装置用以确定夹具和刀具的相对位置，其形式根据加工表面的情况而定。

对刀调整工作通过塞尺进行，以避免损坏刀具和对刀块的工作表面。

塞尺尺寸为 3~5 mm，按 H6 的公差制造。

塞尺和对刀尺寸的标注如图 3-113 所示。

对刀尺寸的基准应为定位元件的工作面或其中心；计算对刀尺寸需将相关联的基本尺寸换算为平均尺寸，其公差取工序尺寸公差的 1/5~1/3。

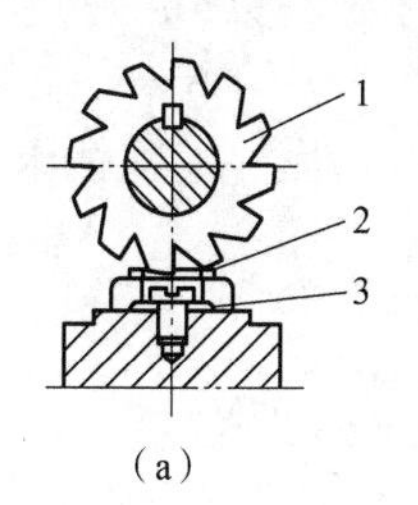

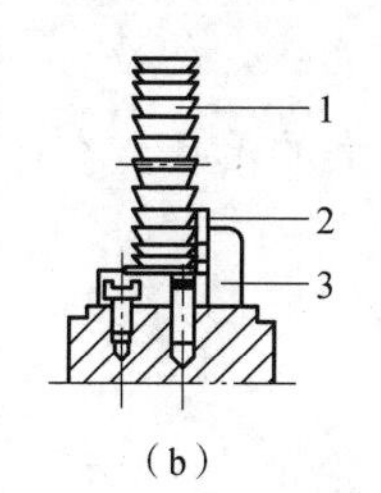

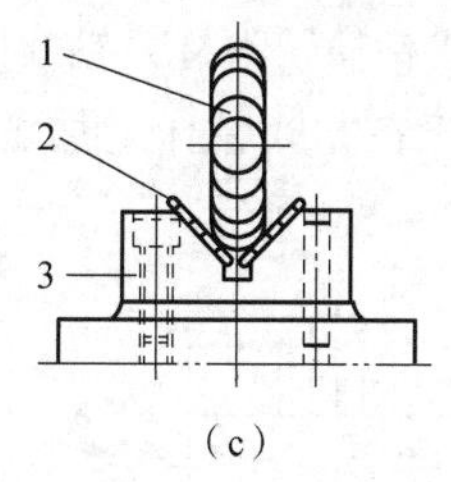

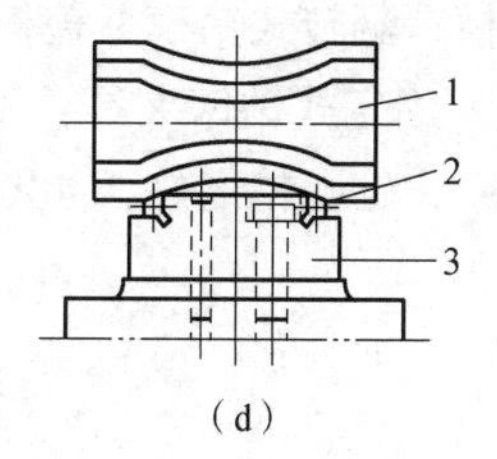

图 3－112 对刀装置（或者用下面实物图）

（a）高度对刀块；（b）直角对刀块；（c），（d）成形对刀块

1—铣刀；2—塞尺；3—对刀块

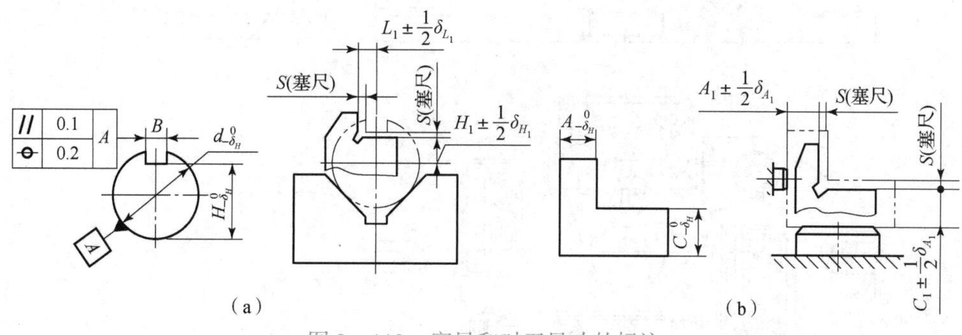

图 3－113 塞尺和对刀尺寸的标注

（a）工件以圆柱面定位；（b）工件以平面定位

3）夹具体

对夹具体的设计要求：足够的强度和刚度；被加工表面尽量靠近工作台面，以降低夹具的重心，则高宽比：$1\leqslant\frac{H}{B}\leqslant1.25$，足够的排屑空间，清理切屑方便；重型夹具，要设置吊环。夹具体耳座如图 3－114 所示。

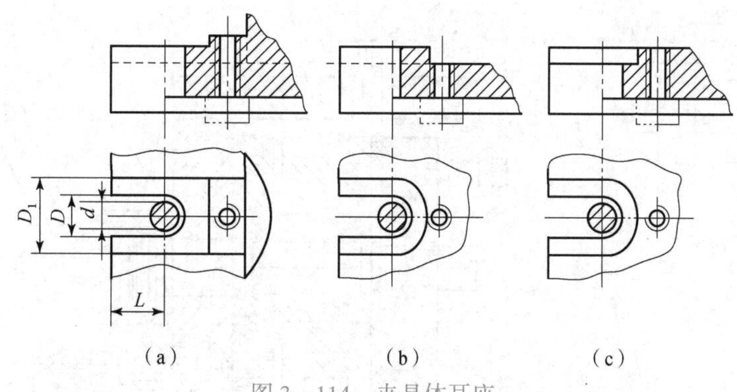

图 3－114 夹具体耳座

（a）长方形凸台；（b）半圆形凸台；（c）半圆形内凹槽

钻床夹具

三、钻床夹具

在钻床上进行孔的钻、扩、铰、锪、攻螺纹加工时所用的夹具，称为钻床夹具（钻模）。钻模有利于保证被加工孔对其定位基准和各孔之间的尺寸精度和位置精度，并可显著提高劳动生产率。

1. 钻床夹具的主要类型

根据被加工孔的分布情况和钻模板的特点，钻床夹具分为固定式钻床夹具、回转式钻模、移动式钻模、翻转式钻模、盖板式钻模、滑柱式钻模。

（1）固定式钻床夹具：用于在立式钻床上加工较大的单孔或在摇臂钻床、多轴钻床上加工平行孔系，钻孔精度好，如图 3－115 所示。

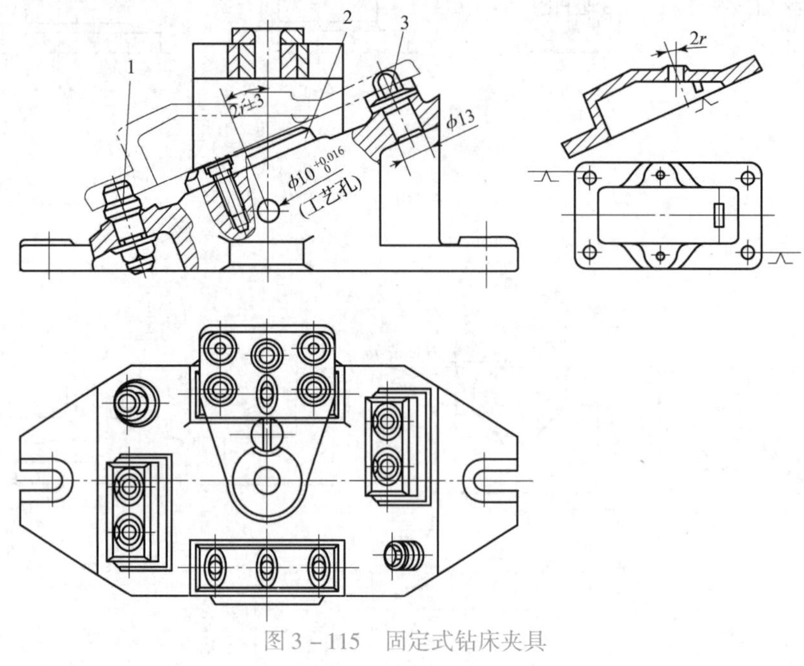

图 3－115　固定式钻床夹具

1—圆柱销；2—支承板；3—菱形销

（2）回转式钻模：用于加工同一圆周分布的轴或径向孔系，如图 3－116 所示。

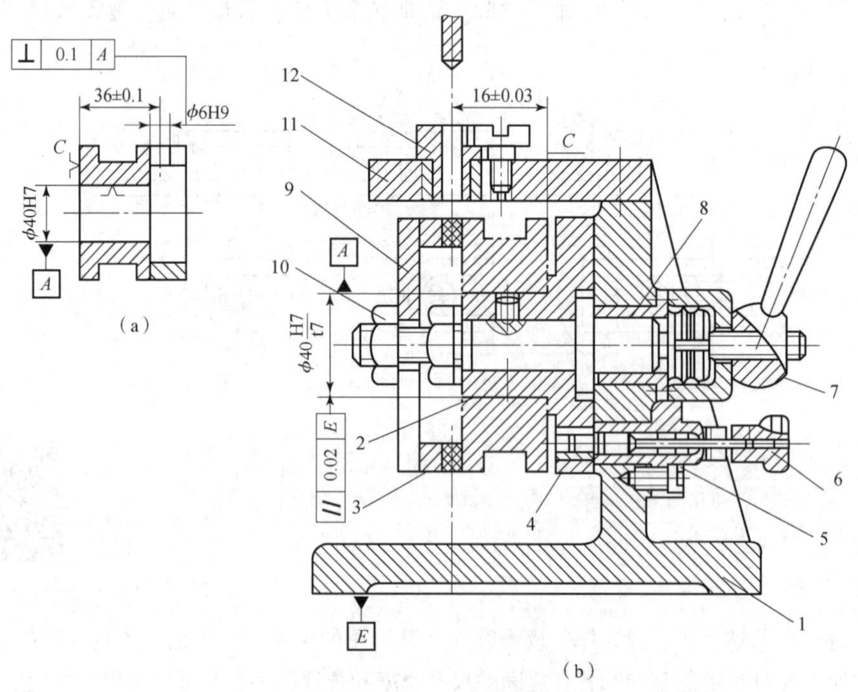

图 3－116　回转式钻模

1—夹具体；2—芯轴；3—工件；4—定位套；5—对定销；6—把手；

7—手柄；8—压紧套；9—开口垫圈；10—螺母；11—钻模板；12—钻套

（3）移动式钻模。

（4）翻转式钻模：用于加工不同表面上多个孔的中小型工件，如图 3－117 所示。

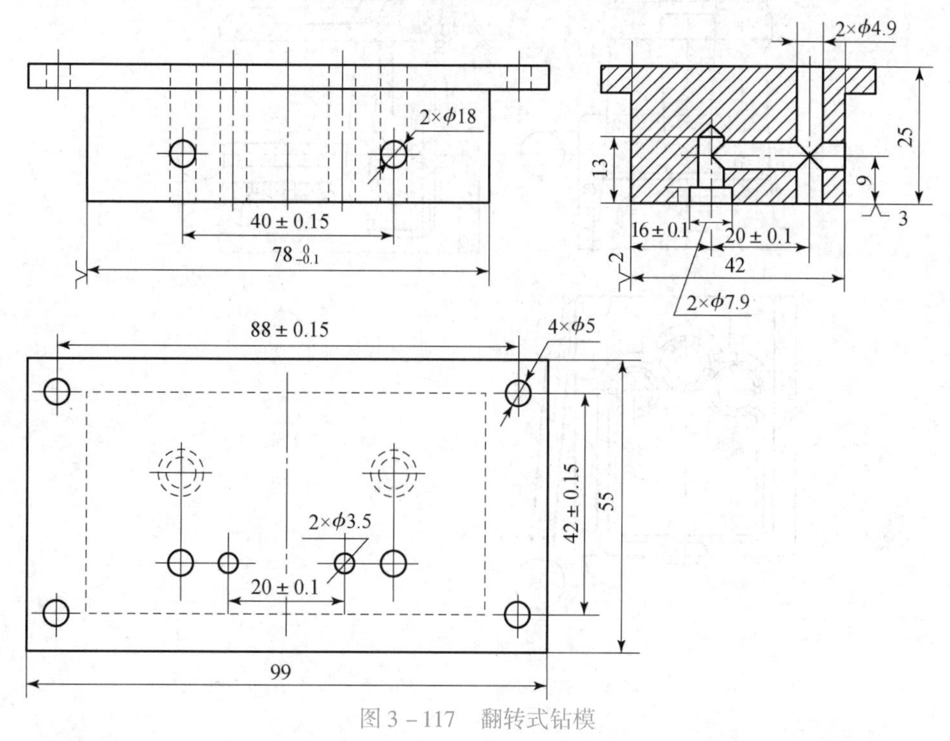

图 3－117　翻转式钻模

（5）盖板式钻模：设有夹具体，钻模板盖在工件上加工，一般用于大型工件上的小孔加工，如图 3－118 所示。

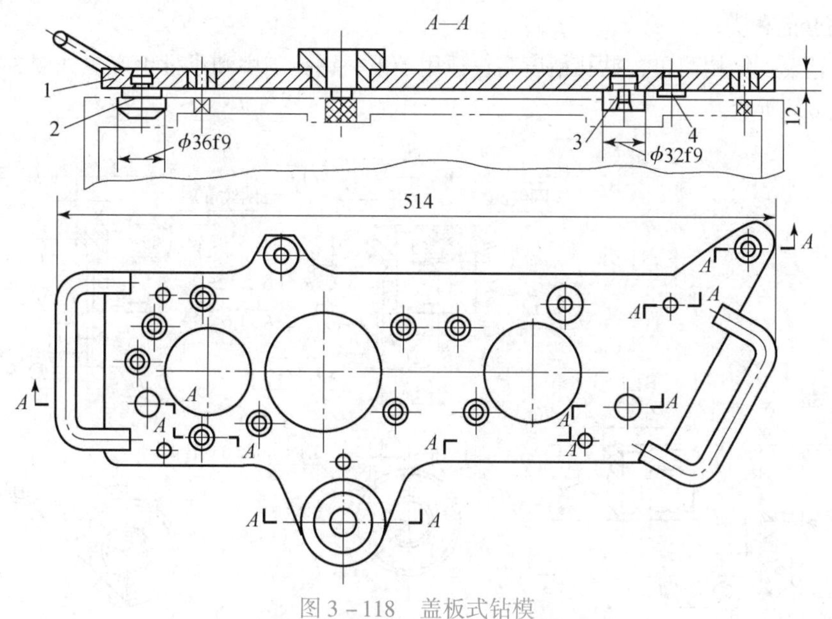

图 3－118　盖板式钻模

1—钻模板；2—圆柱销；3—菱形销；4—支承钉

（6）滑柱式钻模：带有升降钻模板的通用可调夹具，如图 3－119 所示。

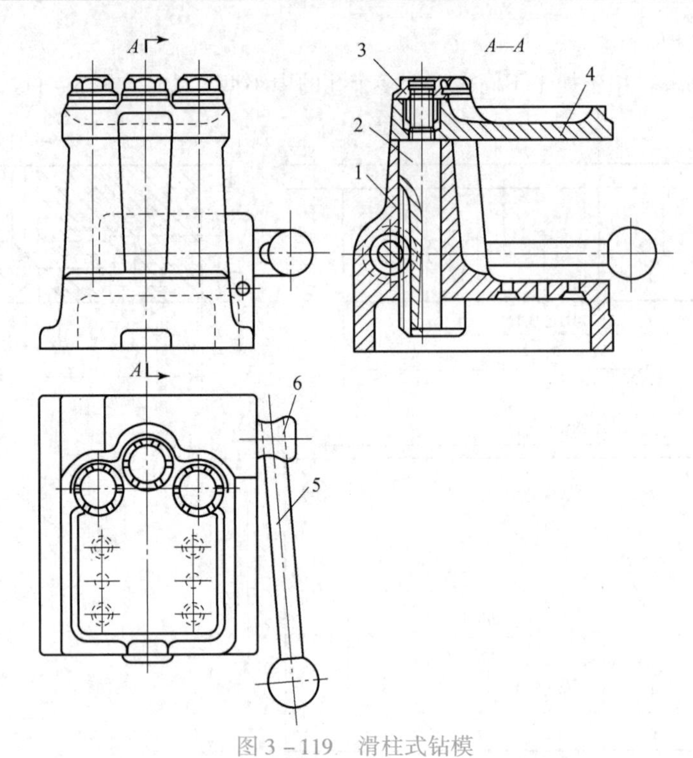

图 3-119　滑柱式钻模

1—夹具体；2—滑柱；3—锁紧螺母；4—钻模板；5—手柄；6—齿轮轴

2. 钻床夹具设计要点

1）钻套的选择与设计

（1）钻套的作用：引导刀具以保证被加工孔的位置精度和提高工艺系统刚度。

（2）钻套的种类。

①固定钻套：结构简单，钻孔精度高，适用于单一钻孔工序和小批生产，如图 3-120（a）、图 3-120（b）所示。

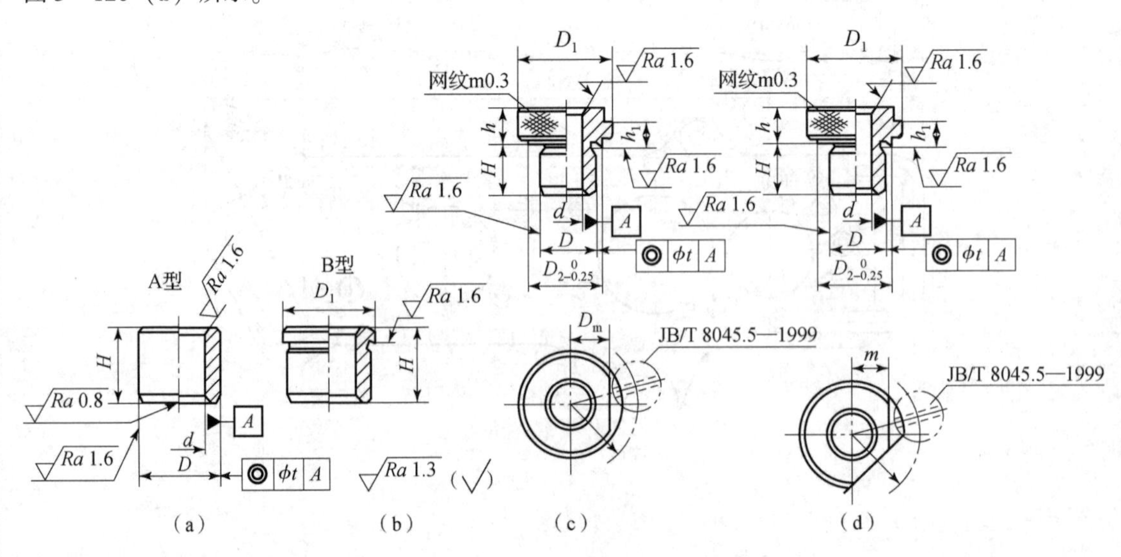

图 3-120　标准钻套

（a）（b）固定钻套；（c）可换钻套；（d）快换钻套

②可换钻套：单一钻孔工序大批量生产，如图 3－120（c）所示。

③快换钻套：用于工件需钻、扩、铰多道工序加工，如图 3－120（d）所示。

④特殊钻套，如图 3－121 所示。固定钻套、可换钻套、快速钻套均为标准钻套。

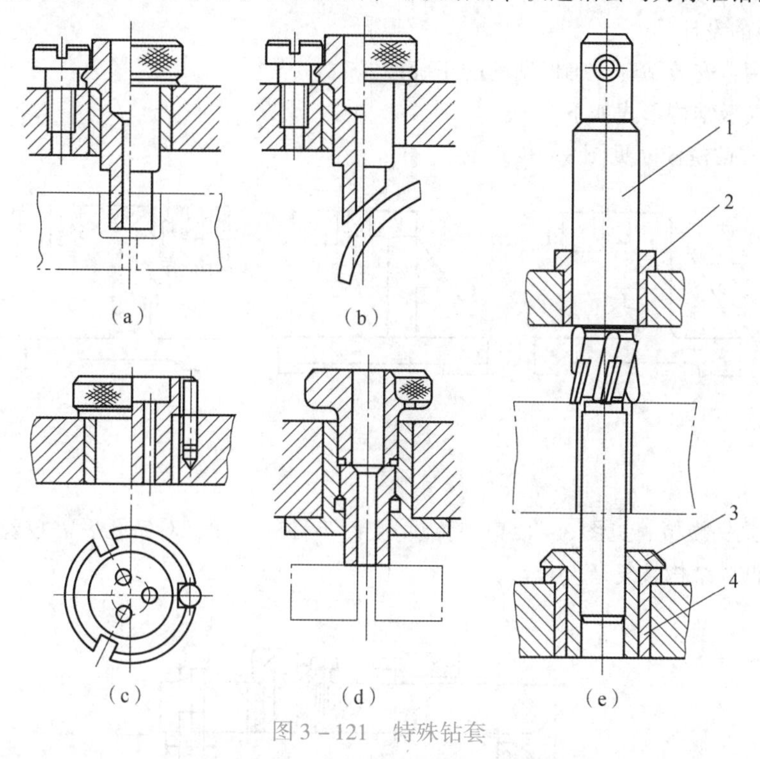

图 3－121 特殊钻套

（3）钻套的尺寸、公差配合的选择（见图 3－122）。

钻套内径 d，切削刃导向：d＝刀具最大极限尺寸（F7，F8，G7，G6）；非切削刃导向：d＝设计尺寸（H7/g6，H6/g5，H7/f7）。

钻套外径 D：基本尺寸参照标准设计外径公差配合固定钻套 H7/n6，可换和快换钻套 F7/n6，F7/k6。

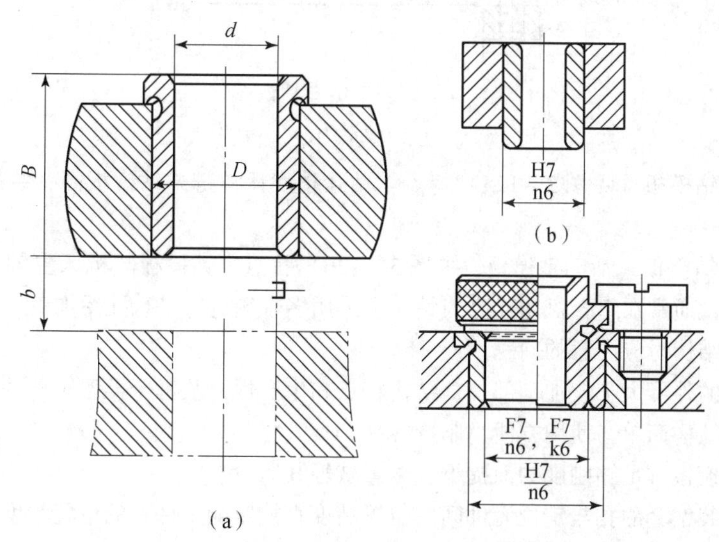

图 3－122 设计钻套的相关尺寸

钻套导向高度 H：H 增大→导向性好→加工精度高→磨损加剧，$H=(1\sim3)d$。

排屑空间 h：铸铁 $h=(0.3\sim0.7)d$；钢件 $h=(0.7\sim1.5)d$。

常见的钻套材料：T10A，CrWMn，20 钢渗碳淬火，淬火硬度 58 ~ 64 HRC。

2）钻模板的设计

钻模板作用：安装钻套，确保钻套的正确位置。

常见的钻模板结构形式如下。

（1）固定式钻模板（见图 3－123）。

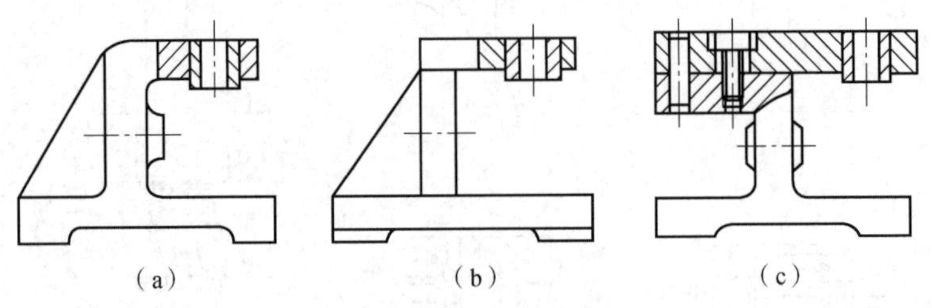

图 3－123　固定式钻模板

（a）整体式；（b）焊接式；（c）螺钉销钉连接

（2）铰链式钻模板（见图 3－124）特点：装卸工件较方便，对钻孔后需攻丝的情况尤为适宜；位置精度低，结构较复杂。

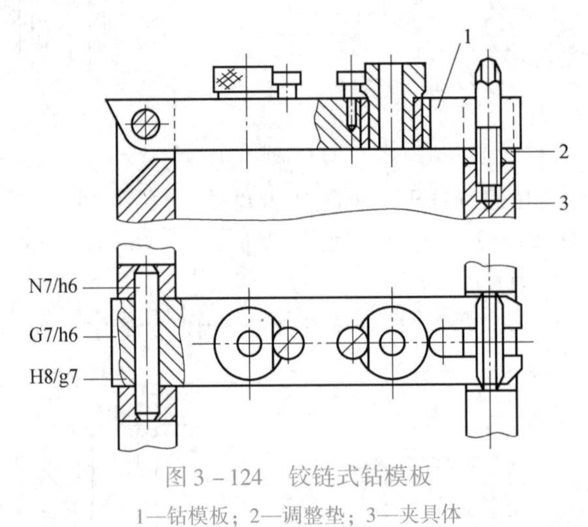

图 3－124　铰链式钻模板

1—钻模板；2—调整垫；3—夹具体

（3）可卸式钻模板（见图 3－125）特点：钻孔精度比铰链式钻模板高；装卸工件的时间较长，效率较低。

（4）悬挂式钻模板（活动钻模板，见图 3－126）特点：钻模板与机床主轴箱相连接，随机床主轴往复移动；通常在组合机床或立式钻床上采用多轴箱进行平行孔系加工。

设计钻模板结构时应注意的问题。

①根据工件的外形大小、加工部位、结构特点和生产规模及机床类型等条件来确定其结构。

②钻模板需结构简单，使用方便，制造容易。

③在保证钻模板有足够刚度的前提下，尽量减轻其质量。

④钻模板安装钻套的孔与定位元件间的位置精度直接影响工件孔的位置精度。

⑤焊接结构的钻模板变形大，适用于工件孔距公差大于 ±0.1 mm 的场合。

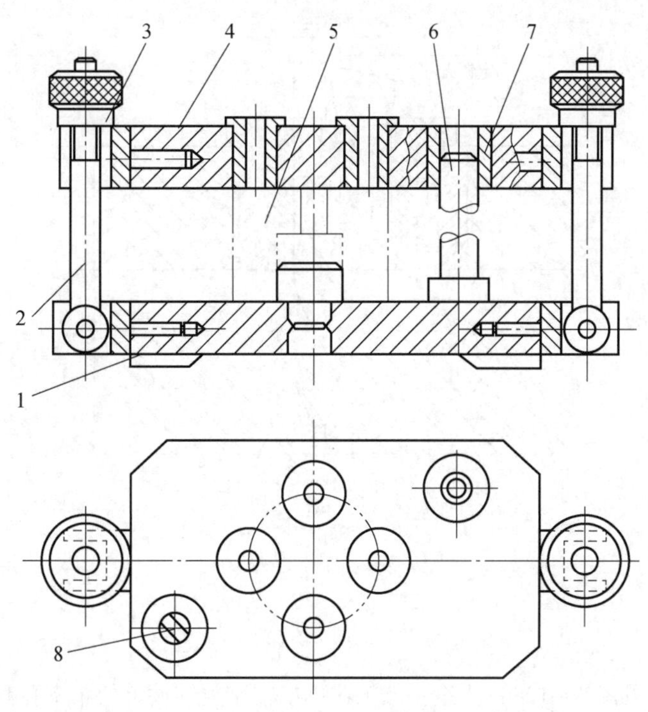

图 3-125 可卸式钻模板

1—夹具体；2—活节螺栓；3—螺母；4—可卸钻模板；5—工件；
6—圆柱形导柱；7—导套；8—削边导柱

⑥能确保安装在钻模板上的钻套中心与刀具、主轴中心重合，并保持与夹具基面垂直。

3）导向误差分析

用钻模加工时，影响被加工孔位置精度的因素包括定位误差 Δ_{D}，夹具位置误差 Δ_{A}，导向误差 Δ_{T}。其中，导向装置对定位元件的位置不准确，将导致刀具位置发生变化，由此而造成的加工尺寸误差即为导向误差。钻模误差分析如图 3-127 所示。导向误差 Δ_{T} 受下列因素的影响。

①δ_L：钻模板底孔轴线至定位元件的尺寸公差，mm。

②e_1：块换钻套内、外圆的同轴度公差，mm。

③e_2：衬套内、外圆的同轴度公差，mm。

④x_1：钻套和衬套的最大配合间隙，mm。

⑤x_2：刀具（引导部位）与钻套的最大配合间隙，mm。

⑥x_3：刀具在钻套中的偏斜量，mm，即

$$x_3 = \frac{x_2}{H}\left(B + h + \frac{H}{2}\right)$$

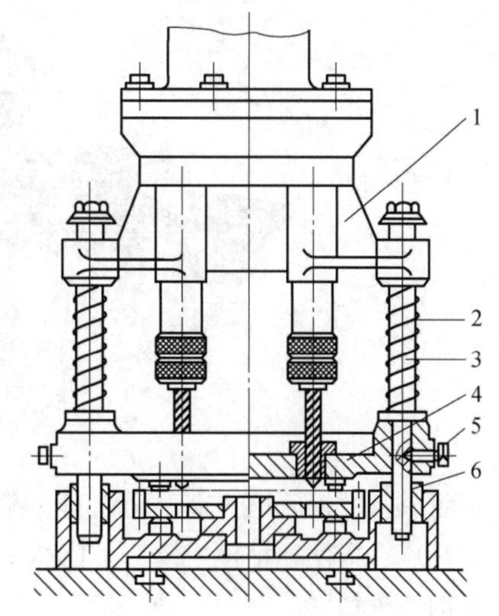

图 3-126 悬挂式钻模板

1—多轴箱；2—弹簧；3—导柱；
4—钻模板；5—螺钉；6—导套

以上各项随机性误差不可能同时出现最大值，故对这些随机性变量按概率法合成后，刀具的导向误差为

$$\Delta_{\mathrm{T}} = \sqrt{\delta_L^2 + e_1^2 + e_2^2 + x_1^2 + (2x_3)^2}$$

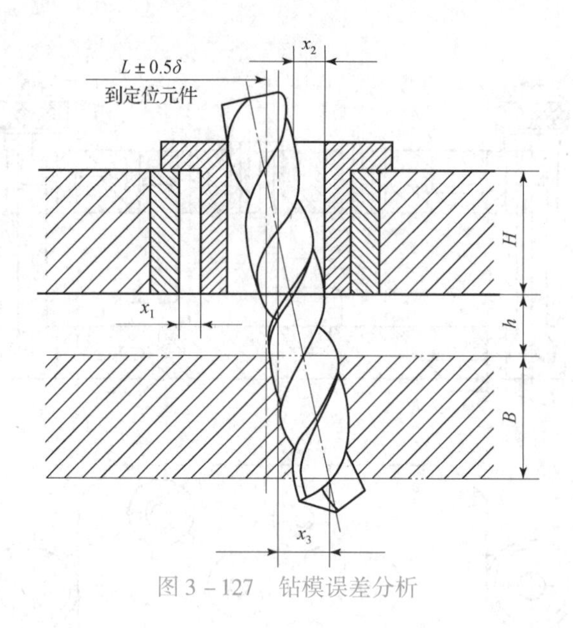

图 3-127　钻模误差分析

四、镗床夹具

镗床（镗模）（见图 3-128）用途：加工箱体或支座类零件上的精密孔和孔系。

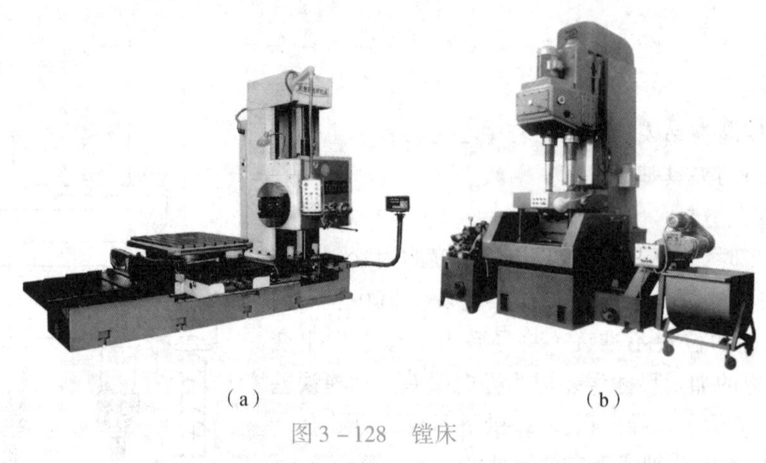

（a）　　（b）

图 3-128　镗床

（a）卧式镗床；（b）立式镗床

组成：镗模底座、支架、镗套、镗杆及定位、夹紧装置。

特点：镗模和钻模一样，是依靠专门的导引元件——镗套来引导镗杆，从而保证所镗孔具有很高的位置精度。

1. 镗床夹具的类型

根据镗套的布置形式不同，镗模分为双支承镗模及单支承镗模。

1）双支承镗模的特点

双支承镗模有两个引导镗杆的支承；镗杆与机床主轴连接方式为浮动连接，镗孔的位置精度由镗模保证，消除了机床主轴回转误差对镗孔精度的影响，故能使用低精度的机床加工精密孔系。

（1）前后双支承镗模（见图 3-129）。

用途：用于镗削孔径较大，孔的长径比 $L/D>1.5$ 的通孔或孔系，或一组同轴线的孔，孔径和孔间距离精度要求很高的场合。

缺点：镗杆过长，刚度较差，刀具更换不便。当镗套间距 $L>10d$ 时，应增加中间引导支承，提高镗杆刚度。

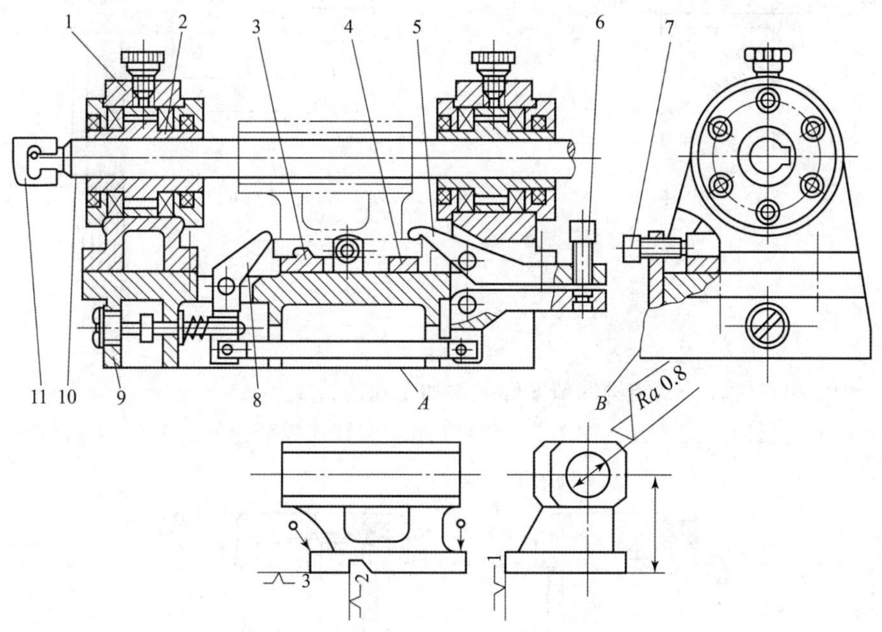

图 3－129　前后双支承镗模

1—支架；2—镗套；3，4—定位板；5，8—压板；6—夹紧螺钉；7—可调支承钉；9—镗模底座；10—镗刀杆；11—浮动接头

（2）后双支承镗模（见图 3－130）。

用途：受加工条件限制，不便采用前、后双支承镗模结构。

特点：便于装卸工件和刀具，也便于操作人员观察加工情况和测量尺寸。

镗杆悬伸量：$L_1<5d$。

两支承导向长度：$L>(1.25\sim1.5)L_1$；$h=(0.5\sim1)D$。

2）单支承镗模的特点

单支承镗模只有一个位于刀具前方或后方的导向支承，如图 3－131、图 3－132 所示。

镗杆与机床主轴连接方式为刚性连接，主轴回转精度影响镗孔精度，故适于小孔和短孔的加工。

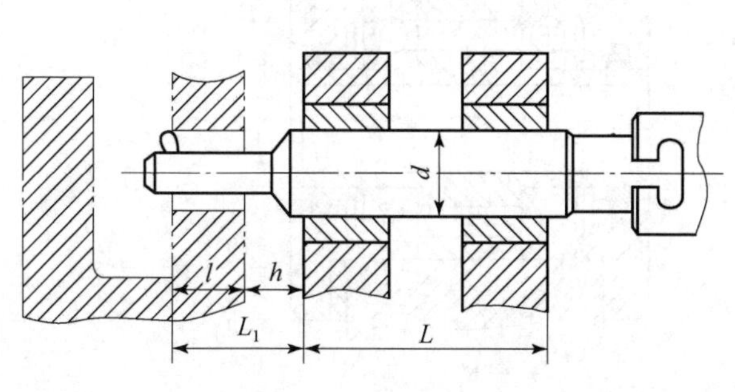

图 3－130　后双支承镗模

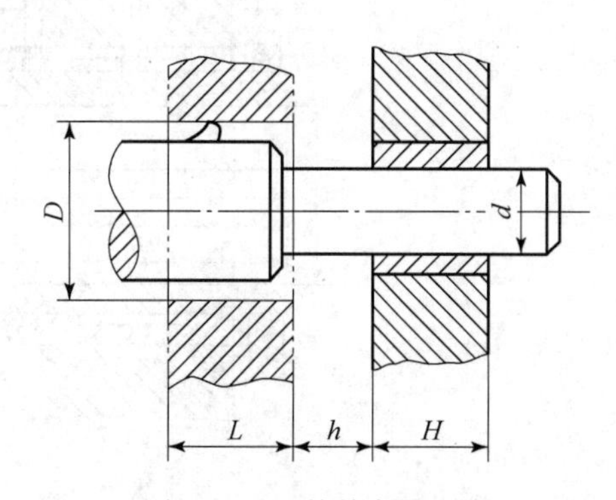

图 3－131　前单支承镗孔

用于加工孔径 $D>60$ mm、$L/D<1$ 的通孔

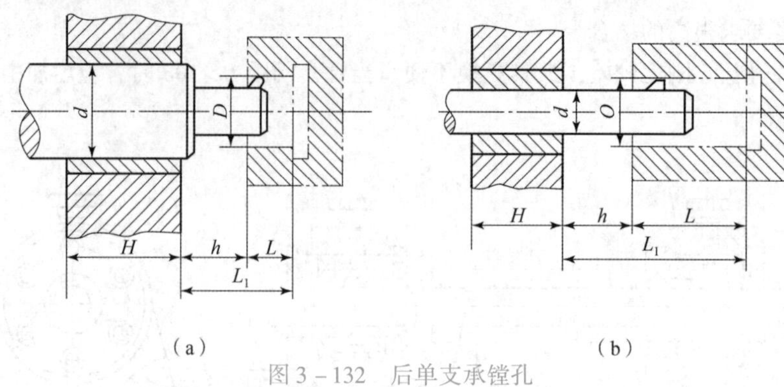

图 3－132　后单支承镗孔

用于加工孔径 $D<60$ mm 的通孔和盲孔

2. 镗床夹具的设计要点

1）镗套

作用：用于引导镗杆，其结构和精度影响被加工孔的精度。

常用的镗套包括固定式镗套，如图 3－133 所示；回转式镗套，如图 3－134 所示。

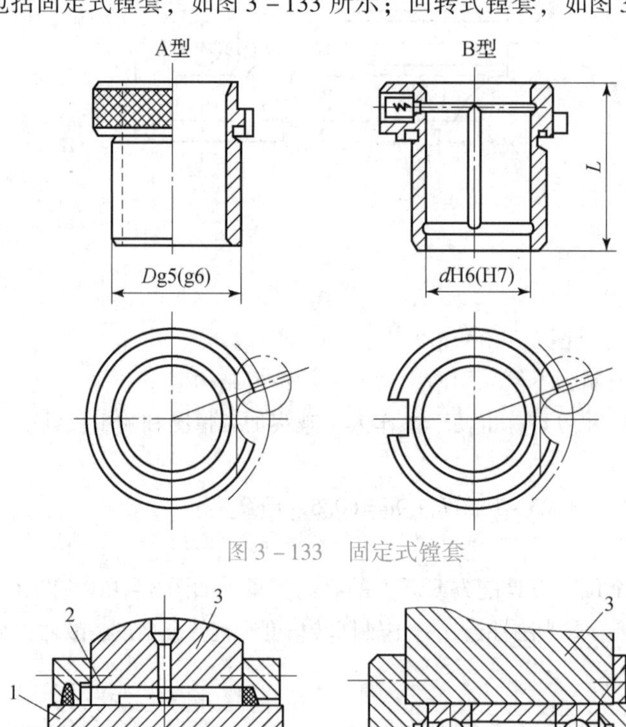

图 3－133　固定式镗套

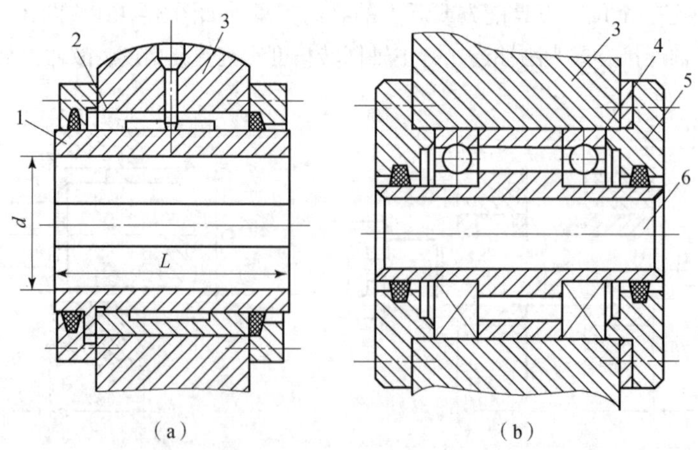

图 3－134　回转式镗套

1，6—镗套；2—滑动轴承；3—镗模支架；4—滚动轴承；5—轴承端盖

（1）固定式镗套。

特点：外形尺寸小，结构简单，导向精度高。

用途：低速镗孔，线速度 $v<0.3$ m/s。

（2）回转式镗套。

特点：镗套随镗杆一起转动，与镗杆间只有相对移动而无相对转动的镗套。

用途：较高速度的镗孔。

（3）滑动镗套。

径向尺寸较小，用于孔心距较小的孔系加工，回转精度高，减振性较好，承载能力比滚动镗套大，线速度 $v=(0.3\sim0.4)$ m/s。

（4）滚动镗套，如图 3－135 所示。

采用滚动轴承，设计、制造、维护方便，径向尺寸较大，不适用于孔心距很小的镗孔加工；镗杆转速可很高，线速度 $v>0.4$ m/s。

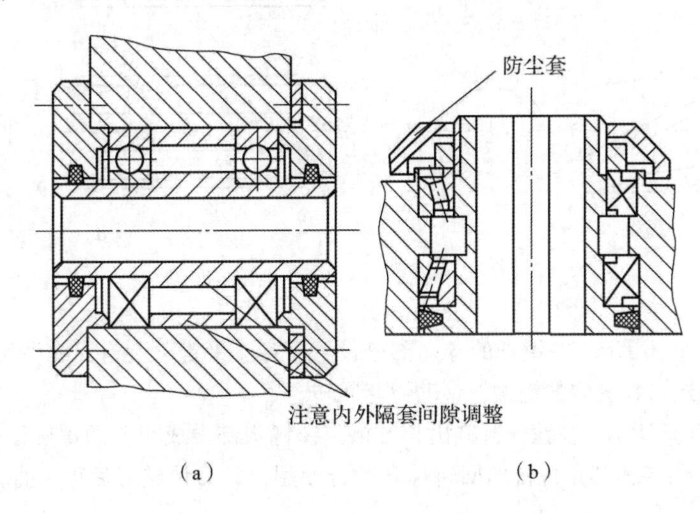

图 3－135 滚动镗套

（a）粗镗；（b）精镗

（5）镗套的长度 L。

固定镗套 $L=(1.5\sim2)d$，滑动镗套 $L=(1.5\sim3)d$，滚动镗套 $L=0.75d$。

（6）镗套的材料。

HT200、ZQSn6－6－3、粉末冶金等，硬度应低于镗杆的硬度。

大批量生产常选 T10A、CrWMn、20 钢渗碳淬火，硬度 55～60 HRC。镗套与镗杆、衬套和支架的配合见表 3－18。

表 3－18 镗套与镗杆、衬套和支架的配合

配合表面	镗套与镗杆	镗套与衬套	衬套与支架
配合性质	$\frac{H7}{g6}\left(\frac{H7}{h6}\right)$，$\frac{H6}{g5}\left(\frac{H6}{h5}\right)$	$\frac{H7}{g6}\left(\frac{H7}{js6}\right)$，$\frac{H6}{g5}\left(\frac{H6}{j5}\right)$	$\frac{H7}{n6}$，$\frac{H6}{n5}$

2）镗杆

（1）镗杆的结构。

图 3－136（a）所示为开油槽的镗杆，镗杆与镗套的接触面积大、磨损大，若切屑从油槽内进入镗套，则易出现“卡死”现象，但镗杆的刚度和强度较好。

图 3－136（b）、图 3－136（c）所示为有深直槽和螺旋槽的镗杆，可减少镗杆与镗套的接触面积，沟槽内有一定的存屑能力，可减少“卡死”现象，但镗杆刚度较低。

如图 3－136（d）所示，当镗杆导向直径大于 50 mm 时，常采用镶条式结构，镶条一般为 4 条或 6 条，镶条采用摩擦因数小和耐磨的材料，如铜或钢。

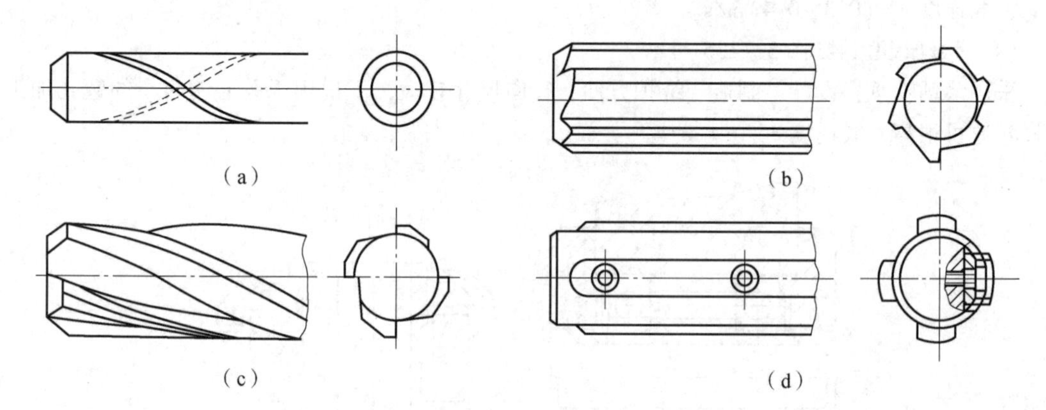

图 3－136　用于固定镗套的镗杆导向部分结构

如图 3－137（a）所示，在镗杆的导向部分设置平键，平键下装有压缩弹簧，镗杆引进时，平键压缩弹簧自动进入镗套内的键槽，带动镗套回转。

如图 3－137（b）所示，在镗杆上铣出长键槽，镗杆头部做成小于的螺旋槽引导结构，它与图 3－138 所示带有引导槽和定位键的回转镗套配合使用，镗刀调整好后可以直接通过引导槽进入加工部位。

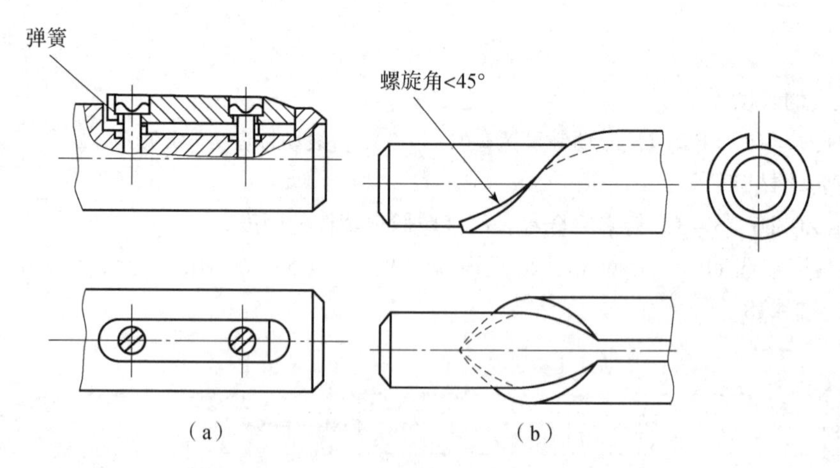

图 3－137　用于回转镗套的镗杆导向部分结构

（2）镗杆直径（见图 3－139）。

确定镗杆直径时，需考虑镗杆刚度，镗杆与工件孔之间应留有足够的容屑空间。

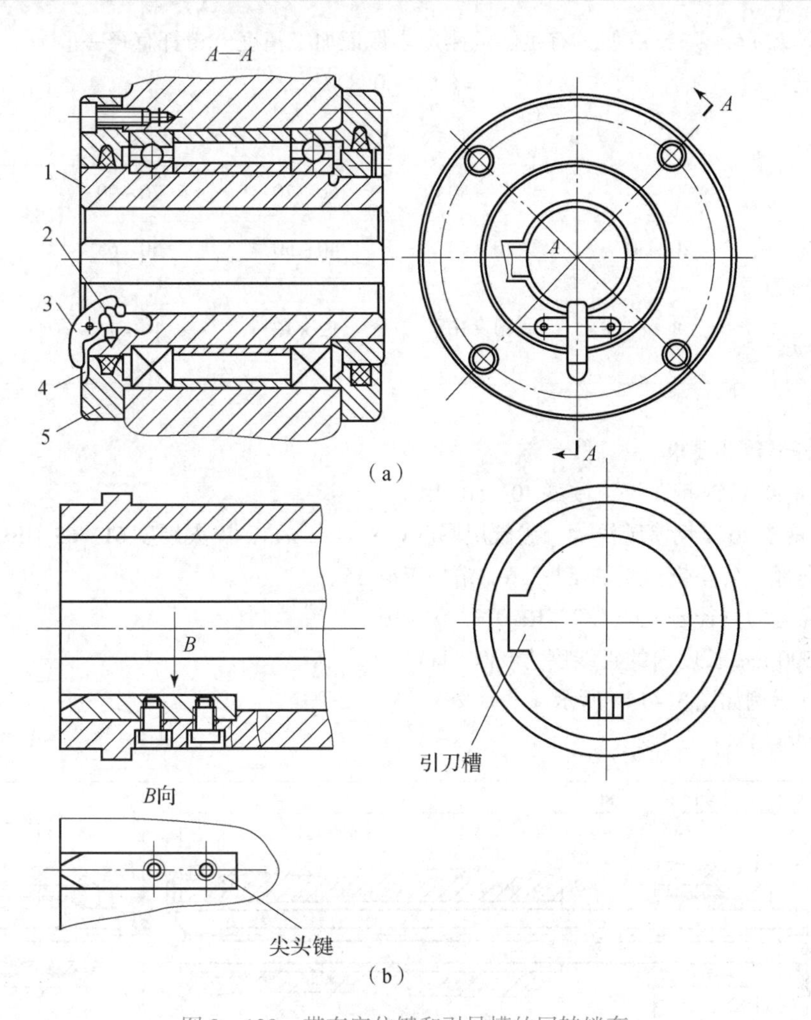

图 3－138 带有定位键和引导槽的回转镗套

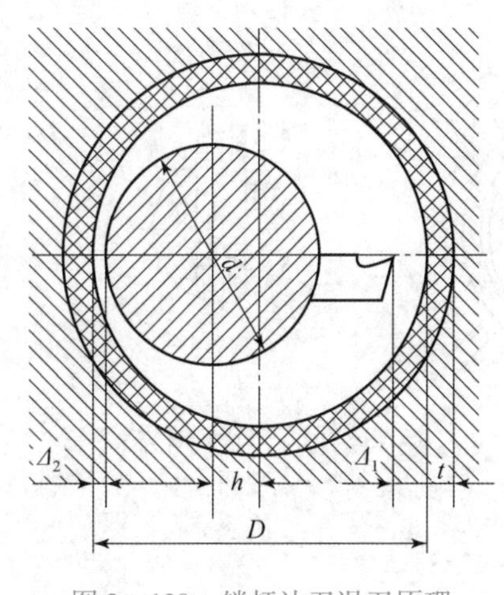

图 3－139 镗杆让刀退刀原理

镗杆直径 d 及长度 L——根据镗孔直径 D 及刀具截面 $B \times B$ 确定，见表3－19。镗杆直径 d 应尽可能大，双导引部分的 $L/d \geqslant 10$ 为宜。

悬伸部分 $L/d \leqslant 4 \sim 5$，以使其有足够的刚度来保证加工精度。镗杆直径一般为

$$d = (0.7 \sim 0.8)D$$

表 3-19　镗杆直径

D/mm	30~40	45~50	50~70	70~90	90~110
d/mm	20~30	30~40	40~50	50~65	65~90
$B \times B$/(mm×mm)	8×8	10×10	12×12	16×16	16×16 20×20

(3) 镗杆材料及要求。

采用 45 钢或 40Cr 钢，淬火硬度 40~50 HRC。

采用 20 钢或 20Cr 钢渗碳淬火，渗碳层厚度 0.8~1.2 mm，淬火硬度 61~63 HRC。

镗杆导向部分公差带，粗加工取 g6，精加工取 g5。

圆柱度允差为直径公差的 1/2，Ra 0.2~0.4 μm。

镗杆在 500 mm 长度内的直线度为 0.01 mm。

镗杆设计示例如图 3-140 所示。

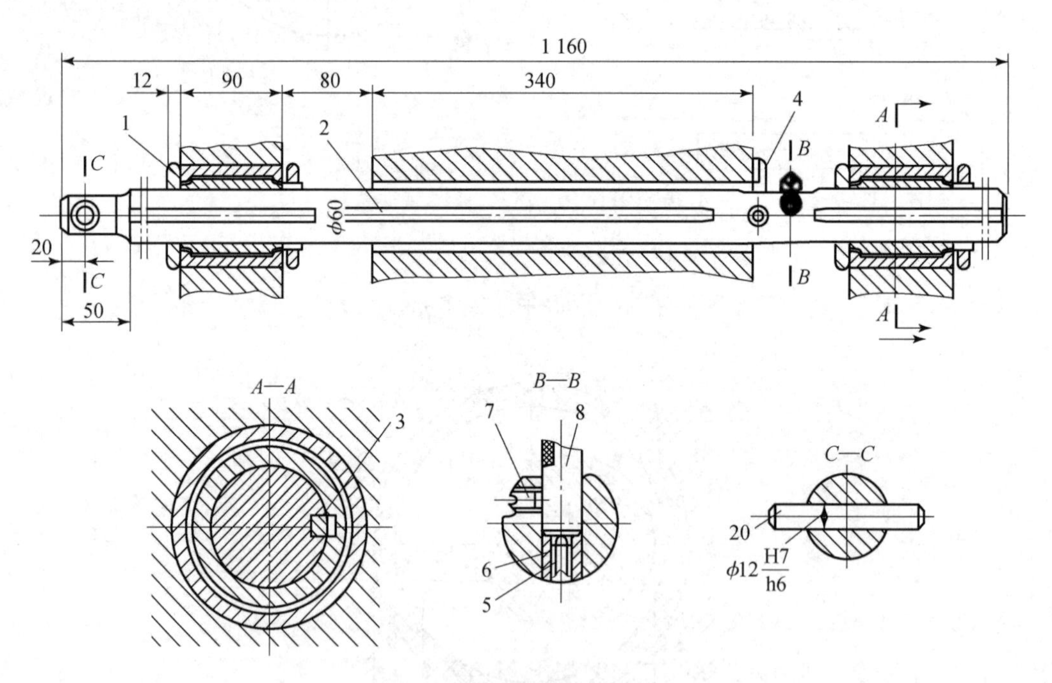

图 3-140　镗杆设计示例

1—镗套；2—镗杆；3—键；4—锪端面刀具；5—微调螺钉；6—螺纹套；7—压紧螺钉；8—镗刀

3）浮动接头

浮动接头如图 3-141 所示。

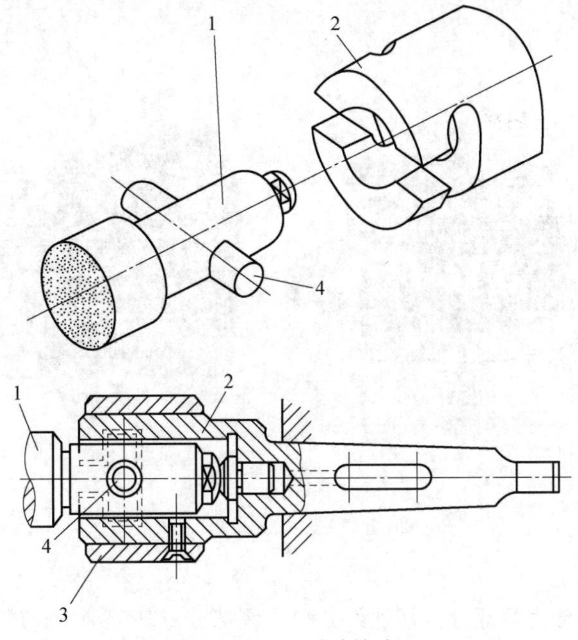

图 3-141 浮动接头

1—镗杆；2—接头体；3—防护套；4—销

4）镗模支架和底座

镗模支架和底座是组成镗模的重要零件，它们要求有足够的强度和刚度，以保证加工过程的稳定性。其材料多为铸铁，常分开制造，便于加工、装配和时效处理，如图 3-142 所示。

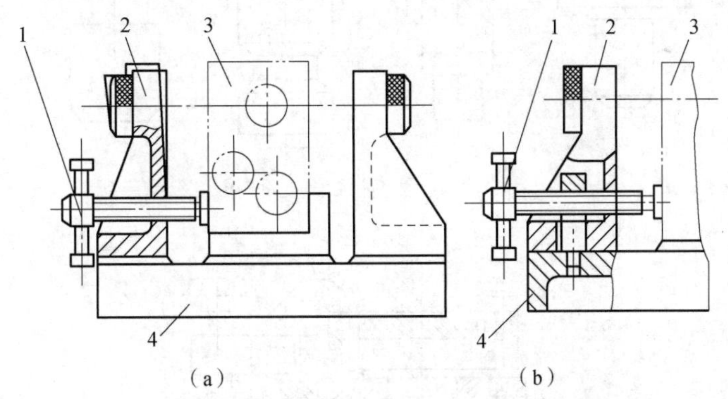

图 3-142 不允许镗模支架承受夹紧反力

1—夹紧螺钉；2—镗模支架；3—工件；4—镗模底座

五、成组夹具、组合夹具、随行夹具

1. 成组夹具

1）成组夹具（见图 3-143）的特点

（1）属于可调夹具。

（2）常用于零件族加工。

（3）生产准备周期短。

（4）调整时间短。

（5）减少夹具库存。

（6）柔性化高。

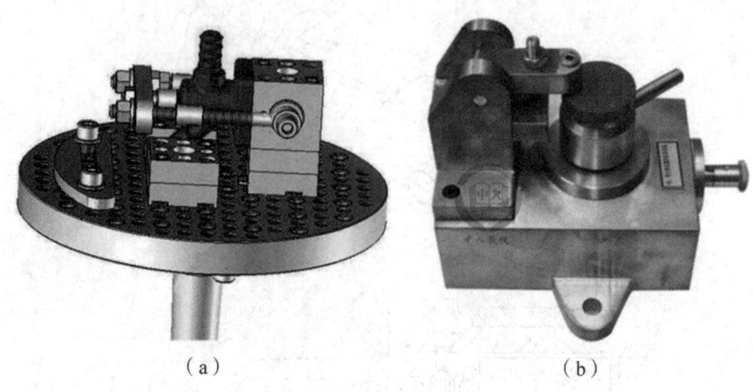

图 3－143　成组夹具

（a）成组车夹具；（b）成组钻夹具

2）成组夹具的组成

成组夹具的组成可分为两部分：基础部分和可调部分。基础部分包含了夹具体、动力装置、控制机构；可调部分包含了定位元件、夹紧元件、对刀导向、分度装置。成组夹具加工对象明确，并且夹具体、动力装置、控制机构、定位元件及夹紧元件的工艺特征基本相似。成组加工零件简图如图 3－144 所示，成组可调钻模如图 3－145 所示。

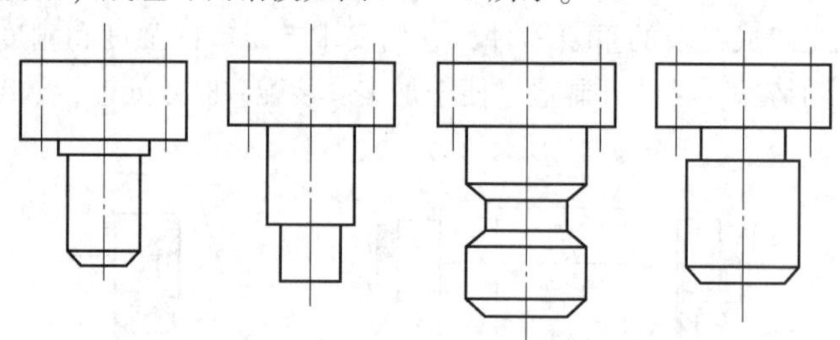

图 3－144　成组加工零件简图

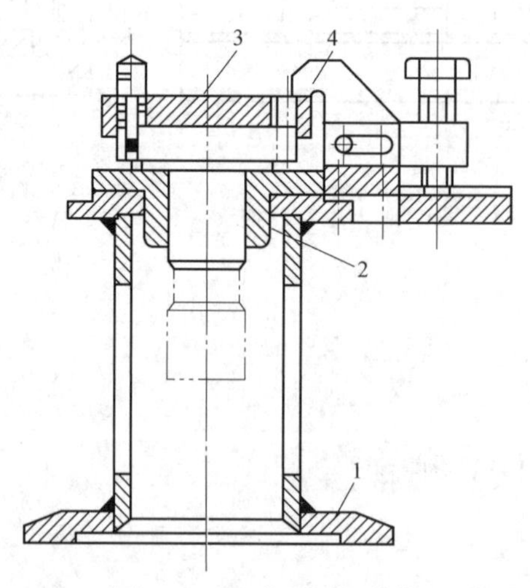

图 3－145　成组可调钻模

1—夹具体；2—可换盘；3—钻模板组件；4—压板

3）成组夹具的设计

设计成组夹具需要以零件的分类为基础，通过工艺分析，把形状相似、尺寸大小不同的各种零件进行分组或尺寸分段；把具有相同或相似夹紧、定位和加工方法的零件集中起来统筹考虑设计方案。成组夹具的结构是否紧凑、操作是否方便、调整是否合理都和分类分组有密切的关系。

（1）设计成组夹具的原始资料。

①产品零件分类分组资料，如产品零件分类分组图表、加工组清单等。

②该组零件的全部图样。

③该组零件的所有工艺规程（包括成组工艺）。

④成组夹具所处工序的机床设备、切削工具资料。

⑤同类型零件的专用夹具资料。

⑥同类型新产品零件的资料。

（2）成组夹具的设计步骤。

①成组零件特征分析。

②判别夹具设计任务书选择的零件是否合理。

③正确选择复合零件。

④分析使用机床对夹具设计的要求。

⑤分析定位基准与夹紧位置。

⑥合理选择夹具调整方案（注意夹具使用范围、加工精度、生产效率、制造成本及管理等因素）。

（3）夹具结构设计。

在确保加工精度的前提下，力求结构简单，更换调整方便，时间短。常见的调整方式如下。

更换式：其采取更换可调整部分元件的方法，实现组内不同零件的定位、夹紧、对刀或导向等；其优点为工作可靠、调整简单、精度高；其缺点为元件数量多、不易保管、制造成本高。

调节式：其通过改变可调元件位置的方法来实现组内不同零件的装夹和导向；其优点为所需元件少、保管维护简单、制造成本低；其缺点为调整麻烦、加工精度较差。

综合式：其主定位元件设计成更换式，辅助定位、夹紧元件等尽量采用可调式。

2. 组合夹具

组合夹具是一种标准化、系列化、柔性化程度很高的夹具。它由一系列预先制造好的各种不同形状、尺寸、具有完全互换性和高耐磨性、高精度的标准元件及合件组成，包括基础件、支承件、定位件、导向件、压紧件、紧固件、其他件、合件等。

1）组合夹具特点

（1）万能性好，适用范围广。

（2）组合夹具的元件精度高、耐磨，实现了完全互换。

（3）缩短生产准备周期。

（4）减少专用夹具，产品成本降低。

（5）夹具库存量减少。

（6）体积较大，刚度较差，一次投资多。

2）组合夹具类型

组合夹具有孔系组合夹具和槽系组合夹具（16 mm，12 mm，8 m）两种。

3）组合夹具的组装

(1) 准备阶段。

(2) 拟订组装方案。

(3) 试装。

(4) 连接并调整和紧固元件。

(5) 检验。

组合夹具组装遵循的原则。

①用最少的元件、最简单的夹具结构。

②选用截面积小的元件，使连接压强大、夹具牢固。

③选短螺栓紧固，使夹具因受力变形的影响最小，增强刚度。

④各元件间的定位连接尽可能采用 4 个定位键，并用十字排列安装。

3. 随行夹具

随行夹具如图 3 - 146 所示，为属于移动式夹具。其作用为完成对工件的装夹和运输，其用途为用于形状复杂且无良好输送基面，或有良好输送基面但材质较软的工件。工件随夹具一起由输送带依次送到各工位。

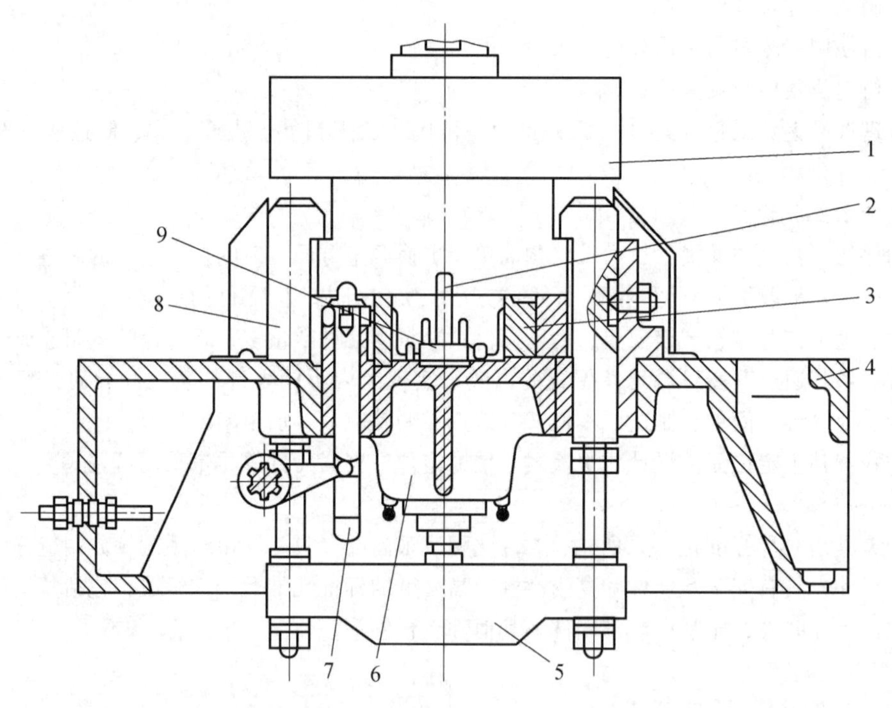

图 3 - 146　随行夹具与机床夹具在自动生产线机床上的工作

1—随行夹具；2—带棘爪的步伐式输送带；3—输送支承；4—机床夹具；5—杠杆；6—油缸；7—伸缩式定位销；8—钩形压板；9—支承滚

六、数控机床夹具

数控机床夹具的设计重点：提高劳动生产率，降低生产成本。数控机床对夹具的要求：小型化、精密化、自动化、标准化、柔性化。模块化钻模如图 3 - 147、图 3 - 148 所示。

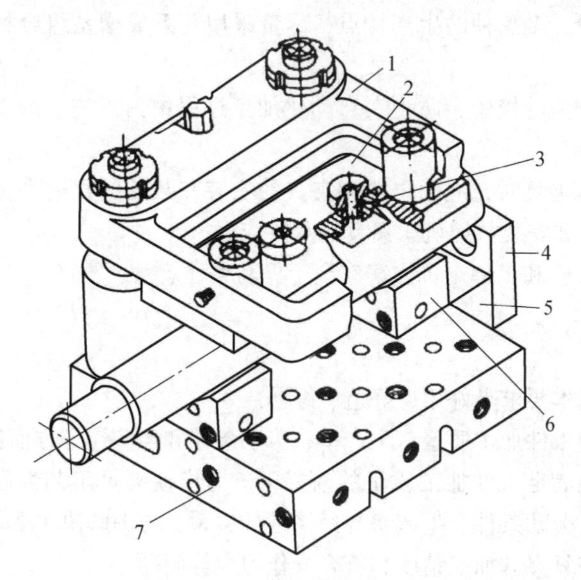

图 3-147 模块化钻模（一）

1—滑柱式钻模板；2—可换钻模板；3—可换钻套；4—板形模板；
5—方模板；6—V 形模板；7——基础板

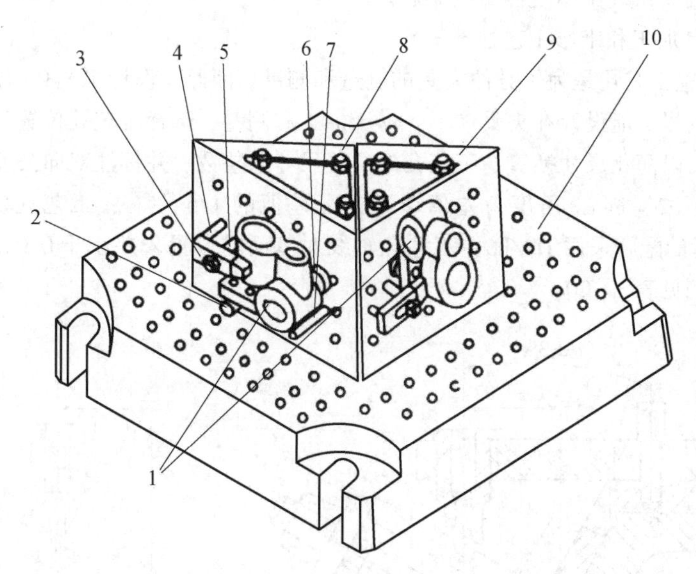

图 3-148 模块化钻模（二）

1—工件；2，6，7—支承；3—压板；4—支承螺栓；5—螺钉；
8，9—多面体模块；10—基础板

1. 数控机床夹具类型

数控机床夹具类型：通用夹具、通用可调夹具、组合夹具、成组夹具、拼装夹具、专用夹具。

2. 数控机床夹具设计

数控机床夹具的设计应遵循一般夹具的设计原则。

（1）定位精度要高，夹紧牢固可靠，具有足够的刚度。

（2）要适合小批量、多品种的生产特点，尽量采用孔系或槽系组合夹具、拼装式快速调整夹具。

（3）要注意进行碰撞的校验，防止在自动化加工过程中由于进、退刀或变换工位，使刀具与夹具部件相撞。

（4）设计数控机床夹具时，应画出协调夹具的安装和数控编程的坐标图。坐标图类似工序卡的工艺文件，是设计和安装数控机床夹具的重要依据。

（5）坐标原点的设置和工件定位方案有利于提高编程效率。

七、专用夹具设计示例

专用夹具设计的基本要求是好用、好造、好修。

设计夹具时必须使工件加工质量、生产率、劳动条件和经济性等方面达到统一。

设计专用夹具应在满足工件加工质量的前提下，力求使夹具工艺性和使用性好，并根据具体情况处理好生产率与劳动条件、生产率与经济性的关系，力图解决主要矛盾；但也不忽视排屑和排液、操作安全、恢复夹具加工精度和符合操作习惯等问题。

为了使夹具的结构具有良好的工艺性，设计时需妥善解决以下主要问题。

（1）夹具尺寸链的封闭环应便于用调整、修配法保证装配精度。

（2）用工艺孔解决装配精度测量的难题。

（3）注意夹具加工和维修工艺性。

图 3－149 设置工艺孔是为了方便夹具的制造和测量。因此，设计工艺孔时应注意以下几点：

工艺孔的位置尽可能设计在夹具体上，易于加工和测量；选择工艺孔位置，应尽量减少与它相关的坐标尺寸，以简化尺寸换算；工艺孔的位置尺寸取整数，并标注双向公差，一般距离公差值取 ±（0.01～0.02）mm，角度公差值取工件公差值的 1/5 左右；工艺孔的直径取 $\phi6/\phi8/\phi10$H7，与检验棒的配合采用 H7/h6；工艺孔轴线对基面的位置公差小于 0.05 mm/100 mm。工艺孔位置设计示例见表 3－20。

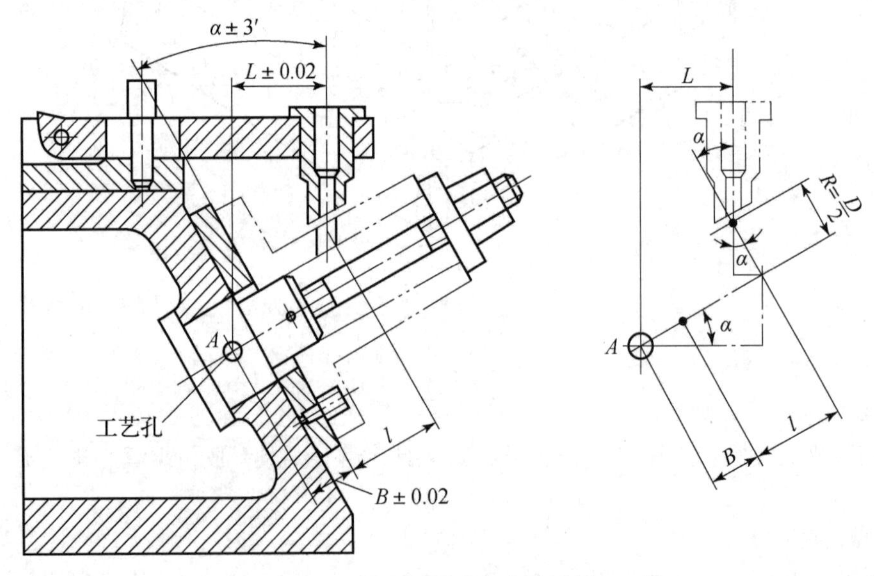

图 3－149　工艺孔的应用示例

表 3-20 工艺孔位置设计示例

名称	序号	夹具简图	说明
车床夹具	1	α A A_1	工艺孔设在一个基面上
铣床夹具	2	α A	工艺孔设在两个基面相交处
	3	A_3 A_1 B_1 H B_2 B_3 A_1 A_2 α α	工艺孔设在对称面处
钻床夹具	4	A_2 α A_1	工艺孔设在一个基面上
	5	α A	工艺孔设在两个基面相交处

任务实施

课程设计完成情况见表 3－21。

表 3－21　课程设计完成情况

序号	检查项	完成√，未完成×
1	封面	
2	课程设计（论文）任务书	
3	课程设计（论文）指导及阶段工作情况检查表	
4	课程设计（论文）答辩记录	
5	课程设计（论文）成绩评定表	
6	课题选题说明（或课题零件图）	
7	课程设计说明书	
8	课程设计文件（工艺规程、夹具设计全套图纸 3D/2D 或产品设计全套图纸 3D/2D、计算机程序、光盘等），具体按各专业指导教师要求	
9	答辩过程照片（或线上答辩）	

任务评价

任务评价表见表 3－22。

表 3－22　任务评价表

序号	考核要点	项目（配分：100 分）	教师评分
1	职业素养	团队合作能力（20 分）	
		信息收集、咨询能力（20 分）	
2	4 种典型机床夹具设计	设计输出设计说明书、“三图一卡”、工艺规程过程卡和工序卡、2D/3D 设计图（20 分）	
3	课程设计	提交工件 2D 图、工件工艺规程过程卡和工序卡、“三图一卡”、夹具设计说明书、课程设计任务书、夹具 2D/3D 总图和零件图、答辩 PPT（20 分）	
4	课程设计答辩	学生 8 min 自述与 5 min 回答问题、教师 2 min 点评（20 分）	
得分			

1. 问答题

(1) 车床夹具的类型有哪些?

(2) 车床夹具的典型结构有哪些?

(3) 车床夹具制造精度的内容有哪些?

(4) 对铣床夹具要求有哪些?

(5) 铣床夹具有哪些类型?

(6) 根据被加工孔的分布情况和钻模板的特点钻夹具有哪些类型?

(7) 简述悬挂式钻模板(活动钻模板)特点。

(8) 简述设计钻模板结构时应注意的问题。

(9) 根据镗套的布置形式不同镗模分为哪几类?

(10) 成组夹具有哪些特点?

(11) 组合夹具的特点有哪些?

2. 填空题

(1) 机械加工方法分为( )、增材加工、特种加工和复合材料制备方法等。

(2) 到目前为止,( ) 仍然是机械加工的主要方法。

(3) 车床夹具定位装置的设计时要求做到( ) 重合。

(4) 刀具与工件的相对位置由( ) 确定。

(5) 钻套的作用是( ) 以保证被加工孔的位置精度和提高工艺系统刚度。

(6) 钻模板作用是安装钻套,确保钻套的( )。

(7) 镗床夹具用于加工箱体或支座类零件上的精密孔和( )。

(8) 双支承镗模镗杆与机床主轴连接方式为( ) 连接。

(9) 随行夹具的作用是完成对工件的( ) 和运输。

3. 判定题

(1) 到目前为止,减材加工法仍然是机械加工的主要方法。( )

(2) 角铁式车夹具常用于壳体、支座、接头等形状较复杂零件上的圆柱面及端面的加工。( )

(3) 车床夹具定位装置的设计时要求做到三中心重合。( )

(4) 刀具与工件的相对位置由对刀装置确定。( )

(5) 钻套的作用是引导刀具以保证被加工孔的位置精度和提高工艺系统刚度。( )

(6) 单支承镗模镗杆与机床主轴连接方式为浮动连接。( )

(7) 随行夹具的作用是完成对工件的装夹和运输。( )

4. 单选题

(1) 单支承镗模镗杆与机床主轴连接方式为( ) 连接。

A. 浮动 B. 刚性 C. 焊接 D. 铆接

(2) 双支承镗模镗杆与机床主轴连接方式为( ) 连接。

A. 浮动 B. 刚性 C. 焊接 D. 铆接

模块四 物流系统设计

学习目标	知识目标： 1. 能够说出物流系统的特点和功能，概括物流系统的设计内容和要求、物流系统的布置形式； 2. 能够归纳物流系统方案评价的要点，了解常用的物流仿真软件； 3. 归纳机床上料装置、物料运输装置、刀具准备与储运系统、自动化立体仓库的结构、种类、工作原理和作用。 技能目标： 1. 在物流设计过程中合理分析物料流动情况，拟订物流系统的布置形式； 2. 根据物料形式，合理选用和设计料仓式供料机构、料斗式供料机构、板片供料机构、工件分配和汇总机构、辅助的机械手及工业机器人等装置。 素养目标： 1. 布置拓展学习任务，培养学生自主学习、信息收集和咨询的能力； 2. 理论与实际应用结合，培养学生的实践精神和动手能力； 3. 培养学生敬业、精益、专注、创新的工匠精神
知识重点	物流系统的特点和功能，物流系统的设计内容和要求，物流系统的布置形式，料仓式上料装置和料斗式上料装置的结构、种类、原理及应用，输送机的种类及特点，无轨自动运输小车的原理，刀具准备与储运系统的结构及原理，自动化立体仓库的结构及原理，工业机器人的结构、分类及应用
知识难点	物流系统的设计内容和要求，物流系统的布置形式，料仓式上料装置和料斗式上料装置的结构、种类、原理及应用，输送机的种类及特点，无轨自动运输小车的原理，刀具准备与储运系统的结构及原理，自动化立体仓库的结构及原理，工业机器人的结构、分类及应用
建议学时	48
实训任务	参观企业生产车间，撰写实训报告。报告内容应包括车间机床上料装置、刀具准备与储运系统、自动化立体的结构及种类、车间运输装置的组成、机械手及工业机器人的使用情况

本模块先总体介绍了物流系统总体设计的基本理论，包括物流系统概述、特点和功能、设计

内容和要求、设计步骤四部分，从而对物流系统有了整体的认识；再依次将物流系统相关的物流装置，如上料装置、物料运输装置、刀具准备与储运装置、自动化立体仓库、工业机器人，从定义、分类、原理及应用等方面作详细的阐述。本模块的重点任务是了解上述物流装置的特征，使学生具有设计输送装置的能力和分析生产中与物流输送装置有关技术问题的能力。

任务 4.1 物流系统总体设计

物流系统的总体设计

【任务描述】

试比较图 4－1、图 4－2 中两种物流布置方式，并在学习小组展示比较的结果。

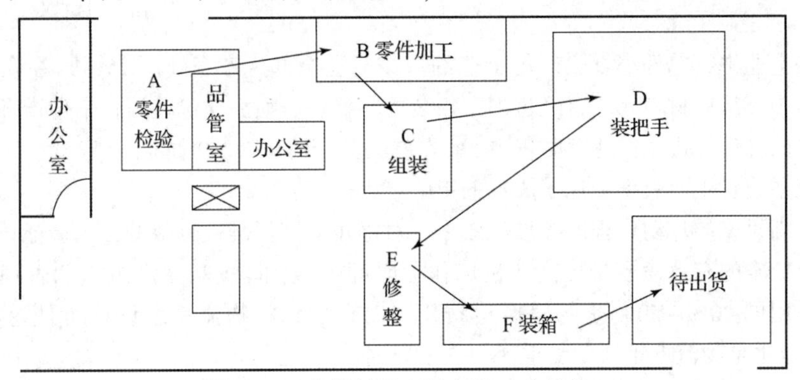

图 4－1 某机械厂车间布置（改善前）

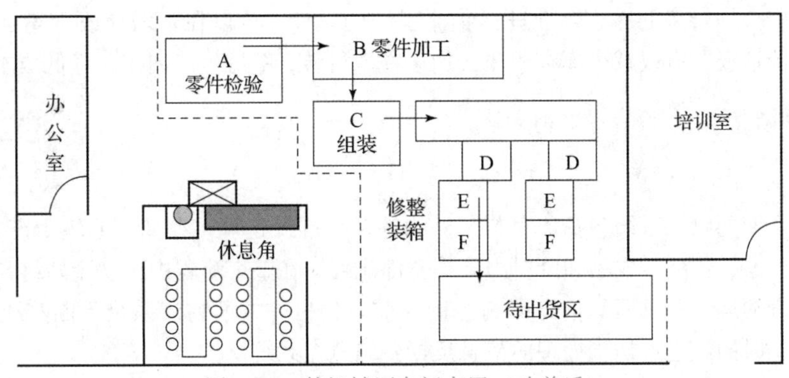

图 4－2 某机械厂车间布置（改善后）

【学前装备】

（1）在网上查阅资料，了解现代工厂物流系统的布置形式。

（2）了解企业常用的物流仿真软件。

预备知识

一、物流系统认知

1. 物流系统定义

物流系统是指在一定时间和空间内，由所需输送的物料和有关设备、输送工具、仓储设备、人员以及通信联系等若干相互制约的动态要素构成的、具有特定功能的有机整体。随着计算机科学和自动化技术的发展，物流系统也从简单的管理方式迅速向自动化管理方式演变。向自动化管理方式演变的主要标志是自动物流设备，如无轨式自动运输小车、自动存储提取系统、空中单轨自动车、堆垛机等，以及物流计算机管理与控制系统的出现。物流系统的主要目标在于追求时间和空间效益。

机械制造系统中的物流是指从原材料和毛坯进厂，经过存储、加工、装配、检验、包装，直至成品和废料出厂，物料在仓库、车间、工序之间流转、移动和存储的全过程。它贯穿生产全过程，是生产的基本活动之一。尽管物流过程既不增加物料的使用价值，也不改变物料的性质，但是，物流是资金的流动，库存是资金的积压。因此，物流系统的合理设计和优化有助于降低生产成本，加快资金周转，提高综合经济效益。

2. 物流系统设计的意义

在机械制造业中，单件小批生产的企业约占该行业全部生产企业的 75%。在众多的中小型企业生产过程中，从原材料入厂，经过加工、装配、检验、喷涂、包装等各个生产环节，到成品出厂，按国内的统计，机床作业工时仅占 5% 左右，其余约 95% 的时间用于存储、装卸等待或搬运，可见物流系统对生产效率和加工成本的影响之大。

因此，提高机床的自动化程度和加工效率，对缩短周期都是很有限的，而最能体现生产管理现代化和降低成本的有效途径是提高非机床作业时间效益，即提高生产组织和管理效益。据统计，总经营费用的 20%~50% 是物料搬运费用，而合理化的物流系统设计可使这项费用减少 10%~30%，这也是物流近年来备受重视的一个原因。

目前，我国普遍存在企业物流不合理的现象，如搬运路线迂回、搬运工具落后、毛坯和在制品库存量大、资金周转率低等。合理进行物流系统的设计，可以在不增加或少增加投资的条件下，使企业物流通畅，有效减少库存积压，加速物流运转，缩短生产周期和降低成本。

二、生产物流系统的特点和功能

1. 物流系统的基本构成

机械制造企业的物流系统包括原材料、外购件及标准件进厂、存储、毛坯生产、机械加工、装配、检验、油漆、包装、成品和废料出厂等全部流程。在整个流程中，物流始终与信息流相互作用，物流系统的运作一方面受信息流的控制和监督，另一方面物流系统不断将生产现场的有关信息，包括实时的或经过初步处理的信息反馈到信息流系统。

由此可见，物流系统一般由管理层、控制层和执行层三大部分组成。

（1）管理层是一个计算机物流管理系统，是物流系统的中枢，主要进行作业调度、库存管理、统计分析等信息处理和决策性操作。

（2）控制层主要接受管理层的指令，控制物流装备完成指令所规定的任务，并将物流系统运行信息反馈给管理层，为物流系统的决策提供依据。

（3）执行层由自动化的物流装备组成，包括立体仓库、动力运输装备、机床上料装置、缓冲站等。

由于管理层、控制层和执行层的分工不同，物流对各部分的要求也不同。管理层需具有较高的智能，控制层需具有较好的实时性，执行层需具有较高的可靠性。

2. 现代物流系统的主要特点

物流系统担负运输、存储、装卸物料等任务，与生产制造的关系如同人体中血液系统与内脏器官的关系一样，物流系统不仅是各生产环节形成有机整体的纽带，也是生产过程持续的基础。落后的物流系统制约生产的高速发展。物流系统的主要特点如下。

（1）现代化的物流装备。例如，采用自动化立体仓库、自动运输小车、自动上料装置、中转运输装备等快速高效的自动化物流装备，现代物流系统以半自动化操作为主。

（2）计算机管理。由于现代化制造系统和物流路线复杂、信息量大、实时性要求高等特点，采用计算机对物流系统进行动态管理的优化，使物流系统与生产、销售等系统有机地联系起来，从而提高物流系统的整体运行效益。

（3）系统化与集成化。物流系统作为一个有机整体，要从系统化和集成化的角度进行设计、分析、研究和改进，力求系统的优化和高效。

3. 现代物流系统的功能

机械制造企业内部物流系统应具有以下功能。

（1）运输功能。运输是物流的核心业务之一，也是物流系统的一个重要功能。选择何种运输手段对于提高物流效率具有十分重要的意义。例如，采用自动化物流装备，使各加工工位间工件的搬运及时而迅速，可以缩短工件在工序间的无效等待时间。

（2）仓储功能。在物流系统中，仓储和运输是同样重要的构成因素。仓储功能包括对进入物流系统的货物进行堆存、管理、保管、保养、维护等一系列活动。仓储的作用主要表现在两个方面：一是完好地保证货物的使用价值和价值；二是为将货物配送给各个工序或工位，在物流中心进行必要的加工活动而进行的保存。随着经济的发展，物流由少品种、大批量物流时代进入多品种、小批量或多批次、小批次物流时代，仓储功能从重视保管效率逐渐变为重视如何才能顺利地进行发货和配送作业，实现原材料、毛坯、外购件、在制品、工艺装备的存储及搬运，做到存放有序，存入、取出容易，且尽可能实现自动化，实现工序间工位和缓冲工作站的在制品存储，保证生产的连续进行。

（3）装卸搬运功能。装卸搬运是随运输和保管而产生的必要物流活动，是衔接运输、保管、包装等物流活动的中间环节，以及在保管等活动中为实现加工、检验、维护、保养所进行的装卸活动，如货物的装上卸下、移送、拣选、分类等。对装卸搬运的管理，主要是对装卸搬运方式、装卸搬运机械设备的选择、合理配置与使用，以及装卸搬运的合理化，尽可能减少装卸搬运次数，以节约物流费用，获得较好的经济效益。例如，在生产线上采用自动化的上料装置，可以缩短辅助时间，提高劳动生产率。

（4）信息服务功能。现代物流是需要依靠信息技术来保证物流系统正常运作的。物流系统的信息服务功能，包括进行与上述各项功能有关的计划、预测、动态（产能、库存数）的信息统计及有关的费用、生产、市场信息活动。对物流信息活动的管理，要求建立信息系统和信息渠道，正确选定信息类型和信息的收集、汇总、统计、使用方式，以保证其可靠性和及时性。通过对各类物流装置的调度及控制，实现物料运输方式和路径的优化以及物流系统的检测和监控。

三、物流系统设计的主要内容、要求和布置

物流系统设计是把企业物流系统运行全过程所涉及的装备、器具、设施、路线及其布置作为一个系统，运用现代科学技术和方法，进行设计和管理，达到物流系统综合优化的全过程。

1. 物流系统设计的主要内容

物流系统设计包含以下内容。

（1）合理规划厂区。

（2）合理布局车间工位。

（3）合理确定库存量。

（4）合理选择搬运装备。

2. 物流系统设计的要求

物流系统设计有以下要求。

（1）工厂平面布置合理化。工厂平面和车间的机器设备布置一旦确定，整个工厂企业的主体结构也就确定了。因此，设计人员必须在物流系统平面布置上实现工艺和物流系统的合理布置。

（2）工厂物流活动与生产工艺流程同步化。工厂物流必须严格遵守工艺流程要求，从物流的连续性、时间性、稳步性和有序性等方面进行控制。按生产计划要求，物流按所需日期、时间、品种、数量进行移动，既不能超量多流，也不能减量少流，按生产节拍运送在制品，保证企业生产均衡。

（3）物料搬运路线简洁、直线化。要求各作业时间以及存储点间安排尽量紧凑，路线要直，避免迂回、倒流往复，减少装卸搬运环节。

（4）物料搬运机械化、省力化、自动化。其中，室外作业的机械化与起重运输作业的机械化和省力化，可减轻工人劳动强度，减少安全事故，提高劳动生产效率和经济效益。

（5）单元化容器标准化、通用化。避免碰撞，定量存放，尽量做到过目知数，科学管理。

（6）库存合理化。在生产的各环节中，制订合理的库存量，包括最大、最小安全库存量，以保证生产的正常进行。

（7）物流活动准时化。通过看板运输控制车辆运行路线、物料发运时间、数量和地点，实行生产准时化。

（8）提倡储、运、包一体化，集装单元化。在搬运工艺设计中，尽量做到装、卸、搬、运集体化，以减少物料搬运次数。

（9）在物料流程中，上下位之间、前后生产车间之间要有固定的位置流程图，为收发、运送、搬运的有关人员指明产品、零件流向，起到现场调度作用。在收、发、运、送环节上尽量做到可视化，以便于管理。

3. 物流系统的布置

机械制造的生产过程属于离散型，从原材料采购入库开始到加工成产品，各道工序可在不同车间进行。因为上一道工序结束时工件不一定能马上进行下一道工序的加工，所以工件在工序间需要建立存储缓冲区，以缓解用户需求与工厂制造能力之间（成品、维修件和备件库）、最终装配需求与零部件配套之间（零部件成品库）、上下工序之间（在制品库）、工厂与供应商之间（原材料、外购件库）的供需矛盾。因此，物流系统布置时应合理配置仓储设施的位置。物流系统的布置内容包括以下方面。

（1）物料流动的起点和终点。

（2）物流量、每次搬运的件数、批量大小、频率、稳定性、缓急要求等。

（3）搬运路线倾斜、曲折、拐弯情况、拥挤程度和路面质量。

（4）仓储设施的布置等。

物流系统布置可用立体图或平面图的形式表示，需在图中标明一些重要部位的关键尺寸和技术条件，甚至画出必要的结构草图。最好拟订 2~3 个布置方案，以便通过比较选择较好的方案。

四、物流系统的设计步骤

1. 物料分类

首先，应对被搬运的物料进行分析和统计，既要分析和统计当前产品，又要考虑产品的发展；其次，明确产品的品种数、批量、年产量、班制、混合生产方式，以及零件的形状和尺寸等；最后，对物料进行分类。

物料按形式分为固体、液体和气体物料，按种类分为散装料、单独料和包装料。

机械制造业的物料大致分为如下八大类。

物流系统的设计步骤

（1）散装物料，如煤、型砂等。

（2）板料、型材等金属材料。

（3）单件物品，如大的零件及配套件。

（4）桶装物料，如各种油类。

（5）箱装物料，如各种小零件及配套件。

（6）袋装物料，如贵重的金属材料及盐类。

（7）瓶装物料，如氧气、二氧化碳等。

（8）其他。

2. 物料流动分析

物料流动分析是企业根据产品制造工艺特点和生产方式进行的，主要包括以下内容。

（1）按每类产品或物料沿整个生产过程（从原料到成品库的全过程）进行流程分析，绘制物料流程图。物料流程图只表示每类产品或物料流动的顺序，不表示每个工作部门的地理位置，因此不必表述流动的距离和搬运方法等。

（2）将所有产品或物料按每条起止点路线进行汇总，绘制物料流程图。物料流程图是在工厂平面布置图的基础上绘制的，能够表明每条路线的距离和物流方向。

（3）进行物料流动分析，在物料流程图上，长距离、大物流量的搬运是不合理的，应该改进平面布置或工艺流程；物流量大而距离短的搬运是合理的，可以单独进行；物流量小而距离长的搬运会引起运输费用的增加，应将若干项具有类似性质的物流组合起来进行搬运。

（4）确定仓储设施的容量，包括仓位大小和数量、仓库面积和有关技术要求（如通风采光、温度和湿度等）。

3. 物料搬运设备选择

正确选择搬运设备是提高搬运效率、降低搬运成本的重要措施。搬运距离较短的物料主要工作为装卸，可选用单位里程运输费用虽然较高但装卸费用较低的运输设备；反之，搬运距离较长的物料主要工作量为运输，可选用装卸费用虽然较高但单位里程运输费用较低的运输设备。物流量低的物料应选用简单的搬运设备，以降低搬运的成本为主；反之，物流量高的物料应选用复杂的搬运设备，以提高搬运效率。

因此，搬运设备应根据物料形状、移动距离、搬运流量、搬运方式进行选择，一般可分成如下四类。

（1）适用于短距离和低物流量的简单输送设备，如台叉车、电动车、步进式输送带、输送轨道。

（2）适用于短距离和高物流量的复杂输送设备，如带有抓取机构的、在两个工位间输送工件的输送机械手或工业机器人、斗式提升机和气动输送机等连续输送机。

（3）适用于长距离和低物流量的简单输送设备，如汽车等运输车辆。

（4）适用于长距离和高物流量的复杂输送设备，如火车、船舶等。

4. 仓储设施选择

仓储设施的形式按功能可分为原材料库、外购件库、在制品库、零部件成品库、维修件和备件库、成品库、工夹量具等工艺装备库等；按地理位置分布可分为厂级库、车间级库、工段级库和工序级库等。

原材料、外购件、零部件成品、产成品、维修件和备件通常存储在厂级库中。这类仓库存储物料的种类多，存储量大，进出库流量大且频繁。许多现代化企业采用立体仓库，以实现物流的机械化和管理自动化。

车间级和工段级库属于中间仓库，用于暂时存放维持车间和工段生产所需的物料，包括原材料、在制品、工夹量具等。由于这类仓库存储物料的种类相对较少，因此不必追求高机械化和高自动化程度。

工序间的在制品通常堆放在机床附近，有的配置专门的物架，防止互相磕碰。在柔性制造系统中，工序间的在制品存放在专门的缓冲存储站上，这些缓冲存储站具有很高的自动化程度，其工作由柔性制造系统的控制系统集中管理。

仓储设施的位置在物流系统方案布置图中是确定的，仓储设施的仓位大小、数量、面积等参数是设计的依据，应在物流分析阶段予以确定。

5. 计算机仿真和方案修改

物流系统是整个生产过程中的一部分，从属于加工制造过程。物流系统规模大，投资费用高，结构形式、运输方式较复杂，许多实际问题难以事先考虑周全。过去只能在建造完成后发现问题，通过局部拆除、返修和调整，才能达到预定目标。现在可借助计算机进行物料的调度输送动态仿真，通过仿真可以发现物流系统存在的阻滞，然后通过修改和调整以达到生产纲领的要求。图 4－3 和图 4－4 为 Plant Simulation 仿真界面。

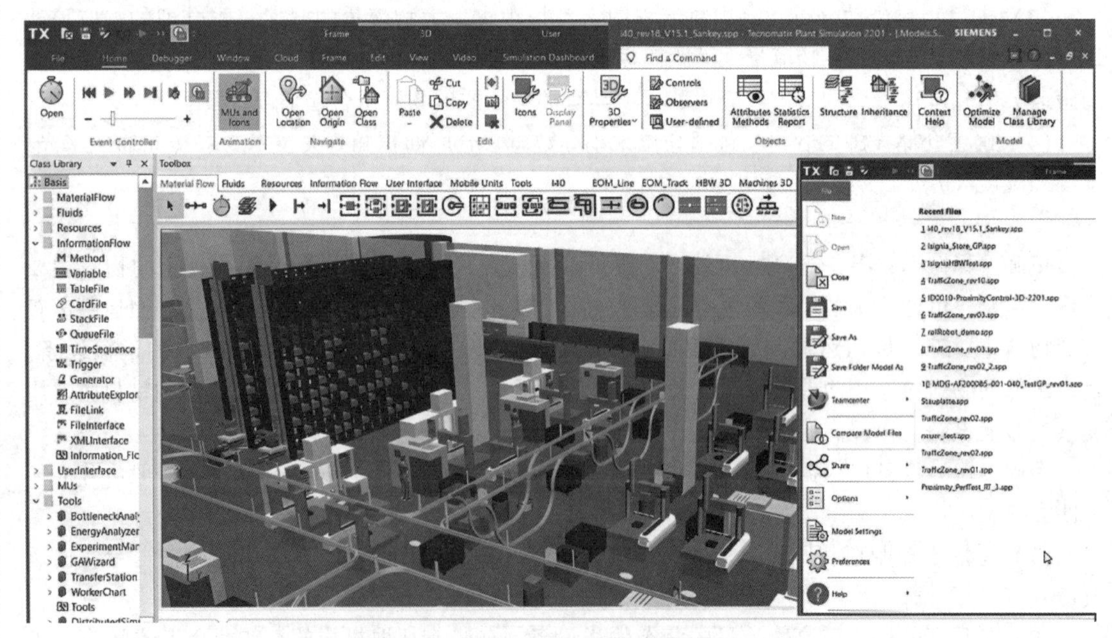

图 4－3　Plant Simulation 仿真界面（一）

图 4－4 Plant Simulation 仿真界面（二）

6. 方案评价

方案经过计算机仿真和修改后，根据技术和经济两个方面对形成的物流系统布置方案逐个进行分析比较，从中选出最合理可行的方案。

经济方面评价的依据是投资和经营费用。

（1）投资包括基本建设费用、其他费用及流动资金的增加部分。

①基本建设费用，如物料搬运设备、辅助设备及改造建筑物的费用等。

②其他费用，如运输费、生产准备费及试车费等。

③流动资金的增加部分，如原料储备、产品储备、在制品储备等。

（2）经营费用包括固定费用和可变费用。

①固定费用包括资金费用，如投资的利息、折旧费，以及其他固定费用，如管理费保险费、场地租用费等。

②可变费用包括设备方面的可变费用和工资，其中设备方面的可变费用包括电力、维修、配件费用等。

任务实施

（1）分析工艺路线，设计多种物流系统布置方案。

（2）对各种方案进行物料流动分析，选择物流量最小的物流系统布置方案。

任务评价

任务评价表见表 4－1。

表 4－1 任务评价表

序号	考核要点	项目（配分：100 分）	教师评分
1	职业素养	综合分析能力（20 分）	
		信息收集、咨询能力（20 分）	

续表

序号	考核要点	项目（配分：100分）	教师评分
2	物流系统布置方案设计	能够按照物流系统布置要求设计合理的方案（20分）	
3	物料流动分析	能够准确分析各种物流系统布置方案（20分）	
4	物流系统方案选择	能够根据实际情况选择最优的物流系统布置方案（20分）	
得分			

问题探究

1. 问答题

（1）试述物流系统设计的重要意义？

（2）物流系统的组成环节有哪些？物流系统应满足哪些要求？

（3）物流系统布置方案包括什么内容？

（4）物流搬运设备的选择原则是什么？

2. 填空题

（1）物流系统一般由（　　　）、控制层和执行层三大部分组成。

（2）现代物流系统应具备以下功能，运输功能、仓储功能、（　　　）和（　　　）。

（3）机械制造的生产过程属于（　　　），各道工序可在不同车间进行，由于上一道工序结束时工件不一定能马上进行下一道工序的加工，因此工件在工序间需要建立（　　　）。

3. 判定题

（1）执行层主要接受管理层的命令，控制物流装备完成指令所规定的任务，并将物流系统运行信息反馈给管理层，为物流系统的决策提供依据。（　　）

（2）工业机器人一般适用于短距离和高物流量的复杂输送设备。（　　）

（3）物料流程图是在工厂平面布置图上绘制的，能够标明每条路线的距离和路线方向。（　　）

4. 单选题

（1）物流系统中起决策作用的是（　　）。

A. 管理层　　B. 控制层　　C. 执行层

（2）建立在两道工序之间的存储缓冲区称为（　　）。

A. 零部件成品库　　B. 在制品库　　C. 外购件库　　D. 成品库

任务4.2　机床上料装置设计

【任务描述】

试分析图4-5所示机床上料装置的结构特点及组成，指出它们分别是哪种类型的上料装置，并阐述其上料过程，编辑成文字报告，在学习小组里展示。

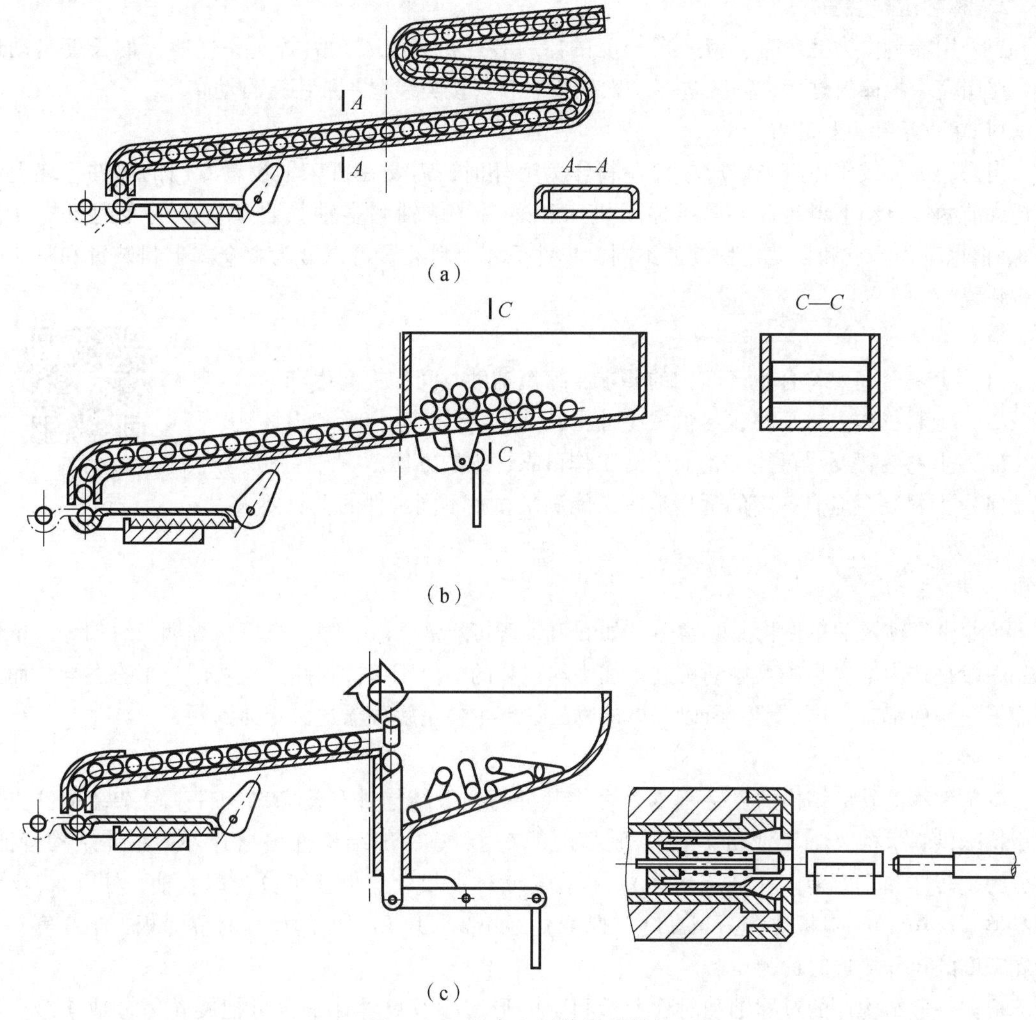

图 4－5 机床上料装置的结构

【学前准备】

（1）在网上收集机床上料装置工作视频。

（2）在网上了解机床上料装置的发展历程。

预备知识

一、机床上料装置的分类和设计原则

1. 机床上料装置的分类

根据原材料及毛坯形式的不同，机床上料装置有以下三大类型。

1）卷料（或带料）上料装置

将线状的、细棒状的和带状的材料绕成卷状，在加工时将卷状材料装上自动送料机构，再从料盘中拉出，最后经过自动校直。在一卷材料用完之前，送料和加工是连续进行的。该类装置一般用于自动车床、自动冲床和自动冲压机等。

2）棒料上料装置

当采用棒料作为毛坯时，将一定长度的棒料装在机床上，然后按每一件所需的长度自动送料。在用完一根棒料之后，需要进行一次手工装料。该类装置一般用于自动车床。

3）单件毛坯上料装置

当采用锻件或将棒料先切成单件坯料作为毛坯时，需要在机床上设置专门的单件毛坯上料装置。前两类自动上料装置多属于冲压机床和通用（单轴和多轴）自动机床的专门机构（部件）。根据工作特点和自动化程度的不同，单件毛坯上料装置可以分为料仓式上料装置和料斗式上料装置。

2. 机床上料装置的设计原则

（1）上料时间要符合生产节拍的要求，缩短辅助时间，提高生产率。

（2）上料工作力求平稳，尽量减少冲击，避免工件产生变形和损坏。

（3）上料装置要尽可能结构简单、工作可靠、维护方便。

（4）上料装置应有一定的适用范围，能满足多种不同工件的上料要求。

单件物料形态分析及定向方法

二、单件物品形态分析及定向方法

企业生产涉及的单件物品非常多，如螺钉、铆钉、盒、瓶、罐、香皂、香烟、纽扣等。单件物品一般是作为半成品送入自动机进行加工和包装的。由于单件物品五花八门、形态各异，而且在加工中一般都有方位要求，所以，单件物品供料主要是解决输送、定向问题。

1. 单件物品形态分析

按单件物品外形结构的复杂程度，可将其分为一般结构件和复杂结构件。复杂结构件主要采用特殊供料机构（如工业机器人、机械手）来送料。一般结构件根据其外形主体结构特征，可分为旋转体和非旋转体（或板块体）。根据旋转体的尺寸比例又可分为球、轴、柱（$l/d \geqslant 1$）和盘类（$l/d < 1$）。对板块体，当高度（厚度）远小于长度和宽度的尺寸时称为板，当高度、长度和宽度的尺寸接近时称为块。

根据一般结构件的对称轴和对称面数目、外形结构及尺寸比例，可把旋转体分成Ⅰ级、Ⅱ级、Ⅲ级结构（见表4－2），把板块体分成Ⅰ级、Ⅱ级、Ⅲ级、Ⅳ级结构（见表4－3）。

表4－2　旋转体结构分类

级别		组别	名称	物品结构
Ⅰ	两个对称轴		球	
Ⅱ	一个对称轴和一个对称面	$l/d \geqslant 1$	轴	
			轴套	
		$l/d < 1$	盘	
			环	
		$l/d \approx 1$	滚柱	
			空心柱	

续表

级别		组别	名称	物品结构
Ⅲ	一个对称轴	$l/d \geqslant 1$	轴	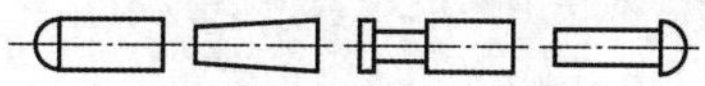
			套筒	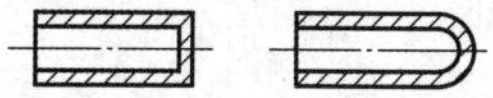
		$l/d < 1$	盘	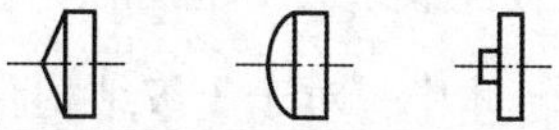
			环	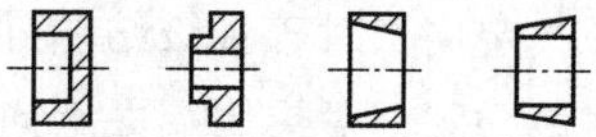
		$l/d \approx 1$	滚柱	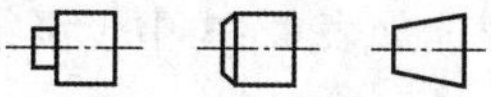
			杯	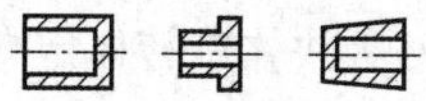

表 4-3 板块体结构分类

级别		组别	名称	物品结构
Ⅰ	三个对称面	$L/B > 1$	板 $H/B > 1$	
			柱 $H/B \approx 1$	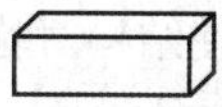
		$L/B \approx 1$	板 $H/B \leqslant 1$	
			柱 $H/B \approx 1$	
Ⅱ	两个对称面	$L/B > 1$	板	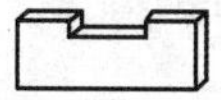
			柱	
		$L/B \approx 1$	板	
			柱	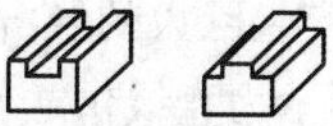
Ⅲ	一个对称面	$L/B > 1$	板	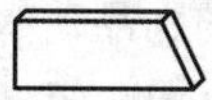
			柱	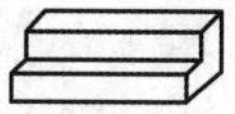
		$L/B \approx 1$	板	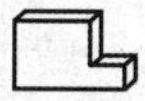
			柱	

续表

级别		组别	名称	物品结构
Ⅳ	无对称面		规则体	
			复杂曲面体	如风叶片、叶轮、曲拐轴等

注：L 为板块体长度，B 为板块体宽度，H 为板块体厚度。

在旋转体中，对于Ⅰ级结构件，在供料时一般不需要定向；对于Ⅱ级结构件，需按对称轴进行一次定向；对于Ⅲ级结构件，需按对称轴和相关面进行两次定向。显然，轴、柱类沿轴线定向最稳定，盘类用端面定向最稳定。供送板块体需要的定向次数要比供送相应级别的旋转体更多，如表 4－3 中Ⅰ级结构的柱类要定向 3 次。一般级别越高，定向次数越多。由此得出如下结论。

（1）相对板块体旋转体定向更容易，但其定向稳定性比板块体差。

（2）物品对称轴、对称面越多，越容易定向；结构尺寸差异大，定向较容易。

（3）旋转体宜按轴线定向，板块体宜按面定向；轴柱类宜按轴线定向，盘类宜按面定向。

（4）物品外形越简单，越容易定向。

2. 定向方法

由于单件物品定向难，因而供料速度不高，影响了自动机床生产能力的提高。所以，在设计这类物品时，应考虑其结构工艺性。

（1）尽可能使结构对称化。例如，一根轴在可能的情况下，应使轴两端头的结构完全相同。有时除零件的功能结构外，应再设计一些和功能结构对称的工艺结构。

（2）设计工艺定位面或其他定向结构，如工艺孔、工艺凸台等。

（3）尽可能采用使物品不易重叠、嵌入、绞缠的结构，以便取出、分离、供送。

（4）改变加工工艺，改单件加工为卷料供料加工。

料仓式上料装置

三、单件物品供料机构

根据人工参与程度，单件物品供料机构可分为料仓式上料装置和料斗式上料装置。

1. 料仓式上料装置

料仓式上料装置是利用人工将工件按顺序放在料仓中，通过上料器把工件送到加工工位上定位夹紧的半自动上料装置。这种上料装置与加工循环周期在 5～30 s 的工件相适应。若多台机床操作，则将产生巨大的经济效益，因此料仓式上料装置多用于大批量生产。

图 4－6 所示为直线供送料仓式供料机构，当工人把物品装入料仓 1 后，物品依次沿料槽向下移动，最底下的物品落入送料器 5 的容纳槽中，凸轮机构 7 使送料器向左运动送料时，隔料器 4 受弹簧 3 的作用顺时针转动，挡住料槽下口，从而达到分离、供送的目的。当送料器向右返回后，隔料器受挡销 6 的作用逆时针转动而让开料槽口，料槽中最下方的一个物品又落入送料器中，进行第二次供送。消拱器 2 可防止料仓中物品架空。

图 4－7 所示为回转供送料仓式供料机构，工件 3 装入料仓 2 中，由回转送料器 1 取出 1 个回转送到加工工位。

由此可知，料仓式供料机构由料仓、上料器、隔料器、送料器、消拱器以及驱动机构等组成，主要结构为料仓、上料器和隔料器。

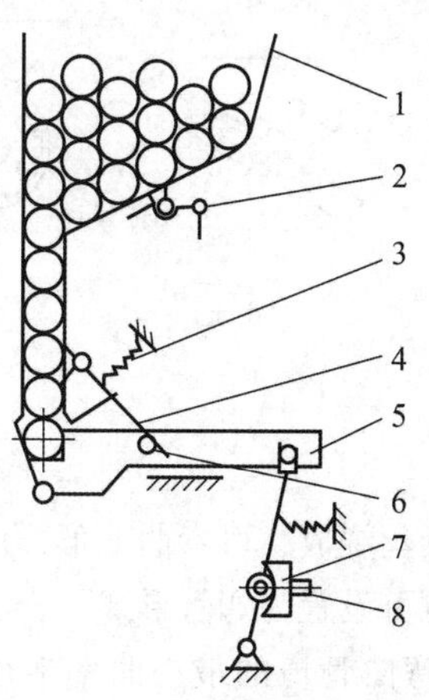

图4-6 直线供送料仓式供料机构

1—料仓；2—消拱器；3—弹簧；4—隔料器；
5—送料器；6—挡销；7—凸轮机构；8—主轴

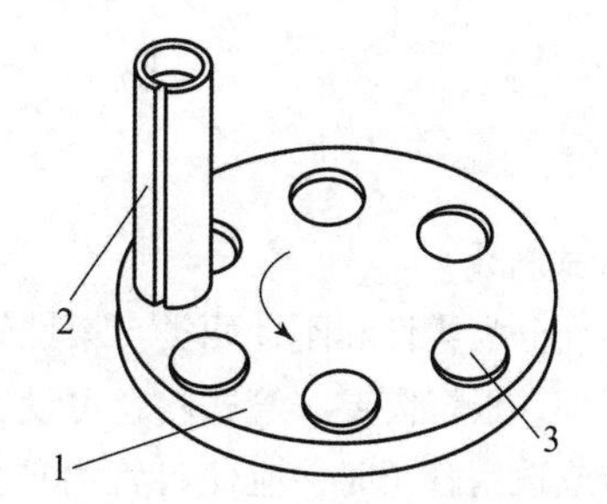

图4-7 回转供送料仓式供料机构

1—回转送料器；2—料仓；3—工件

1）料仓

料仓用于储存毛坯。根据工件形状、尺寸和料仓存储量的大小及上料装置的配置方式不同，料仓具有不同的结构形式，常用形式有槽式料仓、斗式料仓和管式料仓三种。

（1）槽式料仓。

槽式料仓是根据物品的结构形态而专门设计的，料仓即料槽，物品只能成队列放入，储量一般较小。槽式料仓有4种形式，如图4-8所示。图4-8（a）所示为U形料槽，适用于料仓水平布置或者倾斜角较小时。图4-8（b）所示为半闭式料槽，用于料仓垂直布置或料仓较长时，顶部的包边可防止物品从料槽中脱出。图4-8（c）所示为T形料槽，用于诸如铆钉、螺钉、推杆等带肩、台阶类物品的供送。图4-8（d）所示为板式料槽，用于带肩、台阶类物品的供送。另外还有单杆式槽式料仓、双杆式槽式料仓、V形槽式料仓等。

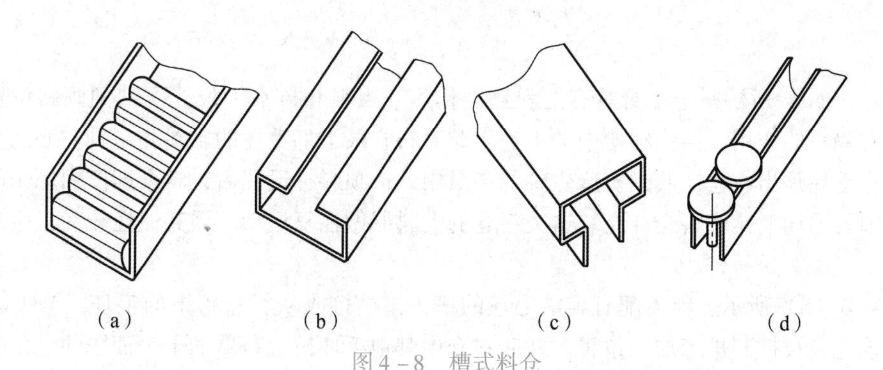

图4-8 槽式料仓

（a）U形料槽；（b）半闭式料槽；（c）T形料槽；（d）板式料槽

（2）斗式料仓。

槽式料仓储料数量有限，而斗式料仓储料较多，且占地较小。工件在斗式料仓中整齐排列堆积时，常常会在内部互相堆积而形成“拱桥”，工件常被卡住而不能下落。为了保证上料装置能够连续正常地工作，常在斗式料仓中设置消拱器，用以破坏“拱桥”。斗式料仓的常见形式如图4-9所示。

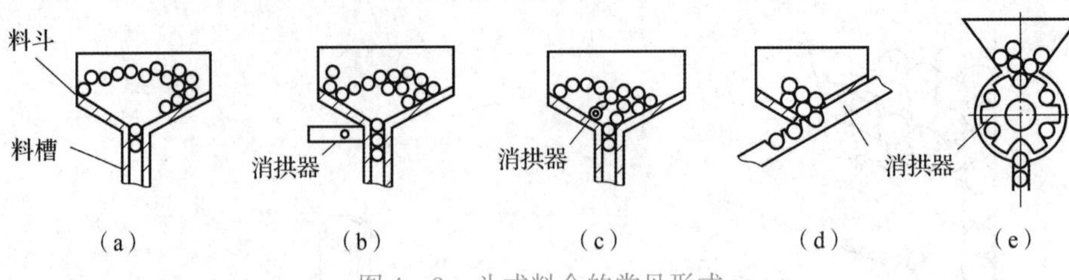

图4-9　斗式料仓的常见形式

(3) 管式料仓。

管式料仓分为柔性和刚性两类。柔性管式料仓用弹簧钢丝绕成，可弯曲变形，用于连接有相对运动的部件。根据需要，管式料仓可设置为直立管式，也可设置为弯管形式。

在设计或选用管子时，应使料管内径大于工件外径，弯曲管道的最小曲率半径要保证不卡住工件。此外，可在直径较大的管式料仓管壁开观察槽，以观察工件下落情况，及时排除工件卡住、挤塞等故障。

根据不同状态的物品可采用不同的料仓结构形式，即便同一种物品也可采用不同结构的料仓，因此应仔细分析物品的形态，在满足供送要求的前提下，设计或选用结构简单、供送可靠、速度高的料仓结构形式。

2) 上料器

上料器是把毛坯从料仓送到机床加工位置的装置。图4-10所示为几种典型上料器。

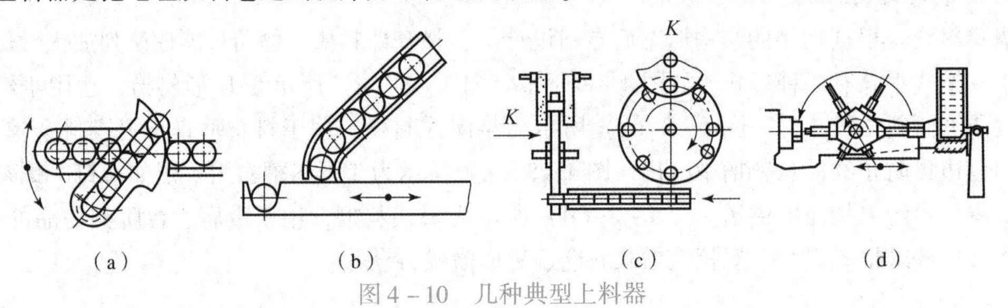

图4-10　几种典型上料器

(a) 料仓兼作上料器；(b) 槽式上料器；(c) 圆盘式上料器；(d) 转塔刀架兼作上料器

图4-10 (a) 所示料仓本身具有上料器的作用。当料仓自水平位置摆动到倾斜位置时，其外弧面具有隔料的作用，挡住料槽中的毛坯，此时料仓最下部毛坯的轴线和主轴中心线重合，而由顶料杆将毛坯顶出料仓，放到机床主轴的夹具中。待顶料杆退回后，料仓即摆回原来的水平位置，料槽中的毛坯继续往料仓补充。这类料仓的上料器做往复运动，因其惯性较大，生产率受到一定限制。

图4-10 (b) 所示上料器配有容纳毛坯的槽，该槽接收从料仓落下的毛坯。当上料器往左运动时，该毛坯被推到机床加工位置。此时料仓中其他毛坯被上料器的上表面隔住。由于槽式上料器做往复运动，生产率也受到一定限制。

图4-10 (c) 所示上料器中的圆盘朝一个方向连续旋转，毛坯从料仓送入圆盘的孔中，由圆盘带到加工位置，加工完毕后工件又被推出。圆盘式上料器的生产率较前两种上料器更高，广泛应用于磨床上料。

图4-10 (d) 所示为转塔自动车床，料仓固定在转塔刀架右方。转塔刀架的一个刀具孔中装有接收器。顶料杆将料仓最下方的毛坯送给接收器，转塔刀架转位180°，将毛坯对准主轴轴线，随后转塔刀架向左移动，将毛坯送入主轴的夹紧筒夹孔内。

3）隔料器

隔料器把待加工的毛坯从料仓中的诸多毛坯中隔离出来，从而控制从输料槽进入送料器的工件数量。在比较简单的上料装置中，隔料器的作用仅由送料器完成。当工件较重或垂直料槽中工件数量较多时，为避免工件的全部质量都压在送料器上，需设置独立的隔料器。图 4 - 11（a）所示为利用直线往复式送料器的外圆柱表面进行隔料。图 4 - 11（b）所示为由气缸 1、弹簧 4 及隔料销 2，3 组成的隔料器。气缸驱动隔料销 2 在弹簧 4 的作用下，插入料槽将工件挡住。当气缸 1 驱动隔料销 2 插入料槽将第二个工件挡住时，隔料销 2 的前端顶在方铁 5 上，推动隔料销 3 退出料槽，放行第一个工件。图 4 - 11（c）所示为边杆往复销式隔料器。图 4 - 11（d）所示为牙轮旋转式隔料器。

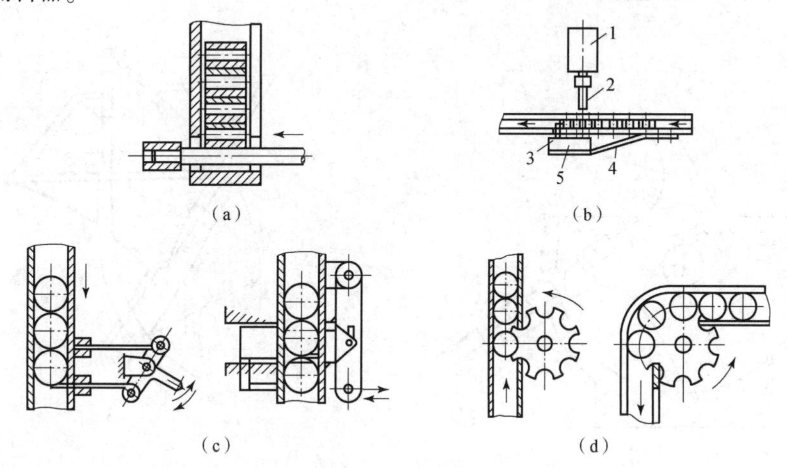

图 4 - 11 隔料器

（a）利用直线往复式送料器的外圆柱表面进行隔料；（b）隔料器；（c）边杆往复销式隔料器；（d）牙轮旋转式隔料器

1—气缸；2，3—隔料销；4—弹簧；5—方铁

2. 料斗式上料装置

料斗式
上料装置

料斗式上料装置主要用于形状简单、尺寸较小的毛坯件上料，广泛应用于各种标准件厂、工具厂、钟表厂等大批量生产厂家。料斗式上料装置与料仓式上料装置的主要不同点在于后者只是将已定向整理好的工件由储料器向机床供料，而前者可对储料器中杂乱的工件进行自动定向整理再送给机床。

料斗式上料装置可分为机械传动式料斗装置和振动式料斗装置两类。

1）机械传动式料斗装置

机械传动式料斗装置按定向机构的运动特征可分为回转式、摆动式和直线往复式等。其定向机构主要有钩式、圆盘式、销式、链带式和管式等。工件定向方法主要有抓取法、槽隙法、重心偏移法和型孔选取法。抓取法是用定向钩子抓取工件的某些表面结构，如孔、凹槽等，使之从杂乱的工件堆中分离出来并定向排列的方法。槽隙定位法是用专门的定向机构搅动工件，使工件在不停的运动中落进沟槽或缝隙，从而实现定向的方法。重心偏移法是对一些在轴线方向发生重心偏移的工件，使其重端倒向一个方向实现定向的方法。型孔选取法是利用定向机构上具有一定形状和尺寸的孔穴对工件进行筛选，只有位置和截面与型孔相符的工件才能落入孔中从而获得定向的方法。

（1）回转式料斗装置。

回转式料斗装置有叶轮式、盘式和旋转管式等多种形式。图 4 - 12 所示为叶轮式料斗装置，该装置不适用于易变形的工件，而适用于只有一个布置特性、尺寸较大但形状简单的工件。叶轮2主动面的外侧曲须根据工件的几何形状设计。叶轮转动时，其主动面随机接触料斗1中位置正确的工件3，通过叶轮2的转动将工件带到滑轨4释放。料斗的容量取决于填料高度、叶轮转速和主动面的大小。

（2）摆动式料斗装置。

摆动式料斗装置有中心摆动式和扇形块摆动式等形式。中心摆动式料斗装置如图4－13所示，摆板2围绕支点3摆动，排列正确的工件被摆板上的料铲引入输料槽4中，排列不正确的工件被回收到锥形料仓1中，摆板的摆动由凸轮或曲柄驱动。该料斗装置适用于球形、圆柱、螺栓和销钉等工件的定向上料过程。

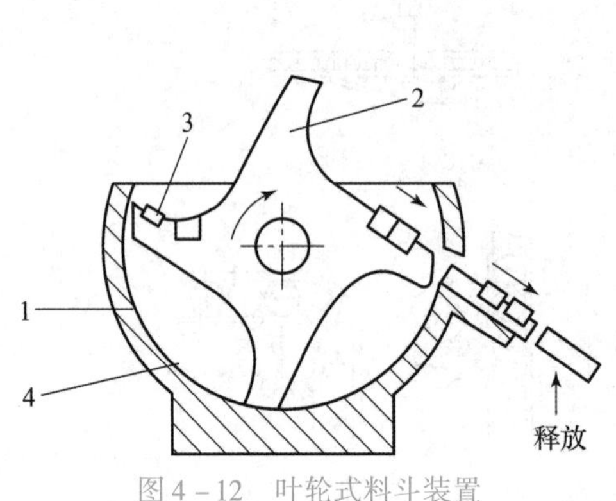

图4－12　叶轮式料斗装置

1—料斗；2—叶轮；3—工件；4—滑轨

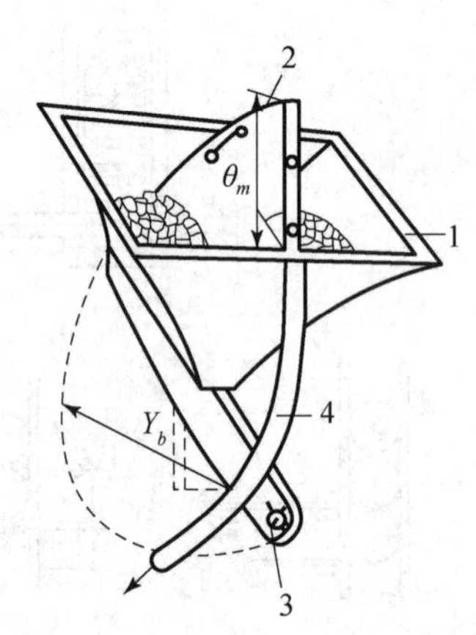

图4－13　中心摆动式料斗装置

1—锥形料仓；2—摆板；3—支点；4—输料槽

（3）直线往复式料斗装置。

直线往复式料斗装置多为带式传送，如图4－14所示。传送带主动轮7被安装于料斗中，运送及分类条3被铆钉连接在带有一定斜度的传送带4上协同运送工件。从料斗2中提取一批工件，在将工件移出料斗时，位置不当的工件将重新落入料斗中。这种装置适用于简单圆形平面件的大量输送。

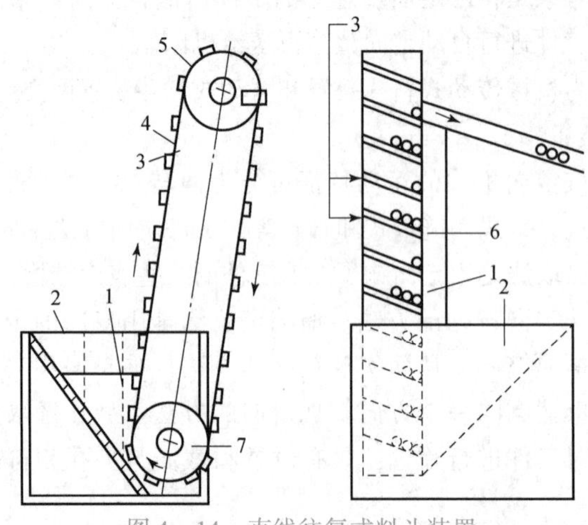

图4－14　直线往复式料斗装置

1—工件；2—料斗；3—运送及分类条；4—传送带；5—输送轮；6—限制面；7—主动轮

2）振动式料斗装置

振动式料斗装置适用于小型工件的上料，由于其工作过程较为平稳，因此尤其适用于仪器仪表和电子元件等行业的生产。这类料斗装置具有一定的通用性，当用于尺寸、质量相近的不同工件上料时，更换定向机构即可。料斗借助电磁力产生微小振动，然后依靠惯性力和摩擦力的综合作用驱动工件运动，在运动过程中实现工件定向。

振动式料斗装置的优点。

(1) 结构简单，经久耐用，易于维护。

(2) 送料和定向过程中没有机械式搅拌过程，撞击与摩擦过程产生冲击较小，对各式物料不会产生损伤，运行稳定。

(3) 送料速度易调节，适用性强。

振动式料斗装置的缺点。

(1) 工作噪声大。

(2) 适用于中小尺寸物料，不适用于大结构尺寸物料。

(3) 清理具有一定黏附力的或细小散体颗粒状工件所造成的料斗污浊困难，往往导致送料速度和工作效率下降。

图 4-15 所示为一种典型的振动式料斗装置。筒形料斗由内壁带螺旋送料槽的圆筒 1 和底部呈倒锥形的筒底 2 组成，料斗底部用三个连接块 3 分别与三个板弹簧 4 连接，板弹簧倾斜安装。当整个圆筒做扭转振动时，工件沿着螺旋送料槽逐渐上升，并在上升过程中定向，位置不正确的工件被自动剔除。上升的工件最后从料斗上部的进口进入送料槽。

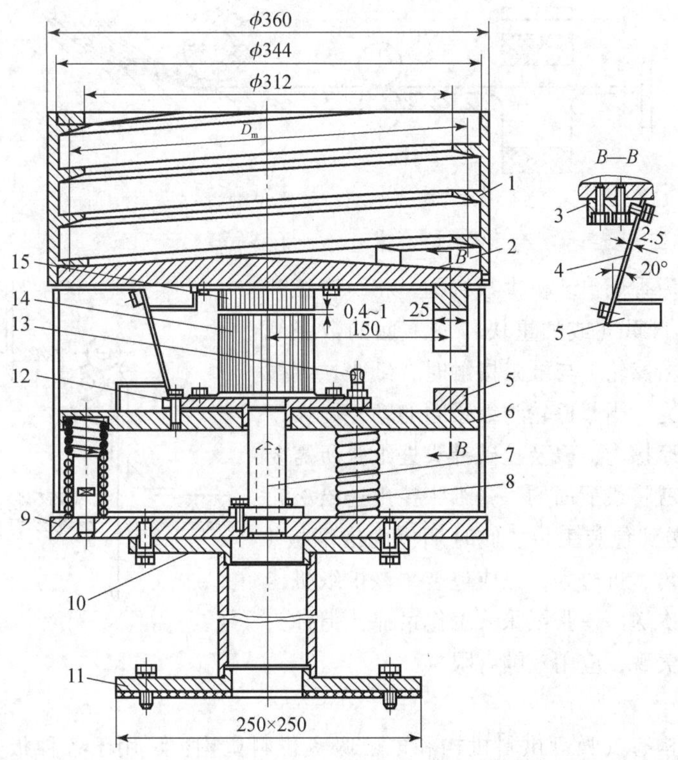

图 4-15 一种典型的振动式料斗装置

1—圆筒；2—筒底；3，5—连接块；4—板弹簧；6—底盘；7—导向轴；8—弹簧；9—支座；10，11—支架；12—支承盘；13—调节螺钉；14—铁芯线圈；15—衔铁

四、板片供料机构

板片料多为裁制而成，周边规矩，可叠成摞，按照方位要求装入料斗或料槽中，如成沓的纸、成摞的金属薄片（圆形、方形或其他）、光盘等，因此可采用单件物品料仓式供料机构的供料原理。但由于这类物品一般较薄，所以将其取出和分离是关键。常用的板片供料机构有推板式、摩擦轮式、吸盘式和胶粘式。

1. 推板式供料机构

当物品具有一定厚度和硬度时，可采用推板式供料机构，其工作原理与料仓式供料机构中的直线往复式送料器的送料原理相同，这里不再赘述。

2. 摩擦轮式供料机构

摩擦轮式供料机构通过摩擦轮与物品表面之间的摩擦力，将所需要的物品取出、分离、供送，适用于薄而软物品的供送。图 4-16 所示为香皂包装机供纸机构。将一沓纸张 5 装入料仓后，它会自动呈扇形，当橡胶滚轮 4 下降与纸张接触时，橡胶滚轮靠摩擦力将最上面一张纸张拉出送给滚轮 3，再由滚轮夹持住送到包装工位，接着推皂头 2 将香皂连同纸张压入位于回转工作台的香皂盒中，经过折角、折边、涂胶、烘干等工序，完成香皂的包装。该香皂包装机供纸机构的缺点是橡胶滚轮拉纸不稳定，有时会拉出多张纸。

板片供料机构

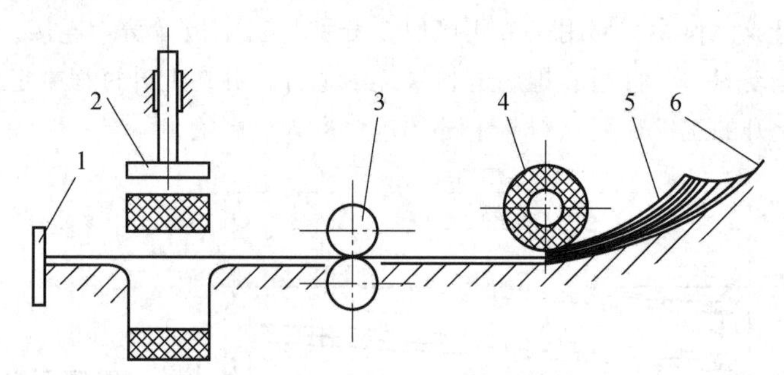

图 4-16　香皂包装机供纸机构

1—挡纸板；2—推皂头；3—滚轮；4—橡胶滚轮；5—纸张；6—料仓

图 4-17 所示为香烟包装机供纸机构，将一沓纸装入料仓后，用纸张自重（或加重块）使下面的数张纸被针头 3 刺穿。当摩擦轮 2 与纸张接触时，纸张左端被抬高，以增加摩擦力，当摩擦轮与纸张间的摩擦力大于纸张与纸张之间的摩擦力，以及拉破针头处纸张所需要的阻力时，摩擦轮就将最下面的一张纸张拉出送给滚轮 5，再使纸张垂直送到包装工位。此时烟包由推烟板 1 向左推进，经过折角、折边等，完成包装。该供纸机构的优点是可保证每次送出一张纸张，工作可靠，但针头易拉破纸张，影响美观，应用范围有限。

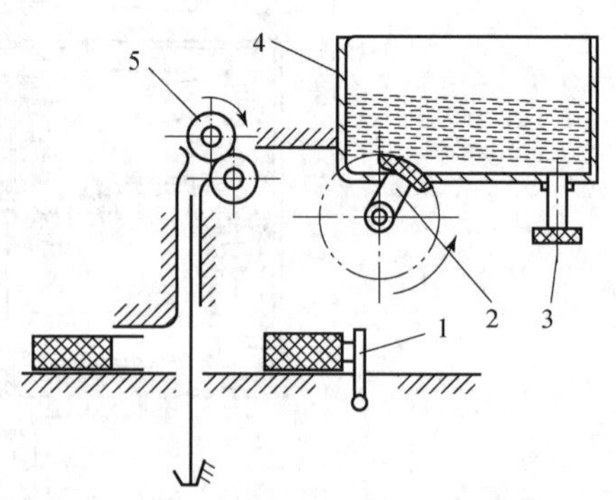

图 4-17　香烟包装机供纸机构

1—推烟板；2—摩擦轮；3—针头；4—料仓；5—滚轮

3. 吸盘式供料机构

吸盘式供料机构有气吸盘供料机构和电磁吸盘供料机构，可用于各种板片类物品的供送，一般这种供料机构要求物品表面平整。图 4-18 所示为香烟贴花机气吸式供纸机构。纸张装入料仓 1 后由托纸滚筒 6 托住，当固结在摆杆 5 前端的吸头 2 接触纸片后抽气，吸头吸住最下面一张纸片。然后摆杆与逆时针摆动到图 4 – 18 细双点画线所示位置而将纸片拉出，此时正好对着缺口滚轮 3 的缺口，纸片左端顺利到达图 4 – 18 所示位置，接着吸头断气，缺口滚轮 3、滚轮 4 配合将纸片送到加工工位。为使纸片供料过程顺利进行，摆杆和缺口滚轮的相对位置以及吸头的启闭时间必须严格协调配合，且配置一套抽气装置。这样才能保证纸片完整。

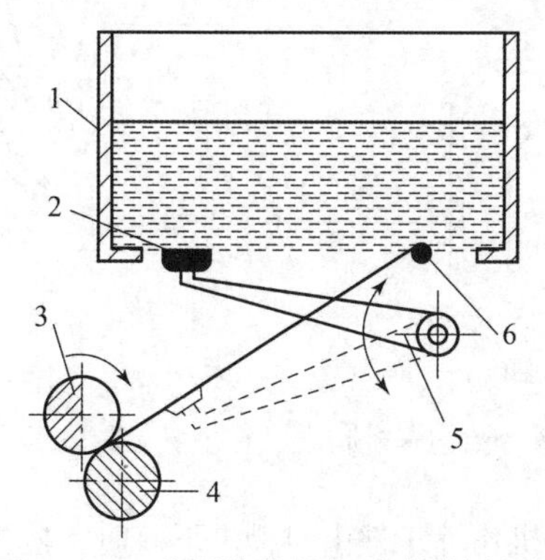

图 4 – 18　香烟贴花机气吸式供纸机构

1—料仓；2—吸头；3—缺口滚轮；4—滚轮；5—摆杆；6—托纸滚筒

4. 胶粘式供料机构

胶粘式供料机构广泛用于纸类物品的供送，且往往在供送中完成工艺加工，例如，给瓶、罐贴标签，当瓶、罐移动到胶刷处时，胶刷将胶黏剂涂刷在瓶身表面上，瓶子继续移动到标签料仓处时，瓶子涂有胶黏剂的一面接近并粘住纸张，取标签、分离、贴标签一次完成。

工件的分配和汇总机构

五、工件的分配和汇总机构

在自动机、自动线生产中，有时需要把一个供料机构中的同一种工件送给多个工位或多台自动机，进行平行加工，这时就需要分配供料机构，简称分路器；有时则需要把多个供料机中的不同工件送到一个工位或一台自动机上，进行集中加工，这时需要汇总供料机构，简称合路器。

1. 工件的自动分配机构

工件的自动分配是将来自同一料仓或料斗中的工件，按照工艺要求分别送到不同的加工位置。自动分配机构按其功用可分成分类分配机构和分路分配机构。

（1）分类分配机构。

分类分配是将同一料仓或料斗供送的不同工件，按照尺寸、结构或材质等进行分类后，分别送到不同加工位置的过程。分类分配机构主要是对工件进行分类供送，如邮件分拣等。

图 4 – 19 所示为翻板式分配机构，料槽 1 中的工件依次落入分类料槽 6 中，当工件直径小于规定尺寸时，可经分类料槽直接进入料槽 3 中；当工件直径较大时，则碰撞挡板 5 并发出信号，使翻板 4 动作，工件掉入料槽 2 中，实现分类供送。

在图 4 – 20 所示的鼓轮式分配机构中，做间歇回转的鼓轮 2 将料仓 1 中的工件逐个带到检测工位，经电测头检测得到信号后，闸门 3 做相应动作，从而使工件分别由出料口 4，5，6 送出。

另外，振动筛的筛分亦可实现分类供送。

（2）分路分配机构。

分路分配是将同一料仓或料斗供送的相同工件，分别送到多个加工位置的过程。这可起到平衡工序节拍的作用，同一个高效供料机构可同时对多台自动机进行供料。

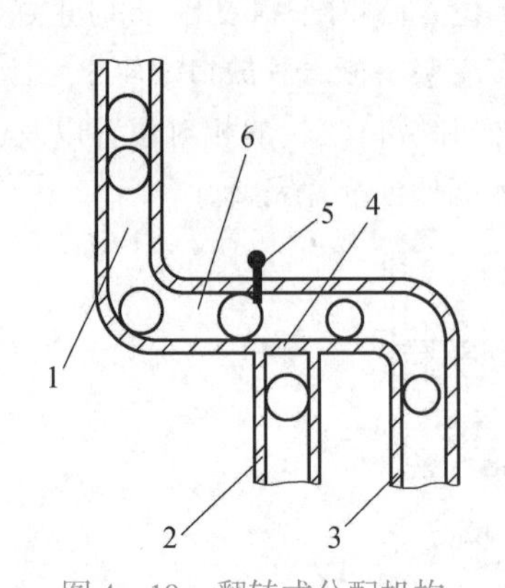

图 4-19 翻转式分配机构

1，2，3—料槽；4—翻板；5—挡板；6—分类料槽

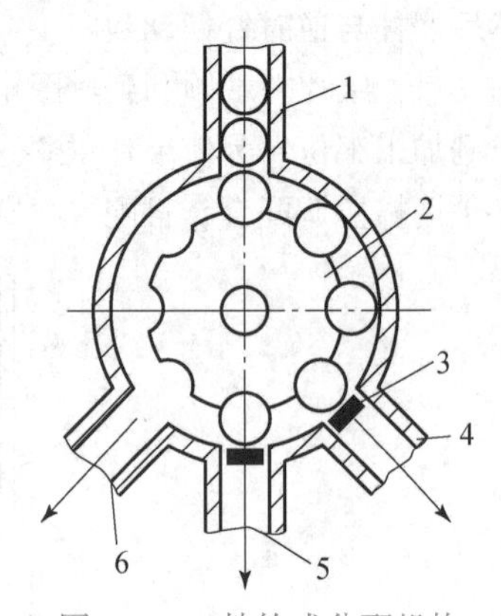

图 4-20 鼓轮式分配机构

1—料仓；2—鼓轮；3—闸门；4，5，6—出料口

图 4-21 所示为摇板式分配机构，工件由料槽 1 下落时，撞击分路摇板 2 使其左右摆动，工件分别进入料槽 3，4 中。摇板式分配机构一般垂直布置，适用于小型工件的分路供送。

图 4-22 所示为推板式分配机构，推板 2 接住料槽 1 中的工件后，左右往复运动，将其交替送入料槽 3，4 中。

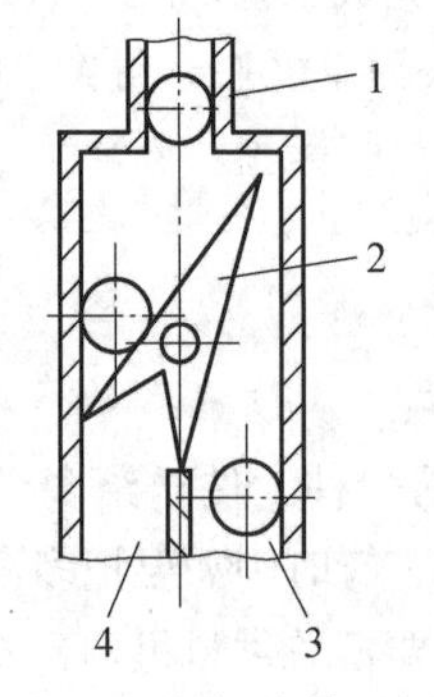

图 4-21 摇板式分配机构

1，3，4—料槽；2—分路摇板

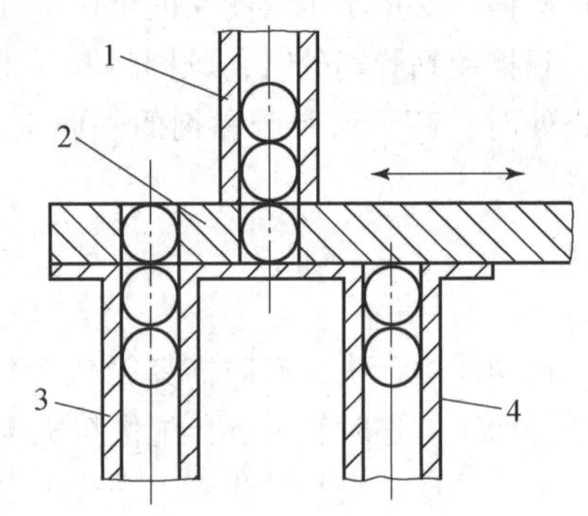

图 4-22 推板式分配机构

1，3，4—料槽；2—推板

2. 工件的自动汇总机构

工件的自动汇总是将来自多个料仓或料斗中的工件，按照工艺要求汇集到用一个料槽或某加工工位。自动汇总机构按其功用可分成组合汇总机构和合流汇总机构。

（1）组合汇总机构。

组合汇总是将来自多个料槽或料斗中的不同工件，按一定的比例汇集在一个料槽中送出。

图 4-23 所示的隔板式组合汇总机构，当隔离器 2 抬起时，从料槽 1 向料槽 3 运送一种工件；隔离器 2 关闭，插板 4 打开，由推板 6 从料槽 5 向料槽 3 运送另一种工件。这样，料槽 3 就实现了工件的交替供送。

（2）合流汇总机构。

合流汇总是将来自多个料仓或料斗中的相同工件，汇集到一个料槽送出。

若将图 4-24 所示的摆动料槽做成回转盘，再加一接料口，使回转盘旋转，则成为回转汇总机构。

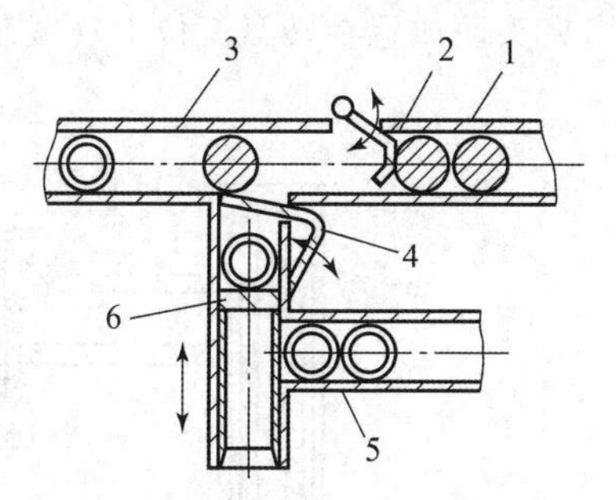

图 4－23　隔板式组合汇总机构

1，3，5—料槽；2—隔离器；4—插板；6—推板

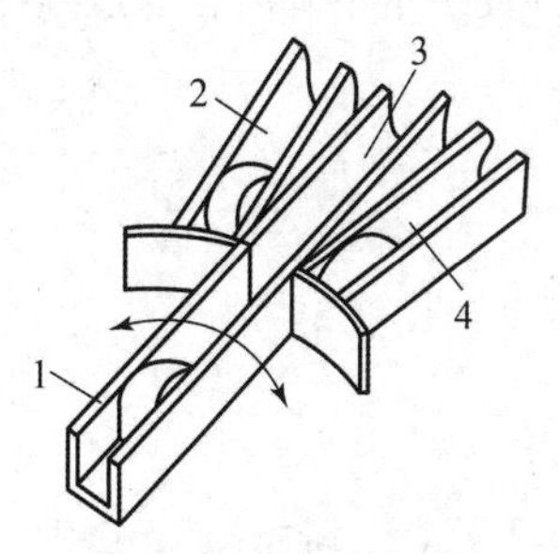

图 4－24　摆动料槽

1—摆动料槽；2，3，4—料槽

六、上料机械手

上下料机械手

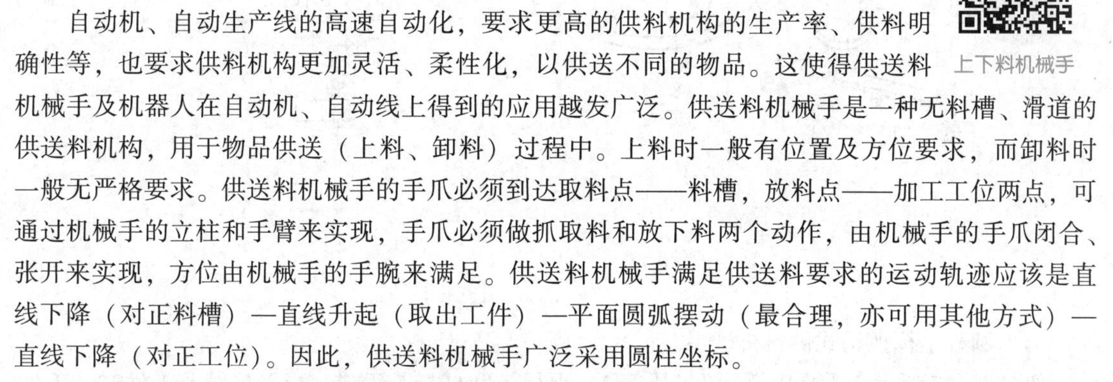

自动机、自动生产线的高速自动化，要求更高的供料机构的生产率、供料明确性等，也要求供料机构更加灵活、柔性化，以供送不同的物品。这使得供送料机械手及机器人在自动机、自动线上得到的应用越发广泛。供送料机械手是一种无料槽、滑道的供送料机构，用于物品供送（上料、卸料）过程中。上料时一般有位置及方位要求，而卸料时一般无严格要求。供送料机械手的手爪必须到达取料点——料槽，放料点——加工工位两点，可通过机械手的立柱和手臂来实现，手爪必须做抓取料和放下料两个动作，由机械手的手爪闭合、张开来实现，方位由机械手的手腕来满足。供送料机械手满足供送料要求的运动轨迹应该是直线下降（对正料槽）—直线升起（取出工件）—平面圆弧摆动（最合理，亦可用其他方式）—直线下降（对正工位）。因此，供送料机械手广泛采用圆柱坐标。

供送料机械手是一种专用的工业机械手，其执行程序一般是固化的，或只能进行简单编程，因此机械手的动作是固定的，即一种机械手只能供送一种或有限的几种物品，程序控制系统相对简单。机器人的机械系统和机械手相差无几，但机器人可根据需要，编制不同的执行程序，从而完成各式各样的动作，因此能供送不同的物品，适用范围更广，但控制系统复杂。

供送料机械手、机器人的结构形式比较多，一般根据供送物品以及供送要求来确定。下面通过示例来说明它们在自动机、自动生产线中的应用。

1. 供送料机械手

（1）圆柱坐标吸盘式供料机械手。

如图 4－25 所示，机械手手臂 5 转至料槽 3 上部，立柱 4 受凸轮机构 2 的驱动下降，使手爪 7 通过抽气抓住料槽中的一个工件。立柱升起，立柱及手臂 5 通过摆杆 1 的作用转至转盘 8 上部，对正工位后下降，将工件放在转盘相应工位上，然后转盘转位。机械手立柱的升降、手臂摆动以及抽气系统必须由机械手控制系统控制，按照规定动作程序进行工作。挡销 6 限制手臂的活动范围，以保证手爪能够对正工件。

（2）圆柱坐标弹性夹头式供料机械手。

如图 4－26 所示，手臂 4 和外套筒 5 结为一体，内套筒 7（空套在立轴 6 上）和外套筒 5 采用滑键 8 连接，内套筒通过凸轮机构、齿轮 10、齿条 11 摆动，外套筒、手臂以及手爪做平面圆弧摆动。立轴 6 由凸轮机构通过摆杆 12 的作用升降，从而带动外套筒、手臂以及手爪做上下运动。手爪由夹头 1、弹簧 2、推杆 3 等组成，其中夹头是一个弹性夹头。当手爪对正料槽后，下降抓取工件时，工件的反作用力使弹性夹头张开，工件即进入夹头内。当机械手摆动到自动机转盘上方，并使手爪下降时，通过推杆3将工件顶出夹头而放置在转盘工位上（或装入另一个工件内）。

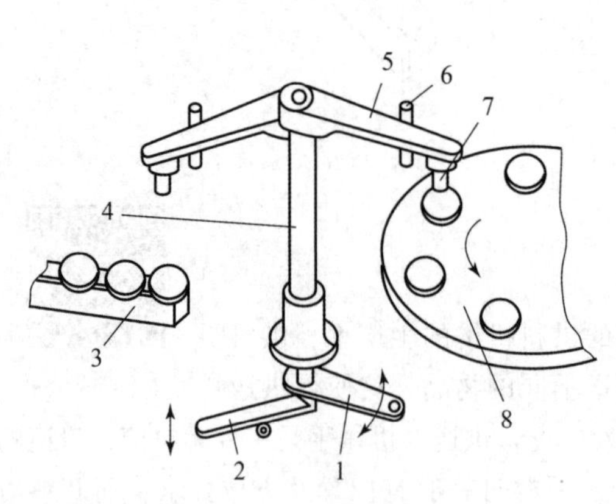

图4-25　供送料机械手（一）

1—摆杆；2—凸轮机构；3—料槽；4—立柱；5—手臂；6—挡销；7—手爪；8—转盘

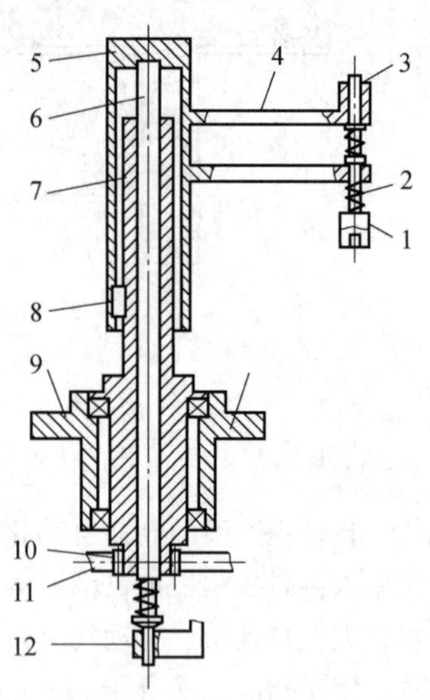

图4-26　供送料机械手（二）

1—夹头；2—弹簧；3—推杆；4—手臂；5—外套筒；6—立轴；7—内套筒；8—滑键；9—机座；10—齿轮；11—齿条；12—摆杆

（3）圆柱坐标抓钩式供料机械手。

如图4-27所示，手爪由抓钩1、压簧2、顶柱3和杠杆5组成。当手爪触及工件时，工件通过抓钩头部的斜面使抓钩张开。工件进入抓钩内后，压簧2使抓钩复位从而夹持住工件。手臂4

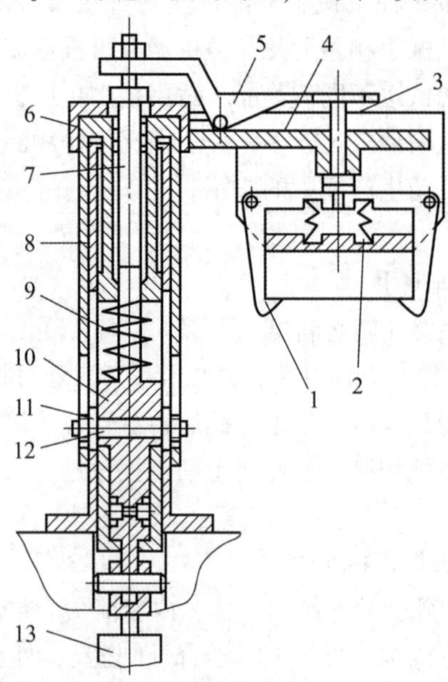

图4-27　供送料机械手（三）

1—抓钩；2，9—压簧；3—顶柱；4—手臂；5—杠杆；6—升降套筒；7—中心轴；8—固定立柱；10—中心轴大端；11—滚子；12—芯轴；13—气缸和升降套筒6为一体，芯轴12穿过升降套筒的孔、固定立柱8的螺旋槽（凸轮槽）和中心轴7的孔。当中心轴由气缸13驱动而升起时，芯轴12上的滚子11在固定立柱8的螺旋槽中盘旋上升，从而使托在压簧9上的升降套筒6、手臂4以及手爪既升降又同时转动，直到升降套筒与固定立柱内凸肩接触后，手臂即升转到位。此时中心轴再上升，顶起杠杆5而压下顶柱3，使抓钩张开将工件放下。

设计固定立柱上的凸轮槽时，其下部一段应是铅直的，以保证抓取工件时手爪能垂直升降。

2. 供送料及装配机器人

（1）精密插入装配机器人。

如图4-28所示，该装配作业的任务是由一台直角坐标机器人1和圆柱坐标机器人4，将基座零件、轴套和小轴装配在一起。基座供料机构6先将基座零件7传送并定位，然后圆柱坐标机器人4的手爪从轴套供料机构5中取出一个轴套并装入基座孔中，接着直角坐标机器人1从小轴供料机构3中取出一个小轴并装入轴套中。直角坐标机器人1的手爪具有视觉和触觉功能，视觉传感器为一台电视摄像机，而手腕2的触觉用4个应变片传感器制成力反馈手爪，用弹簧片制成柔性手腕，手爪抓取小轴后，逐渐接触到轴套，施以微小的作用力使两个零件进行装配。在装配作业中，沿X轴、Y轴、Z轴方向的力传感器输出的力变化信号作为装配过程的控制信号。插入装配完成后，行程开关发出结束信号。该机器人不仅可以用于轴套类零件的装配，也可以用于自动生产线上电子元器件、集成电路板上芯片、家用电器零部件以及汽车发动机的在线组装。

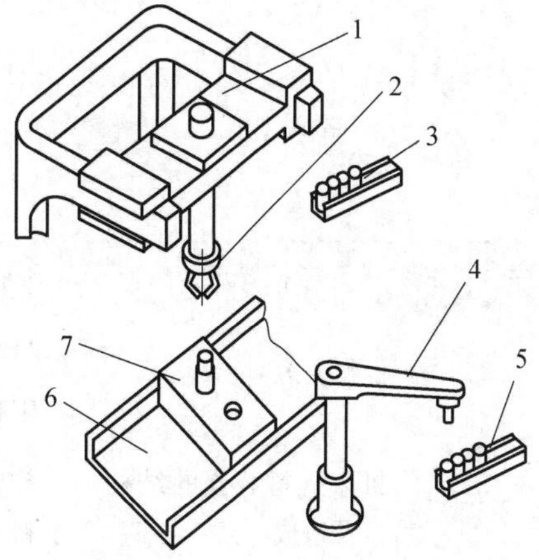

图4-28 精密插入装配机器人

1—直角坐标机器人；2—手腕；3—小轴供料机构；4—圆柱坐标机器人；5—轴套供料机构；6—基座供料机构；7—基座零件

（2）堆垛搬运机器人。

如图4-29所示，该系统由板式输送机1、机器人3、滚轴输送机4、控制系统5等组成。货物由滚轴输送机4连续、依次以一定间隔输送到机器人工作位置然后由机器人3的手爪抓取一部分，并按照一定的模式堆列在板式输送机的货板2上，完成装货操作。板式输送机再将已装货的

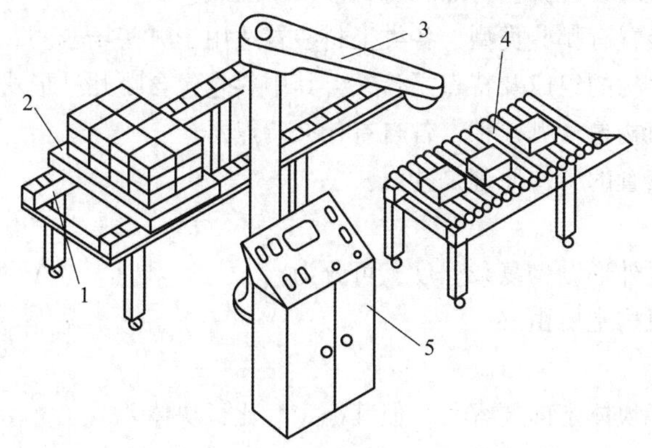

图4-29 堆垛搬运机器人

1—板式输送机；2—货板；3—机器人；4—滚轴输送机；5—控制系统

货板向卸载输送机传送，等待二次包装或直接入库。控制系统5主要由计算机、操作工作台等组成，计算机内已存储有货物在货板上的各种堆列模式可供调用，控制机器人、各个输送机协同工作，完成货物的自动堆垛搬运，并且还可以采用示教输入的方式，存储机器人的动作指令，完成给定的示教模式下的货物自动堆列与搬运操作。

任务实施

（1）分析图4－5所示3种机床上料装置的结构特点及组成，指出其具体类型。

（2）阐述图4－5所示上料装置的工作原理过程。

任务评价

任务评价表见表4－4。

表4－4　任务评价表

序号	考核要点	项目（配分：100分）	教师评分
1	职业素养	自主学习能力（20分）	
		工程分析能力（20分）	
2	机床上料装置的结构特点及组成	能够指出图4－5所示机床上料装置的具体类型（30分）	
3	机床上料装置工作原理	能够明确具体类型原理（30分）	
得分			

问题探究

1. 问答题

（1）料仓式与料斗式上料装置分别适用于何种场合？

（2）机床上料装置应具有哪些特点，有哪些基本组成？

（3）常见的上料装置有哪些类型，各类上料装置适用于哪些场合？

（4）料仓式供料机构的组成及特点是什么，其中料仓包含哪几种形式？

（5）料斗式供料机构包含哪几种，各自有什么特点？

（6）振动式料斗装置的工作原理是什么？

2. 填空题

（1）按照单件物品外形结构复杂程度，可分为（　　）和（　　）两种不同类型。

（2）料仓式供料机构主要由（　　　　）、（　　　　）、（　　　　）组成。

3. 判定题

（1）旋转体相对板块体定向要容易，但其稳定性比板块体差。（　　）

（2）料斗式供料机构不需要由人工定期将物品倒入料斗中。（　　）

（3）料仓式供料机构适合于尺寸、质量较大，或供料中不允许碰撞、摩擦，或形态复杂、自动定向困难的物品。（　　）

4. 单选题

(1) 以下机床上料装置需要人工定向的是（　　）。

A. 料仓式供料机构　B. 料斗式供料机构　C. 工业机械手　D. 机器人

(2) 料仓式供料机构中起储料和送料作用的是（　　）。

A. 料仓　B. 送料器　C. 隔料器　D. 定向装置

任务 4.3　物料运输装置

【任务描述】

在网上搜集或实地拍摄一段车间自动运输小车的完整搬运视频，注意物流路线尽量包含充电位置、上料位置、加工位置和仓储位置，对自动运输小车的搬运动作进行分析，并对视频中自动运输小车的结构、功能、导航方式进行说明。

【学前准备】

(1) 在网上收集常见的物料运输装置。

(2) 了解自动运输小车在使用过程中需要解决的技术痛点。

预备知识 

输送机的类型及特点

一、运输机

物流系统中最常用的物料运输装置是输送机，输送机系统多采用带式输送机、滚道式输送机、链式输送机和悬挂式输送机。输送机具有能连续输送和输送效率高的优点，但输送机占地面积较大，根据工艺需求对输送机进行工程安装后其布置不易改变。

1. 带式输送机

带式输送机依靠输送带的运动来输送物料，输送带既要承载货物，又要传递电动机转动牵引力，通过输送带与滚筒之间的摩擦力平稳地进行驱动。带式输送机输送距离大、输送能力强、生产率高、结构简单、投资少、运营费用低，输送线路可以呈倾斜布置或在水平方向、垂直方向弯曲布置，受地形条件限制较小，工作平衡可靠，操作简单、安全可靠，易实现自动控制。图 4-30 所示为带式输送机示例。

图 4-30　带式输送机示例

带式输送机主要结构部件及作用如下。

（1）输送带用于传递牵引力和承载被运货物。

（2）支撑托辊用于支撑输送带及带上的物料，减少输送带的垂度。

（3）驱动装置用于驱动输送带运动，实现货物运送。

（4）制动装置用于防止满载停机时输送带在货重的作用下发生反向运动，引起货物逆流。

（5）张紧装置用于输送带保持必要的初张力，以免在驱动滚筒上打滑。

（6）改向装置用于改变输送带的运动方向。

（7）装载装置用于对输送带均匀装载，防止物料在装载时洒落在输送机外面，并尽量减少物料对输送带的冲击和磨损。

2. 滚道式输送机

滚道式输送机利用转动的圆柱形滚子或圆盘实现物料的输送。按照输送方向及生产工艺要求，滚道式输送机可以布置成各种线路，如直线的、转弯的和具有各种过渡装置的交叉线路等，如图 4－31 所示。为了将工件从一个滚道式输送机转移到另一个滚道式输送机上，需要在滚道式输送机的交叉处设置滚子转盘结构，即转向机构。

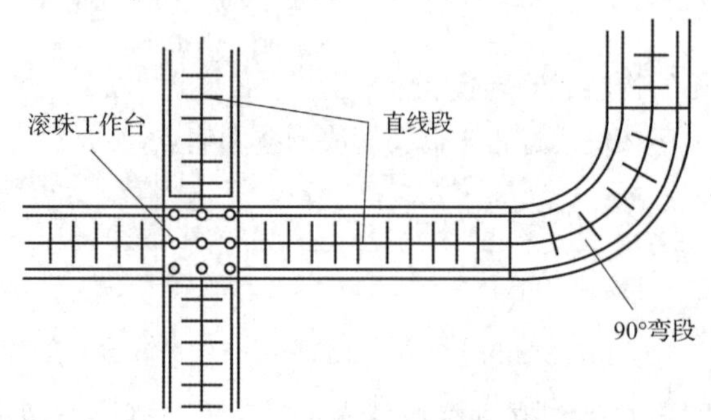

图 4－31　滚道式输送机布置线路

滚道式输送机的驱动装置可以是牵引式或机械传动式。牵引式驱动装置一般适用于轻型工件传输，可以采用链条、胶带或绳索。对于质量较重的工件类型，可采用刚性的机械传动式驱动装置，可分为单个驱动和分组驱动两种。单个驱动装置可降低机械部分的造价，易于启动，工作可靠且便于拆卸和维修。

3. 链式输送机

链式输送机的使用也非常广泛，最简单的链式输送机由两根套筒滚子链条组成，如图 4－32 所示。链条由驱动链轮牵引，下有导轨，支承链节上装有套筒滚子。货物压在链条上，随着链条的

图 4－32　链式输送机

运动而向前移动。当链片制成特殊形状时，可以安装各种附件，如托板等，如图 4－33 所示。用链条和托板组成的链板输送机是一种广泛使用的连续输送机械。

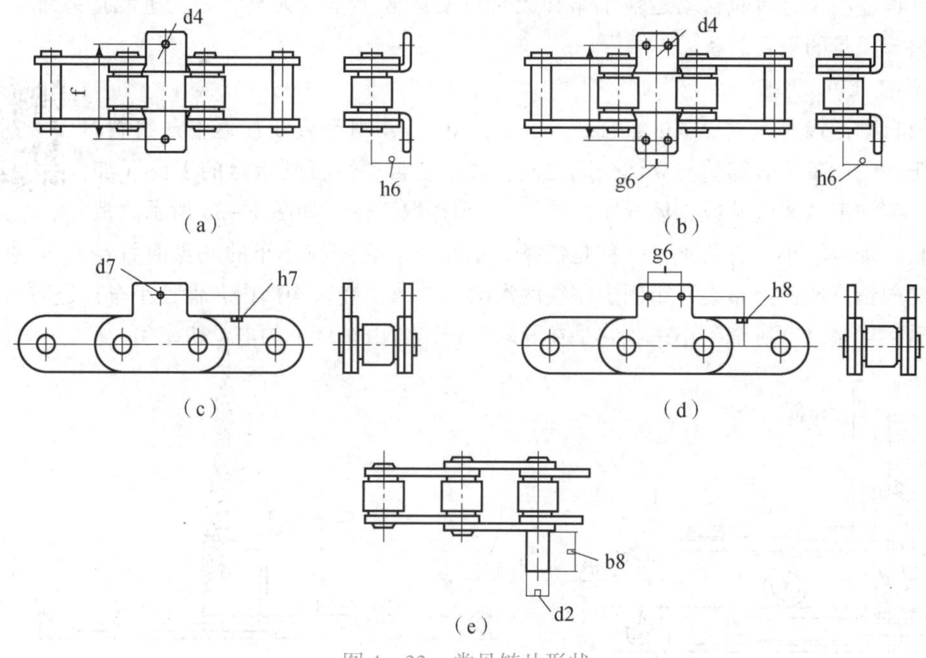

图 4－33 常见链片形状

(a) K1 型——单孔弯板；(b) K2 型——双孔弯板；(c) H1 型——单孔直板；(d) H2 型——双孔直板；(e) D 型——伸出销轴

4. 悬挂式输送机

悬挂式输送机是实现企业物料搬运系统综合机械化和自动化的重要设备，图 4－34 所示为悬挂式输送机示例，该类输送机是利用连接于牵引链上的滑架在架空轨道上运行，以带动承载件输送成件物品的输送机。架空轨道可在车间内根据生产需要灵活布置，构成复杂的输送线路。输送的物品悬挂在空中，可节省生产面积，在输送的同时还可进行多种工艺操作。由于连续运转，物件接踵送到，经必要的工艺操作后再相继离去，可实现有节奏的流水生产。

图 4－34 悬挂式输送机示例

二、自动运输小车

自动运输小车分有轨自动运输小车和无轨自动运输小车两大类，是先进制造系统中机床间传送物料与工具的重要装备。

1. 有轨自动运输小车

有轨自动运输小车（railing guided vehicle，RGV），用于直线往返输送物料。它往返于加工设备、装卸站与立体仓库之间，按指令自动运行到指定的工位（加工工位、装卸工位清洗站或立体仓库位等），自动存取工件，如图 4 - 35 所示。常见的有轨自动运输小车有两种：一种是链条牵引小车，它是在小车的底盘前后各装一个导向销，地面上布设一组固定路线的沟槽，导向销嵌入沟槽内，保证小车行进时沿着沟槽移动；另一种是电动机牵引小车，它是在导轨上行走，由车辆上的电动机牵引。

自动运输小车的类型和特点

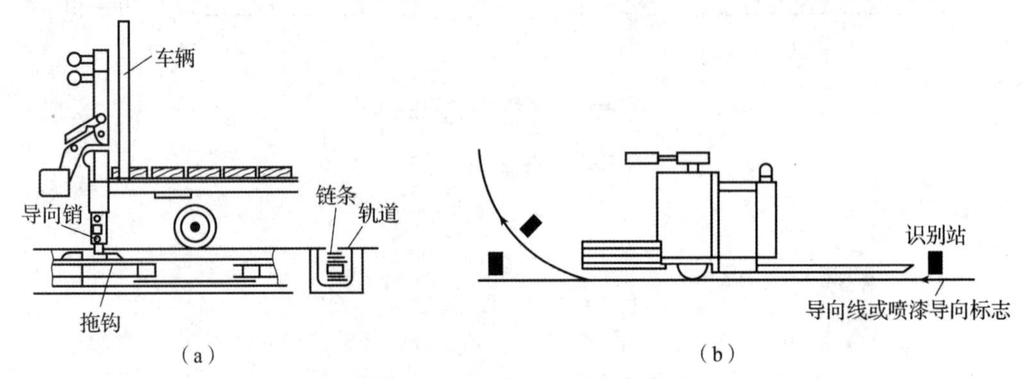

图 4 - 35　有轨自动运输小车

(a) 链条牵引小车；(b) 电动机牵引小车

1）有轨自动运输小车的工作方式

有轨自动运输小车有三种工作方式。

(1) 在线工作方式。有轨自动运输小车接受上位计算机的指令工作。

(2) 离线自动工作方式。可利用操作面板上的键盘来编制工作输送程序，然后按启动按钮，使有轨自动运输小车按所编程序运行。

(3) 手动工作方式。可通过操作按钮手动控制有轨自动运输小车。

有轨自动运输小车沿轨道方向有较高的定位精度要求（一般为 ±0.2 mm），通常采用光电码盘检测反馈的半闭环伺服驱动系统。

2）有轨自动运输小车的特点

(1) 控制技术相对成熟，可靠性优于无轨自动运输小车。

(2) 控制系统相对简单，因而制造成本低，便于推广应用。

(3) 加速过程和移动速度较快，适合搬运重型工件。

(4) 轨道固定，行走平稳，停车时定位精度较高，输送距离长。

有轨自动运输小车的缺点是一旦将轨道铺设好，就不宜改动；另外，转弯半径不能太小，轨道一般宜采用直线布置。

2. 无轨自动运输小车

无轨自动运输小车又称自动导向小车（automatic guided vehicle，AGV）。自动导向小车是柔性制造系统（flexible manufacturing system，FMS）实际工作中广泛使用的运输工具，它装备有电磁或光学自动导引装置，能够沿规定的导引路径行驶，是具有小车编程与停车选择装置、安全保护及各种移载功能的运输小车。无轨自动运输小车是现代物流系统的关键装备之一，如图 4 - 36 所示。

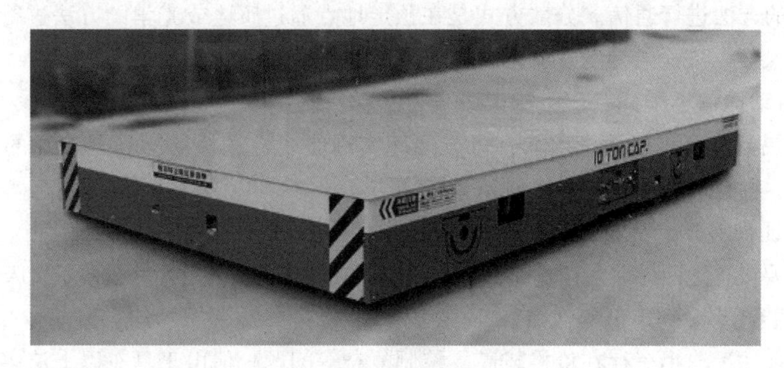

图 4 - 36　无轨自动运输小车

1）无轨自动运输小车结构

图 4 - 37 所示为一种无轨自动运输小车结构示意。无轨自动运输小车主要由车体、电源与充电装置、驱动装置、转向装置、控制装置、通信装置和安全装置等组成。

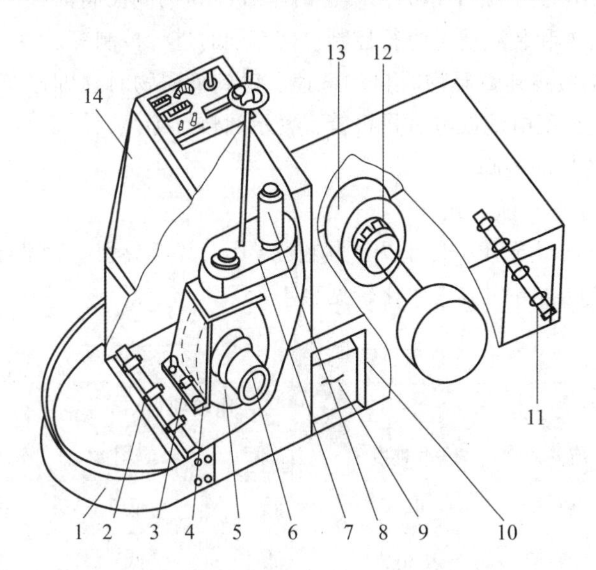

图 4 - 37　无轨自动运输小车结构示意

1—安全护圈；2，11—认址线圈；3—失灵控制线圈；4—导向探测线圈；5—驱动轴；6—驱动电动机；7—转向机构；8—转向伺服电动机；9—蓄电池箱；10—车架；12—制动用电磁离合器；13—后轮；14—操纵台

（1）车体。车体由车架、减速器、车轮等组成。车架由钢板焊接而成，车体内主要安装有电源、驱动和转向等装置，以降低物体重心。车轮由支撑轮和方向轮组成。

（2）电源和充电装置。电源与充电装置通常采用 24 V 或 48 V 的工业蓄电池作为电源，并配有充电装置。

（3）驱动装置。驱动装置由电动机、减速器、制动器、车轮、速度控制器等部分组成。制动器的制动力由弹簧产生，制动力的松开由电磁力实现。

（4）转向装置。无轨自动运输小车转向装置的方式通常有铰轴转向式和差动转向式两种。

（5）控制装置。通过控制装置可以实现对无轨自动运输小车的监控，通过通信系统可以接收指令和报告运行情况，并能实现对无轨自动运输小车编程。

（6）通信装置。一般有两类通信方式，连续方式和分散方式。连续方式是通过射频或通信电缆收发信号的方法进行通信。分散方式是在预定地点通过感应或光学的方法进行通信。

（7）安全装置。安全装置分为接触式和非接触式两类保护装置。

2）无轨自动运输小车特点

（1）配置灵活，可实现随机存取，可方便地实现曲线输送任务，具有较高的柔性，特别适合于规模较大、物料迂回运输的柔性制造系统。

（2）可保证物料分配及输送的优化，减少物料缓冲数量。

（3）不需要设置地面导轨，运输路线地面平整，使机床的可接近性好，便于机床的管理及维修。

（4）具有能耗小、噪声低等优点。

虽然无轨自动运输小车存在价格较高、控制复杂等问题，但由于具有以上诸多优点，其在现代自动物料输送系统中的应用日益广泛。

3）无轨自动运输小车应具备的功能

（1）行走功能包括启动、停止、前进、后退、转弯、定速、变速、多岔路口选道等。

（2）控制功能包括由上一级计算机控制，由车载计算机或控制面板控制，由地面监控器识别无轨自动运输小车位置和装载情况进行控制，多车同时进行控制等。

（3）安全功能包括检测到障碍物时自动减速，碰到障碍物时立即停车，防止两车相碰的措施，各种紧急停车措施，蓄电池放电过量报警，警示回转灯等。

（4）随行工作台的自动装卸。

4）无轨自动运输小车导航方式

无轨自动运输小车按照导引方式可以分为电磁导引、光学导引、磁带导引、超声导引、激光导引和视觉导引等方式，各导引方式的比较见表 4－5。

表 4－5 无轨自动运输小车导引方式的比较

技术名称	比较项目					
	成熟度	技术难度	成本	应用	先进性	前景
电磁导引	成熟	低	低	低	一般	较好
光学导引	成熟	中低	低	低	一般	较好
磁带导引	成熟	低	低	低	一般	好
超声导引	较成熟	高	中	中	一般	一般
激光导引	较成熟	高	高	高	较先进	好
视觉导引	不成熟	高	高	高	较先进	很好

任务实施

（1）网上搜集或者现场拍摄车间自动运输小车的完整搬运视频。

（2）分析自动运输小车的搬运路线和行动轨迹。

（3）结合本任务内容分析视频中自动运输小车的结构、功能、导航方式。

任务评价

任务评价表见表4-6。

表4-6 任务评价表

序号	考核要点	项目（配分：100分）	教师评分
1	职业素养	辩证思维能力（20分）	
		信息收集、咨询能力（20分）	
2	自动运输小车视频	物流路线包含充电位置、上料位置、加工位置和仓储位置（20分）	
3	自动运输小车的搬运路线和行动轨迹	搬运路线和行动轨迹分析合理（20分）	
4	自动运输小车的结构、功能、导航方式	能够准确说出自动运输小车的结构、功能、导航方式（20分）	
得分			

问题探究

1. 问答题

（1）带式输送机的主要结构部件及作用是什么？

（2）无轨自动运输小车如何实现自动导向？

（3）试述无轨自动运输小车的工作原理。

2. 填空题

（1）带式输送机依靠（　　　　）的运动来输送物料。

（2）（　　　　）输送机是一种结构简单、使用最广泛的输送设备。

（3）无轨自动运输小车存在两类通信方式，（　　　　）是通过射频或通信电缆收发信号，（　　　　）是在预定地点通过感应或光学的方法进行通信。

3. 判定题

（1）滚道式输送机是一种连续输送机构。（　　）

（2）有轨自动运输小车可以用于曲线往返输送物料。（　　）

（3）无轨自动运输小车必须按照规定的导引路径行驶。（　　）

4. 单选题

（1）以下输送机能利用建筑结构搬运重物，节省车间地面空间的是（　　）。

A. 带式输送机　　B. 滚道式输送机　　C. 链式输送机　　D. 悬挂式输送机

（2）无轨自动运输小车检测到障碍物会自动减速，碰到障碍物时会立即停车，这属于无轨自动运输小车的（　　）。

A. 行走功能　　B. 控制功能　　C. 安全功能　　D. 导航功能

任务 4.4　刀具准备与储运系统

【任务描述】

简述刀具在刀具组装台、刀具预调仪、刀具进出站、中央刀库、机床刀库、刀具输送装置和刀具交换机构的流转过程。

【学前准备】

（1）在网上收集刀具准备与储运系统的工作原理视频。

（2）在网上了解刀具准备与储运系统的发展历程。

预备知识

一、刀具准备与储运系统概述

刀具准备与储运系统为各加工设备及时提供所需要的刀具，实现刀具供给自动化，使自动化制造系统的自动化程度进一步提高。

在刚性自动线中，被加工零件品种比较单一，生产批量比较大，用于少品种、大批量生产。为了提高自动线的生产效率和简化制造工艺，多采用多刀、复合刀具、成形刀具和专用刀具加工，一般是多轴、多面同时加工。刀具定时强制换刀，由调整人员进行。刀具供给部门准备刀具，并进行预调。调整人员逐台机床更换全部刀具，直至全线所有刀具，并进行必要的调整和试加工。换刀、调试结束后，交生产人员使用。如遇特殊情况需中途停机换刀，则应当作为紧急事故处理。

在 FMS 中，由于被加工零件品种较多，零件加工工艺比较复杂且工序高度集中，需要的刀具种类、规格、数量很多。随着被加工零件的变化和刀具磨损、破损，定时强制性换刀和随机换刀是必需的。系统运行过程中，刀具频繁地在各机床之间、机床和刀库之间进行交换，刀具流的运输、管理和监控很复杂。

二、刀具准备与储运系统的组成

刀具准备与储运系统由刀具组装台、刀具预调仪、刀具进出站、中央刀库、机床刀库刀具输送装置和刀具交换机构、刀具计算机管理系统等组成，其结构示意如图 4－38 所示。

1. 刀具组装

在数控机床和加工中心上广泛使用模块化结构的组合刀具，其中刀具组件有刀柄、刀夹、杆、刀片、紧固件等。这些组件是标准件，各种形式的刀片为不重磨刀片。组合刀具可以提高刀具的柔性，减少刀具组件的数量，充分发挥刀柄、刀夹、刀杆等标准件的作用，降低刀具费用。在一批新工件加工之前，按照刀具清单组装出一批刀具，刀具组装工作通常由人工进行。

整体刀具也有使用，一般是特殊刀具。整体刀具磨损后需要重磨。

2. 刀具预调

组装好一把完整的刀具后，刀具需用刀具预调仪，按刀具清单进行调整，使刀具的几何参数与名义值一致，并测量刀具补偿值，如刀具长度、刀具直径、刀尖半径等。测量结果记录在刀具调整卡上，随刀具送到机床操作人员手中，以便将刀具补偿值送入数控装置。在 FMS 中，如果对刀具实行计算机集中管理和调度，要对刀具进行编码，测量结果可以自动录入刀具管理计算机，刀具和刀具数据按调度指令同时输送到指定机床。

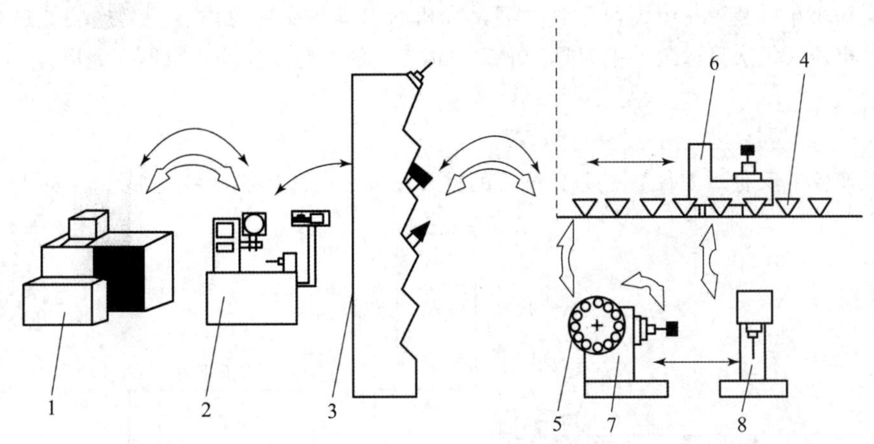

图4－38 刀具准备与储运系统结构示意

1—刀具组装台；2—刀具预调仪；3—刀具进出站；4—中央刀库；5—机床刀库；6—刀具输送装置；7—加工中心；8—数控机床

注：←→为刀具输送，⇔为刀具交换。

3. 刀具进出站

刀具经预调、编码后，准备工作宣告结束，刀具将被送入刀具进出站，以便进入中央刀库。磨损、破损的刀具或在一定生产周期内不使用的刀具，从中央刀库取出，送回刀具进出站。刀具进出站是刀具流外部与内部的界面，多为框架式结构，设有多个刀座位。刀具在进出站上的装卸可以是人工操作，也可以是机器人操作。

4. 中央刀库

中央刀库用于存储FMS加工工件所需的各种刀具及备用刀具。中央刀库通过刀具自动输送装置与机床刀库连接起来，构成自动刀具供给系统。其容量对FMS的柔性有很大影响，尤其是对混流加工（同时加工多种工件）和有相互替代的机床的FMS。中央刀库不但为各机床提供后续零件加工刀具，而且周转和协调各机床刀库的刀具，提高刀具的利用率。当从一个加工任务转换到另一个加工任务时，刀具管理和调度系统可以直接在中央刀库中组织新加工任务所需要的刀具组，并通过输送装置送到各机床刀库中，数控程序中所需要的刀具数据也及时送到机床数控装置中。

5. 机床刀库及换刀机械手

机床刀库有固定式和可换式。固定式刀库不能从机床上移开，且库中的刀库容量较大（40把以上）。可换式刀库可以从机床上移开，并用另一个装有刀具的刀库替换，刀库容量一般比固定式刀库要小。一般情况下，机床刀库用来装载当前工件加工所需要的刀具，刀具来源可以是刀具室、中央刀库或其他机床刀库。采用机械手进行机床上的刀具自动交换方式应用最广。机械手按具有一个或两个刀具夹持器，分为单臂式和双臂式。其中双臂机械手又分为钩手、抱手、伸缩手和叉手。这几种机械手能完成抓刀、拔刀、回转、插刀、放刀及返回等全部动作。

6. 刀具输送装置和交换机构

刀具输送装置和交换机构的任务是为各种机床刀库及时提供所需要的刀具，将磨损、破损的刀具送出系统。机床刀库与中央刀库、机床刀库与其他机床刀库、中央刀库与刀具进出站之间要进行刀具交换，需要相应的刀具输送装置和刀具交换机构。刀具的自动输送装置主要有带有刀具托架的有轨小车或无轨小车、高架有轨小车、刀具运机器人等类型。

刀具运输小车可装载一组刀具，其上刀具和机床刀具的交换可由专门交换装置进行，也可手工进行。机器人每次只运载一把刀具，取刀、运刀、放刀等动作均由机器人完成。

三、刀具预调仪

刀具预调仪（又称对刀仪）是刀具系统的重要设备之一，其基本组成如图 4－39 所示。

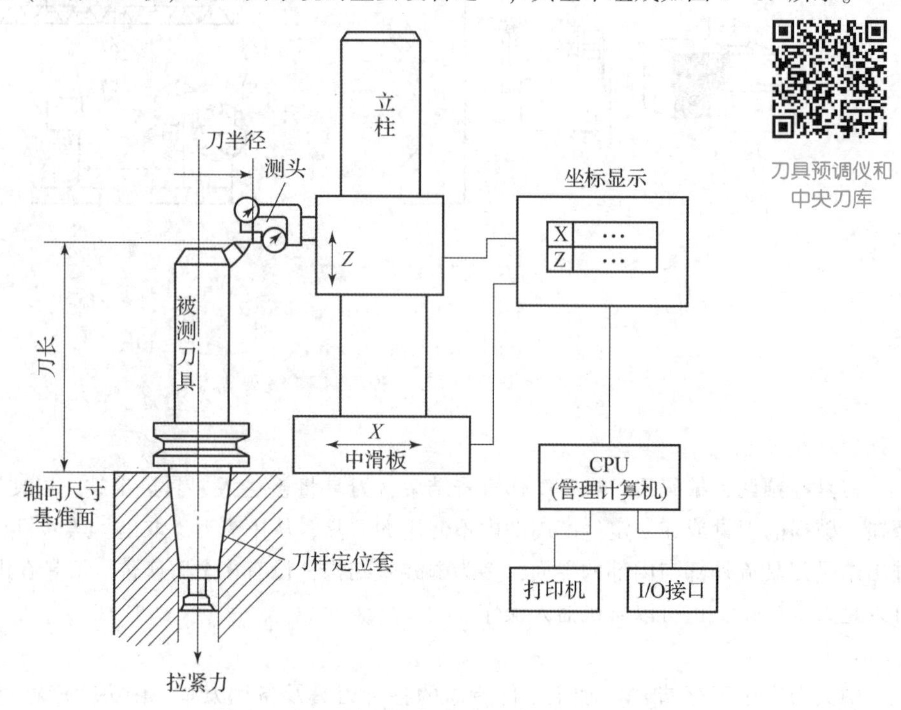

图 4－39　刀具预调仪基本组成

1. 刀柄定位机构

刀柄定位机构是一个回转精度高的、与刀柄锥面接触很好的、带拉紧刀柄机构的主轴，该主轴的轴向尺寸基准面与机床主轴相同。刀柄定位基准是测量基准，具有较高精度，一般与机床主轴定位基准的精度相接近。测量时慢速转动主轴，便于找出刀具刀齿的最高点。刀具预调仪主轴中心线对测量轴 Z，X 有很高的平行度和垂直度要求。

2. 测量头

测量头有接触式测量头和非接触式测量头。

接触式测量用百分表（或扭簧仪）直接测出刀齿的最高点和最外点，测量精度可达 0.002～0.01 mm。其测量比较直观，但容易损伤表头和刀刃。

非接触式测量用得较多的是投影光屏，投影物镜放大倍数有 8 倍、10 倍、15 倍和 30 倍等。其测量精度受光屏的质量、测量技巧、视觉误差等因素的影响，测量精度在 0.005 mm 左右。这种测量不太直观，但可以综合检查刀刃质量。

3. Z 轴、X 轴测量机构

Z 轴、X 轴测量机构通过 Z，X 两个坐标轴的移动，带动测量头测得 Z 轴和 X 轴尺寸，即刀具的轴向尺寸和径向尺寸。两轴使用的实测元件多种，机械式的实测元件有游标刻度尺、精密丝

杆和刻度尺加读数头；电测量实测元件有光栅数显、感应同步器数显和磁尺数显等。

4. 测量数据处理

在部分 FMS 计算机管理和调度刀具过程中，刀具预调数据需随刀具一起自动送到指定机床。因此，需要对刀具进行编码，以便自动识别刀具。刀具的编码方法有很多种，如机械编码、磁性编码、条形码和新发展的磁性芯片。刀具编码在刀具准备阶段完成。此外，需在刀具预调仪上配置计算机及附属装置，计算机及附属装置可存储、输出和打印刀具预调数据，并与上一级计算机（刀具管理工作站、单元控制器）联网，形成 FMS 中刀具计算机管理系统。

四、中央刀库结构

中央刀库的结构形式有多种，有的安装在地面上，有的架设在空中（节省厂房面积），刀具在储架上的安放有水平、直立和倾斜等方式。图 4－40 所示为一中央刀库结构，标准化的刀具储架在地面上一字排开，供机器人移动的导轨与存储架平行，每个刀具存储架可容纳 36 把刀具，存储架分为 5 排，其中最上面一排可放置 4 把大尺寸刀具。刀具在存储架上水平放置，如图 4－41 所示，由刀托的中间槽进行轴向和径向定位，依靠定位销周向定位。

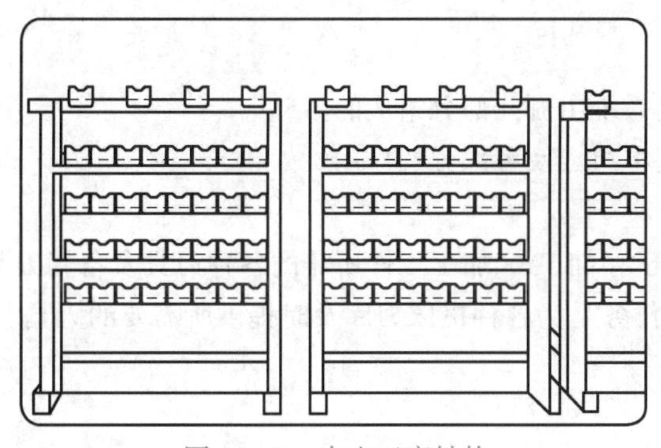

图 4－40 中央刀库结构

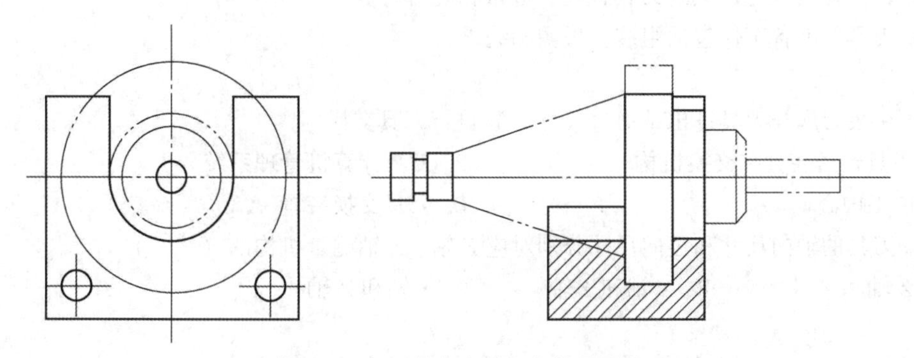

图 4－41 刀具在存储架上放置形式

（1）在网上收集刀具准备与储运系统的工作原理视频。

（2）分析刀具在各机床之间、机床和刀库之间进行交换的流程。

任务评价

任务评价表见表 4－7。

表 4-7 任务评价表

序号	考核要点	项目（配分：100 分）	教师评分
1	职业素养	总结归纳能力（20 分）	
		信息收集、咨询能力（20 分）	
2	刀具准备与储运系统的工作原理视频	视频清晰完整（30 分）	
3	刀具在各机床之间、机床和刀库之间进行交换的流程	内容完整，分析深入（30 分）	
得分			

问题探究

1. 问答题

（1）刀具准备与储运系统由哪几部分组成的？

（2）刀具预调仪的基本组成及各部分的作用？

2. 填空题

（1）（　　　　）用于存储 FMS 加工工件所需的各种刀具及备用刀具。

（2）（　　　　）的任务是为各种机床刀库及时提供所需要的刀具，将磨损、破损的刀具送出系统。

3. 判定题

（1）FMS 比刚性生产线的刀具种类、数量和规格更多。（　　）

（2）刀具的准备工作包括组装、预调和编码。（　　）

4. 单选题

（1）中央刀库与刀具进出站通过（　　）进行刀具交换。

A. 刀具输送装置和交换机构　　B. 刀具计算机管理系统

C. 加工中心　　D. 刀具交换装置

（2）刀具的轴向尺寸和径向尺寸分别对应 Z 轴、X 轴测量机构的（　　）。

A. Z 轴和 X 轴　　B. X 轴和 Y 轴　　C. Y 轴和 Z 轴

任务 4.5　自动化立体仓库设计

【任务描述】

在网上收集自动化立体仓库的工作视频，分析其原理和动作流程。

【学前准备】

（1）在网上收集自动化立体仓库的工作视频。

（2）在网上了解自动化立体仓库的发展历程。

自动化立体仓库概述

预备知识

一、自动化立体仓库的分类

自动化立体仓库一般按以下方法进行分类。

1. 按货架形式分类

自动化立体仓库按货架形式可分为整体式仓库和分离式仓库。整体式仓库的货架除用于存放货物外，还用于支承屋架的质量和侧壁，即货架与仓库建筑构成不可分割的整体。此类形式一般用于高层大型库，具有建筑费用低、库房占地面积小、施工周期短等优点。分离式仓库的货架仅用于存放货物，与建筑构件无连接，其优点是不会因厂房的下沉而影响货架垂直和水平精度，确保自动认址，具有增减灵活性。

2. 按职能分类

自动化立体仓库按职能可分为工序型仓库、补偿型仓库、外购外协型仓库、综合型仓库、销售型仓库。工序型仓库即在制品库，设在加工车间内部或附近，具有相关工序间的缓冲作用。补偿型仓库又称总零件型仓库，存放本厂自制零部件的成品，并按时、按量向装配线供应调节零部件与装配节奏。外购外协型仓库调节计划订货、成批进货与均衡生产间的矛盾。综合型仓库是补偿型仓库和外购外协型仓库的组合，以调节装配为主，同时也调节其他各加工车间的生产。销售型仓库即成品库，调节产品均衡生产与不均衡销售或销售与集中运输之间的矛盾。

3. 按堆垛设备分类

自动化立体仓库按堆垛设备可分为有轨式仓库和无轨式仓库。有轨式仓库采用巷道堆垛机，转移巷道比较困难，但在三维空间容易实现精确定位，有利于自动控制。无轨式仓库采用高架叉车，转移巷道容易，在库存量较大而出入库频率较低时，便于几个巷道共用一台高架叉车，具有机动灵活、设备利用率高、投资少等优点。但无轨式仓储装备只适于低层、自动化程度不高的场合。

4. 按巷道堆垛机的控制方式分类

自动化立体仓库按巷道堆垛机的控制方式可分为手动控制仓库、半自动控制仓库、机上自动控制仓库、远距离集中控制仓库等。

5. 按存储库容量分类

自动化立体仓库按存储库容量可分为小型仓库（2 000 货位以下）、中型仓库（2 000～5 000 货位）、大型仓库（5 000 货位以上）。

6. 按仓库高度分类

自动化立体仓库按仓库高度可分为低层仓库（6 m 以下）、中层仓库（6～12 m）和高层仓库（12 m 以上）。

二、自动化立体仓库的构成

尽管建库目的不同，自动化立体仓库的规模、形式和自动化水平各不相同，但自动化立体仓库通常都由多层货架、搬运装备和出入库装卸站等几个基本部分构成。

1. 多层货架

多层货架是立体仓库的主要构筑物，一般用钢材或钢筋混凝土制作。钢制货架的空间利用率高、安装建设周期短，其成本随着高度增加而迅速增加，超过 20 m 后，其成本急剧增加。钢筋混凝土货架的防火、抗腐蚀能力强，维护保养简单。多层货架必须具有一定的强度和稳定性，对于自动化立体仓库，还要具有一定的货架精度，即最大载荷作用下货架的弹性变形要在允许值范围内，必要时要进行力学计算。

根据存放物品的多少，可以设置若干个多层货架，货架分若干列，每列货架上下分层，纵向分行，行与层之间形成诸多货格。每一个货格可以存放货箱或装入托盘。每个货格赋予一个地址，这些地址对应于控制计算机中的一些单元。当货格中的货物发生变化时，单元中的内容也相应变化。通常，每个货格中存放的零件或货箱质量不超过 1 t，尺寸大小不超过1 m^3。每两个货架之间留有巷道。巷道内安装轨道，供堆垛机行走，如图 4 – 42 所示。

2. 搬运装备

搬运装备主要有升降梯、搬运车、巷道式堆垛机（也称堆装机）、无轨叉车、旋转起重机等。其中，巷道式堆垛机的应用最为广泛。图 4 – 43 所示为双柱式堆垛机。堆垛机在巷道轨道上行走，其上的装卸托盘可沿框架或立柱导轨上下升降，以便对准每一个仓位，取走或送入货箱。堆垛机采用相对寻址的操作方式寻找仓位。当堆垛机沿巷道轨道或装卸托盘沿框架导轨行走时，每经过仓库的一列或一层，便将仓位地址的当前值加 1 或减 1。当前值与设定值接近时，控制堆垛机或装卸托盘自动减速；当前值与设定值完全相符时，发出停车指令，装卸托盘准确地停在设定的仓位前。目前，堆垛机的额定载质量为数十千克到数吨，其中 0.5 t 的堆垛机使用最多，它的最大水平行走速度可达 120 m/min，装卸托盘的升降速度较低，约为行走速度的 1/4。

图 4 – 42　多层货架

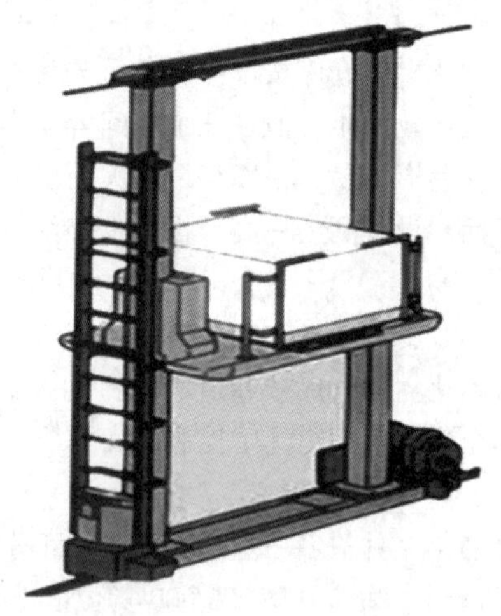

图 4 – 43　双柱式堆垛机

堆垛机由机架、行走机构、升降机构、载货台、取货机构、电气设备、安全保护装置等组成。双柱结构的堆垛机刚性好，其机架由主柱、上横梁、下横梁组成一个框架，适用于起升质量较大或起升高度较高的场合。单柱式结构的堆垛机整机质量小、造价低，但刚性差，起升机构由电动机、制动器、减速器、卷筒、链轮、柔性件（钢丝绳和起重链）等组成。载货台是货物单元的承载装置，由货台本体和存取货装置组成。

3. 出入库装卸站

在自动化立体仓库的巷道端口处有出入库装卸站，入库的物品先放置在出入库装卸站上，由堆垛机将其送入仓库。出库的物品由堆垛机自自动化立体仓库取出后，也先放在出入库装卸

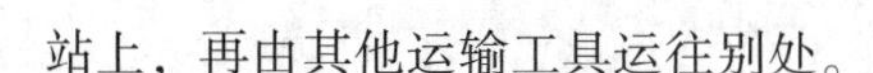
站上，再由其他运输工具运往别处。

三、自动化立体仓库的工作过程

自动化立体仓库的工作过程

以图 4－44 所示的 4 层货架的自动化立体仓库为例，介绍其工作过程。

（1）堆垛机停在巷道起始位置。待入库的货物已放置在出入库装卸站上，由堆垛机的货叉将其取到装卸托盘上，如图 4－44（a）所示。将该货物存入的仓位号及调出货物的仓位号一并从控制台输入计算机。

（2）计算机控制堆垛机在巷道行走，装卸托盘沿堆垛机铅直导轨升降，自动寻址向存入仓位行进，如图 4－44（b）所示。

（3）装卸托盘到达存入仓位前，即图 4－44（c）中的第 4 列第 A 层，装托盘上的货叉将托盘上的货物送进存入仓位。

（4）堆垛机行进到第 5 列第 C 层，到达调出仓位，货叉将该仓位中的货物取出，放在装卸托盘上，如图 4－44（d）所示。

（5）堆垛机带着取出的货物返回起始位置，货叉将货物从装卸托盘送到出入库装卸站如图 4－44（e)所示。

（6）重复上述动作，直至暂无货物调入调出的指令，堆垛机就近停在某一位置待命。

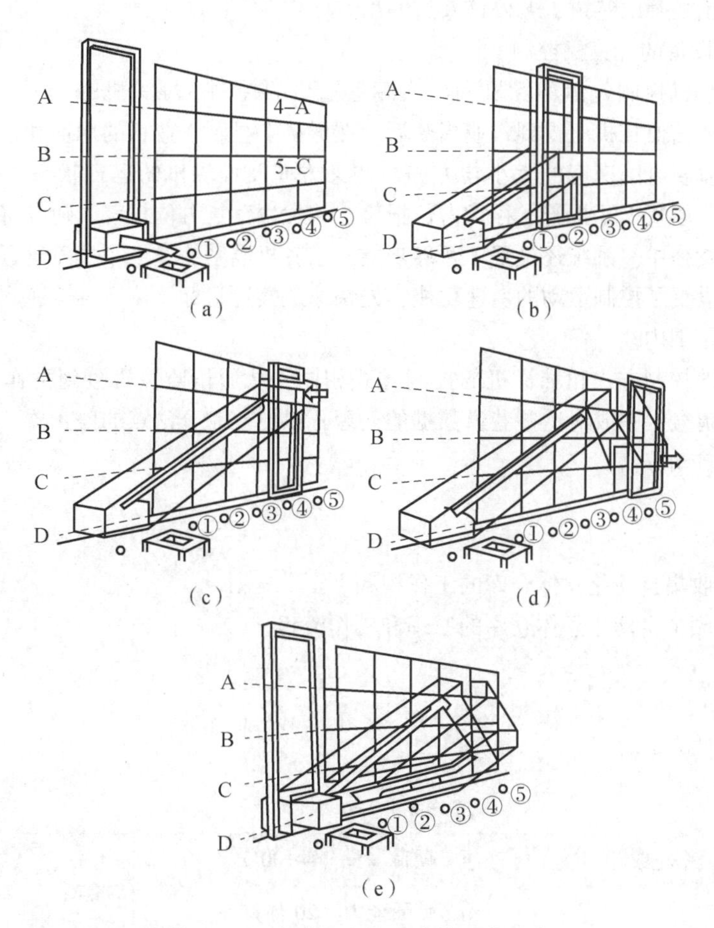

图 4－44　自动化立体仓库的工作过程

四、自动化立体仓库的计算机控制

自动化仓库是指仓库管理自动化和入库、出库的作业自动化。仓库管理自动化包括对货箱、账目、货格及其他信息管理的自动化。入库、出库的作业自动化包括货箱零件的自动识别、自动认址、货格状态的自动检测及堆垛机各种动作的自动控制。自动化仓库的计算机系统功能如下。

（1）信息的输入及预处理。

信息的输入包括对货箱零件条形码的识别、认址检测器和货格状态检测器。工人在货箱或零件的适当部位贴条形码，当货箱通过入库运输机滚道时，用条形扫描器自动扫描条形码，将货箱零件的有关信息自动录入计算机内。认址检测器通常采用脉冲调制式光源的光电传感器。为了提高可靠性，采用三路组合，向控制机发出的认址信号以三取二的方式准确判断后，再控制堆垛机的停车、正反向和点动等动作。货格状态检测器采用光电检测方法，利用光的反射作用来检测货格内有无货箱等。

（2）计算机管理。

计算机管理是全仓库进行物资管理、账目管理、货位管理及信息管理的中心。入库时将货箱合理分配到各个巷道作业区，出库时按先进先出的原则或其他排队原则出库。管理系统要定期或不定期地打印报表。当系统出现故障时，可通过总控制台的操作按钮进行动态改账及信息修正，并及时判断出故障的巷道，暂停该巷道的出入库作业。

（3）各机电设备的计算机控制。

各机电的计算机控制包括堆垛机和出入库运输机的控制。堆垛机的主要工作方式是入库、搬运和出库。从通信监控机上得到作业指令后，在屏幕上显示作业目的地址和运行地址、实际的水平移动速度和垂直升降速度的大小与方向、伸叉方向及堆垛机的运行状态。控制系统还设置了货叉到位报警、取货无箱报警、存货占位报警。若发生存货占位报警，则应将货叉上的货箱改存到另外指定的货格中。系统还设置了暂停功能，以备机电系统发生小故障时暂时停止工作。此外，控制系统还设置了控制运动的变速功能，先快速地接近目标，然后再慢速到位，以保证位置控制精度在允许范围内。

入库运输机的控制方式和堆垛机的控制方式相同。从通信监控机接到批作业指令后，取出作业指令中的巷道号，完成对这些巷道数据的处理，以便控制分岔点的停止器，最终实现货箱在入库运输机上的自动分岔。

任务实施

（1）在网上收集自动化立体仓库的工作视频。

（2）分析视频中自动化立体仓库的原理和动作流程。

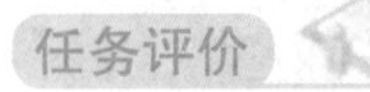

任务评价

任务评价表见表 4－8。

表 4－8　任务评价表

序号	考核要点	项目（配分：100 分）	教师评分
1	职业素养	刻苦钻研能力（20 分）	
		信息收集、咨询能力（20 分）	

续表

序号	考核要点	项目（配分：100分）	教师评分
2	自动化立体仓库的工作视频	视频清晰完整（30分）	
3	自动化立体仓库的工作原理和动作流程描述	原理和动作流程描述清晰具体（30分）	
得分			

问题探究

1. 问答题

（1）自动化仓库的基本类型有哪些?

（2）自动化仓库的工作原理是什么?

2. 填空题

（1）自动化立体仓库由（　　　　）、（　　　　）、（　　　　）组成。

（2）按货架形式分类，自动化立体仓库可分为（　　　　）和（　　　　）。

3. 判定题

（1）高度为15 m的自动化立体仓库为高层仓库。（　　）

（2）自动化仓库是指仓库管理自动化和入库、出库的作业自动化。（　　）

4. 单选题

6 000货位以上的自动化立体仓库为（　　）。

A. 小型仓库　　B. 中型仓库　　C. 大型仓库　　D. 巨型仓库

任务4.6　工业机器人

工业机器人概述

【任务描述】

图4－45所示的加工单元中，原材料从上料区经倍速链传送至6轴机器人可抓取位置，6轴机器人将工件依次放入UT380攻钻机床1、UT380攻钻机床2、UT380攻钻机床3进行加工，然后再将加工完成的工件放至倍速链料仓，通过倍速链完成下料。试分析整个过程中工业机器人的动作流程，并制作任务流程图。

【学前准备】

（1）在网上收集常见的工业机器人运动视频，了解机器人的分类及应用。

（2）在网上了解工业机器人的发展历程。

预备知识

一、工业机器人的定义

日本工业机器协会定义：工业机器人是一种装备有记忆装置和末端执行器的，能够完成各种移动来代替人类劳动的通用机器。国家标准《机器人与机器人装备　词汇》（GB/T 12643—2013）中定义：工业机器人是一种自动控制的、可重复编程、多用途的操作机，可对三个或三个以上轴进行编程，能够搬运物料、工件或操持工具。

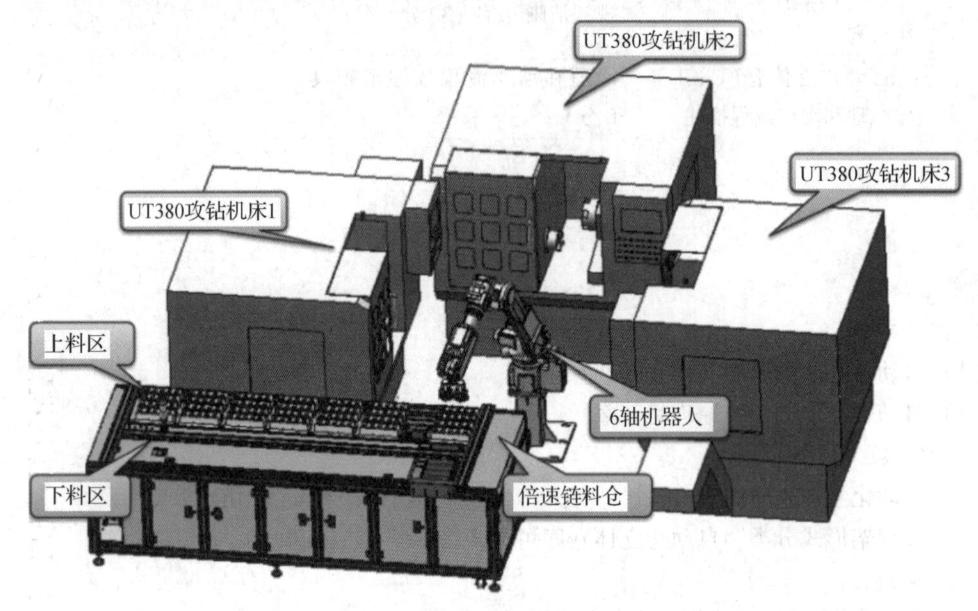

图 4－45　加工单元

操作机是具有和人手臂相似的动作功能，可在空间抓取物体或进行其他操作的机械装置。

综上所述，工业机器人是一种模拟人手臂、手腕和手功能的机电一体化装置。它可以把任一物体或工具按空间的时变要求进行移动，从而完成某一工业生产的作业要求。

工业机器人有以下显著的特点。

（1）可编程。

生产自动化的进一步发展是柔性自动化。工业机器人可随其工作环境变化的需要而再编程，因此在小批量多品种具有均衡高效率柔性制造过程中能发挥很好的作用，是柔性制造系统中的一个重要组成部分。

工业机器人是面向工业领域的多关节机械手或多自由度的机器人，是自动执行工作的机器装置，是靠自身动力和控制能力来实现各种功能的一种机器。它可以接受人类指挥，也可以按照预先编排的程序运行。现代工业机器人还可以根据人工智能技术制定的原则纲领行动。

（2）拟人化。

工业机器人在机械结构上有类似人的行走、腰转等动作，以及大臂、小臂、手腕、手爪等部分，由计算机控制。此外，智能化工业机器人还有许多类似人类的“生物传感器”，如皮肤型接触传感器、力传感器、负载传感器、视觉传感器、声觉传感器等。这些传感器提高了工业机器人对周围环境的自适应能力。

（3）通用性。

除了专门设计的专用工业机器人外，一般工业机器人在执行不同的作业任务时具有较好的通用性。比如，更换工业机器人手部末端操作器（手爪、工具等）便可执行不同的作业任务。

（4）机电一体化。

工业机器技术涉及的学科相当广泛，归纳起来是机械学和微电子学结合的技术，即机电一体化技术。第三代智能机器人不仅具有获取外部环境信息的各种传感器，而且还具有记忆能力、语言理解能力、图像识别能力、推理判断能力等人工智能。这些都是微电子技术的应用，特别是与计算机技术的应用密切相关。因此，机器人技术的发展必将带动其他技术的发展，机器人技术的发展和应用水平也可以验证一个国家科学技术和工业技术的发展水平。

当今工业机器人技术正逐渐向着具有行走能力、多种感知能力、较强对作业环境的自适应能力的方向发展。当前对全球机器人技术的发展最有影响的国家是美国和日本。美国在工业机器人技术的综合研究水平上仍处于领先地位，而日本生产的工业机器人在数量、种类方面则居世界首位。

二、工业机器人的构成及分类

1. 工业机器人的构成

工业机器人由操作机、驱动单元、控制装置与控制系统构成，如图 4－46 所示。同时为了获取作业对象及环境信息，还需要有相应的传感器系统，图 4－47 所示为工业机器人系统的基本结构。

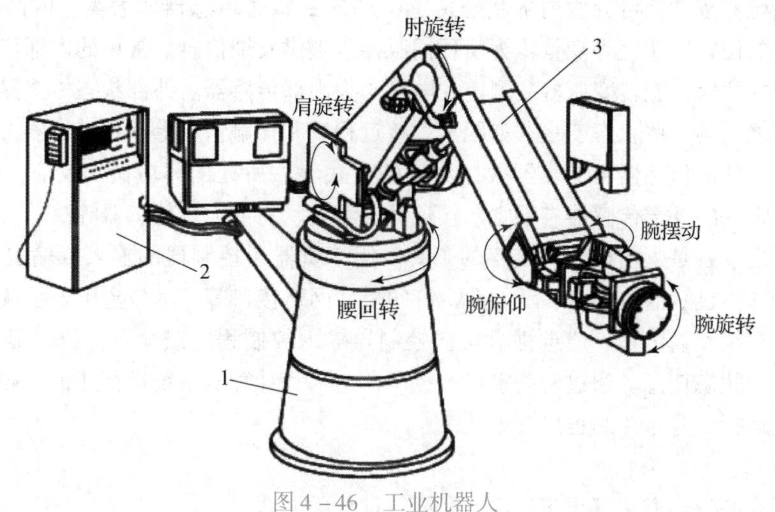

图 4－46　工业机器人

1—操作机；2—控制系统；3—驱动系统

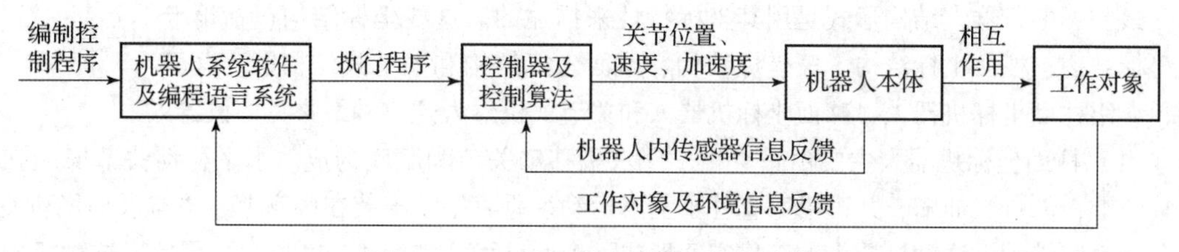

图 4－47　工业机器人系统的基本结构

操作机是机器人的结构本体，也称主机，由末端执行机构、手腕、手臂（大臂与小臂）及机座（机身或立柱）组成。操作机具有和人手臂相似的动作功能，其运动功能与机床一样，一般由各个运动单元串联、并联或串并混联组成。《机器人与机器人装备　词汇》（CB/T 12643—2013）规定了机器人各种运动功能的图形符号，通过这些符号可以简明地绘制工业机器人的运动功能简图。

驱动单元用于驱动机构本体各关节的运动功率。目前，驱动方式主要有气动、液压和伺服电动机三种驱动方式。气动驱动具有成本低、控制简单的优点，但噪声大、输出功率小，难以准确地控制位置和速度是它的缺点。液压驱动具有输出功率大、低速平稳、防爆等优点，但由于它需要液压动力源，漏油及油性变化将会影响系统的特性，且各轴耦合较强、成本较高。大多数工业机器人采用伺服电动机驱动。采用伺服电动机驱动具有使用方便、易于控制的优点。伺服电动机还可分为直流伺服电动机和交流伺服电动机两种。使用伺服电动机驱动时，控制系统还要有为伺服电动机供电的电源。

目前，所有的机器人均采用微型计算机进行控制。从机器人控制的角度来看，该控制方式要求微型计算机具有数据处理能力强、灵活可靠、易于配置、价格低廉、体积小等特点。实现对机器人的控制，除了需要强大的计算机硬件系统支持外，还必须有相应的系统软件作为支撑，通过系统软件的支持完成机器人的复杂控制过程。拥有应用系统软件，编程时不必规定机器人运动时的各种细节，系统软件越完善，编制控制程序越方便，机器人的级别越高。系统软件通过机器人语言把人与机器人联系起来，机器人语言可以是编制控制程序的语言，也可以通过声音进行人机交互。

机器人传感器按功能可分为内部状态传感器和外部状态传感器两大类。内部状态传感器用于检测各关节的位置、速度等变量，为闭环伺服控制提供反馈信息。常用的内部传感器为光电码盘，也有采用电位器、旋转变压器、测速发电机作为内部传感器。外部状态传感器用于检测机器人与周围环境之间的一些状态变量，如距离、接近程度和接触情况等，用于机器人引导和物体识别及处理。使用外部传感器可使机器人以灵活的方式对它所处的环境做出反应，赋予机器人以一定的智能。常用的外部传感器有视觉、接近觉、触觉、力或力矩传感器等。

输入－输出设备是人与机器人交互的工具。用于机器人控制器的输入－输出设备主要有阴极射线管（CRT）显示器、键盘、示教盒、打印机、网络接口等。示教盒用于示教机器人、手动引导机器人及在线作业编程。通过键盘可向控制器输入控制程序或命令。CRT 显示器及打印机可以输出系统的状态信息。通过网络接口，控制器与远程计算机系统进行通信，接收计算机传来的控制程序或运行、停止控制程序命令。

2. 工业机器人的分类

工业机器人的分类

工业机器人的分类方法有很多，主要介绍三种分类方法。

1）按机器人的几何结构分类

最常见的机器人结构形式是用其坐标特性来描述的。这些坐标结构包括笛卡儿坐标结构、柱面坐标结构、极坐标结构、球面坐标结构和关节式结构等。这里简单介绍柱面坐标机器人、球面坐标机器人和关节式机器人这三种最常见的机器人。

（1）柱面坐标机器人主要由垂直柱子、水平移动关节和底座构成。水平移动关节安装在垂直柱子上，能自由伸缩，并可沿垂直柱子上下运动。垂直柱子安装在底座上，并与水平移动关节一起绕底座转动。这种机器人的工作空间形成一个圆柱面，如图 4－48 所示。因此，这种机器人称为柱面坐标机器人。

（2）球面坐标机器人如图 4－49 所示，它的外形像坦克的炮塔一样。机械手能够做里外伸缩移动，或在垂直平面内摆动以及绕底座在水平面内转动。这种机器人工作空间形成球面的一部分，因此，这种机器人称为球面坐标机器人。

（3）关节式机器人主要由底座、大臂和小臂构成。大臂和小臂可在通过底座的垂直平面内运动，如图 4－50 所示，大臂和小臂间的关节称为肘关节，大臂和底座间的关节称为肩关节。在水平平面上的旋转运动，既可由肩关节完成，也可以由绕底座的旋转来实现。这种机器人与人的手臂非常类似，因此，这种机器人称为关节式机器人。

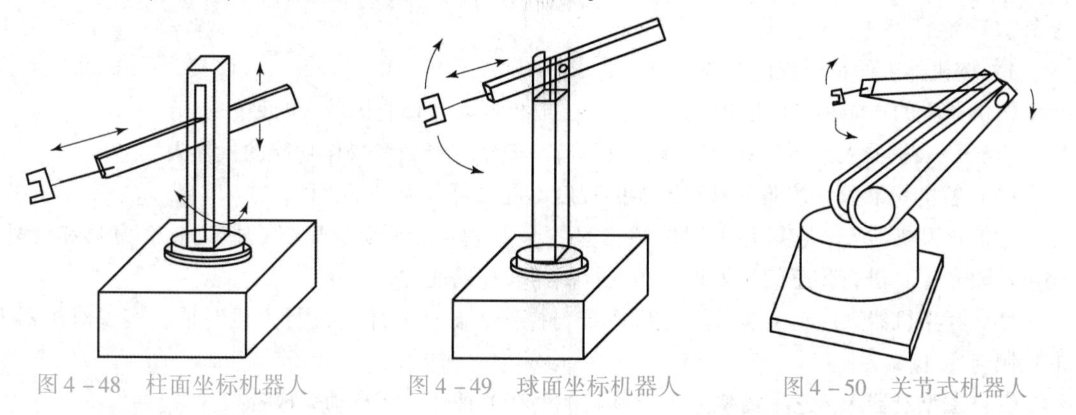

图 4-48 柱面坐标机器人　　图 4-49 球面坐标机器人　　图 4-50 关节式机器人

2）按机器人的控制方式分类

按照控制方式可以把机器人分为非伺服机器人和伺服控制机器人两种。

（1）非伺服机器人（non-servo robot）。非伺服机器人按照预先编好的程序进行工作，使用终端限位开关、制动器、插销板和定序器来控制机器人的运动，其工作原理如图 4-51 所示。在图 4-51 中，插销板用来预先规定机器人的工作顺序，而且往往是可调的。定序器是一种定序开关或步进装置，能够按照预定的正确顺序接通驱动装置的能源。驱动装置接通能源后，带动机器人的手臂、腕部和手爪等装置运动，当手臂、腕部、手爪等装置移动到由终端限位开关所规定的位置时，限位开关切换工作状态，向定序器发送“工作任务（或规定运动）已完成”的信号，并使终端制动器动作，切断驱动电源。至此非伺服机器人完成一个工作循环。

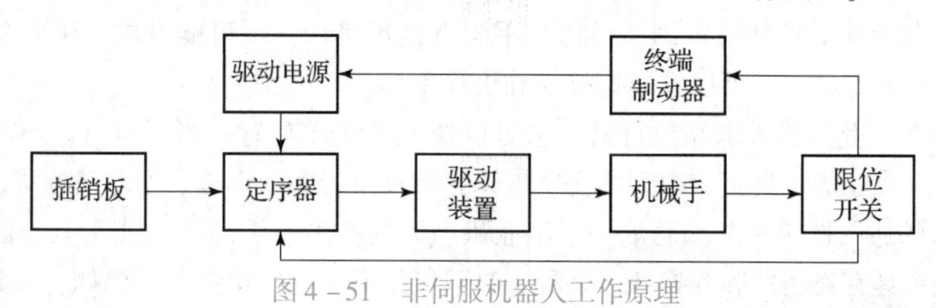

图 4-51 非伺服机器人工作原理

（2）伺服控制机器人（servo-controlled robot）。伺服控制机器人比非伺服机器人有更强的工作能力，但在某些情况下不如非伺服机器人可靠。如图 4-52 所示，伺服系统的输出可以是机器人末端执行装置（或工具）的位置、速度、加速度或力等。通过反馈传感器取得的反馈信号与

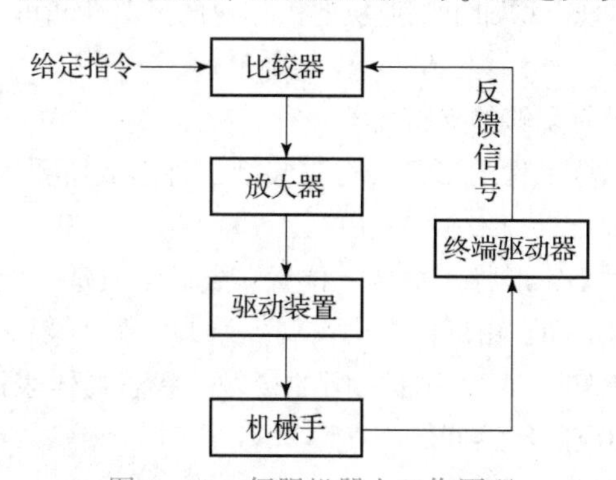

图 4-52 伺服机器人工作原理

来自给定装置（如给定电位器）的综合信号，用比较器加以比较后，得到误差信号，经放大后用以控制机器人的驱动装置，进而带动末端执行装置以一定规律的运动到达规定的位置或速度等。

3）按机器人的智能程度分类

按机器人的智能程度可以把机器人分为一般机器人和智能机器人两种。

（1）一般机器人是指不具有智能，只具有一般编程能力和操作功能的机器人。

（2）智能机器人，按照其具有智能的程度不同又可分为以下3种。

①传感型机器人。它具有利用传感信息（包括视觉、听觉、触觉、接近觉、力觉和红外、超声及激光等）进行传感信息处理、实现控制与操作的能力。

②交互型机器人。它是通过计算机系统与操作人员或程序员进行人机对话，实现对机器人的控制与操作。

③自主型机器人。它不需要人工干预就能够在各种环境下自动完成各项任务。

三、工业机器人的机械系统

工业机器人的机械结构系统

机械系统又称操作机或执行机构系统，由一系列连杆、关节或其他形式的运动副组成。机械系统通常通过机身、立柱关节和手部等构成一个多自由度的机械系统。大多数工业机器人有3~6个运动自由度。

1. 手部（末端执行器）

手部又称末端执行器，直接装在工业机器人的手腕上，用来握持工件或让工具按照规定的程序完成指定工作。

1）手部的特点

（1）手部与手腕连接处可拆卸。手部与手腕有机械接口，也可能有电气液接头。当工业机器人有不同的作业对象时，可以方便地拆卸和更换手部。

（2）手部是工业机器人末端执行器。它可以像人手那样具有手指，也可以不具备手指，还可以是进行专业作业的工具，如拟人的手掌、手指和夹持器、电焊枪、油漆喷枪等。

（3）手部的通用性比较差。通常一个工业机器人配有多个手部装置或工具，因此要求手部与手腕处的接头具有通用性和互换性。一种工具只能执行一种作业任务，比如，一种手爪只能完成一种或几种在形状、尺寸、质量等方面相近的工件。

（4）手部是一个独立的部件。假如把手腕归属于手臂，那么工业机器人机械系统的三大件就是基座、手臂和手部。对于整个工业机器人，手部是完成作业质量的关键部件之一。具有复杂感知能力的智能化手爪的出现，增加了工业机器人作业的灵活性和可靠性。

2）手部的设计要求

（1）手部设计时要求具有足够的夹持力。

（2）手指应能顺从被夹持工件的形状，对被夹持工件形成所要求的约束，保证适当的夹持精度。

（3）根据作业对象的大小、形状、机构、位置、姿态、质量、硬度和表面质量等考虑手部自身的大小、形状、机构和运动自由度。

（4）智能化手部根据感知手爪和物体之间的接触、状态物体表面形状和加持力的大小等，结合实际工作情况，配以相应的传感器。

3）手部的构成

手部由手指驱动机构和传动机构组成。

常见的4种机械手爪结构如图4-53所示。

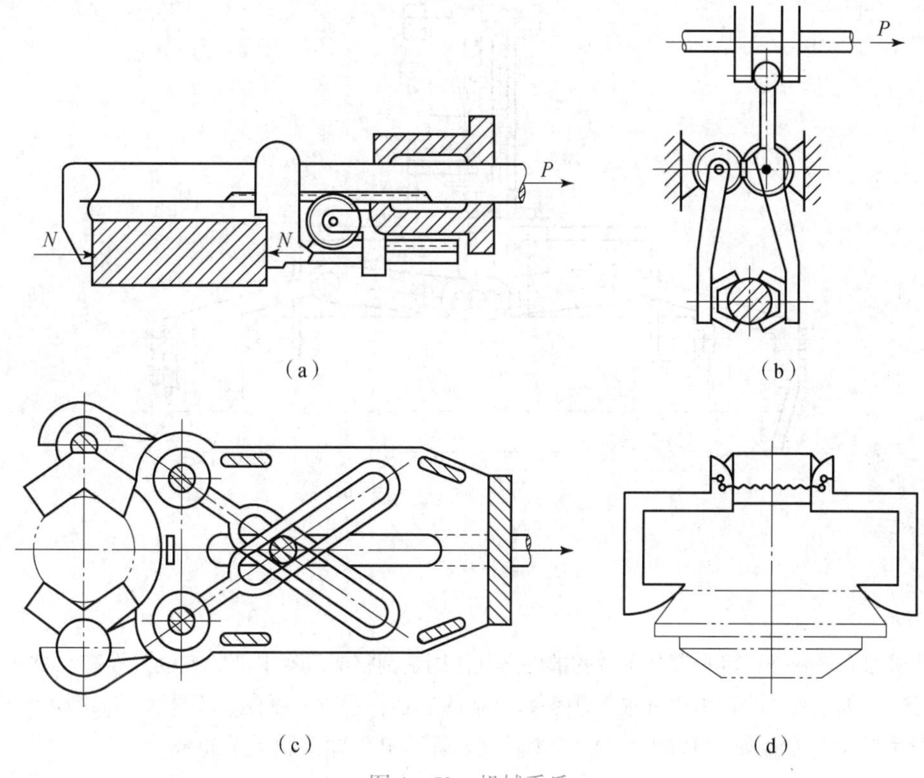

图4-53 机械手爪

（a）齿轮齿条式手爪；（b）拨杆杠杆式手爪；（c）滑槽式手爪；（d）重力式手爪

图4-54所示为平行手指机构。回转动力源1和6驱动机构2和5，顺时针后逆时针旋转，通过平行四边形机构带动手指3和4做平动，夹紧后释放工件。

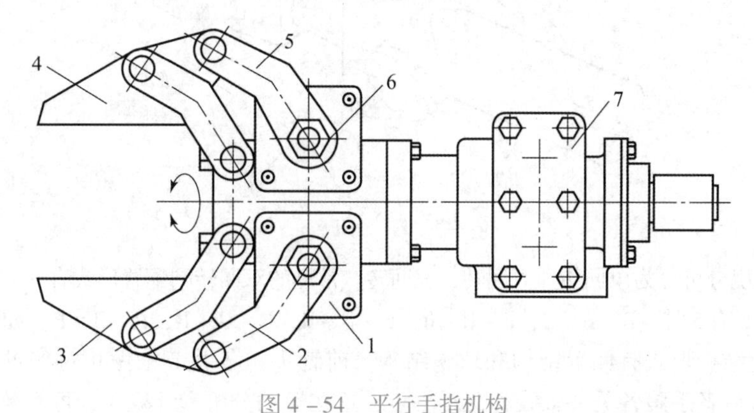

图4-54 平行手指机构

1，6—回转动力源；2，5—驱动机构；3，4—手指；7—安装支架

图4-55所示为带有检测开关的手爪装置。手爪装有限位开关5和7。在指爪4垂直方向接近工件6的过程中，限位开关检测手爪与工件的相对位置。当工件接触限位开关时发出信号，气缸通过连杆3驱动指爪夹紧工件。

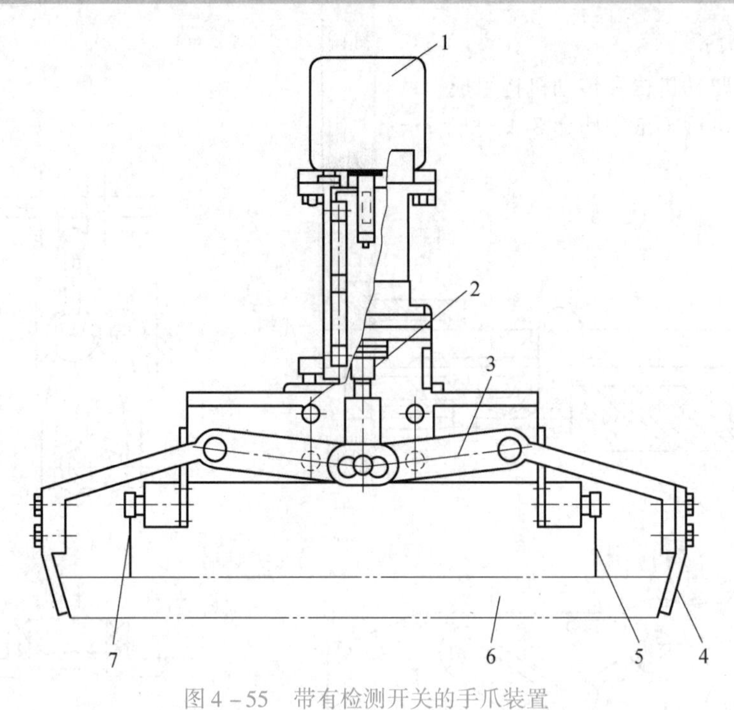

图 4－55　带有检测开关的手爪装置

1—气缸；2，3—连杆；4—指爪；5，7—限位开关；6—工件

2. 手腕

工业机器人手腕是连接手部与手臂的部件。其作用是调整或改变手部的方位（姿态）并扩大手臂的活动范围。具有独立的自由度才能实现手部复杂的运动，手部、手腕、手臂关系如图 4－56 所示。

一般手腕由多个同轴回转副（R）或销轴回转副（B）即手腕关节组成。

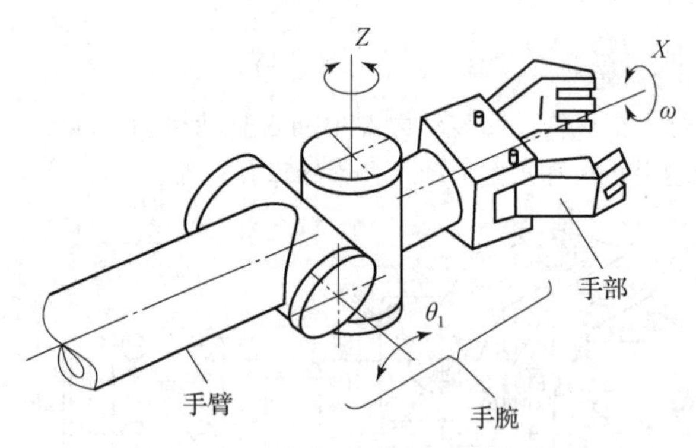

图 4－56　手部、手腕、手臂关系

手腕按自由度分可分为单回转、双回转、三回转。常见的双回转副配置形式有 R－R 和 B－R；三回转副的配置形式有 5 种：B－B－R，B－R－R，R－B－R，R－R－R，R－B－B，如图 4－57 所示。

三回转手腕结构形式有偏置结构和球腕结构。前者手腕各关节轴做相对偏置，在计算机控制上较为复杂；后者手腕各关节轴线相交于一点，这在运动分析和计算时，可等效于一副球腕接口处理。

手腕的设计要求如下。

（1）由于手腕处于手臂末端，为减轻手臂的载荷，应力求手腕部件的结构紧凑，减小其质量和体积。为此手腕的驱动装置多采用分离传动，将驱动器安装在手臂的后端。

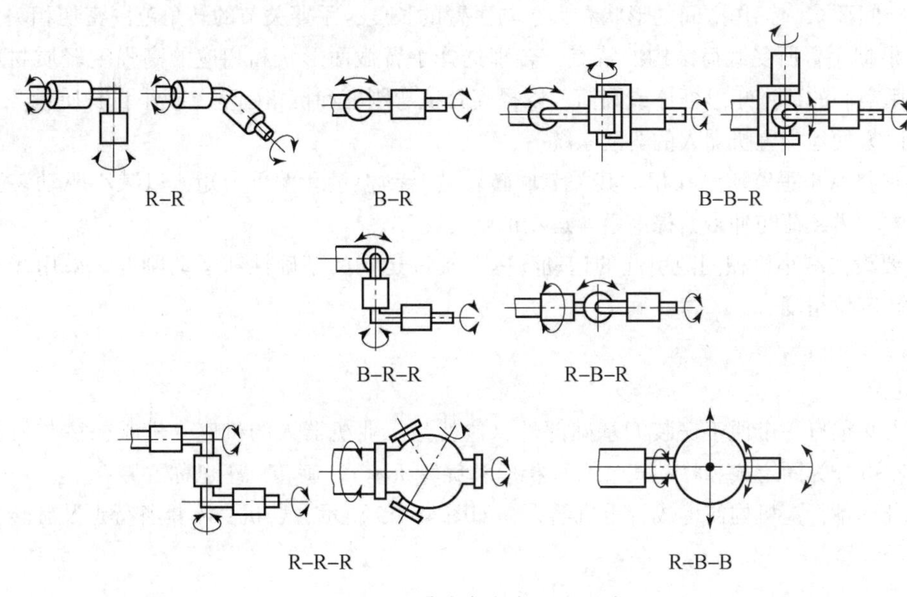

图 4－57　手腕自由度配置形式

（2）手腕部件的自由度越多，各关节的运动角度范围越大，其动作的灵活性越高，运动控制难度越大。因此，设计时不应盲目增加手腕的自由度数。通用机器人手腕通常配置 3 个自由度，某些动作简单的专用工业机器人的手腕，根据作业实际需要，可减少其自由度数，甚至可以不设置手腕，以简化结构。

（3）为提高手腕动作的精确性，除了应尽量提高机械传动系统的刚度外，还应尽量减少机械传动系统中由于间隙产生的反转回差，如齿轮传动中的齿侧间隙、丝杠螺母中的传动间隙、联轴器的扭转间隙等。对分离传动采用链结构，同步带传动或传动轴。

（4）对手腕各回转关节轴上要设置限位开关和机械挡块，以防止关节超限造成事故。

3. 手臂

机器人手臂可分为大臂、小臂，支承手腕和手部。手臂用来调节手部在空间的位置，或把物料、工具运送到工作范围内的指定位置上。一般手臂具有 3 个自由度，这些自由度可以是移动副、绕同轴回转的回转副和绕销轴摆转的回转副。

关节型机器人目前使用最多，其手臂上的最重要部件就是关节。

回转关节用来连接手臂与基座、手臂相邻杆件及手臂与手腕，并实现两构件间的相对回转（或摆动）。它由驱动电动机、回转轴和轴承组成，驱动电动机和关节之间没有速度和转矩的转换，如图 4－58 所示。

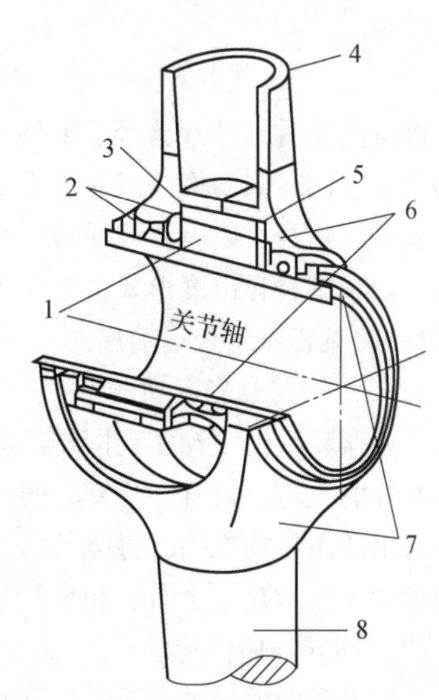

图 4－58　回转关节

1—转子；2—轴承；3—定子；4—杆件；5—电刷环；6—内壳；7—外壳；8—杆件

这种驱动方式具有机械传动精度高、振动小、结构紧凑和可靠性高等特点，但电动机的质量会增加转动负荷。

手臂的设计要求如下。

（1）手臂的结构和尺寸应满足机器人完成作业任务提

出的工作空间要求。工作空间的形状和大小与手臂的长度，手臂关节的转角范围密切相关。

（2）根据手臂所受载荷结构的特点，合理选择手臂截面形状和相应的高强度轻质材料。例如，常采用空心的薄壁矩形框体或圆筒，以提高其抗弯刚度和抗扭刚度，减小自身质量。空心结构内部可以方便地安置机器人的驱动系统。

（3）尽量减小手臂质量和相对其关节回转轴的转动惯量和偏重力矩，以减小驱动装置的负荷及运转的动力载荷与冲击，提高手臂运动的响应速度。

（4）要设法减小机械间隙引起的运动误差，提高运动的精确性和运动刚度。采用缓冲和限位装置提高定位精度。

4. 机身与行走机构

1）机身

机器人必须有一个便于安装的基础部件，这就是工业机器人的机座，机座往往与机身合为一体。机座可分为固定式和移动式（平移机座和旋转机座）。旋转机座也称“腰”。

若机身具备行走机构便构成行走机器人，如图 4－59 所示，若机身不具备行走及旋转机构则构成单机器人臂。

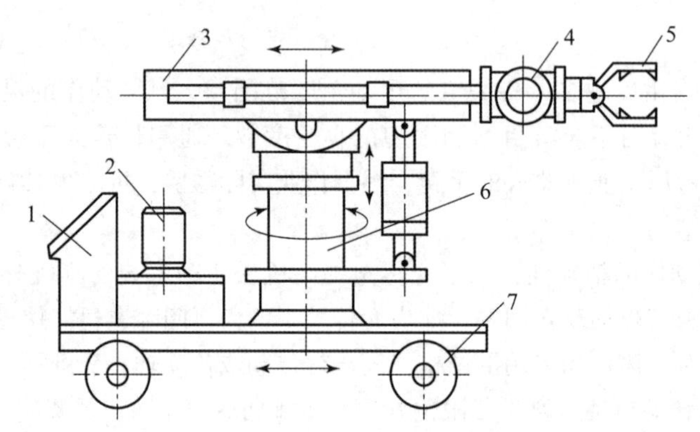

图 4－59　行走机器人

1—控制系统；2—驱动系统；3—手臂；4—手腕；5—手部；6—机身；7—行走机构

机身由手臂运动（升降、回转或俯仰）机构及其相关的导向装置、支承件等组成。同时手臂的升降、回转或俯仰等运动的驱动装置或传动件都安装在机身上，手臂的运动越多，机身的结构越复杂。机身可以组合成回转、升降、回转－升降、回转－俯仰和回转－升降－俯仰 5 种运动形式，采用哪种自由度形式由工业机器人的总体设计要求来定。

2）常见机身组合运动形式

（1）回转与升降运动。

采用摆动油缸驱动实现回转运动。此时升降油缸在下，回转油缸在上。因摆动油缸安装在升降活塞杆的上方，故升降活塞杆的尺寸要加大。

采用链条传动机构，将链条的直线运动变为链轮的回转运动，如图 4－60（a）所示。它的回转角度大于 360°。此外，也有用双连杆活塞气缸驱动链轮回转的方式，如图 4－60（b）所示。

（2）回转与俯仰运动。

机器人手臂的运动用活塞油缸与连杆构来实现的。手臂俯仰运动用的活塞油缸位于手臂下方，活塞杆和手臂用铰链连接，缸体采用尾部耳环或中部销轴等方式与立柱连接，如图 4－61 所示。此外还有采用无杆活塞油缸的方式驱动齿条齿轮或四连杆机构实现手臂的俯仰运动。

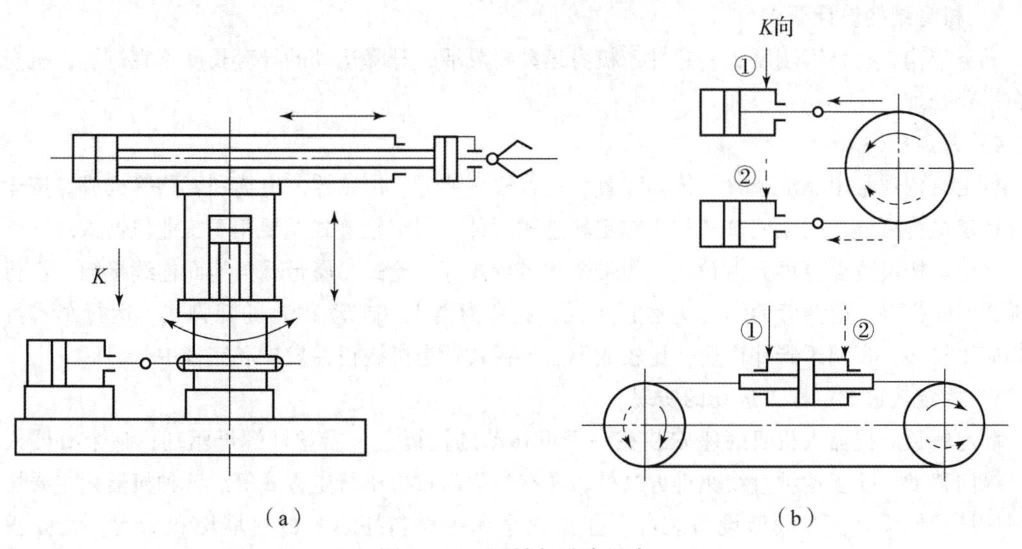

图 4-60 回转与升降机身

(a) 链条传动方式；(b) 双连杆活塞气缸驱动链轮回转的方式

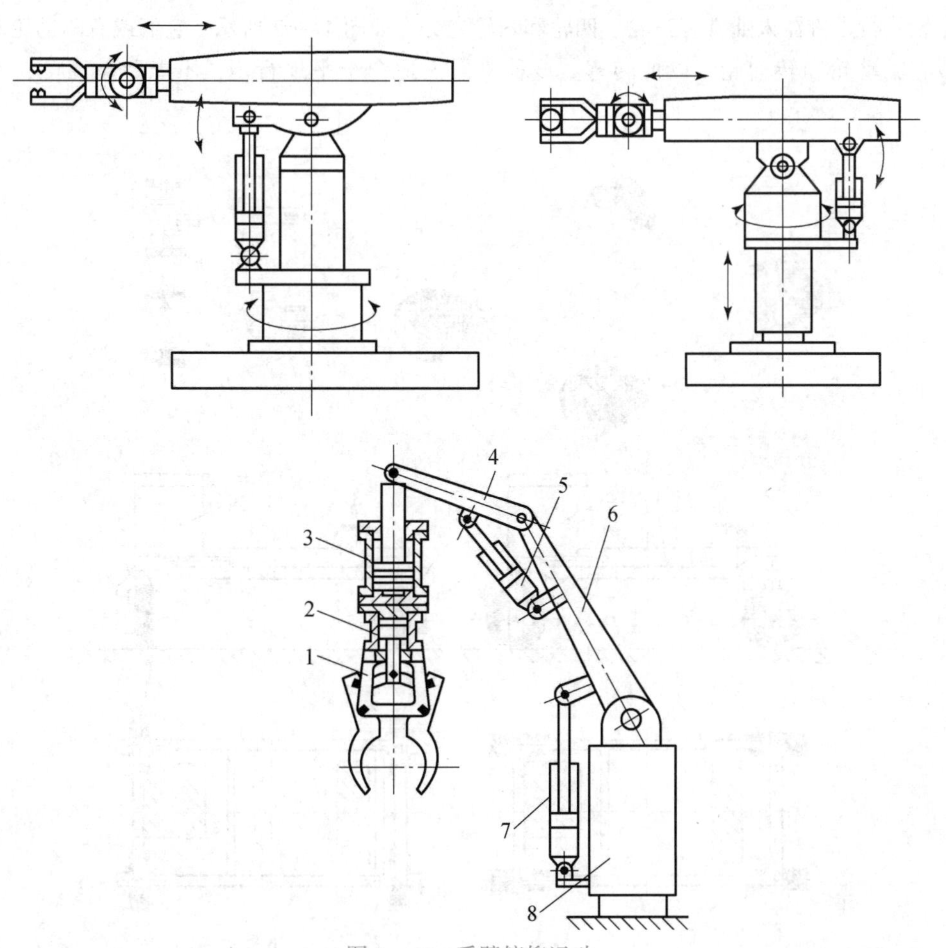

图 4-61 手臂俯仰运动

1—手臂；2—夹置缸；3—升降缸；4—小臂；5，7—交接活塞缸；6—大臂；8—立柱

3）机身结构设计要求

机身结构要有足够刚度和稳定性；机身运动要灵活，升降运动的导套长度不宜过短；机身结构布局要合理。

4）行走机构

行走机构通常由驱动装置、传动装置、位置检测装置、传感器、电缆和管路等构成。按运行轨迹行走机构可分为固定轨迹式和无固定轨迹式两种。固定轨迹式主要用于工业机器人。

行走机构按特点分可分为轮式、履带式和步行式等。轮式、履带式与地面连续接触，步行式与地面间断接触。前两者的形态为运行车式，后者为类人（或动物）的腿脚式。运行车式行走机构应用较多，多用于野外作业，比较成熟。步行式行走机构正在发展和完善中。

5）固定轨道式机器人运动的实现

固定轨道式机器人机身底座安装在一个可移动的拖板上，靠丝杠螺母驱动，整个机器人沿丝杠纵向移动。除了这种直线驱动方式外，还有类似起重机梁行走方式等。该种机器人主要用在作业区域大的场合，如大型设备装配，立体化仓库中材料搬运、材料堆垛和储运，大面积喷涂等。

6）车轮式行走机器人

车轮式行走机器人通常有三轮、四轮和六轮之分，如图 4－62 所示。它们或有驱动轮和自位轮，或有驱动轮和转向轮，以便转弯。该种机器人适合于平地行走，不能跨越高度，不能爬楼梯。

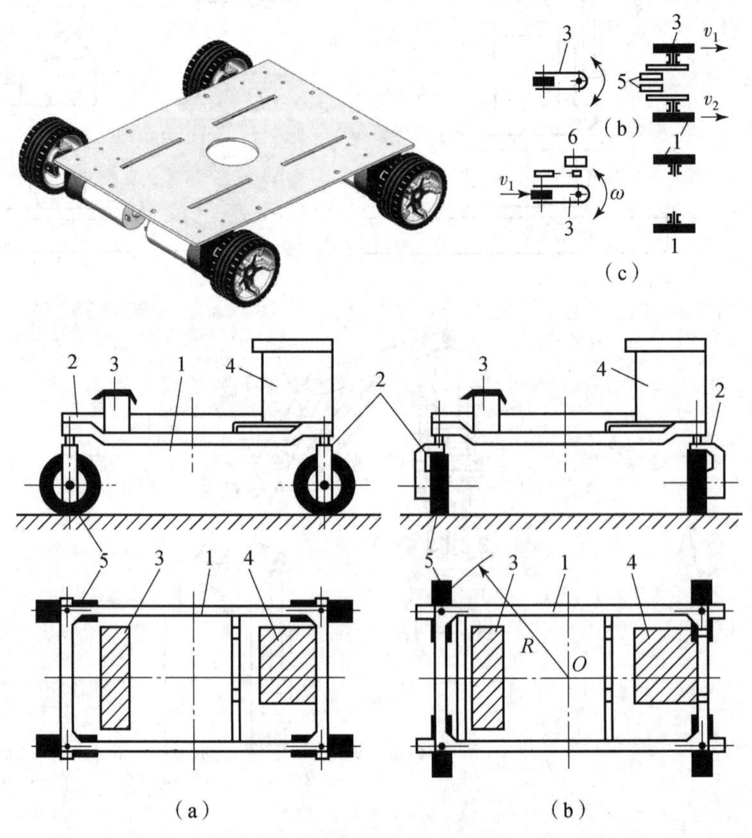

图 4－62　车轮式行走机器人

7）履带式行走机器人

履带式行走机器人可以在有凸凹的地面上行走，可以跨越障碍物，攀爬不太高的台阶。该种机器人没有自位轮，依靠左右两个履带的速度差转弯，因此转弯阻力小，会产生滑动，且不能准确地确定回转半径。

四、工业机器人的应用

工业机器人的应用

从广义上来说，除表演机器人外，其余的都可称为工业机器人。目前，工业机器人主要应用于汽车制造、机械制造、电子器件、集成电路、塑料加工等较大规模生产企业的生产各环节中。

1. 焊接机器人

焊接是工业机器人应用的重要领域，它使人从灼热的、不舒服的、有时危险的工作环境中解脱出来。在焊接工艺中，焊接机器人主要用于点焊和弧焊作业。

人工作业往往在诸多的焊点中会遗漏，而点焊机器人能保证复杂空间结构件上焊接点位置和数量的正确性。点焊机器人需要 6 个自由度，其中 3 个自由度用来控制焊具跟随焊缝的空间轨迹，另外 3 个自由度保持焊具与工件表面的正确姿态关系，这样才能保证良好的焊缝质量，如图 4 – 63（a）所示。

弧焊机器人是连续轨迹操作，机器人必须按预定的路线和要求的移动速度进行作业，焊接轨迹的精度取决于焊接项目的类型和尺寸。弧焊机器人的应用范围很广，除汽车行业外，也应用于通用机械、金属结构等许多行业，如图 4 – 63（b）所示。

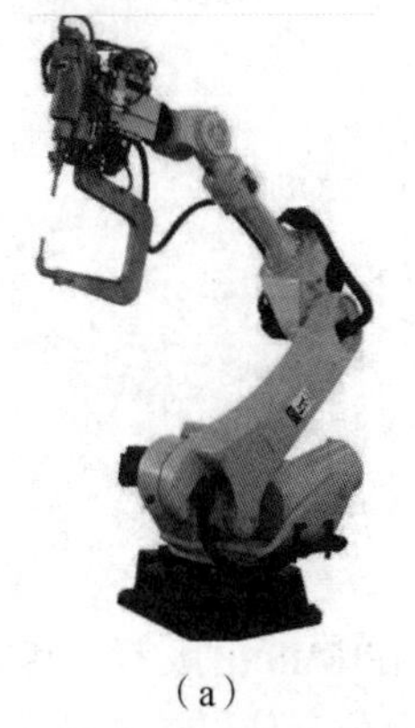

（a）

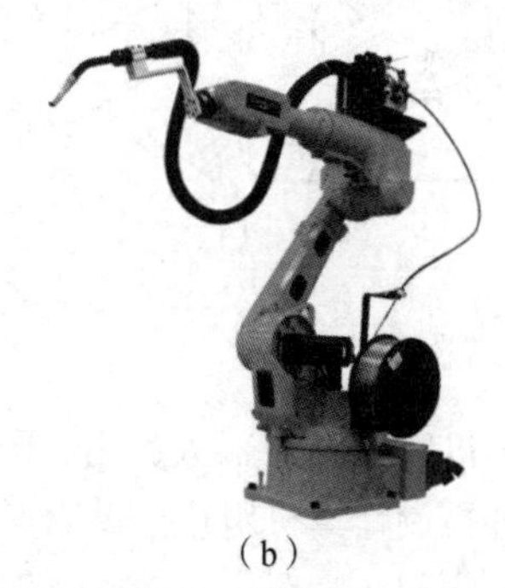

（b）

图 4 – 63　焊接机器人

（a）点焊机器人；（b）弧焊机器人

1—控制柜；2—定时器；3—焊钳；4—编码器；5—弧焊电源

2. 材料搬运机器人

材料搬运机器人可用于上料、码垛、卸货以及抓取零件重新定向等作业。简单抓放作业机器人只需较少的自由度；给零件定向作业的机器人要求具有更多的自由度，增加其灵巧性。

耐火砖自动压制系统由压机、搬运机器人和烧成车组成。制造耐火砖时，把经处理的耐火材料送入压机，经过模压后，使耐火材料成为砖的形状，搬运机器人从压机中把砖夹出来，再在烧成车上堆垛，然后把烧成车同砖送入炉中烧制。搬运机器人的主要作业是从压机中取出砖块，按堆垛要求，把砖块堆放在烧成车上。机器人与压机车按一定顺序作业，并保持一定的互锁关系。

3. 检测机器人

零件制造过程中的检测以及成品检测都是保证产品质量的关键。检测机器人主要有两个工作内容：确认零件尺寸是否在允许的公差内；零件质量控制上的分类。

4. 装配机器人

装配是一个比较复杂的作业过程，不仅要检测装配作业过程中的误差，还要试图纠正这种误差。因此，装配机器人应用了许多传感器，如接触传感器、视觉传感器、接近觉传感器、听觉传感器等。其中，听觉传感器用来判断压入件或滑入件是否到位。

图 4－64 所示为两台机器人用于自动装配。主机器人是一台具有 3 个自由度且带有触觉传感器的直角坐标机器人，它抓取第 1 号（No. 1）零件，并完成装配动作，辅助机器人仅有 1 个回转自由度，它抓取第 2 号（No. 2）零件，第 1 号、第 2 号零件装配完成后，再由主机械手完成与第 3 号（No. 3）零件装配工作。

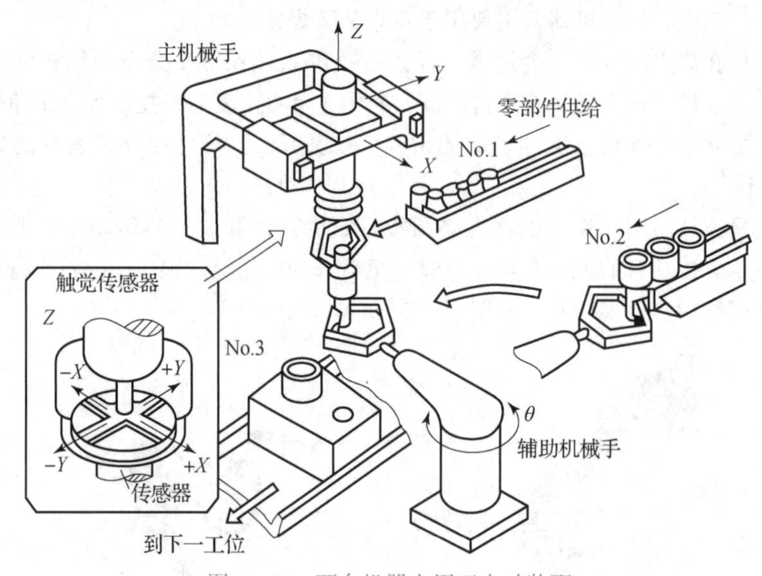

图 4－64　两台机器人用于自动装配

5. 机床上料机器人

图 4－65 所示为机床上料机器人，由一台 CNC 车床、一台 CNC 铣床、工件传送带、料仓、两台关节型机器人和控制计算机组成。两台关节型机器人在 FMS 中服务，其中一台机器人服务于加工设备和传送带之间，为车床和铣床装卸工件；另一台位于传送带和料仓之间，负责上料。

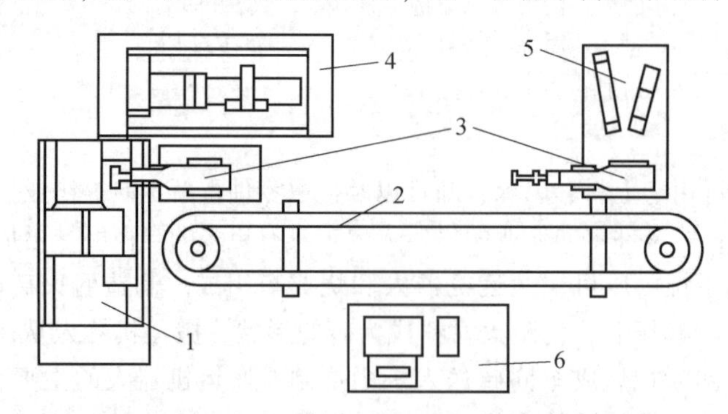

图 4－65　机床上料机器人

1—CNC 铣床；2—传送带；3—关节型机器人；4—CNC 车床；5—料仓；6—中央处理器

五、工业机器人技术的发展趋势

工业机器人技术的发展趋势有以下几个方面。

1. 机器人的智能化

智能化是工业机器人一个重要的发展方向。目前机器人的智能化研究可以分为两个层次，一是利用模糊控制、神经元网络控制等智能控制策略，利用被控对象对模型依赖性不强的特点来解决机器人的复杂控制问题，或者在此基础上增加轨迹或动作规划等内容，这是智能化的最低层次；二是使机器人具有与人类类似的逻辑推理和问题求解能力，面对非结构性环境能够自主寻求解决方案并加以执行，这是更高层次的智能化。机器人能够具有复杂的推理和问题求解能力，以便模拟人的思维方式，目前在技术革新上还很难有所突破。智能技术领域有很多的研究热点，如虚拟现实、智能材料（如形状记忆合金）、人工神经网络、专家系统、多传感器集成和信息融合技术等。

2. 机器人的多机协调化

生产规模不断扩大对机器人的多机协调作业要求越来越迫切。很多大型生产线往往要求很多机器人共同完成一个生产过程，因而机器人的控制不单纯是自身的控制问题，而是多机协调动作的问题。此外，随着 CAD/CAM/CAPP 等技术的发展，物流系统设计更多地把设计、工艺规划、生产制造、零部件储存和配送等有机地结合起来，在柔性制造、计算机集成制造等现代加工制造系统中，机器人已经不再是独立的作业机械，而是成为制造系统中的重要组成部分，这些都要求多个机器人之间、机器人和生产系统之间必须协同作业。多机协同也可以认为是智能化的一个分支。

3. 机器人的标准化

机器人的标准化工作是一项十分重要而又艰巨的任务。机器人的标准化有利于制造业的发展，但目前不同厂家的机器人之间很难进行通信和零部件的互换。机器人的标准化问题重要的不是技术层面的问题，而是不同企业之间的认同和利益问题。

4. 机器人的模块化

智能机器人和高级机器人的结构力求简单紧凑，其高性能部件甚至全部机构的设计已向模块化方向发展。其中，驱动装置采用交流伺服电动机，并向小型和高输出方向发展；控制装置向小型化和智能化方向发展；软件编程也在向模块化方向发展。

5. 机器人的微型化

微型机器人是21世纪的尖端技术之一。目前已经开发出手指大小的微型移动机器人，预计将来会生产出毫米级大小的微型移动机器人和直径为几百微米甚至更小（纳米级）的医疗和军事机器人。微型驱动器、微型传感器等是开发微型机器人的基础和关键技术，它们将对精密机械加工、现代光学仪器、超大规模集成电路、现代生物工程、遗传工程和医学工程等领域产生重要影响。介于大中型机器人和微型机器人之间的小型机器人也是机器人发展的一个趋势。

任务实施

（1）分析图 4－45 中工件在各台机床和设备的运输路线。

（2）分解图 4－46 中 6 轴机器人的抓取、转运和放下等动作，制作任务流程图。

任务评价

任务评价表见表 4－9。

表 4-9 任务评价表

序号	考核要点	项目（配分：100 分）	教师评分
1	职业素养	自主学习能力（20 分）	
		信息收集、咨询能力（20 分）	
2	工业机器人动作流程图	能够明确加工单元的物流过程，以及工业机器人的动作流程（60 分）	
得分			

问题探究

1. 问答题

（1）机器人手腕的功能及设计要求是什么？

（2）工业机器人与机床，在基本功能和工作原理上有何异同？

（3）工业机器人的定义是什么？工业机器人由哪几部分组成？

（4）工业机器人的结构类型有哪几类？各种类型的特点如何？

2. 填空题

（1）工业机器人由操作机、（　　　　）、控制装置与（　　　　）构成。

（2）工业机器人的（　　　　）是用来调节手部在空间的位置，或把物料、工具运送到工作范围内的指定位置上。

（3）按照控制方式进行分类，工业机器人可以分为（　　　　）和（　　　　）两类。

3. 判定题

（1）工业机器人手腕是连接手部与手臂的部件。其作用是调整或改变手部的方位（姿态），并可扩大手臂的活动范围。（　　）

（2）机床上料机器人一般都是关节机器人。（　　）

（3）未来工业机器人将会呈现多样化、一体化、巨型化发展。（　　）

4. 单选题

（1）（　　）可用来上料、码垛、卸货以及抓取零件重新定向等作业。

A. 机床上料机器人　　B. 焊接机器人

C. 检测机器人　　D. 材料搬运机器人

（2）工业机器人会呈现（　　）趋势发展。

A. 一体化　　B. 多样化　　C. 巨型化　　D. 多机协调化

模块五 金属切削刀具设计

金属切削
刀具设计

学习目标	知识目标： 1. 掌握金属切削刀具的名称、几何角度、合理选择等知识； 2. 理解金属切削刀具的结构、适用范围； 3. 掌握金属切削刀具设计的方法和步骤； 4. 理解数据工具系统的概念和应用。 技能目标： 1. 掌握金属切削刀具的使用场景； 2. 能够根据实际生产要求选择合理的金属切削刀具类型及几何参数； 3. 具备设计金属切削刀具的能力。 素养目标： 1. 培养学生的专业实践能力； 2. 培养学生爱岗敬业与团队合作的基本素质
知识重点	金属切削刀具的名称、几何角度、合理选择
知识难点	金属切削刀具的设计方法及步骤
建议学时	10
实训任务	根据零件图设计刀具，详见任务实施

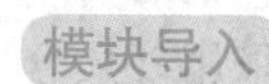

“工欲善其事，必先利其器”，金属切削刀具在机械加工中具有至关重要的作用。刀具的设计和使用直接影响到切削效率、停机换刀时间、机床利用率、产品质量等，一把不合格的刀具会使复杂、昂贵的机床或加工系统形同虚设。刀具的设计与制造是一个综合性问题，要考虑的问题较多，主要有刀具的结构和几何参数、刀具材料与工件材料、切削与工艺参数等。这些因素都是相互关联、相互影响的。因此，没有较全面的金属切削理论与刀具知识及丰富的实用切削与设计数据资料很难保证刀具的精确设计与制造。

任务5.1 金属切削刀具认知

【任务描述】

深入了解金属切削刀具的分类、设计基本理论、现状及发展趋势。通过查阅相关资料，撰写一份详尽的研究报告，并在课堂上进行汇报。

【学前装备】

（1）准备CATIA软件并安装。

（2）了解机械制造的基本概念、工艺和设备。

一、刀具的分类

刀具的分类方法很多，主要从以下几个方面进行划分。

1. 按切削部分材料

刀具按切削部分材料分为工具钢刀具、高速钢刀具、硬质合金刀具、陶瓷刀具、金刚石刀具及立方氮化硼刀具。

工具钢刀具多用于制造手工工具或低速刀具，如锤刀、手工锯条、手动丝锥、手动铰刀、手动圆板等。高速钢刀具适用于制造结构复杂的刀具，如成形车刀、铣刀、钻头、铰刀、拉刀、齿轮刀具等。硬质合金刀具能加工高速钢刀具难以切削加工的材料，硬质合金具有比高速钢更高的硬度、耐热性和耐磨性，但其抗弯强度和冲击韧度比高速钢低，刃口不能磨得同高速钢刀具那样锋利。硬质合金刀具多采用焊接与机械夹固式结构，适用于各类大尺寸刀具的制造。超硬刀具主要是指陶瓷刀具和金刚石刀具、立方氮化硼刀具。陶瓷刀具主要用于切削硬度在45～55 HRC的工具钢和淬火钢，陶瓷刀具的切削速度比硬质合金刀具高20%～25%，切削时摩擦因数小，不黏刀，不易产生积屑瘤，能获得较小的表面粗糙度和较好的尺寸稳定性，其缺点是脆性大、易崩刀。金刚石刀具主要用于高速精细车削、镗削有色金属及其合金和非金属材料。由于金刚石刀具具有较高的耐磨性，加工尺寸稳定，刀具使用寿命长，所以常用在数控机床、组合机床和自动机床上，加工后工件表面粗糙度（Ra）可达0.025～0.1 μm。但金刚石刀具耐热性差，切削温度不宜超过700～800 ℃；金刚石刀具强度低、脆性大、尺寸小、对振动敏感，只适合微量切削；金刚石刀具与铁制刀具有较强的化学亲和力，不适合加工黑色金属。立方氮化硼刀具一般是采用硬质合金为基体的复合立方氮化硼双层刀片，主要用于加工高硬度（64～70 HRC）的淬硬钢、冷硬铸铁、高温合金等难以加工材料。立方氮化硼刀具的优点是化学稳定性好，切削温度在1 000 ℃以下不会氧化，因此在高速切削淬硬钢、冷硬铸铁时，刀具的黏结、磨损较小，摩擦因数小，硬度和耐热性仅次于金刚石。立方氮化硼刀具有良好的切削性能和磨削工艺性，能用一般金刚石砂轮磨削。

2. 按工件加工表面形式

刀具按工件加工表面形式可分为外表面加工刀具、孔加工刀具、螺纹加工刀具、齿轮加工刀具和切断刀具。

外表面加工刀具包括车刀、刨刀、铣刀、外表面拉刀和锉刀等；孔加工刀具包括钻头、扩孔钻、镗刀、铰刀和内表面拉刀等；螺纹加工刀具包括丝锥、板牙、自动开合螺纹切头、螺纹车刀和螺纹铣刀等；齿轮加工刀具包括滚刀、插齿刀、剃齿刀、锥齿轮加工刀具、齿轮铣刀、齿轮拉刀等；切断刀具包括镶齿圆锯片、带锯、弓锯、切断车刀和锯片铣刀等。此外，还有组合刀具。

3. 按切削运动方式和相应刀刃形状

刀具按切削运动方式和相应刀刃形状可分为通用刀具、成形刀具、展成刀具。

通用刀具如车刀、铣刀（不包括成形车刀、成形刨刀和成形铣刀）、刨刀、镗刀、钻头、扩孔钻、铰刀和锯等；成形刀具如成形车刀、成形铣刀、成形刨刀、拉刀、圆锥铰刀和各种螺纹加工刀具等；展成刀具如滚刀、插齿刀、剃齿刀、锥齿轮铣刀盘和锥齿轮刨刀等。

4. 按工作部结构形式

刀具按工作部结构形式分为整体式刀具和镶嵌式刀具。镶嵌式刀具又分为焊接式刀具、黏结式刀具和机械夹固式刀具。机械夹固式刀具还可分为重磨和不重磨两类，机械夹固不重磨式刀具又称机夹可转位刀具。

采用工具钢和高速钢的刀具大多是整体式刀具，如工具钢的刀、手动铰刀、手动丝锥、手工锯条、手动圆板等，又如，高速钢的车刀、铣刀、铰刀、拉刀、钻头、齿轮刀具等。除此之外，采用硬质合金的小尺寸孔加工刀具也是整体式刀具。

采用硬质合金、陶瓷、立方氮化硼、金刚石材料的刀具一般都是镶嵌式刀具。硬质合金刀具的镶嵌方法主要是焊接和机械夹固。目前，硬质合金机夹可转位刀具作为一种先进刀具广泛使用，特别是在数控刀具系统中。机械夹固重磨式刀具在镗削和铣削类刀具应用较多，如盘式铣刀、端铣刀等。另外，机械夹固重磨式刀具可以直接夹紧硬质合金刀片，也可以夹紧焊接式刀头。

5. 按装夹部结构形式

刀具的装夹部有带柄和带孔两类。

带柄的刀具通常有矩形柄、圆柱柄和圆锥柄。车刀、刨刀等的刀柄一般为矩形柄；麻花钻、立铣刀等的刀柄一般为圆锥柄（较小的麻花钻、立铣刀等的刀柄一般为圆柱柄）。圆锥柄靠锥度承受轴向推力，并借助摩擦力传递扭矩。带孔刀具依靠内孔套装在机床的主轴或芯轴上，借助轴向键或端面键传递扭转力矩，如套式面铣刀、圆柱形铣刀等。

另外需要说明的是，用于磨削、研磨和抛光的工具称为磨具，广义上磨具也是刀具。磨具按其原料来源分为天然磨具和人造磨具。机械加工中常用的天然磨具是油石。人造磨具按基本形状和结构特征分为砂轮、磨头、砂瓦等固结磨具和涂附磨具。此外，习惯上把研磨剂也称磨具。

二、刀具设计基本理论

1. 对刀具材料的基本要求

性能优良的刀具材料，是保证刀具高效工作的基本条件。刀具切削部分在强烈摩擦、高压、高温下工作，因此刀具材料应满足以下基本要求。

（1）较高的硬度。

刀具材料的硬度必须高于被加工材料的硬度。常温下刀具硬度一般应在 60 HRC 以上。

（2）足够的强度和韧性。

切削时刀具要承受较大的切削力、冲击和振动，为避免崩刃和折断，刀具材料应具有足够的强度和韧性。一般用材料的抗弯强度和冲击韧度值来衡量。

（3）较好的耐磨性。

耐磨性是指材料抵抗磨损的能力，它与材料硬度、强度和金相组织等有关。一般而言，材料的硬度越高，耐磨性越好；材料金相组织中碳化物越多、越细、分布越均匀，其耐磨性越高。

（4）较高的耐热性。

耐热性即高温下保持足够的硬度、耐磨性、强度和韧性的性能。常将材料在高温下仍能保持高硬度的能力称为热硬性、红硬性。刀具材料的高温硬度越高，耐热性越好，允许的切削速度就越高。

（5）较好的工艺性。

工艺性是指材料除了便于加工制造，如良好的锻造性、热处理性、可焊性、刃磨性等，还应尽可能满足资源丰富、价格低廉的要求。

现代切削加工刀具有更高速、更高效和自动化程度高等特点，为适应需要，对现代切削加工的刀具材料提出了比传统加工用刀具材料更高的要求，它不仅要求刀具耐磨损、寿命长、可靠性好、精度高、刚度好，而且要求刀具尺寸稳定、安装调整方便等。

2. 常用刀具材料

常用刀具材料有工具钢（包括碳素工具钢、合金工具钢和高速工具钢）、硬质合金钢、陶瓷和超硬刀具材料（金刚石、立方氮化硼）等四大类。目前使用量最大的刀具材料是高速工具钢和硬质合金钢。碳素工具钢和合金工具钢是早期使用的刀具材料，由于耐热性较差已经较少使用，其主要用于手工工具或低速切削刀具，如锉刀、拉刀、丝锥和板牙等。

1）高速工具钢

高速工具钢是一种加入了较多的钨、铬、钒、钼等合金元素的高合金工具钢，有良好的综合性能，其强度和韧性是现有刀具材料中最高的。高速工具钢的制造工艺简单，容易刃磨成锋利的切削刃，因此俗称锋钢；锻造、热处理变形小，耐热性高，在切削温度达到 500～650 ℃时，仍能保持 60 HRC 的硬度。高速工具钢在成形车刀、铣刀、拉刀、齿轮加工刀具和螺纹加工刀具中广泛应用。

2）硬质合金钢

硬质合金钢是由高强度、高熔点的金属碳化物和金属黏结剂经过粉末冶金工艺制成的。

常用的硬质合金钢中有大量的碳化钨、碳化钛，因此硬度、耐磨性、耐热性均高于高速工具钢。常温硬度达 89～94 HRA，热硬温度达 800～1 000 ℃。切削钢时，切削速度可达 220 m/min。但是硬质合金钢的抗弯强度低，韧性差，工艺性能差，不易做成形状复杂的整体刀具。因其硬度、耐磨性、耐热性等优点，硬质合金钢现已成为主要的刀具材料之一。目前车削刀具大多采用硬质合金钢，其他刀具采用硬质合金钢的也日益增多，如硬质合金端铣刀、立铣刀、拉刀、铰刀等。

3）陶瓷

陶瓷具有很高的高温硬度和耐磨性，在 1 200 ℃高温时仍具有较好的切削性能，其化学性质较稳定，在高温下不易氧化；与金属亲和力小，不易发生黏结和扩散。但陶瓷具有抗弯强度低、冲击韧性差、导热性能差、线膨胀系数大的缺点。因此，其主要用于冷硬铸铁、淬硬钢、非铁金属等材料的精加工和半精加工。

4）金刚石

金刚石是碳的同素异构体。它的硬度极高，接近 10 000 HV（硬质合金仅在 1 300～1 800 HV），是目前已知最硬的材料。金刚石分天然的和人造的，天然金刚石的质量好，但价格昂贵，资源少，较少使用；人造金刚石是在高压高温条件下由石墨转化而成的。

金刚石与铁的亲和作用大，不宜用于加工钢铁材料，因此金刚石刀具主要用于对非铁金属及其合金进行精磨加工、超精加工，还能切削高硬度非金属材料，如压缩木材、陶瓷、刚玉、玻璃等，以及难加工的复合材料。金刚石的热稳定性较差，当切削温度高于800 ℃时，空气中的金刚石会立即碳化，刀具会发生急剧磨损，从而丧失切削能力。

3. 刀具的组成

刀具由装夹部分和工作部分（切削部分）组成。装夹部分又称装夹部，功用是将刀具连接到主轴或刀架上（直接连接或通过过渡套、过渡杆连接）。工作部分是产生和处理切屑的部分，包括刀刃、使切屑断裂或卷拢的结构、排屑或容屑切屑的空间、切削液的通道等结构要素。整体结构刀具的装夹部分和工作部分都做在刀体上；镶齿结构刀具的工作部分（刀齿或刀片）则镶嵌在刀体上。

4. 刀具的角度

刀具切削部分的各表面与切削刃的空间位置对刀具的切割性能、加工质量与切削效率有很大影响。刀具几何角度就是用来表达前后面和切削刃的空间位置的。

1）辅助参考平面

确定刀具几何角度的大小，需要建立辅助参考平面。辅助参考平面包括基面 P_r、切削平面 P_s、正交平面 P_o、假定工作平面 P_f。

（1）基面 P_r。如图 5－1（a）所示，基面是过主切削刃上选定点并垂直于该点切削速度方向的平面，由此可知，在静止时，基面 P_r 与刀杆底面平行；切削刃上各点基面相互平行；当切削刃与刀杆底面平行时，切削刃上各点基面重合为一个。

（2）切削平面 P_s。如图 5－1（a）所示，切削平面是过主切削刃上选定点、与主切削刃相切并垂直于基面的平面，由此可知，切削刃上选定点的切削速度一定在该点的切削平面内。

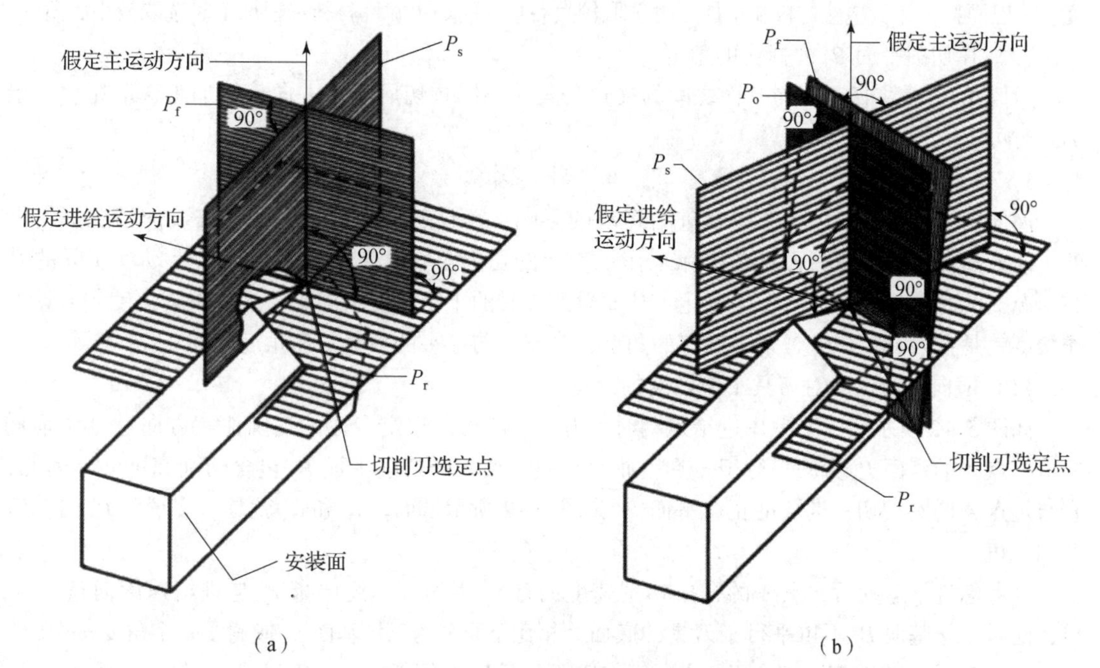

图5－1 辅助参考平面

（3）正交平面 P_o。如图5－1（b）所示，正交平面是指过主切削刃上选定点同时垂直于切削平面的平面，也可以认为，正交平面是垂直于主切削刃在基面上投影的平面，正交平面是一个测量平面。

（4）假定工作平面 P_f。如图5－1（b）所示，假定工作平面是过主切削刃上选定点、垂直于基面，并平行于假定进给运动方向的平面。

2）刀具的主要标注角度

（1）在基面 P_r 内标注的角度。

①主偏角 K_r。主切削刃与主切削平面和假定工作平面间的夹角，即主切削刃在基面上的投影与进给方向间的夹角。

②副偏角 K'_r。副切削平面与假定工作平面间的夹角，即副切削刃在基面上的投影与进给运动反方向间的夹角。

主偏角 K_r 和副偏角 K'_r 越大，残留面积越大，表面粗糙度越大；主偏角 K_r 越小，进给抗力越小，切深抗力越大，工件的变形挠度加大，容易引起系统振动。在具体选用中，系统刚性好，则选取较小的主偏角，一般选10°～30°，45°；系统刚性差，则选取较大的主偏角，一般选60°，75°，90°。

（2）在正交平面 P_o 内标注的角度。

①前角 γ_o。前面与基面间的夹角，在正交平面中测量。

②后角 α_o。后面与切削平面的夹角，在正交平面中测量。

前角的大小会影响切削力的大小、刀头强度和散热条件，前角越大，刀越锋利，切削轻快，但强度下降，不利于散热。一般而言，加工塑性材料和精加工时选取较大前角，而加工脆性材料和粗加工时选取较小前角。

后角有正、零之分，没有负值。后角可减小后刀面与工件之间的摩擦，减小工件的表面粗糙度。一般而言，加工塑性材料和精加工时选取较大后角，而加工脆性材料和粗加工时选取较小后角。

（3）在切削平面 P_s 内标注的角度。

刃倾角 λ_s 是主切削刃与基面之间的夹角，其大小影响切屑流出方向，精加工选取正值，粗加工时可选取零或负值。

3）刀具工作角度

前面定义的刀具角度是在忽略进给运动的影响，而且刀具又按特定条件安装的情况下给出的。而刀具工作角度是指刀具在实际工作状态下的切削角度，它必须考虑进给运动和实际的安装情况，此时刀具的参考系发生变化，从而导致刀具的工作角度不同于原来的刀具角度。刀具工作角度就是在刀具工作参考系中确定的角度，其定义与原来的刀具工作角度相同。

（1）横向进给运动对刀具工作角度的影响。

如图5－2所示，在不考虑进给运动时，刀具切削刃上选定点 A 的切削速度方向过点 A 垂直向上，点 A 的基面 P_r 为一平行于刀具底面的平面；点 A 的切削平面 P_s 包含切削速度 $\boldsymbol{v}_c$，因此，它与过点 A 的圆相切；点 A 的正交平面 P_o 为图5－2所示纸面。γ_o 和 α_o 就是正交平面 P_o 内的前角和后角。

当考虑进给运动后，点 A 的合成切削速度向量 $\boldsymbol{v}_e$ 由切削速度向量 $\boldsymbol{v}_c$ 与进给速度向量 $\boldsymbol{v}_f$ 合成，此时工作基面 P_{re} 不再平行于刀具的底面，相比于原来的工作基面 P_r 倾斜了一个角度 μ；工作切削平面 P_{se} 亦发生改变，相比于原来的工作切削平面 P_s 亦倾斜了一个角度 μ，工作正交平面 P_{oe} 与原来的 P_o 是重合的。此时的前角 γ_{oe} 和后角 α_{oe} 就为在工作正交平面 P_{oe} 内的工作前角和工作后角。

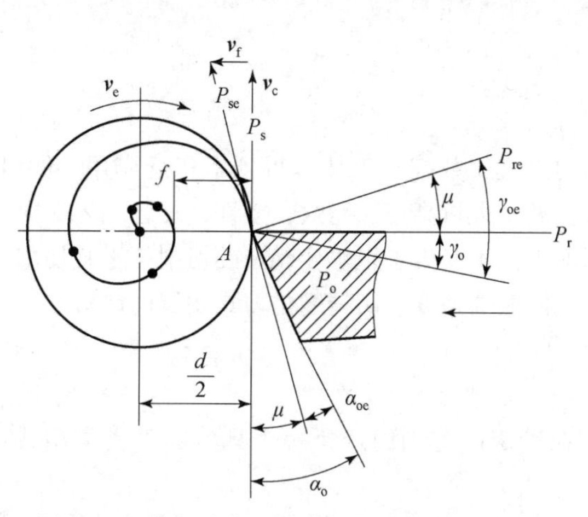

图 5-2 横向进给运动对刀具工作角度的影响

经过计算发现，切削刃越近工件中心，切削刃上选定点点 A 相对工件中心的直径值越小，则合成切削速度角越大。因此，在一定的横向进给量下，当切削刃接近工件中心时，合成切削速度角急剧增大，工作后角 α_{oe}将变为负值，此时刀具已不再是切削工件而是挤压工件。横向进给量大小对合成切削速度角也有很大影响，进给量增大则合成切削速度角增大，也有可能使工作后角 α_{oe}变为负值。因此，对于横向切削的刀具，不宜选用过大的进给量，并应适当加大后角 α_{oe}。

（2）纵向进给运动对刀具工作角度的影响。

一般外圆车削时，由于纵向进给量不大，纵向进给运动对刀具工作角度的影响通常可以忽略不计，但在车削螺纹时，就会有较大的影响。此时的刀具工作角度与刀具标注角度会有较大的差别。

（3）刀具安装位置对刀具工作角度的影响。

如图 5-3 所示，当刀尖（或选定点 A）安装高于工件中心线时，刀具的工作切削平面变为 P_{se}，工作基面变为 P_{re}。刀具的工作前角 γ_{oe}增大，工作后角 α_{oe}减小。

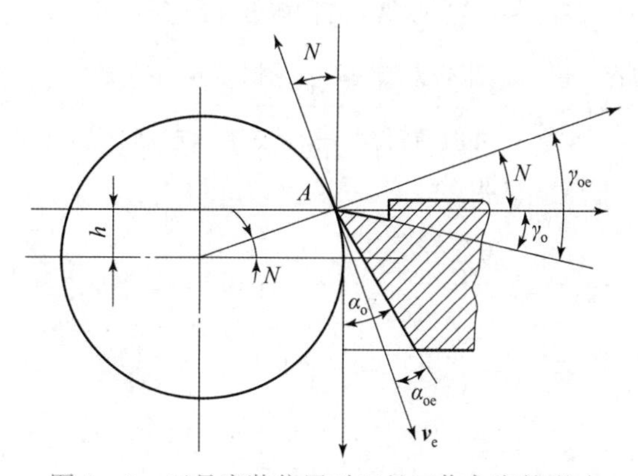

图 5-3 刀具安装位置对刀具工作角度的影响

计算可发现，刀具工作角度的变化量与刀尖高于工件中心的数值呈正比，与点 A 工件直径呈反比。当工件直径很小时（如切断加工接近工件中心时），即使刀尖解决工件中心，也会引起刀具工作角度很大的变化。

同理，当刀尖（或选定点 A）安装位置低于工件中心线时，上述工作角度的变化情况刚好相反，将引起工作前角减小、工作后角增大。加工内表面时，刀尖安装位置高低对刀具工作角度变化情况与加工外表面相反。

三、刀具的现状与发展趋势

随着数字化制造技术的出现，数控加工技术得到了广泛应用，同时以制造业为主要服务对象的刀具制造也得到迅速发展。大量高速、高效、柔性、复合、环保数控刀具及刀具应用新技术不断涌现，使传统的切削加工技术发生了根本变化。硬切削、干式切削、高速高效加工已经成为现代切削技术的重要标志，同时高强度、高精度是刀具发展的趋势。

任务实施

（1）确定研究主题，在给定的范围内选择一个具体的刀具类型或设计理论进行深入研究，如车刀、铣刀、拉刀等。

（2）查阅文献资料，收集关于所选主题的资料。

（3）整理与分析资料，对收集到的资料进行整理、分类和提炼，形成对刀具的基本分类、设计理论及发展趋势的全面理解。

（4）按照规定的格式撰写研究报告，包括引言、主体部分（分类、设计理论、发展趋势等）、结论等。

（5）课堂汇报。

任务评价

任务评价表见表 5－1。

表 5－1　任务评价表

序号	考核要点	项目（配分：100 分）	教师评分
1	职业素养	团队合作能力（20 分）	
		信息收集、咨询能力（20 分）	
2	研究报告内容	报告论点明确、论据充分（30 分）	
3	课堂汇报表现	PPT 制作、语言表达、互动回答清晰（30 分）	
得分			

问题探究

1. 问答题

（1）刀具有哪些分类方法？

（2）刀具有哪些常用材料？

（3）刀具的未来发展趋势是什么？

2. 填空题

（1）按切削部分材料分，刀具分为（　　　　　　）、（　　　　　　）、硬质合金刀具、陶瓷刀具、金刚石刀具及立方氮化硼刀具。

（2）刀具由（　　　　　）和（　　　　　）组成。

（3）加工塑性材料和精加工时选取较（　　　　　）前角，而加工脆性材料和粗加工时选取较（　　　　　）前角。

3. 判定题

（1）硬质合金刀具能加工高速钢刀具难以切削加工的材料，硬质合金有比高速钢更高的硬度、耐热性和耐磨性，其抗弯强度和冲击韧度也比高速钢高。（　　）

（2）金刚石刀具强度低、脆性大、尺寸小、对振动敏感，只适合微量切削。（　　）

（3）后角有正、零之分，没有负值。（　　）

4. 单选题

（1）带柄的刀具通常有矩形柄、圆柱柄和圆锥柄。车刀、刨刀等的刀柄一般为（　　）。

A. 圆柱柄　　　B. 矩形柄　　　C. 圆锥柄

（2）下列选项中属于孔加工工具的是（　　）。

A. 镗刀　　　B. 车刀　　　C. 刨刀

任务 5.2　成形车刀设计

【任务描述】

工件如图 5－4 所示，工件材料为易削钢 Y15，圆棒料 $\phi32$ mm，大批量生产，用成形车刀加工出全部外圆表面并切出预切槽，用 C1336 单轴转搭自动车床，设计出圆体成形车刀。

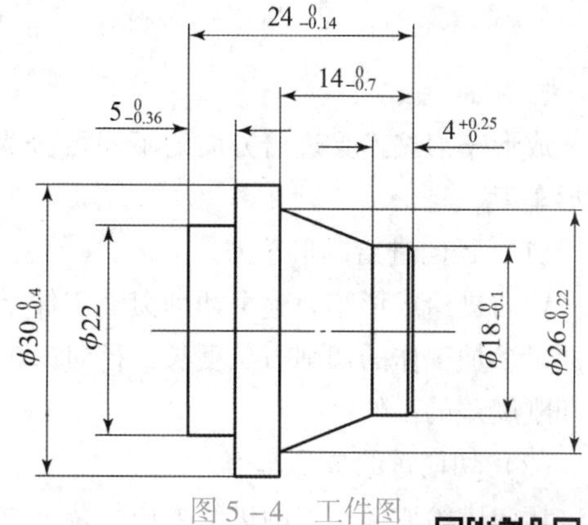

图 5－4　工件图

【学前装备】

（1）准备 CATIA 软件并安装。

（2）准备专业手册和文献。

成形车刀的种类和用途

预备知识

一、成形车刀的种类

成形车刀的种类很多，可以从不同的角度对成形车刀进行分类。

1. 按刀体形状

成形车刀按刀体形状不同可分为平体成形车刀、棱体成形车刀和圆体成形车刀。

（1）平体成形车刀。

平体成形车刀刀体外形为平条状，结构简单，同普通车刀相似，但其刀刃有一定的廓形，如图 5－5（a）所示。平体成形车刀容易制造，成本较低，但可重磨次数不多。用于加工简单的外成形表面，如螺纹车刀、铲削成形刀齿后刀面和车圆弧表面等。

（2）棱体成形车刀。

棱体成形车刀刀体呈棱柱形，外形为多棱柱体，如图 5－5（b）所示。棱柱体的刀头和刀杆是分开制作的，较大地增加了沿前刀面的重磨次数，刀体刚度好、使用寿命长，但因结构尺寸的限制，棱体成形车刀只能用来加工外成形表面。

(3) 圆体成形车刀。

圆体成形车刀刀体外形为带孔的回转体，如图5-5（c）所示。圆体成形车刀允许重磨的次数最多，制造也比棱体成形车刀容易，且可加工零件上内成形表面和外成形表面，生产中使用较多，但其加工精度较平体成形车刀和棱体成形车刀低。

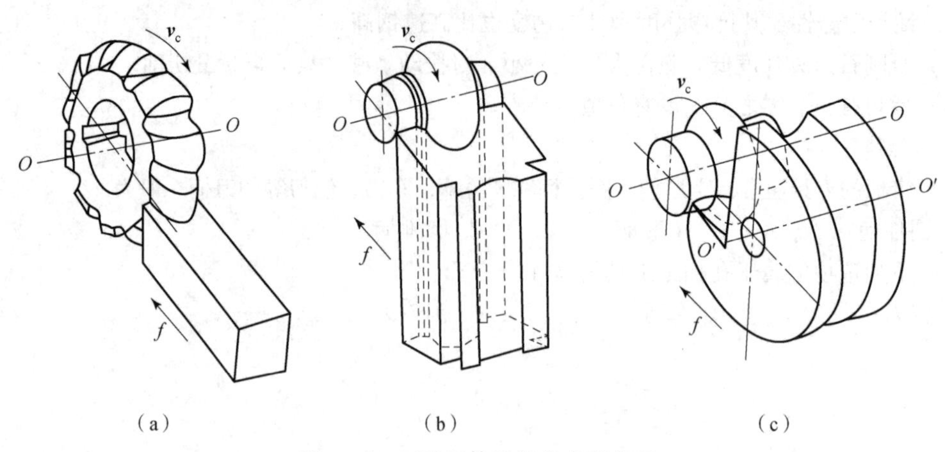

图5-5 三种刀体形状的成形车刀

(a) 平体成形车刀；(b) 棱体成形车刀；(c) 圆体成形车刀

2. 按进给方向

成形车刀按刀具进给方向的不同可分为径向进给成形车刀、切向进给成形车刀和斜向进给成形车刀。

(1) 径向进给成形车刀。

径向进给成形车刀整个切削刃沿工件半径方向同时切入工件，工作行程短，生产效率高。但因同时参加工作的切削刃长度长，径向力较大，易引起振动从而影响加工的质量，因此不适于细长和刚度差的工件。

(2) 切向进给成形车刀。

切向进给成形车刀的进给方向与装夹方向均和加工表面相切，如图5-6（a）所示。切削刃逐渐切入工件，并逐渐切离工件。和径向进给成形车刀相比切向进给成形车刀具有切削力小，工作平稳，切削终止位置不影响加工精度的特点。但它的切削行程较长，生产率较低，主要用于加工细长型、廓形深度不大、刚度较差的零件。

(3) 斜向进给成形车刀。

斜向进给成形车刀的进给方向与工件轴线间有一定的夹角，且夹角大小不等于90°，用于切削直角台阶表面时，能形成较合理的后角和偏角，如图5-6（b）所示。

二、成形车刀的前角和后角

成形车刀必须具有合理的前角与后角才能有效地工作。由于成形车刀的切削刃形状曲线复杂（有曲线部分，也有直线部分)，且刀刃上各点的正交平面方向截然不同，所以难以保证刀刃上各点都具有合理的前角和后角。一般规定在刀具的假定工作平面（垂直于工件轴线的断面）内测量，以成形车刀切削刃上最外点处的侧后角作为设计和制造刀具的名义前角和后角，分别用 γ_f 和 α_f 表示，如图5-7所示。

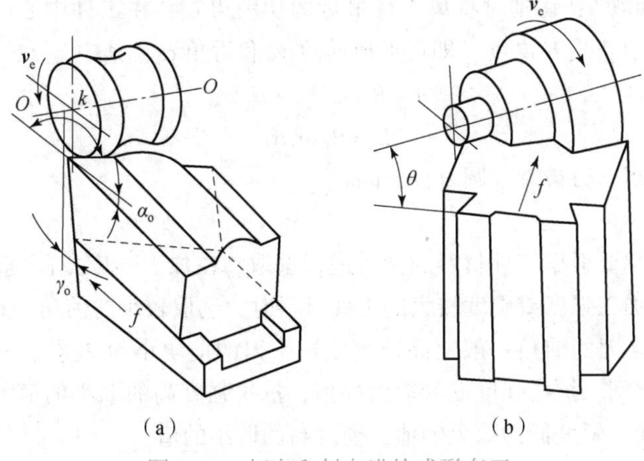

图 5-6 切向和斜向进给成形车刀

(a) 切向进给成形车刀；(b) 斜向进给成形车刀

成形车刀的前角和后角

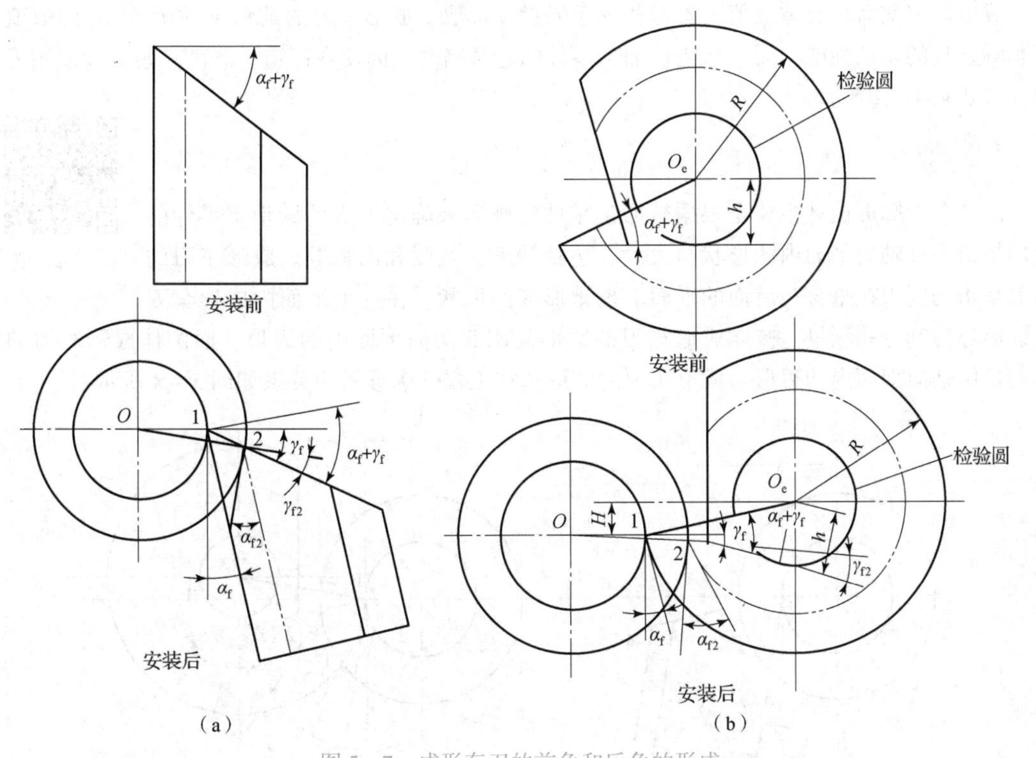

图 5-7 成形车刀的前角和后角的形成

(a) 棱体成形车刀前角与后角的形成；(b) 圆体成形车刀前角和后角的形成

1. 前角和后角的形成

与其他刀具直接磨出前后角不同，成形车刀只刃磨前刀面，预先磨出一定角度，然后依靠刀具相对工件的安装位置形成前角和后角。

棱体成形车刀的前刀面是平面，后刀面是成形棱形柱面，其前角与后角的形成如图 5-7（a）所示。制造刃磨棱体成形车刀只需将刀具前刀面和后刀面的夹角制成 $90° - (\gamma_f + \alpha_f)$；装夹时，将后刀面相对铅垂面倾斜 α_f，则前刀面与水平轴向面间的夹角为前角 γ_f。

圆体成形车刀前角和后角的形成如图 5-7（b）所示。刃磨时磨出容屑缺口，并使前刀面低

于刀具中心 O_e 一段距离 h；切削时将离工件最近的切削刃安装在工件中心的水平位置上，再将刀具中心线高于工件中心线 H 高度，即可形成前角 γ_f 和后角 α_f，其中

$$h = R_1 \sin(\gamma_f + \alpha_f) \tag{5-1}$$

$$H = R_1 \sin \alpha_f \tag{5-2}$$

式中 R_1——圆体成形车刀最大外圆直径，mm。

2. 前角和后角的选取

成形车刀的前角主要根据工件材料的性质进行选取。在加工强度或硬度较小的工件材料时，选取较大的前角；在加工强度或硬度较大的工件材料时，选取较小的前角。在其他条件相同的情况下，硬质合金成形车刀的前角一般比高速钢成形车刀的前角小 5°左右。一般情况下，钢料前角可选取在 5°~20°之间，抗拉强度低的取大的值，抗拉强度高的取小的值；铸铁工件材料前角可选取在 0°~10°之间，硬度低的取大的值，硬度高的取小的值。

成形车刀后角主要根据车刀种类进行选取。一般情况下，平体成形车刀后角 α_f 选取角度范围为 25°~30°；圆体形车刀后角 α_f 选取范围为 10°~15°；棱体成形车刀后角 α_f 选取范围为 12°~15°。

成形车刀前后角具体数值可参考相关手册进行选取。成形车刀的前角 γ_f 和后角 α_f 的取值不但影响刀具的切削性能，而且影响被加工零件的轮廓精度，因此在制造、磨削、装夹和使用刀具时，都要求不可变动。

三、成形车刀廓形设计

成形车刀的廓形设计

成形车刀廓形设计主要是根据被加工零件的廓形来确定刀具的廓形。零件的廓形是指零件轴向平面内的形状与尺寸，包括深度、宽度和圆弧等。成形车刀的廓形是指切削刃在垂直与后面的平面上投影形成的形状。在这个平面内成形车刀的廓形容易制造和测量，棱体成形车刀的廓形是用其法向剖面内的刃形，而圆体成形车刀的廓形则是用轴向剖面内的刃形。成形车刀的廓形和加工零件廓形间的关系如图 5-8 所示。

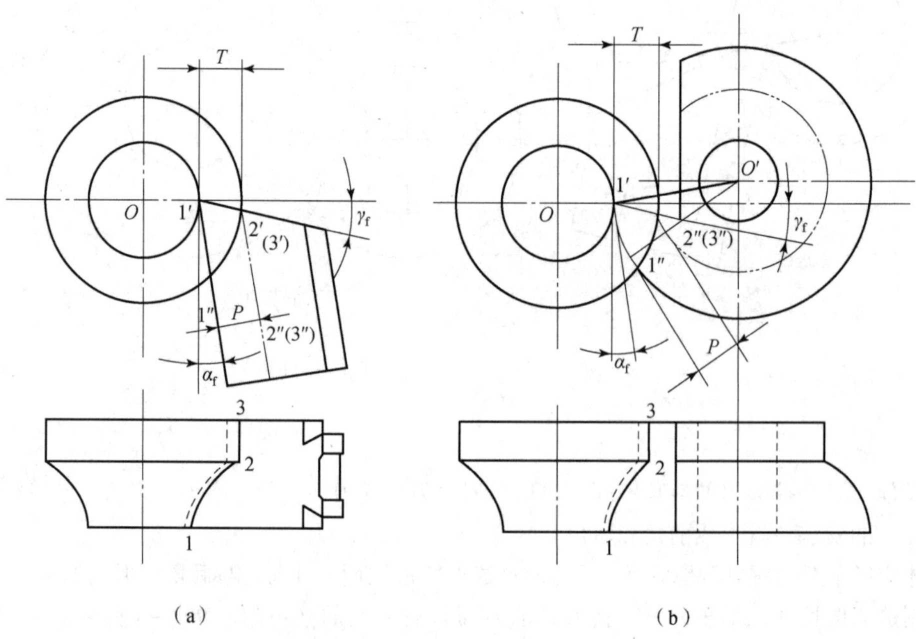

图 5-8 成形车刀的廓形和加工零件廓形间的关系

(a) 棱体成形车刀；(b) 圆体成形车刀

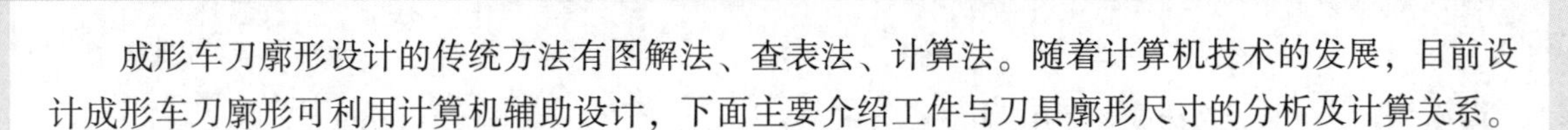

成形车刀廓形设计的传统方法有图解法、查表法、计算法。随着计算机技术的发展，目前设计成形车刀廓形可利用计算机辅助设计，下面主要介绍工件与刀具廓形尺寸的分析及计算关系。

1. 图解法

图解法的主要设计原理是在已知零件的廓形、刀具的前角 γ_f 和后角 α_f、圆体车刀廓形的最大半径 R 的情况下，通过作图找出切削刃在垂直于后刀面上的投影，如图 5－9 所示。

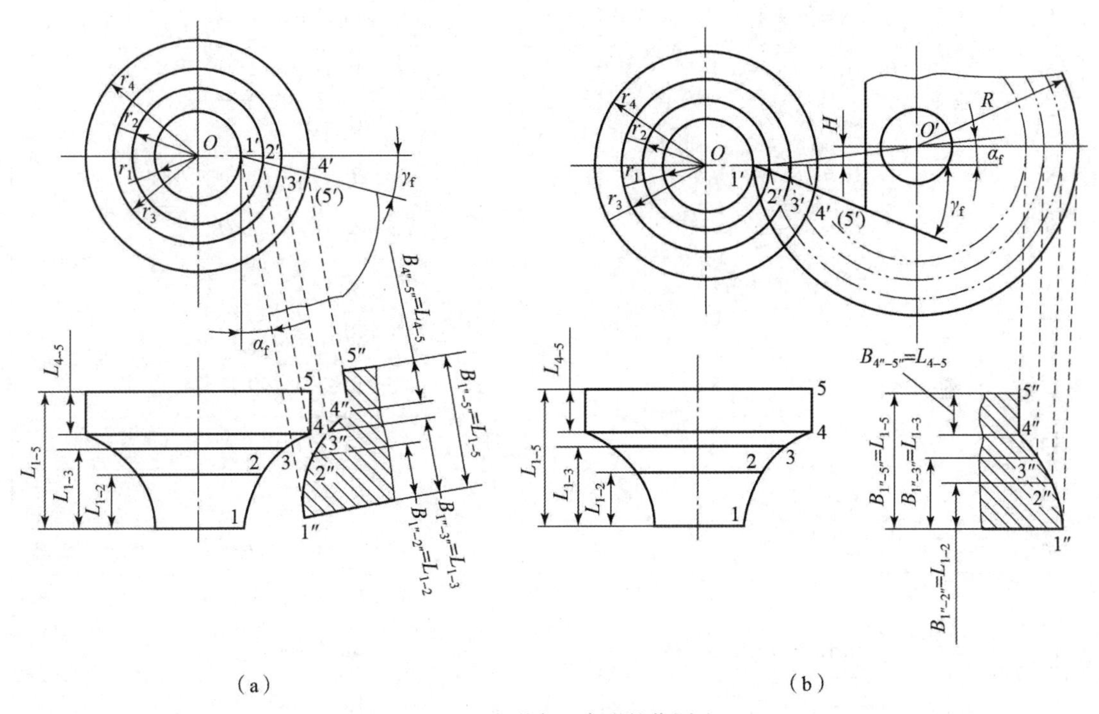

图 5－9 成形车刀廓形的作图法

(a) 棱体成形车刀；(b) 圆体成形车刀

设计步骤如下。

步骤一：选择合适的比例，用零件廓形平均尺寸画出零件的主视图、俯视图。

步骤二：在主视图零件的中心位置处 1′上作出刀具的前刀面和后刀面投影线。

步骤三：作出切削刃各点 2′，3′，4′（5′）的后刀面投影线。

步骤四：在垂直后刀面截面中，连接各切削刃投影点与相等于零件廓形宽度引出线的交点 1″，2″，3″，4″，5″，连接各交点所形成的曲线即得刀具的廓形。

2. 计算法

用计算法设计截形时，先计算出前刀面上车刀的廓形深度，再换算到法剖面上。成形车刀径向廓形设计计算公式见表 5－2。依次求出法剖面上的各廓形深度，再根据计算值及已知的工件轴向尺寸，给出刀具设计图并标明尺寸。

表 5－2 成形车刀径向廓形设计计算公式

序号	棱体成形车刀	圆体成形车刀
1	$h = r_1 \sin\gamma_f$	
2	$A_1 = r_1 \cos\gamma_f$	

续表

序号	棱体成形车刀	圆体成形车刀
3	$\sin\gamma_{f2}=h/r_2$	$h_0=R_1\sin(\gamma_f+\alpha_f)$
4	$A_2=r_2\cos\gamma_{f2}$	$B_1=R_1\cos(\gamma_f+\alpha_f)$
5	$C_2=A_2-A_1$	$\sin\gamma_{f2}=h/r_2$
6	$P_2=C_2\cos(\gamma_f+\alpha_f)$	$A_2=r_2\cos\gamma_{f2}$
7	$\sin\gamma_{f3}=h/r_3$	$C_2=A_2-A_1$
8	$A_3=r_3\cos\gamma_{f3}$	$B_2=B_1-C_2$
9	$C_3=A_3-A_1$	$\tan(\gamma_{f2}+\alpha_{f2})=h_0/B_2$
10	$P_3=C_3\cos(\gamma_f+\alpha_f)$	$R_2=h_0/\sin(\gamma_{f2}+\alpha_{f2})$
11		$\sin\gamma_{f3}=h/r_3$
12		$A_3=r_3\cos\gamma_{f3}$
13		$C_3=A_3-A_1$
14		$B_3=B_1-C_3$
15		$\tan(\gamma_{f3}+\alpha_{f3})=h_0/B_3$
16		$R_3=h_0/\sin(\gamma_{f3}+\alpha_{f3})$
17	$\sin\gamma_{f2}=h/r_2$	$\sin\gamma_{f2}=h/r_2$
18	$A_2=r_2\cos\gamma_{f2}$	$A_2=r_2\cos\gamma_{f2}$
19	$C_2=A_2-A_1$	$C_2=A_2-A_1$
20	$P_2=C_2\cos(\gamma_f+\alpha_f)$	$B_2=B_1-C_2$
21		$\tan(\gamma_{f2}+\alpha_{f2})=h_0/B_2$
22		$R_2=h_0/\sin(\gamma_{f2}+\alpha_{f2})$

四、成形车刀工作图设计

成形车刀工作图设计包括成形车刀廓形设计、刀体结构设计、附加刀刃设计与样板设计，其中廓形设计是成形车刀工作图设计的主要部分，下面就刀体结构设计、附加刀刃设计与样板设计进行简单介绍。

1. 刀体结构设计

成形车刀的刀体结构及其尺寸与所使用的机床和夹持成形车刀的刀夹有关。图 5 - 10 所示为具有燕尾结构的棱体成形车刀和端面带销孔的圆体成形车刀组成尺寸。图 5 - 10 所示棱体成形车刀是用燕尾榫固定夹紧在刀夹燕尾槽中的。燕尾榫底面 $A-A$ 是成形车刀的设计与夹紧定位基准，燕尾槽的两侧斜面是固定在刀夹上的夹紧面；圆体成形车刀通过内孔、端面和销孔（d_3）被定位夹紧在刀夹上。

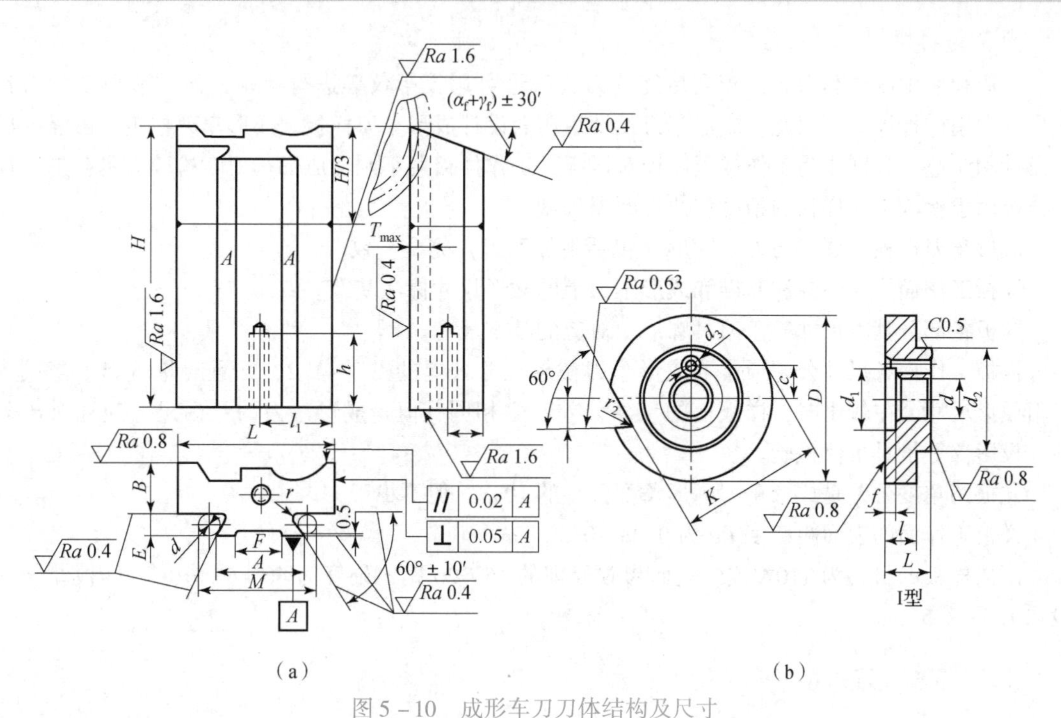

(a)　　　　　　　　　　　　　　　　(b)

图 5－10　成形车刀刀体结构及尺寸

(a) 有燕尾结构的棱体成形车刀；(b) 端面带销孔的圆体成形车刀

成形车刀的刀体结构的各尺寸及精度、表面粗糙度、材料及热处理硬度等技术条件均按厂标确定。

2. 附加刀刃设计

成形车刀的附加刀刃为其两侧超出零件廓形宽度的部分，其作用为倒角或修光端面和切断预加工。此外，有了两侧附加切削刀刃，可增大切削刃两侧尖角处强度。附加刀刃形状及尺寸如图 5－11 所示。

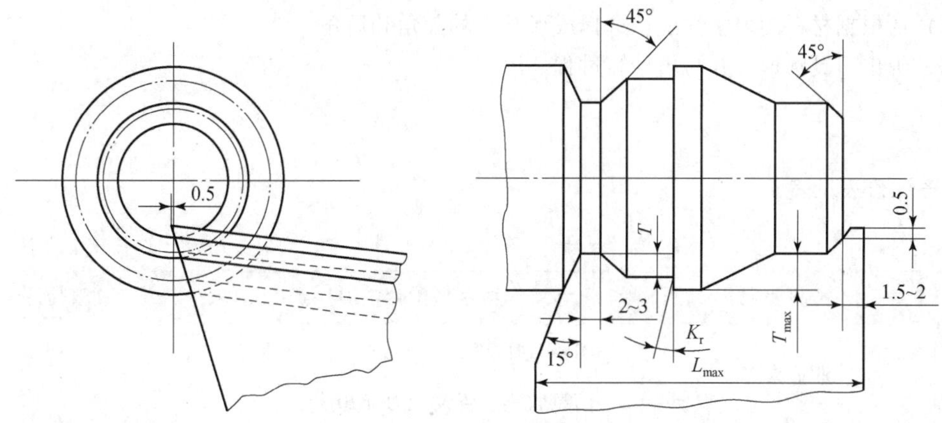

图 5－11　附加刀刃形状及尺寸

成形车刀的总宽度 L_{max} 是零件廓形宽度与两侧附加刀刃宽度之和。总宽不应过宽，否则可能引起振动，一般超越量为0. 5 mm。如果总宽度 L_{max} 过长，则可采取分段切削、用顶尖架增加夹持刚度或用辅助支承增加刚度等措施改善。

附加切削刃的偏角 K_r 和 K_{r1} 一般为 15°～20°，如工件端面有倒角，K_{r1} 等于倒角角度。

3. 样板设计

制造和使用成形车刀时，较高精度的刀具截形可用投影仪等进行检验，而一般精度的刀具截形则常用样板检验。因此，成形车刀设计后还需设计成形车刀样板。成形车刀样板一般需要成对设计和制造，分别作为工作样板和校对样板，工作样板用于制造成形车刀时检验刀具截形，校对样板用于检验工作样板的精度和使用磨损程度。

成形车刀样板的廓形与刀具廓形（包括附加刀刃）完全一致。

样板工作面尺寸的标注基准和成形车刀上的截形尺寸标注基准一致。

样板各部分基本尺寸等于刀具廓形上对应的基本尺寸。

样板工作面各尺寸公差通常取成形车刀截形尺寸公差的1/3～1/2，并且对称分布。当成形车刀截形尺寸公差较小时，样板上的尺寸公差与之相同，但是成形车刀的最后尺寸应通过千分尺、投影仪等量具量仪检验。

样板的角度公差是成形车刀廓形角度公差的10%，但不小于3′。

样板工作面的表面粗糙度 Ra 为0.08～0.32 μm。

制造样板的材料为T10A或经表面渗碳处理的15～20钢，硬度为40～61 HRC，样板厚度一般取1.5～2.5 mm。

五、成形车刀的技术条件

成形车刀尺寸较小时，整体用高速钢制造，热处理62～66 HRC。尺寸较大时，切削部分用高速钢制造，而刀体部分用45钢或40铬（Cr）制造，热处理至38～45 HRC。

前、后刀面 Ra 为0.2 μm，基准表面 Ra 为0.8 μm，其余表面 Ra 为1.6～3.2 μm。

尺寸公差一般是廓形深度取工件公差的1/3～1/2，宽度取1/8～1/5。

任务实施

设计图5－4所示工作的加工刀具，并完成如下内容。

（1）请选择合适的刀具材料。

（2）请根据材料的力学性能，选择成形车刀的前角和后角。

（3）画出刀具廓形，并写出计算过程。

任务评价

任务评价表见表5－3。

表5－3　任务评价表

序号	考核要点	项目（配分：100分）	教师评分
1	职业素养	团队合作能力（20分）	
		信息收集、咨询能力（20分）	
2	学习态度	态度端正、工作认真（10分）	
3	车刀设计	刀具材料选择、前角和后角的选择、刀具廓形设计步骤等叙述完整且清晰（50分）	
得分			

问题探究

1. 问答题

(1) 与普通车刀相比，成形车刀有哪些特点？

(2) 成形车刀的分类有哪些？

(3) 什么是成形车刀的前角和后角？

(4) 如何选取成形车刀的前角和后角值？

(5) 成形车刀的设计内容包括哪些？

2. 填空题

(1) 成形车刀按刀体的形状不同可分为平体成形车刀、(　　　　　　) 和圆体成形车刀三种不同类型。

(2) 成形车刀按进给方向可分为 (　　　　　)、(　　　　　) 和 (　　　　　)。

(3) 成形车刀的工作样板用于 (　　　　　)。

3. 判定题

(1) 成形车刀前角主要根据其种类进行选取。 (　　)

(2) 成形车刀样板的廓形与刀具廓形 (包括附加刀刃) 完全一致。 (　　)

(3) 成形车刀的前角 γ_f 和后角 α_f 在制造、磨削、装夹和使用刀具时，都要求取值保持不变。 (　　)

4. 单选题

(1) 成形车刀尺寸较小时，整体用 (　　) 制造。

A. 高速钢　　B. 硬质合金　　C. 陶瓷材料　　D. 金刚石

(2) 成形车刀安装前，需预先在刀具上磨出 ε 角，其值为 (　　)。

A. 任意角度　　B. $[90° - (\gamma_f + \alpha_f)]$

C. 45°　　D. 0°

任务 5.3 拉刀设计

【任务描述】

已知工件的材料为 35 钢，根据图 5－12 加工工件的零件图查阅相关资料，完成拉刀设计。零件尺寸参数见表 5－4。

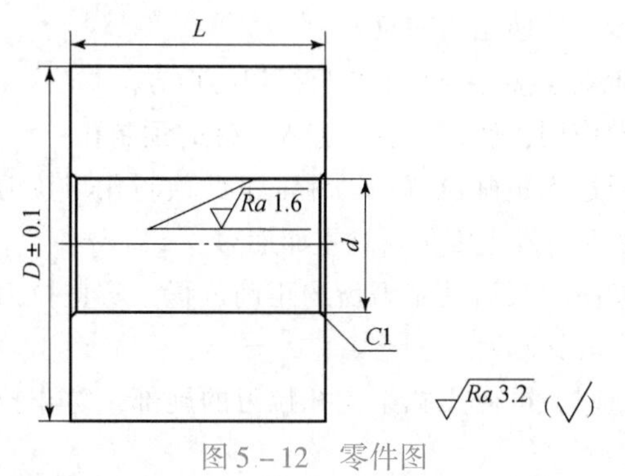

图 5－12 零件图

拉刀设计

表 5－4　零件尺寸参数

类别	工件材料	D/mm	d/mm	L/mm
参数	C35	160	48	58

【学前装备】

（1）准备 CATIA 软件并安装。

（2）了解拉刀设计相关的国家标准和行业规范。

预备知识

一、拉刀结构与主要参数

拉刀的种类虽然很多，但它们的结构组成是相似的，以圆孔拉刀为例。圆孔拉刀由工作部分和非工作部分组成。图 5－13 为圆孔拉刀结构。

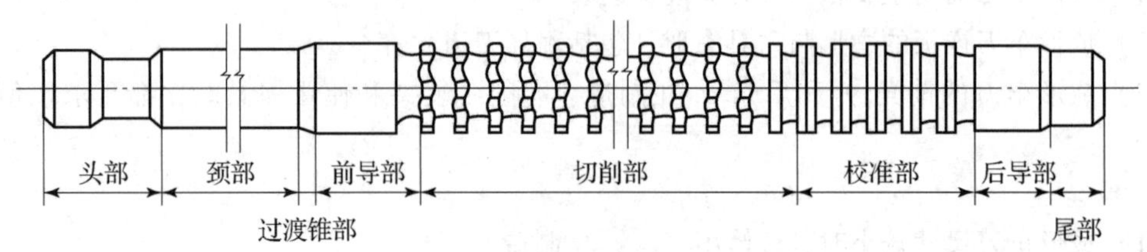

图 5－13　圆孔拉刀结构

1. 工作部分

工作部分由许多顺序排列的刀齿组成，每个刀齿都有前角、后角和刃带，根据各刀齿在拉削时的作用不同，分为切削齿和校准齿两部分。两部分作用如下。

切削齿部分：担负全部切削工作。前为粗切齿，后面为精切齿，各齿直径依次递增，中间为过渡齿。

校准齿部分：最后几个无齿升量和分屑槽的刀齿不承担切削工作，仅起修光、校准作用。当切削齿因重磨直径减小时，它可依次递补成为切削齿，即可作为精切齿的后备齿，以提高孔的加工精度和表面质量。

2. 非工作部分

非工作部分包括头部、颈部、过渡锥部、前导部、后导部、尾部。各部分作用如下。

（1）头部：与机床连接，传递运动和拉力。

（2）颈部：头部和过渡锥连接部分，也是打标记的地方。

（3）过渡锥部：起引导作用，使拉刀容易进入工件的预制孔。

（4）前导部：引导拉刀进入正确位置，以保证工件预制孔与拉刀的同轴度，并可检查工件预制孔径尺寸，防止第一个刀齿发生因负荷过重而崩刃。

（5）后导部：用来保持拉刀最后几个刀齿的正确位置，防止拉刀在即将离开工件时，因工件下垂而损坏已加工表面质量及刀齿。

（6）尾部：拉刀长而重时，可以用托架支托拉刀的尾部，防止拉刀因自重而下垂，一般质量较轻的拉刀不需要尾部。

3. 主要参数

拉刀主要参数如图5－14所示。

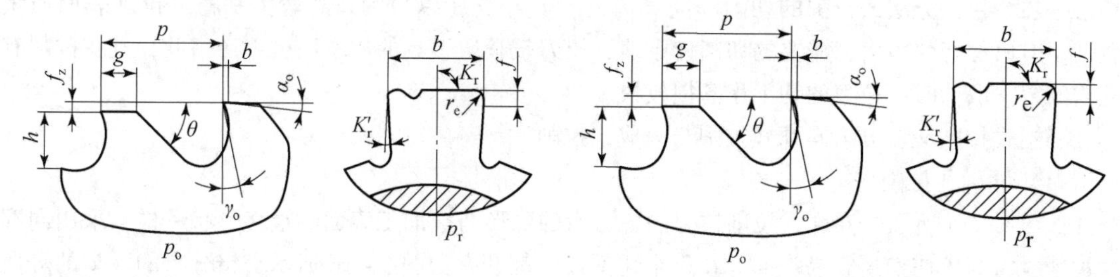

图5－14 拉刀主要参数

1）几何角度

（1）前角 γ_o。

前刀面与基面的夹角，在正交平面内测量。

（2）后角 α_o。

后刀面与切削平面的夹角，在正交平面内测量。

（3）主偏角 K_r。

主切削刃在基面中的投影与进给方向（齿升量测量方向）的夹角，在基面内测量。除成形拉刀外，各种拉刀的主偏角多为90°。

（4）副偏角 K'_r。

副切削刃在基面中的投影与已加工表面的夹角，在基面内测量。

2）结构参数

（1）齿刀量 f_z。

拉刀前后相邻两刀齿（或齿组）高度之差。

（2）齿距 p。

相邻刀齿间的轴向距离。

（3）容屑槽深度 h。

从顶刃到容屑槽槽底的距离。

（4）齿厚 g。

从切削刃到齿背棱线的轴向距离。

（5）齿背角 θ。

齿背与切削平面的夹角。

（6）刃带宽度 b_a。

拉刀轴向测量的刀齿刃带尺寸。

二、拉削方式

拉削方式是指拉削时工件表面的成形方式和加工余量的切除方式，即在拉削过程中，拉削余量在各个工件上切下顺序和方式，因其决定着每个刀齿切下的切削层的截面形状，所以也称拉削图形。拉削方式选择得合理与否，直接影响到刀齿负荷的分配、拉刀的长度、拉削力的大小、拉刀的磨损和耐用度、工件表面质量、生产率和制造成本等。拉削方式可分为分层式拉削、分块式拉削和综合式拉削三大类。

1. 分层式拉削

分层式拉削是拉刀的刀齿把拉削余量一层一层地依次切去，每个刀齿根据齿升量 α_f 的多少切去一层余量。分层式拉削的切削厚度（齿升量）小，所以拉削过程较为平稳，拉削表面质量较高。但单位切削力大，需要的切削齿数多，拉刀较长，刀具的成本高，生产率低，且在拉削有硬皮的铸、锻件时，拉刀的切削齿磨损较快。

分层式拉削又可分为同廓式拉削与渐成式拉削。

（1）同廓式拉削。

如图 5 – 15 所示，同廓式拉削拉刀的各刀齿的廓形与被加工表面的最终形状一样。采用同廓式拉削时，为了使切屑容易卷曲，在每个切削齿上都开有如图 5 – 16 所示交错分布的、窄的分屑槽。采用这种拉削方式能得到较低的表面粗糙度值。但单位切削力大，且需要较多的刀齿才能把余量全部切除，拉刀较长，刀具成本高，生产率低，并且不适合加工带硬皮的工件。除此之外，同廓式拉削的拉刀加工平面、圆孔和形状简单的成形表面，刀齿廓形简单，容易制造，并且能获得较好的加工表面，因而常采用同廓式拉削加工平面、圆孔和形状简单的廓形制造，其他形状的廓形制造比较困难不常使用此方式拉削。

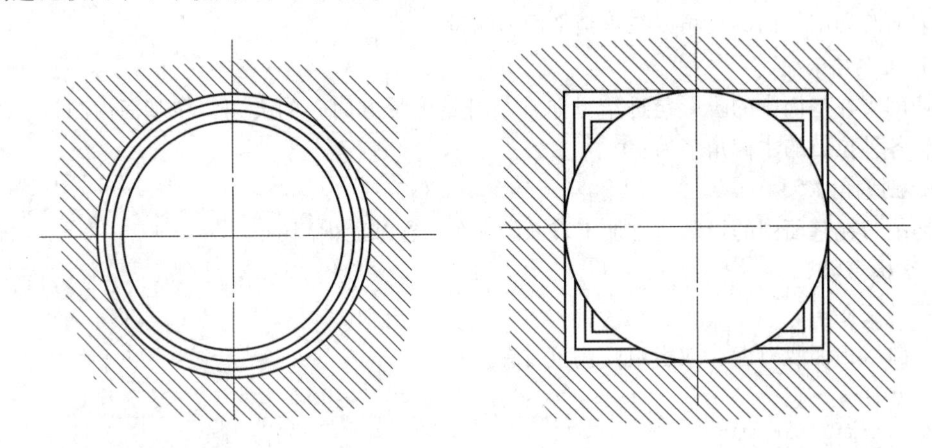

图 5 – 15　同廓式拉削图形

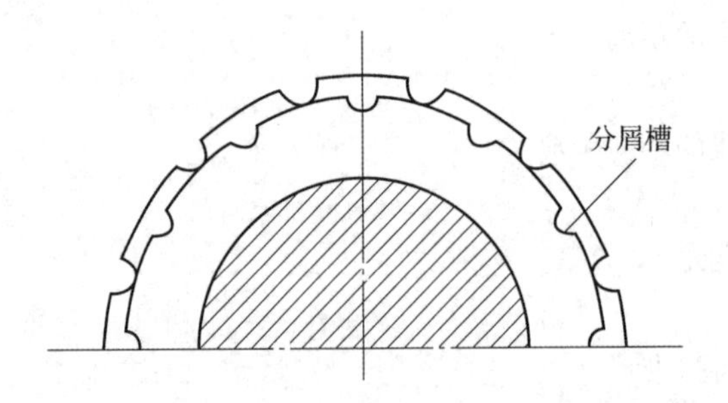

图 5 – 16　同廓式拉削拉刀的分屑槽

（2）渐成式拉削。

如图 5 – 17 所示，渐成式拉削拉刀的刀齿廓形与被拉削表面的形状不同，被加工表面的最终形状和尺寸由各刀齿切出的表面连接而成。因此，其优点是制造比较方便，每个刀齿可制成简单的直线或圆弧，其缺点是在工件已加工表面上可能出现副切削刃的交接痕迹，因此加工出的工件表面质量较差。键槽、花键槽及多边孔常用这种拉削方式加工。

2. 分块式拉削

分块式拉削是将每层加工余量各用一组刀齿分块切除的拉削方式。分块式拉刀外形如图5－18所示。分块式拉削采用轮切式拉刀，轮切式拉刀截形及拉削图形如图5－19所示。

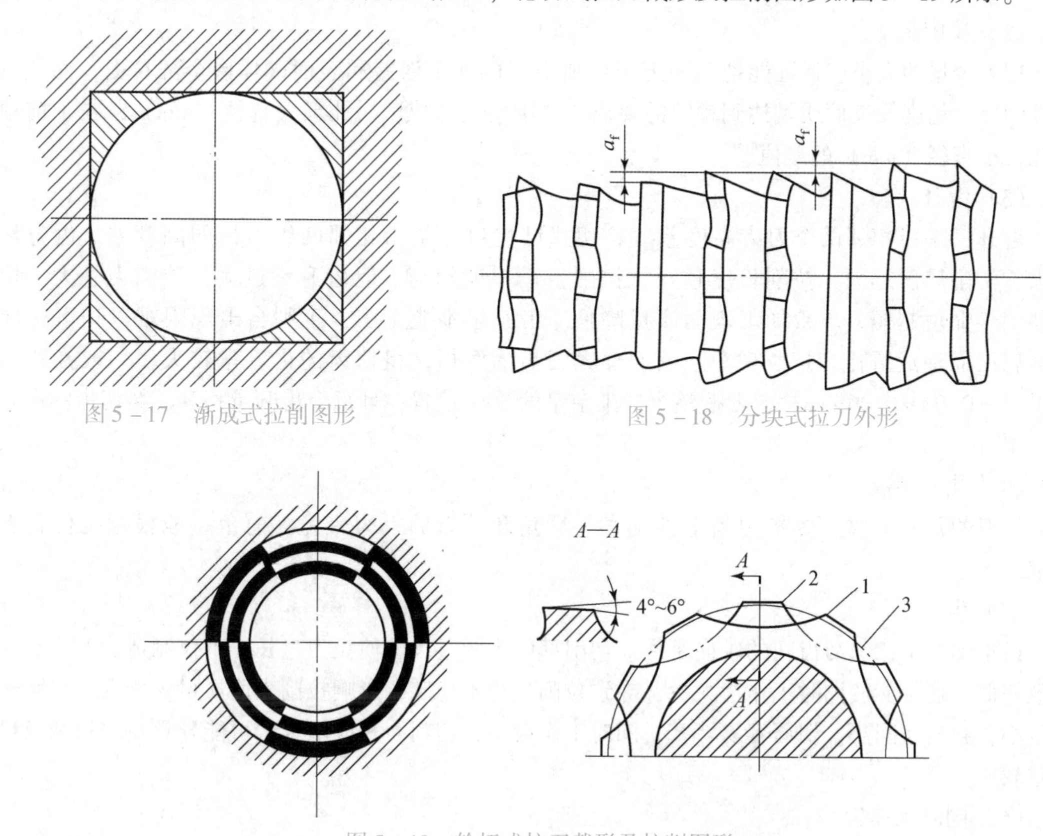

图5－17 渐成式拉削图形

图5－18 分块式拉刀外形

图5－19 轮切式拉刀截形及拉削图形

分块式拉削的主要特点是，一组（2齿或2齿以上）切去一圈金属，每个刀齿切削宽度减小，齿升量 a_f 增大较多，使拉刀长度减小，还可以在铸锻毛坯孔中直接拉孔。但由于制造较复杂，一般情况下应用不多。

分块式圆拉刀的刀齿分粗切齿、过渡齿、精切齿和校准齿。粗切齿每组可有2～5齿，过渡齿和精切齿的余量、齿数和齿升量可查刀具设计手册。

3. 综合式拉削

综合式拉削集中了分层式拉削与轮切式拉削的优点，即粗切齿和过渡齿制成轮切式结构，精切齿则采用分层式结构。这样，既缩短了拉刀长度，保持较高的生产率，又能获得较好的工件表面质量。

图5－20所示为综合式拉刀结构及拉削图形。粗切齿采取不分组的轮切式拉刀结构。

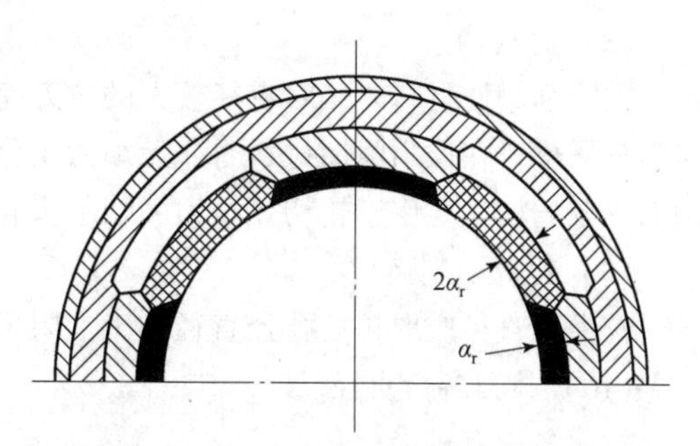

图5－20 综合式拉刀结构及拉削图形

三、拉刀工作图设计

拉刀设计包括切削部分的设计、校准部分的设计、其他部分的设计与拉刀强度和拉床拉力的校验。切削部分的设计包括确定拉削方式、拉削余量、齿升量、几何参数、齿距、容屑槽、分屑槽、切削齿数与拉刀直径等。

（1）拉削方式。

拉削方式又称拉削图形，是指拉削时工件表面的成形方式和加工余量的切除方式。

（2）拉削余量。

拉削余量的大小应保证能把上一道工序所造成的加工误差和表面破坏层全部拉去，使拉后工件的尺寸精度及表面质量达到预定的要求。拉削余量是拉削后孔最大直径（mm）减拉削前预制孔最小直径（mm）的差值。

（3）齿升量。

齿升量是指相邻两个刀齿高度差。轮切式结构拉刀是指相邻两组刀齿的高度差。齿升量越大，切削厚度越大，拉削长度越短，拉削生产率就越高。但齿升量过大，拉削力越大，拉刀使用寿命就越短，导致加工表面质量降低。齿升量不能太小，否则会出现因难以切下很薄的金属层而造成滑行和挤压现象，反而加大刀齿的磨损。粗切齿的齿升量较大，一般推荐齿升量 $a_f = 0.03 \sim 0.06$ mm，或者按整个拉削余量的80%设置，且每个齿升量相等。精切齿的齿升量 a_f 较小。

（4）几何参数。

拉刀的几何参数主要指刀齿上的前角、后角和后刀面上刃带宽。前角一般根据工件材料选取。

（5）齿距。

齿距即两个相邻刀齿间的轴向距离。切削部的齿距过大，使拉刀过长，不仅制造成本高，拉削效率低，还可能使同时工作齿太少，导致拉削过程不稳定，影响拉削表面质量。相反，齿距选得过小，容屑空间小，切屑容易堵塞，同时工作齿多，切削力相应增大，可能导致拉刀拉断及机床过载。

（6）同时工作齿。

同时工作齿是指拉刀在工作时某一时刻起作用的齿数。同时工作齿的数量计算方法可见刀具设计手册。

（7）容屑槽形状。

确定槽的齿背形式：直线齿背型、曲线齿背型、加长齿距型。槽的深度可分为浅槽、基本槽和深槽。拉削是属于封闭式切削，切屑必须全部容纳在拉刀的容屑槽中。容屑槽形状选取见相关刀具设计手册。

（8）分屑槽。

在拉削塑性材料时，对直径较大的拉刀而言，在前、后相邻切削齿的切削刃上要做出交错分布的分屑槽。在拉削脆性材料时，无须做出分屑槽。常用分屑槽的形状有圆弧形和角度形两种。圆弧形分屑槽主要用于轮切式拉刀的切削齿和组合式拉刀的粗切齿和过渡齿上。

（9）粗算切削齿数。

校准齿直径应取拉后孔径直径加工上限尺寸，详见刀具设计手册。

（10）拉刀各齿直径。

拉刀各齿直径为

$$d_i = D_{\mathrm{omin}} + na_f \tag{5-3}$$

式中 D_{omin}——拉削前预制孔的最小直径；

a_f——齿升量。

（11）拉刀柄部尺寸。

拉刀柄部尺寸按《拉刀柄部》（GB/T 3832—2008）规定执行。

（12）颈部直径 D 与长度 L_3 和过渡锥。

拉刀的商标与规格一般刻在颈部。颈部直径可取与前柄直径相同值，也可略小于前柄直径。颈部长度要保证拉刀第一个刀齿尚未进入工件之前，拉刀前柄能被拉床的夹头夹住，即应考虑拉床床壁和花盘厚度、夹头与机床床壁间距等。

（13）前导部和后导部。

前导部直径的基本尺寸应等于拉前预制孔的最小直径，前导部长度 $L_{前}$ 一般等于工件拉削孔长度 L_0；当孔的长径比大于 1.5 时，可取为 $0.75L_0$，但不小于 40 mm。后导部直径的基本尺寸等于拉后孔的最小直径 D_{mmin}，后导部长度 $L_{后}$ 可取为工件长度的 1/2 ~ 2/3，但不得小于 20 mm。当拉削有空刀槽的内表面时，后导部的长度应大于工件空刀槽一端拉削长度与空刀槽长度之和。

（14）拉刀总长度 $L_{总}$。

拉刀总长度是各部分长度的总和。

（15）拉削力计算。

拉刀在拉削时产生的最大拉削力必须小于拉床许用的额定拉力。拉削时，虽然拉刀的每一个刀齿只切去很薄的一层金属，但由于同时参加工作的切削刃总长度很长，因此拉削力很大。

（16）拉刀强度验算。

拉刀工作时产生的拉应力应小于拉刀材料的许用应力，详见相关刀具设计手册。

任务实施

参照图 5 – 12，完成如下内容。

（1）分析工件图纸，根据工件的形状和加工要求，选择合适的拉削方式。

（2）根据工件的尺寸和公差要求，设计拉刀的齿升量、齿距、容屑槽、分屑槽、切削齿数与拉刀直径、齿形等关键参数。

（3）根据工件的表面质量和切削性能要求，设计合适的拉刀刃形，包括前角、后角、主偏角等的选取。

（4）根据工件材料（35 钢）的力学性能和切削性能，选择合适的切削速度、进给量和切削深度等切削参数。

（5）校核拉刀强度，对设计好的拉刀进行强度和拉力校核，确保其在使用过程中不会发生断裂或过度磨损。

任务评价

任务评价表见表 5 – 5。

表 5 – 5 任务评价表

序号	考核要点	项目（配分：100 分）	教师评分
1	职业素养	团队合作能力（20 分）	
		信息收集、咨询能力（20 分）	
2	切削部分的设计	切削部分的设计合理（20 分）	

续表

序号	考核要点	项目（配分：100 分）	教师评分
3	校准部分的设计	校准部分的设计合理（20 分）	
4	强度和拉力的校验	强度和拉力的校验计算正确（20 分）	
得分			

问题探究

1. 问答题

（1）拉削加工的特点有哪些？

（2）拉刀的结构由哪些部分组成？

（3）拉削方式有哪些？

（4）拉刀设计包括哪些内容？

2. 填空题

（1）拉削方式可分为分层式、（　　　　　）和综合式三大类。

（2）（　　　　　）拉削集中了分层式拉削与轮切式拉削的优点，即粗切齿和过渡齿制成轮切式结构，精切齿则采用分层式结构。

（3）在拉刀设计过程中应检验（　　　　　）、（　　　　　）。

（4）拉刀是一种（　　　　　）刀具。拉削时，由于后一个刀齿直径（　　　　　）前一个刀齿直径，从而能够一层层地从工件上切去金属

3. 判定题

（1）拉刀容屑槽一般可根据齿距和槽深来确定槽型尺寸。（　　）

（2）拉削时，拉刀所做的等速直线运动是主运动。（　　）

（3）在拉削塑性材料时，对直径较大的拉刀而言，无须做出分屑槽。（　　）

4. 单选题

（1）拉削时，由于后一个刀齿直径（　　）前一个刀齿直径，从而能够一层层地从工件上切去金属。

A. 大于　　B. 小于　　C. 等于　　D. 不确定

（2）拉刀应取（　　）的后角，以增加刀具刃磨次数，延长刀具的使用寿命。

A. 较大正值　　B. 较小正值

C. 较大负值　　D. 较小负值

任务 5.4　铣刀设计

铣刀设计

【任务描述】

图 5－21 所示为某公司生产的滑道零件图，材料为 45 钢。仔细分析滑道零件结构，现要完成滑道零件的主要平面和键槽的加工，选择合适的铣刀类型和铣削用量。

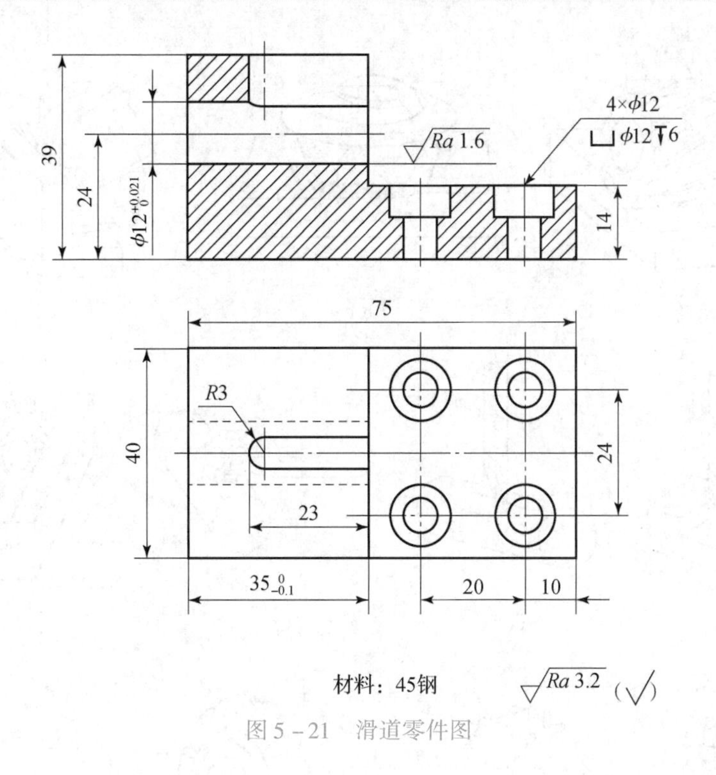

图 5－21　滑道零件图

【学前装备】

（1）准备 CATIA 软件并安装。

（2）了解机械工程的基本概念、原理和工艺。

预备知识

一、铣刀种类与用途

铣刀的种类繁多，可以从不同的角度对铣刀进行分类。

1. 按铣刀用途分类

铣刀根据用途不同可分为加工平面用的铣刀、加工沟槽及切断用的铣刀、加工成形表面用的铣刀。

（1）加工平面用的铣刀。

加工平面用的铣刀有圆柱铣刀、面铣刀、两面刃盘铣刀和立铣刀。

圆柱铣刀，如图 5－22（a）所示，用于在卧式铣床上加工平面，主要用高速钢制造。圆柱铣刀采用螺旋形刀齿，以提高切削工作的平稳性。

面铣刀，如图 5－22（b）所示，圆周方向切削刃为主切削刃，端部切削刃为副切削刃。切削时，铣刀轴线垂直于被加工表面，主要用在立式铣床上加工平面。刀齿采用高速钢或硬质合金制造，生产效率较高。

两面刃盘铣刀和立铣刀，分别如图 5－22（c）和图 5－22（d）所示，用于加工较小平面和台阶平面。两面刃盘铣刀除圆周上有刃口外，单侧面也分布着刀刃。立铣刀在圆柱面上分布着主切削刃，在端面上也有副切削刃分布，但端面上的刀刃一般不到中心，因此不能轴向进给。

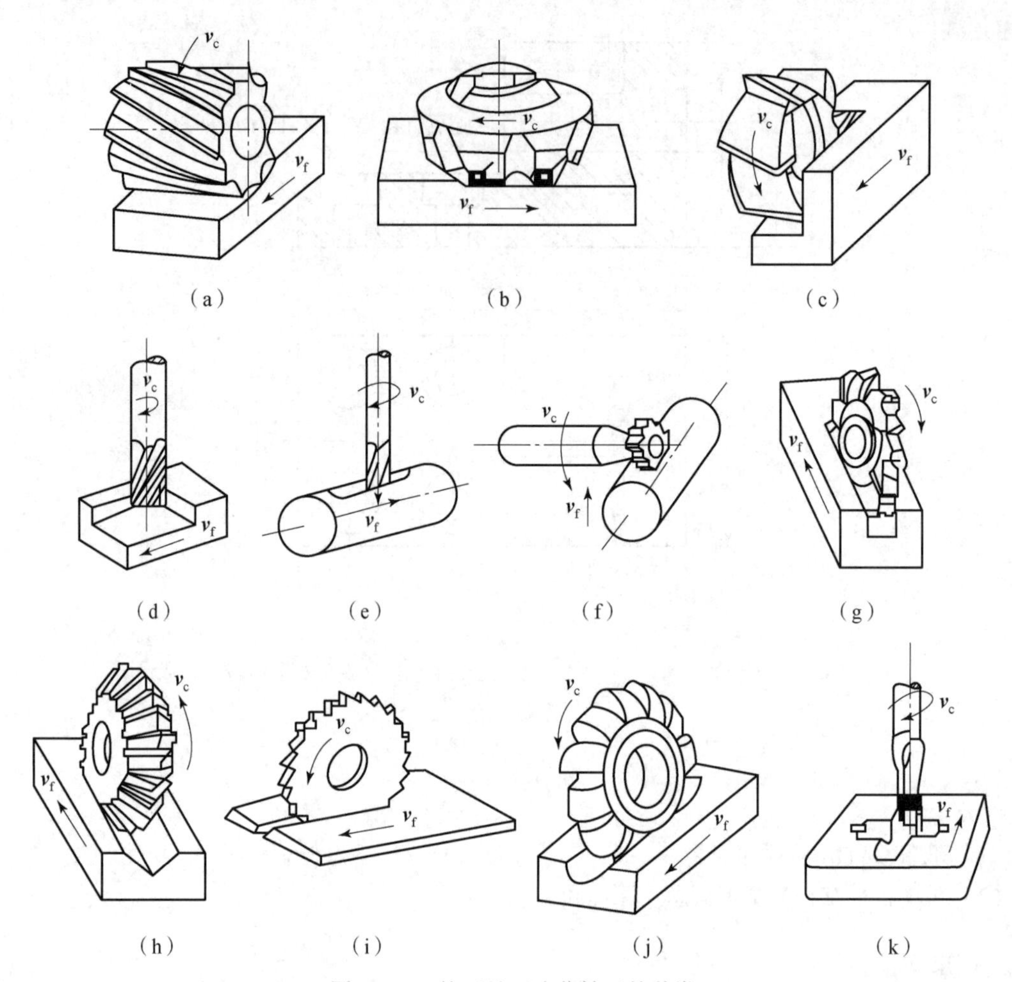

图5-22　按刀具刀途分铣刀的种类

(2) 加工沟槽及切断用的铣刀。

加工沟槽及切断用的铣刀有键槽铣刀（见图5-22（e）和图5-22（f））、错齿三面刃盘铣刀（见图5-22（g））、立铣刀（见图5-22（d））、角度铣刀（见图5-22（h））和锯片铣刀（见图5-22（i））。键槽铣刀有两个刀齿，圆柱面和端面都有切削刃，而且端面刀刃延至中心，因此可轴向进给。一般的三面刃盘铣刀除圆周上有刀刃外，两侧面也分布着刀刃，但侧向前角只能等于0°。错齿三面刃盘铣刀的刀齿的排列，一半是向右倾斜，一半向左倾斜，相互交替。使得两侧的侧向前角都是正值，因此改善了切削条件，轴向力减小。锯片铣刀主要用来切断，仅在圆周上有刃口，两侧没有刀刃，且周边上的厚度比中间部分大，这样在切削时可减少摩擦。

(3) 加工成形表面用的铣刀。

加工成形表面用的铣刀有凸半圆成形铣刀（见图5-22（j））及主要加工模具型腔的模具铣刀（见图5-22（k））等。

2. 按铣刀齿背形状分类

铣刀根据其齿背形状不同可分为尖齿铣刀、铲齿铣刀。

尖齿铣刀也称直线齿背铣刀，如图5-23（a）所示。这种铣刀的刀齿是尖状的，它的齿背是用角度铣刀铣出来的，所以呈直线形。加工平面及沟槽的铣刀一般都设计成尖齿铣刀，尖齿铣刀磨钝后可沿后刀面重磨。

铲齿铣刀与尖齿铣刀的主要区别是铲齿铣刀有特殊形状的背面，如图 5－23（b）所示。铲齿铣刀的齿背是用铲齿的方法得到的。用钝后只对形状简单的前刀面进行重磨，重磨后铣刀刃形能保持不变，因此常用于成形铣刀。

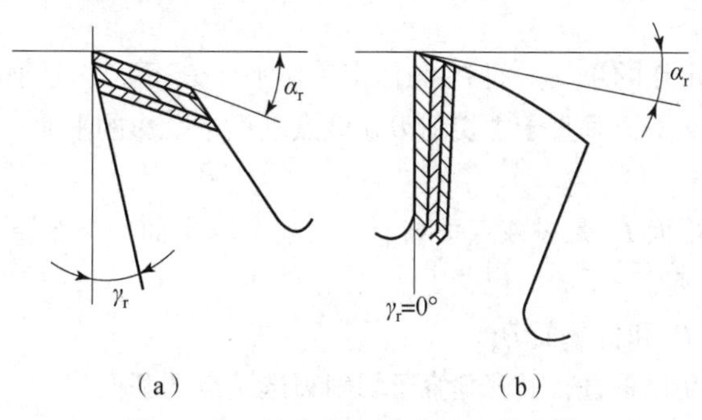

图 5－23　按齿背形状分铣刀的种类

3．按铣刀刀齿数分类

铣刀根据刀齿数不同可分为粗齿铣刀、细齿铣刀。在直径相同的情况下，细齿铣刀的刀齿数较多，刀齿的强度及容屑空间均较小，适于半精加工和精加工，而粗齿铣刀则适于粗加工。

二、铣刀几何角度

铣刀种类虽多，但基本形式是圆柱铣刀和端铣刀，前者轴线平行于加工表面，后者轴线垂直于加工表面。铣刀刀齿数虽多，但各刀齿的形状几何角度相同，所以对一个刀齿研究即可。而铣刀的每个刀齿都可视为一把外圆车刀，因此车刀几何角度的概念亦可用于铣刀。

1．圆柱铣刀的几何角度

1）静止参考系

分析圆柱形铣刀的几何角度时，应首先建立铣刀的静止参考系。圆周铣削时，铣刀旋转运动是主运动，工件的直线移动是进给运动。圆柱形铣刀的正交平面参考系由 P_r，P_s，P_o 组成。由于设计与制造的需要，还应采用法平面参考系来规定圆柱形铣刀的几何角度，如图 5－24 所示。

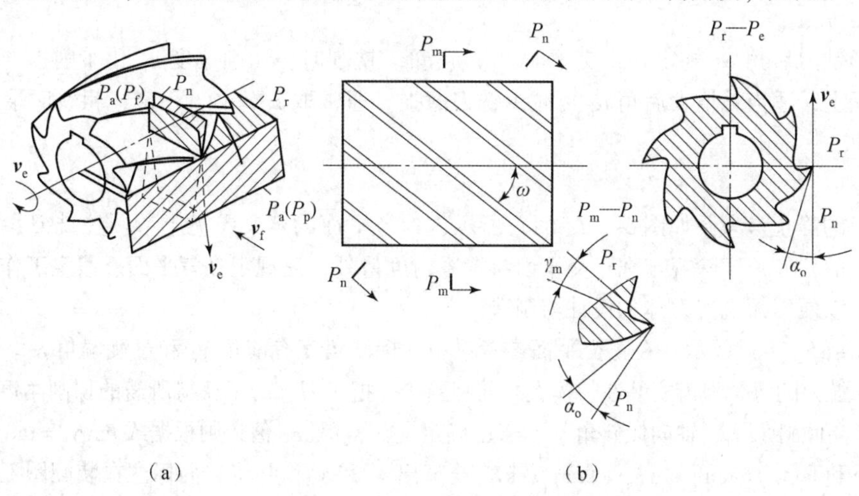

图 5－24　圆柱形铣刀的几何角度

（a）静止参考系；（b）几何角度

(1) 基面 P_r。

铣刀切削刃选定点的基面 P_r 是过该点包含轴线并与该点切削平面垂直的平面。

(2) 切削平面 P_s。

铣刀切削刃选定点的切削平面 P_s 是过该点并切于过渡表面的平面。

(3) 正交平面 P_o。

圆柱铣刀切削刃选定点的正交平面 P_o 与假定工作平面 P_f 重合，是垂直于轴线的端平面；端铣刀切削刃选定点的正交平面垂直于主切削刃在该点基面中投影的平面。

(4) 法平面 P_n。

切削刃选定点的法平面 P_n 是过该点垂直于主切削刃的平面。与车刀一样，只有在选定点切削平面图中才能表示出该点法平面的位置。

(5) 假定工作平面 P_f 和背平面 P_p。

与车刀一样，它们互相垂直，且都垂直于切削刃选定点的基面。

2) 几何角度

圆柱铣刀的刀齿只有主切削刃，无副切削刃，因此无副切削角，其主偏角 $K_r = 90°$，圆柱铣刀的前角 γ_n 在法平面 P_n 中测量，后角在正交平面 P_o 中测量。圆柱铣刀的标注角度如图 5－24 所示。

(1) 螺旋角 ω。

螺旋角 ω 是螺旋切削刀展开成直线后与铣刀轴线间的夹角。显然，螺旋角 ω 等于刃倾角 γ_s。它能使刀齿逐渐切入和切离工件，能增加实际工作前角，使切削轻快平稳；同时形成螺旋形切屑，排屑容易，防止切屑堵塞现象的发生。一般细齿圆柱形铣刀的螺旋角 $\omega = 30° \sim 35°$；粗齿圆柱形铣刀的螺旋角 $\omega = 40° \sim 45°$。

(2) 前角 γ_n。

通常在图样中还应标注前角 γ_n 以便于制造。但在检验时，通常测量正交平面内的前角 γ_o，然后根据 γ_o，可计算 γ_n 有

$$\tan\gamma_n = \tan\gamma_o \cos\omega$$

前角 γ_n 按被加工材料来选择，铣削钢时取 $\gamma_n = 10° \sim 20°$，铣削铸铁时取 $\gamma_n = 5° \sim 15°$。

(3) 后角 α_o。

圆柱形铣刀后角 α_o 规定在正交平面 P_o 内度量。铣削时，切削厚度 h_D 比车削小，磨损主要发生在后面上，适当地增大后角 α_o 可减少铣刀磨损。通常取 $\alpha_o = 12° \sim 16°$，粗铣时取小值，精铣时取大值。

2. 面铣刀（端铣刀）的几何角度

面铣刀的静止参考系如图 5－25（a）所示，参考平面的定义参见上节圆柱铣刀参考平面定义。面铣刀的几何角度除规定在正交平面参考系内度量外，还规定在背平面、假定工作平面参考系内表示，以便于面铣刀刀体的设计与制造。

如图 5－25（b）所示。在正交平面参考系中，标注角度有前角 γ_o 和过渡偏角 K_r。

机夹面铣刀的每个刀齿安装在刀体上之前相当于一把车刀，为了获得所需的切削角度，使刀齿在刀体中径向倾斜角 γ_f、轴向倾斜角 γ_p。若已确定 γ_o，λ_s 和 K_r 值，则根据式 $\tan\gamma_f = \tan\gamma_o \sin K_r - \tan\lambda_s \cos K_r$ 和 $\tan\gamma_o = \tan\gamma_f \sin K_r + \tan\gamma_p \cos K_r$ 换算出 γ_f 和 γ_p，并将它们标注在装配图上以偏于加工制造。

硬质合金面铣刀铣削时，由于断续切削，刀齿需承受很大的机械冲击，在选择几何角度时应

保证刀齿具有足够的强度。一般加工钢时取 $\gamma_o = -10° \sim 5°$，加工铸铁时取 $\gamma_o = -5° \sim 5°$，通常取 $\lambda_s = -15° \sim -7°$，$K_r = 10° \sim 90°$，$K'_r = 5° \sim 15°$，$\alpha_o = 6° \sim 12°$，$\alpha'_o = 8° \sim 10°$。

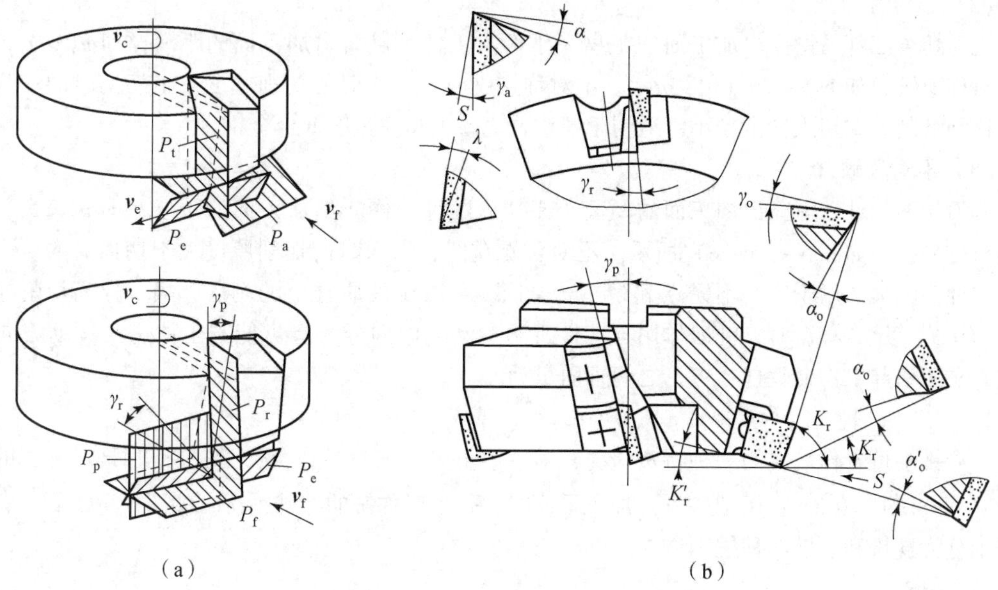

图 5－25 面铣刀的几何角度

(a) 静止参考系；(b) 几何角度

三、铣削方式

平面加工中铣削是应用最普遍的一种方法，平面铣削有端铣和圆周铣削两种方式。

1. 端铣的铣削方式和特点

端铣时，根据铣刀与工件加工面相对位置的不同，可分为对称铣、不对称逆铣和不对称顺铣 3 种铣削方式，如图 5－26 所示。

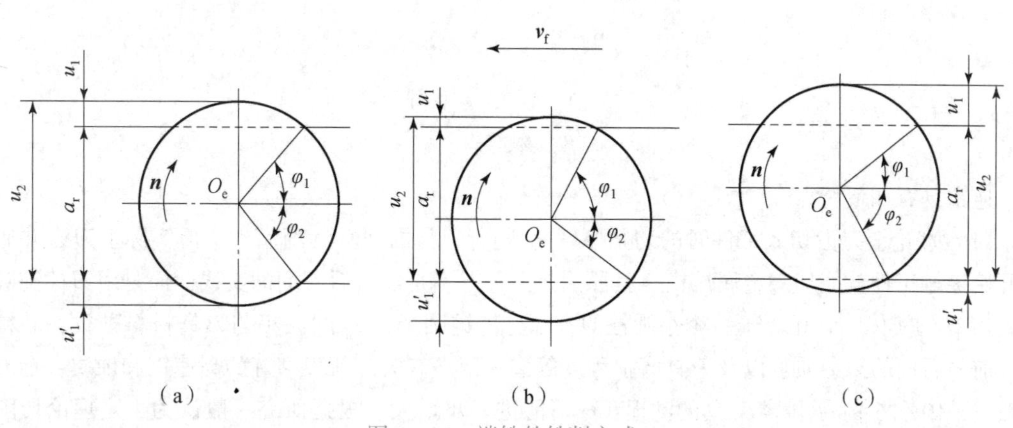

图 5－26 端铣的铣削方式

(a) 对称铣；(b) 不对称逆铣；(c) 不对称顺铣

(1) 对称铣。

铣刀轴线位于铣削弧长的对称中心位置，或者说铣刀露出工件加工面两侧的距离相等，即

$u'_1 = u_1$，称为对称铣，如图 5－26（a）所示。对称铣时，铣刀每个刀齿切入和切离工件时切削厚度相等。

（2）不对称逆铣。

铣刀切离工件一侧露出加工面的距离大于切入工件一侧露出加工面的距离，即 $u'_1 > u_1$，称为不对称逆铣，如图 5－26（b）所示。不对称逆铣时，切入时的切削厚度小于切离时的切削厚度，这种铣削方式切入冲击较小，适用于端铣普通碳钢和高强度低合金钢。

（3）不对称顺铣。

铣刀切离工件一侧露出加工面的距离小于切入工件一侧露出加工面的距离，即 $u'_1 < u_1$，称为不对称顺铣，如图 5－26（c）所示。不对称顺铣时，切入时的切削厚度大于切离时的切削厚度，这种铣削力式用于铣削不锈钢和耐热合金时，可减少硬质合金的剥落磨损，提高切削速度 40%～60%。当 $u'_1 \ll u_1$ 时，铣刀作用与工件进给运动方向的分力有可能与工件进给运动方向 $\boldsymbol{v}_1$ 同向，从而引起工作台丝杠、螺母之间轴向窜动。

2. 圆周铣削的铣削方式和特点

圆周铣削可看作端铣的一种特殊情况，即主偏角 $K_r = 90°$。用立铣刀铣沟槽时是对称铣的特殊情况，$u'_1 = u_1 = 0$ mm；用圆柱铣刀加工平面时，是不对称铣的特殊情况。如图 5－27 所示，圆周铣削分为逆铣和顺铣两种铣削方式。

1）逆铣

逆铣时 $u'_1 > u_1$，且 $u_1 = 0$ mm，即只有在切离工件一侧铣刀凸出切削宽度 a_1 之外时为逆铣。圆周逆铣时，刀齿切入工件时的主运动方向与工件进给运动方向相反，如图 5－27（a）所示。

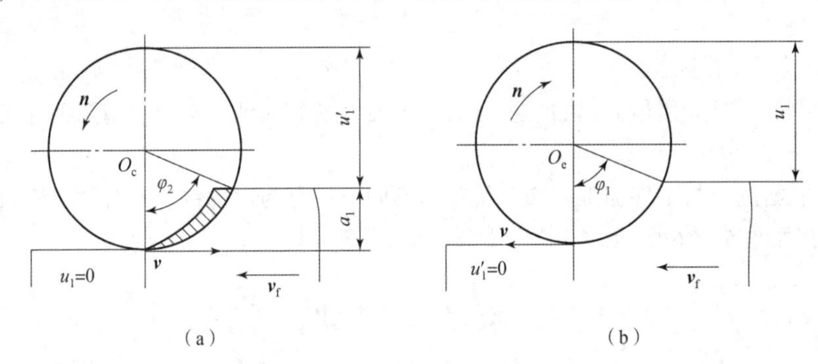

（a）　　（b）

图 5－27　圆周铣的铣削方式

（a）逆铣；（b）顺铣

逆铣具有如下特点。

（1）理论上刀齿切入工件时的切削厚度 h_D 随着刀齿的回转逐渐增大，但实际上刀齿并非从一开始接触工件就能切入金属层内。其原因是刀刃并不是前、后刀面的交线，而是由刃口钝圆半径 r_n 存在的实体，它相当于一个小圆柱的一部分。钝圆半径 r_n 的大小与刀具材料种类、品粒粗细，前、后面的刃磨质量以及刀具磨损程度等多种因素有关。新刃磨好的高速钢和硬质合金刀具一般 $r_n = 10 \sim 26$ μm，随着刀具的磨损，r_n 可能进一步增大。根据研究一般认为，当理论切削厚度（计算值）小于刀口钝圆半径 r_n 时，切屑不易形成；只有当理论切削厚度 h_D 大约等于（或大于）刃口钝圆半径 r_n 时，刀齿才能真正切入金属形成切屑。因此，逆铣时，刀齿开始接触工件及以后的一段距离内不能切下切屑，而是刀齿的刃口钝圆部分对被切削金属层的挤压、滑擦和啃刮。值得一提的是，这一挤压、滑擦现象是发生在前一刀齿所形成的硬化层内，使得逆铣的这

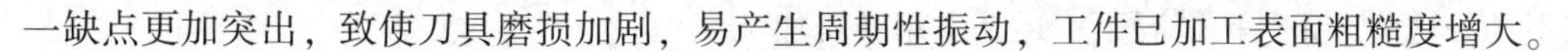

一缺点更加突出，致使刀具磨损加剧，易产生周期性振动，工件已加工表面粗糙度增大。

（2）前刀面给予被切削层的作用力（在垂直方向的分力 F_v）是向上的，这个向上的分力有把工件从夹具内拉出的倾向。特别是开始铣削一端，如图 5-28（c）所示。开始吃刀时，若工件夹紧不牢会使工件翻转发生事故。为防止事故发生，一是要注意工件夹紧牢靠；二是开始吃刀可采取先低速进给，待进给一段后再按正常速度进给的方法。

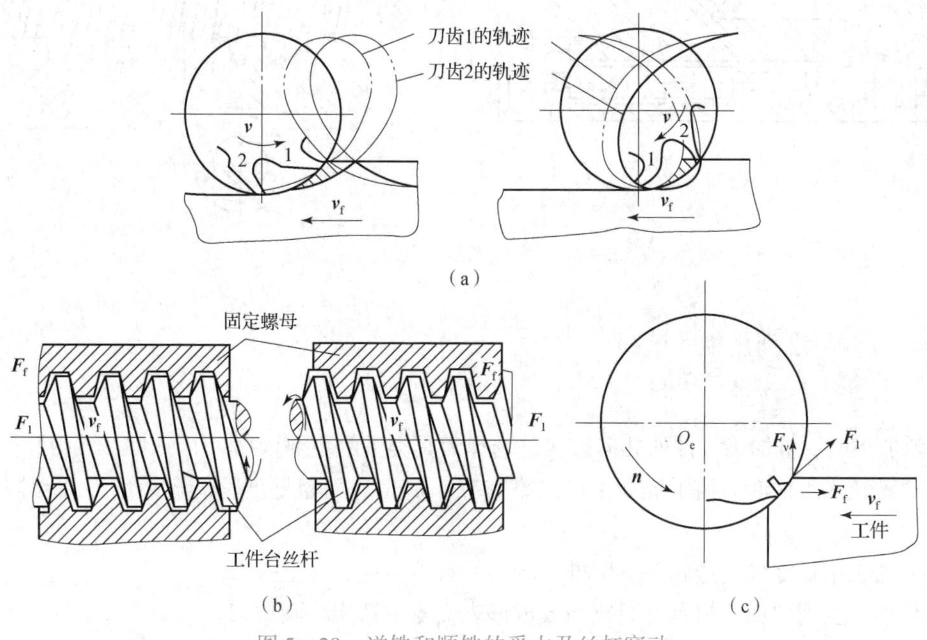

图 5-28 逆铣和顺铣的受力及丝杠窜动

（a）逆铣；（b）顺铣；（c）逆铣的垂直分力

2）顺铣

顺铣时 $u_1' < u_1$，且 $u_1 = 0$ mm，即只有在切入工件一侧铣刀凸出切削宽度 a_1 之外时为顺铣。圆周顺铣时，刀齿切离工件时的主运动方向与工件进给运动方向一致，如图 5-27（b）所示。

顺铣具有如下特点。

（1）铣刀齿切入工件时的切削厚度 h_D 最大，而后逐渐减小，避免了逆铣切入时的挤压、滑擦和啃刮现象，而且刀齿的切削距离较短，铣刀磨损较小，寿命对比逆铣时高 2~3 倍，已加工表面质量也较好。特别是铣削硬化趋势强的难加工材料时，效果更明显。前刀面作用于切削层的垂直分力 F_v 始终向下，因而整个铣刀作用于工件的垂直分力较大，可将工件压紧在夹具上，安全可靠。

（2）顺铣虽然有明显的优点，但不是在任何情况下都可以采用的。铣刀作用于工件上进给方向的分力 F_f 与工件进给方向相同，而分力 F_f 又是变化的。当分力 F_f 足够大时，可能推动工件“自动”进给；当 F_f 小时，又会“停下”，仍靠螺母回转推动丝杠（丝杠与工作台相连）前进，这样丝杠时而靠紧螺母齿面的左侧，时而又靠紧螺母齿面的右侧，如图 5-28（b）所示。这种在丝杠螺母机构间隙范围内的窜动（又称爬行现象），不但会降低已加工表面质量，甚至会引起打刀。因此，采用顺铣时，第一个限制条件是必须消除进给机构的间隙，如图 5-29 所示（一般铣床为丝扛螺母机构，需注意调整双螺母距离以消除间隙，但也不应过紧，以免产生卡死现象），避免爬行现象。采用顺铣的第二个限制条件是工件待加工表面无硬皮，否则刀齿易崩刃损坏。在不具备这两个条件的情况下，还是采用逆铣加工。

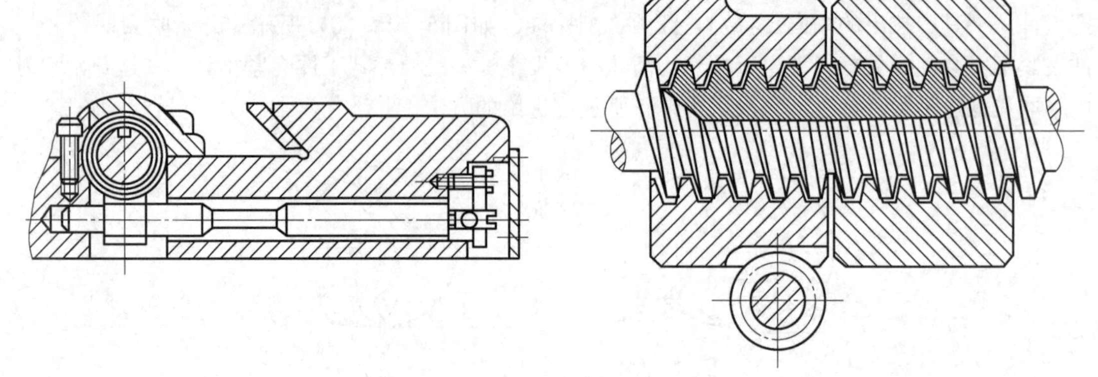

图 5－29　丝杠螺母机构间隙与调整

四、铣刀与铣削用量的选择

1. 铣刀类型的选择

铣削加工时，被加工零件的几何形状是选择刀具类型的主要依据。

（1）铣较大平面时，为了提高生产效率和减小加工表面粗糙度，一般采用刀片镶嵌式盘形面铣刀。

（2）加工平面零件周边轮廓、凹槽、较小的台阶面应选择立铣刀。

（3）加工空间曲面、模具型腔或凸模成形表面等多选用模具铣刀。

（4）加工封闭的键槽选用键槽铣刀。

（5）加工变斜角零件的变斜角面选用鼓形铣刀。

（6）加工立体型面和变斜角轮廓外形常采用球头铣刀、鼓形铣刀；加工各种直的或圆弧形的凹槽、斜角面、特殊孔等应选用成形铣刀。

（7）孔加工时，可采用钻头、镗刀等孔加工刀具。

2. 铣削方式和铣削用量的选择

1）铣削方式的选择

若用圆柱铣刀进行周铣，由于铣削进行的是粗加工，坯料是铸铁件，工件表层有硬化层，所以选用逆铣，切削过程也比较平稳。

若用面铣刀进行端铣的话，可以采用不对称逆铣，可以减小切入时的冲击，延长端铣刀的使用寿命。

2）铣削用量的选择

（1）铣削用量。

铣削用量如图 5－30 所示，铣削用量包括背吃刀量、侧吃刀量、进给量、铣削速度。

①背吃刀量 a_p。背吃刀量是指平行于铣刀轴线测量的切削层尺寸。圆周铣削时，a_p 为被加工表面的宽度；端铣时，a_p 为切削层深度。

②侧吃刀量 a_e。侧吃刀量是指垂直于铣刀轴线测量的切削层尺寸。圆周铣削时，a_e 为切削层深度；端铣时，a_e 为被加工表面宽度。

③进给量。铣削时进给量有三种表示方法，分别是每齿进给量、进给量、进给速度。

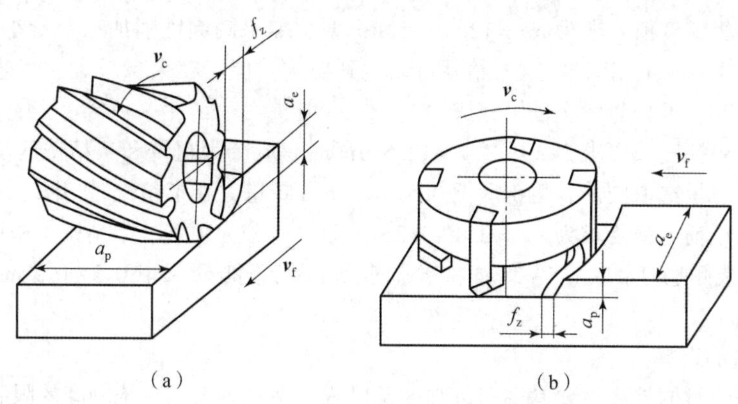

图 5-30 铣削用量

(a) 圆周铣削；(b) 端面铣削

a. 每齿进给量f_z：铣刀每转过一个刀齿时，铣刀相对于工件在进给运动方向上的位移量，单位为 mm/z。

b. 进给量f：铣刀每转过一转时，铣刀相对于工件在进给运动方向上的位移量，单位为 mm/z。

c. 进给速度v_f：铣刀切削刃选定点相对于工件进给运动的瞬时速度，单位为 mm/min。

三者之间的关系为

$$v_f = nf = nzf_z \tag{5-4}$$

式中 z——铣刀齿数；

n——铣刀转速，r/min

④铣削速度v_c。铣削速度是指铣刀切削刃选定点相对于工件主运动的瞬时速度，单位为 m/min，即

$$v_c = \pi dn/1\ 000 \tag{5-5}$$

式中 d——铣刀直径，mm；

n——铣刀转速，r/min。

（2）铣削用量的选择。

合理地选择铣削用量直接关系到铣削效果的好坏，即影响到能否达到高效、低耗及优质的加工效果。选择铣削用量应满足以下基本要求。

①保证铣刀有合理的使用寿命，提高生产率和降低生产成本。

②保证铣削加工质量，主要是保证铣削加工表面的精度和表面粗糙度达到图样要求。

③不超过铣床允许的动力和转矩，不超过铣削加工工艺系统（刀具、工具、机床）的刚度和强度，同时又充分发挥它们的潜力。

上述三项基本要求，选择时应根据粗、精加工具体情况有所侧重。一般在粗铣加工时，应尽可能发挥铣刀、铣床的潜力和保证铣刀有合理的使用寿命；精铣加工时，则首先要保证铣削加工精度和表面粗糙度，同时兼顾铣刀有合理的使用寿命。

（3）铣削深度的选择。

铣削深度的选择，即背吃刀量或侧吃刀量的选择。在周铣中，铣削深度为侧吃刀量；在端铣中，铣削深度为背吃刀量。而铣削宽度和刀具直径有关，一般要求端铣刀直径等于铣削宽度的 1.3~1.6 倍。铣削深度的选择主要由加工余量和对表面质量的要求决定。

当工件表面粗糙度值要求为 $Ra=12.5\sim25\ \mu m$ 时，如果圆周铣削加工余量小于5 mm，端面铣削加工余量小于6 mm，粗铣一次进给就可以达到要求。但是在余量较大、工艺系统刚度较差或机床动力不足时，可分为两次进给完成。

当工件表面粗糙度值要求为 $Ra=3.2\sim12.5\ \mu m$ 时，应分为粗铣和半精铣两步进行。粗铣时背吃刀量或侧吃刀量选取同前，粗铣后留0.5~1.0 mm余量，在半精铣时切除。

当工件表面粗糙度值要求为 $Ra=0.8\sim3.2\ \mu m$ 时，应分为粗铣、半精铣、精铣三步进行。半精铣时背吃刀量或侧吃刀量取1.5~2 mm；精铣时，圆周铣侧吃刀量取0.3~0.5 mm，面铣刀背吃刀量取0.5~1 mm。

（4）进给量的选择。

粗铣时，进给量的提高主要是受刀齿强度及机床、夹具等工艺系统刚度的限制，铣削用量大时，还受机床功率的限制。因此在上述条件下，应尽量取得大些。

精铣时，限制进给量的主要因素是加工精度和表面粗糙度。每齿进给量越大，表面粗糙度值也越大。在表面粗糙度要求较小时，还要考虑到铣刀刀齿的刀刃或刀尖不一定在同一个旋转的圆周或平面上的情况，在这种情况下铣出的平面将以铣刀一转为一个波纹。因此，精铣时，在考虑每齿进给量的同时，还需考虑每转进给量。可以根据表5-6选择每齿进给量值，粗铣时取较大值，精铣时取较小值。

表5-6　每齿进给量 f_z 值的选取表

工件材料	f_z/mm			
	粗铣		精铣	
	高速钢铣刀	硬质合金铣刀	高速钢铣刀	硬质合金铣刀
钢	0.10~0.15	0.10~0.25	0.02~0.05	0.10~0.15
铸铁	0.12~0.20	0.15~0.30		

（5）铣削速度的选择。

合理的铣削速度是在保证加工质量和铣刀寿命的条件下确定的。铣削时影响铣削速度的主要因素有刀具材料的性质和刀具的寿命、工件材料的性质、加工条件及切削液的使用情况等。

粗铣时，由于金属切除量大，产生的热量多，切削温度高，为了保证铣刀有合理的使用寿命，铣削速度要比精铣时低一些。在铣削不锈钢等韧性和强度高的材料，以及其他一些硬度和热强度等性能高的材料时，产生的热量更多，故铣削速度也应降低。另外，粗铣时由于铣削力大，故还需考虑机床功率是否足够，必要时可适当降低铣削速度，以减小铣削功率。

精铣时，由于金属切除量小，所以在一般情况下，可采用比粗铣时高一些的铣削速度，但在提高铣削速度的同时，又将使铣刀的磨损速度加快，从而影响加工精度。因此，精铣时限制铣削速度的主要因素是加工精度和铣刀寿命。有时为了达到上述两个目的，常采用比粗铣时还要低的铣削速度，即低速铣削，尤其是在铣削加工面积大的工件，即一次铣削宽而长的加工面时，采用低速铣削可使刀刃和刀尖的磨损量极少，从而获得高的加工精度。切削速度可查询切削量手册确定，在实际工作中需按实际情况加以修改。

根据图5-21，完成如下内容。

（1）分析零件结构和材料，请写出需要加工的平面和键槽的尺寸和位置。

（2）根据滑道零件的结构和45钢的特性，针对需要加工的平面和键槽选择相应的铣刀类型。

（3）确定各自的铣刀用量，选择适当的铣刀转速和进给速度。可以参考铣刀的切削参数表，并根据切削深度、材料硬度等因素进行调整。

任务评价

任务评价表见表5－7。

表5－7 任务评价表

序号	考核要点	项目（配分：100分）	教师评分
1	职业素养	团队合作能力（20分）	
		信息收集、咨询能力（20分）	
2	平面和键槽尺寸、位置填写	尺寸确定及位置确定（20分）	
3	铣刀类型选择	铣刀类型确定（20分）	
4	铣刀用量确定	铣刀用量结构参数确定（20分）	
得分			

问题探究

1. 问答题

（1）常用铣刀的主要种类有哪些？

（2）什么是顺铣，什么是逆铣，各有哪些优缺点？

（3）如何选择铣刀方式？

（4）铣削用量四要素是什么？

2. 填空题

（1）铣刀的旋转方向与工作台的运动方向相反为（　　　　）。

（2）铣阶台时，夹具必须（　　　　　），否则铣出的工件会产生倾斜。

（3）采用顺铣时，第一个限制条件是必须消除进给机构的间隙以避免发生（　　　　）现象。

3. 判定题

（1）若用面铣刀进行端铣的话，可以采用不对称顺铣，以减小切入时的冲击，延长端铣刀的使用寿命。（　　）

（2）粗铣时，由于金属切除量大、产生的热量多、切削温度高，为了保证合理的铣刀寿命，铣削速度要比精铣时高一些。（　　）

（3）合理的铣削速度是在保证加工质量和铣刀寿命的条件下确定的。（　　）

4. 单选题

（1）加工平面零件周边轮廓、凹槽、较小的台阶面应选择（　　）。

A. 立铣刀　　B. 模具铣刀　　C. 成形铣刀　　D. 盘形铣刀

(2) 在铣削用量中，对铣削功率影响最大的是（　　）。

A. 铣削速度　　B. 进给量　　C. 铣削深度　　D. 铣削宽度

任务 5.5　数控工具系统

【任务描述】

数控工具系统在加工中心的应用研究。

【学前装备】

(1) 储备一定的机械制造和加工基础知识。

(2) 熟悉常见的工件材料及其加工特性。

预备知识

一、数控工具系统基本理论

数控工具系统是刀具与数控机床的接口。数控工具系统除了刀具本身外，还包括实现刀具快换所必需的定位、夹紧、抓拿和刀具保护机构等。

20 世纪 70 年代，数控工具系统以整体结构为主。20 世纪 80 年代初，开发出了模块式数控工具系统（分车削、铣两大类）。20 世纪 80 年代末，开发出了通用模块式（车、铣、钻等万能接口）数控工具系统。

模块式数控工具系统将工具的柄部和工作部分分开，制成了各种系统化的模块，然后经过不同规格的中间模块，组成不同规格的数控工具系统。目前，世界上模块式工具系统有几十种结构，其主要区别在于模块之间的定位方式和锁紧方式不同。

数控机床加工时都必须采用数控刀具，数控刀具主要是指数控车床、数控铣床、加工中心等机床上所使用的刀具。现在数控机床所使用的刀具不是普通机床所采用“一机一刀”的模式，而是多种不同类型的刀具同时在数控机床的主轴上（刀盘上）轮换使用，可以达到自动换刀的目的。因此，对刀具的含义应理解为数控工具系统，其数控加工过程如图 5-31 所示。

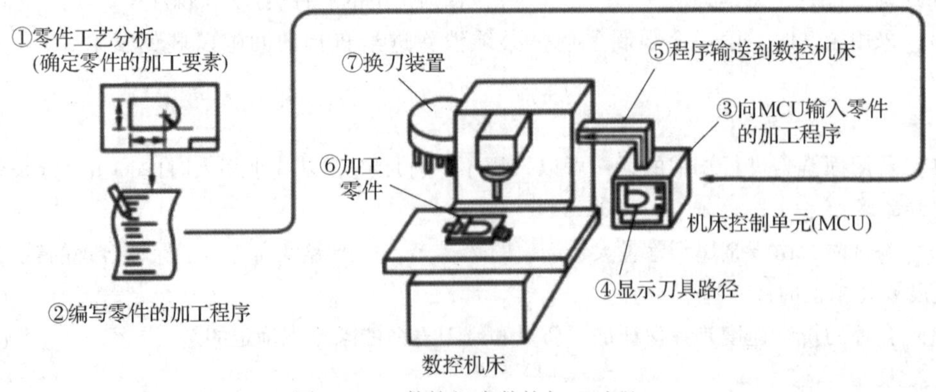

图 5-31　数控机床数控加工过程

数控加工刀具必须适应数控机床高速、高效和自动化程度高的特点，一般应包括通用刀具、通用连接刀柄及少量专用刀柄。刀柄要连接刀具并装在机床动力头上，因此已逐渐标准化和系列化。

数控刀具的分类有多种方法，按照刀具结构分有整体式（如钻头、立铣刀等）、焊接式、镶嵌式、内冷式、复合式、减振式等，按照切削工艺分为车削刀具（外圆车刀、端面车刀和成形车刀等）、钻削刀具（普通麻花钻、可转位浅孔钻、扩孔钻等）、镗削刀具（单刃镗刀、双刃镗刀、多刃组合镗刀等）、铣削刀具（面铣刀、立铣刀、键槽铣刀、模具铣刀、成形铣刀等），按照刀具的材料分有高速钢刀具、硬质合金刀具、陶瓷刀具、立方氮化硼刀具、聚晶金刚石刀具。

二、数控工具系统的组成

在生产中，广泛应用镗铣加工中心来加工各种不同的工件，所以刀具装夹部分的结构、尺寸也是各种各样的。把通用性较强的装夹工具系列化、标准化就发展了不同结构的镗铣类工具系统，一般分为整体式结构和模块式结构两大类，其型号具体规格可查阅相关手册。

镗铣类整体式工具系统即 TSG 工具系统。TSG 工具系统是把工具柄部和装夹刀具的工作部分做成一体。要求不同工作部分都具有同样结构的刀柄，以便与机床的主轴相连，所以其具有可靠性强、使用方便、结构简单、调换迅速及刀柄的种类较多的特点。

三、加工中心刀具的选择

刀具的选择是在数控编程的人机交互状态下进行的。应根据机床的加工能力、工件材料的性能、加工工序、切削用量及其他相关因素正确选用刀具及刀柄。

1. 加工中心刀具选择总原则

刀具选择总的原则：安装调整方便、刚度好、耐用度和精度高。在满足加工要求的前提下，尽量选择较短的刀柄，以提高刀具加工的刚度。

选取刀具时，要使刀具的尺寸与被加工工件的表面尺寸相适应。生产中，平面零件周边轮廓的加工常采用立铣刀；铣削平面时，应选硬质合金刀片铣刀；加工凸台、凹槽时，应选高速钢立铣刀；加工毛坯表面或粗加工孔时，可选取镶硬质合金刀片的铣刀；对一些立体型面和变斜角轮廓外形的加工，常采用球头铣刀、环形铣刀、锥形铣刀和盘形铣刀。

在进行自由曲面（模具）加工时，由于球头刀具的端部切削速度为零，因此为保证加工精度，切削行距一般采用顶端密距，故球头刀具常用于曲面的精加工。平头刀具在表面加工质量和切削效率方面都优于球头刀，因此，只要在保证不过切的前提下，无论是曲面的粗加工还是精加工，都应优先选择平头刀。另外，刀具的耐用度和精度与刀具价格关系极大，必须引起注意的是，在大多数情况下，选择好的刀具虽然增加了刀具成本，但由此带来的加工质量和加工效率的提高，可以使整个加工过程的成本大幅降低。

考虑到刀具的耐用度时，还应该考虑以下几点。

（1）复杂、高精度、多刃刀具耐用度应比简单、低精度、单刃刀具高。

（2）可转位刀具换刃、换刀片快捷方便，为保持刀刃锋利，刀具耐用度可选得低一些。

（3）精加工刀具切削负荷小，刀具耐用度应选得比粗加工刀具高一些。

（4）精加工大件时，为避免中途换刀，刀具耐用度应选得高一些。

（5）数控加工中的刀具耐用度一般应大于一个工作班，至少应大于一个零件的切削时间。

2. 刀具的排列顺序原则

在加工中心上，各种刀具分别装在刀库上，按程序随时进行选刀和换刀动作。因此，必须采用标准刀柄，以便使钻、镗、扩、铣等工序用的标准刀具迅速、准确地装到机床主轴或刀库上去。编程人员应了解机床上所用刀柄的结构尺寸、调整方法以及调整范围，以便在编程时确定刀具的径向和轴向尺寸。目前，我国的加工中心采用 TSG 工具系统，其刀柄有直柄（3 种规格）和锥柄（4 种规格）两种，共包括 16 种不同用途的刀柄。

在经济型数控机床的加工过程中，由于刀具的刃磨、测量和更换多为手动进行，占用辅助时间较长，因此，必须合理安排刀具的排列顺序，一般应遵循以下原则。

（1）尽量减少刀具数量。

（2）一把刀具装夹后，应完成其所能进行的所有加工步骤。

（3）粗精加工的刀具应分开使用，即使是相同尺寸规格的刀具。

（4）先铣后钻。

（5）先进行曲面精加工，后进行二维轮廓精加工。

（6）在可能的情况下，应利用数控机床的自动换刀功能，提高生产效率。

任务实施

（1）分组进行文献调研，查找关于数控工具系统和刀具选择的最新技术和应用案例。

（2）选择一个具体的加工中心案例，进行深入的案例分析，探究数控工具系统的应用效果。

（3）撰写 PPT，以小组为单位分组展示。

任务评价

任务评价表见表 5－8。

表 5－8　任务评价表

序号	考核要点	项目（配分：100 分）	教师评分
1	职业素养	团队合作能力（20 分）	
		信息收集、咨询能力（20 分）	
2	加工中心案例分析	案例逻辑清晰、结构完整（30 分）	
3	小组汇报	汇报内容充实、叙述完整、清晰（30 分）	
得分			

问题探究

1. 问答题

（1）简述数控工具的分类？

（2）简述数控加工刀具的选择原则？

（3）选择刀具耐用度时应考虑的因素有哪些？

2. 填空题

（1）（　　　　　）是刀具与数控机床的接口。

（2）（　　　　　）工具系统是把工具柄部和装夹刀具的工作部分做成一体。

3. 判定题

（1）镗铣类整体式工具系统即 TSN 工具系统。（　　）

（2）在加工中心上，各种刀具分别装在刀库上，按程序随时进行选刀和换刀动作。因此，必须采用标准刀柄。（　　）

（3）精加工刀具切削负荷小，刀具耐用度应选得比粗加工刀具高一些。（　　）

4. 单选题

（1）数控加工中的刀具耐用度一般应（　　）一个工作班，至少应大于一个零件的切削时间。

A. 大于　　B. 小于　　C. 等于

（2）目前，我国的加工中心采用（　　）工具系统，其刀柄有直柄（3 种规格）和锥柄（4 种规格）两种，共包括 16 种不同用途的刀柄。

A. TSG　　B. TSN　　C. TGS

模块六　机械加工生产线总体设计

学习导航

学习目标	知识目标： 1. 掌握机械加工生产线及柔性制造系统设计方法； 2. 掌握生产线工艺方案的设计方法； 3. 掌握生产线专用机床的总体设计方法； 4. 掌握机械加工生产线的总体布局设计方法。 技能目标： 1. 能够根据实际要求制订生产线工艺方案； 2. 能够进行生产线经济效益的评估； 3. 具备机械加工生产线总体设计的能力。 素养目标： 1. 培养学生分析综合问题的能力； 2. 培养学生爱岗敬业与团队合作的基本素质
知识重点	生产线工艺方案的主要技术参数、生产线总体布局形式、组合机床的组成、柔性制造系统
知识难点	机械加工生产线总体设计方法
建议学时	10
实训任务	无

模块导入

从20世纪20年代开始，随着汽车、滚动轴承、小型电动机等的发展，机械加工制造中开始出现自动线。最早出现的是组合机床自动线。机械加工制造业中有铸造、锻造、冲压、热处理、焊接、切削加工和机械装配等自动线，也有包括不同工序，如毛坯制造、加工、装配、检验和包装的综合自动线。

采用自动线生产的产品产量应足够大，产品设计和工艺先进、稳定、可靠，并在较长时间内保持基本不变。在大批大量生产中采用自动线能提高劳动生产率，稳定和提高产品质量，改善劳动条件，缩减生产占地面积，降低生产成本，缩短生产周期，保证生产均衡性，具有显著的经济效益。

任务 6.1 机械加工生产线认知

【任务描述】

运用互联网找到 3 种不同类型的机械加工生产线，了解相应机械加工生产线的用途、组成及工作内容。

【学前装备】

（1）了解机械制造的基本概念、工艺和设备。
（2）熟悉常见的机械加工工艺，如车削、铣削、磨削等。

预备知识

加工生产线概述

一、机械加工生产线及其基本组成

在机械产品生产过程中，对于一些加工工序较多的工件，为保证加工质量、提高生产率和降低成本，往往把加工装备按照一定顺序排列，然后用一些输送装置与辅助装置将它们连接成一个整体，使之能够完成工件的指定加工过程。这类生产作业线称为机械加工生产线。机械加工生产线是按劳动对象专业化组织起来的，完成一种或几种同类型机械产品加工的生产组织形式。它具有完成该产品加工任务所需的加工装备，并按生产线上主要产品的工艺路线和工序来配备、排列。这种生产组织形式一般要求产品的结构和工艺具有一定的稳定性，在成批生产和大量生产下都可采用。

机械加工生产线由加工装备、工艺装备、输送装备、辅助装备和控制系统组成。由于不同工件加工工艺的复杂程度不同，机械加工生产线的结构及复杂程度常常差别很大。图 6－1 所示机械加工生产线以数控机床为主，加工盘类工件。

图 6－1 机械加工生产线

二、机械加工生产线的类型

根据不同的特征，机械加工生产线有不同的分类方法。

1. 按工件外形和工件运动状态区分

（1）旋转体工件加工生产线。其主要用于加工轴、盘和环状工件，加工过程中工件旋转，典型工艺是车或磨内外圆、内外槽、内外螺纹和端面。

（2）非旋转体工件加工生产线。其主要用于加工箱体和杂类工件，加工过程中工件往往固定不动，典型工艺是钻孔、扩孔、镗孔、铰孔、铣平面和铣槽。

2. 按工艺设备类型区分

（1）通用机床生产线。这类生产线建线周期短、成本低，多用于盘类、轴、套、齿轮等中小旋转体工件的加工。

（2）组合机床生产线。这类生产线由组合机床联机构成，主要适用于箱体及杂类工件的大批量生产。

（3）专用机床生产线。这类生产线主要由专用机床构成，设计制造周期长、投资较大，适用于结构特殊、复杂工件的加工或结构稳定产品的大量生产。

（4）数控机床生产线。这类生产线以数控机床为主要加工装备，适应工件品种变化的能力强。

3. 按设备连接方式区分

（1）刚性连接生产线。这类生产线工件传送装置按工位逐一传送工件，各工位之间不设储料库。如一个工位因故停车，则全线被迫停车。

（2）柔性连接生产线。这类生产线将生产线分割成若干段，在段与段之间设有储料库。如某一工段因故停车，其他工段因有储料库存放和供给工件，则仍可继续工作。

4. 按生产线适应产品类型变化的能力区分

1）单一产品固定节拍生产线

单一产品固定节拍生产线用于制造单一品种的产品，生产率高，产品质量稳定。这类生产线的专用性强，投资大，较难进行改造以适应其他产品的生产，故制造的产品应属大量生产类型，可持续生产时间长。

单一产品固定节拍生产线所有设备的工作节拍等于或成倍于生产线的生产节拍。工作节拍成倍于生产线生产节拍的设备需配置多台并行工作，以满足生产线每个生产节拍完成一个工件的生产任务。

单一产品固定节拍生产线的制造装备按产品的工艺流程布局，工件沿固定的路线，采用自动化的物流输送装置，严格按生产线的生产节拍强制从一台设备输送到下一台设备，接受加工、检验、转位或清洗等工序，以缩短工件在工序间的搬运路线，节省辅助时间。

由于工件的输送和加工严格按生产节拍运行，工序间不必储存用于周转的半成品，因此在制品数量少。但如果单一产品固定节拍生产线上的某台设备出现故障，将导致整条生产线的瘫痪。

2）单一产品非固定节拍生产线

单一产品非固定节拍生产线主要由专用制造装备组成，一些次要的工序可采用一般的通用设备，用于制造大量生产的单一产品，生产率高，产品质量稳定，投资强度低于单一产品固定节拍生产线。

单一产品非固定节拍生产线的制造装备按产品工艺流程布局，工件沿固定的路线流动，以缩短工件在工序间的搬运路线，节省辅助时间。

单一产品非固定节拍生产线上各设备的工作周期是其完成各自工序需要的实际时间，它们是不一样的。工作周期最长的设备将持续工作，而工作周期较短的设备则会经常停工待料。

单一产品非固定节拍生产线相邻设备之间，或非相邻设备之间需设置储料装置。这些储料装置将生产线分成若干工段，储料装置前后的设备或工段可以彼此独立地工作。

单一产品非固定节拍生产线各设备间工件的传输没有固定节拍，工件在工序间的传送是从加工设备到半成品暂存地，或从半成品暂存地到下一个加工设备。

3）成组产品可调整生产线

成组产品可调整生产线按零件族组织加工生产线，扩大了产品批量，减少了品种，便于采用高效方法，提高了生产率。对成组产品中的每个产品来说，属于批量生产类型，持续生产的时间相对较短。

成组产品可调整生产线的制造装备按成组工艺流程布局，各产品的流动路线大致相同。成组工序允许采用同一设备和工艺装置，以及相同或相近的机床调整加工全组零件。成组工艺过程是成组工序的集合，能保证按标准化的工艺路线采用同一组机床加工全组零件。

与单一产品非固定节拍生产线一样，成组产品可调整生产线上各设备的工作节拍是不一样的，设备或工段间需设置储料装置，输送装置的自动化程度通常不是很高。

成组夹具能较好地适应同组零件的连续生产。采用成组夹具代替大量的专用夹具，可以节约生产准备时间和设计、制造专用夹具的时间及费用。

4）柔性制造生产线

由高度自动化的多功能柔性加工设备、物料输送装置及计算机控制系统组成，主要用于中小批量生产各种结构形状复杂，精度要求高，加工工艺不同的同类工件。

组成柔性制造生产线的加工设备数量不多，但每台加工设备通过工作台转位、自动更换刀具，能完成工件上多个方位、多种加工面、多工种的加工，以减少工件的定位安装次数、减小安装定位误差，简化生产线内工件的运送系统。

柔性制造生产线进行混流加工，即不同种类的工件同时上线，各设备的生产任务是多变的，由生产线的作业计划调度系统根据每台设备的工艺可能性实时分配生产任务。因此，每台设备本身的工作节拍不是固定的，各设备之间更不会有统一的生产节拍。

每种工件，甚至同一工件在柔性制造生产线上流动的路线是不确定的。这是因为各工件的加工工艺不同，采用的机床不同；同时，由于柔性制造生产线内的机床可以互相顶替，考虑到各机床的占用情况，同样的工序也不一定被安排在固定的机床上加工。

由于柔性制造生产线没有统一的节拍，因此工件在生产线中的流动路线是不确定的，为便于管理，工序间的在制品应储放在统一的场地。

物料输送装置有较大的柔性，可根据需要在所有的设备和存储场地之间进行物料的传送。

三、影响机械加工生产线工艺和结构方案的主要因素

1. 工件的几何形状及外形尺寸

工件的形状对生产线运输方式有很大影响。对于具有较好的输送基面的工件，如外形规则的箱体件（气缸体、气缸盖等）可采用直接输送方式；对于无良好输送基面的工件，可采用随行夹具式生产线，如传动叉、转向节、连杆等。有些工件外形尺寸较小，为减少机床的数量，可在一个工位上同时加工多个零件，例如，气缸体、气缸盖端面加工的生产线，多采用双工位顺序加工。

2. 工件的工艺及精度要求

工件的工艺要求对生产线的结构影响很大。例如，完成平面加工的生产线比完成孔加工的生产线复杂得多。有时为了实现多个平面的粗、精加工，工件需多次翻转，从而增加了生产线的辅助设备。同时，为保证铣削工序与其他机床的节拍相同，需要增加铣削的工件数，或采用支线

形式，使生产线的结构变得复杂。

当工件加工精度较高时，为减少生产线停车调整时间，常要采用备用机床在生产线内平行排列。有时出于生产率的需要，还采用平行排列的备用精加工工段。

3. 工件的材料

工件材料决定了加工中是否采用切削液，因而对排屑和运输方式有很大影响。例如，钢件不能很好地断削是一个影响生产线正常工作的重要因素。对于质地较软的非铁金属，即使有合适的输送基面，为避免划伤，也要采用随行夹具式生产线或具备抬起输送带的生产线。

4. 生产率的要求

生产线的配置形式和自动化程度都对生产率有较大的影响。工件批量大时，要求生产线能自动上料；为平衡生产线的工作节拍，有时要在某些工段采用并行支线形式；为平衡个别工序的机动时间，要采用不同步距的输送带，增加同时加工的工件数。

如果工件的批量不大，则要求生产线有较大的灵活性和可调性，以便进行多品种工件的加工。对一些批量不大，但加工工序很多的箱体件，为提高利用率，在工序安排允许的情况下，需要让工件多次通过生产线，实现全部工序的加工。

5. 车间的平面布置

车间的平面布置对生产线配置形式有很大影响。对于多工段组成的较长生产线，受车间限制有时可改为折线形式。生产线的配置方案还应考虑前后工序的衔接，如毛坯从哪个方向进入车间、加工好的工件往哪里运送等，这些都决定了生产线的走向。切屑的排出方向与车间总排屑沟的布置，车间的电源、压缩空气管道及下水道总管道的位置、方向，对生产线电气、气动管路及排除切削液等都有影响，在设计生产线时，这些问题都需要注意。

6. 装料高度的要求

生产线的装料高度应与车间原有的滚道高度一致，或与使用单位协商决定。根据组合机床通用部件的配置尺寸要求，装料高度一般为 850 mm。当采用从下方返回的随行夹具生产线，或工件外形尺寸较小时，装料高度可适当加高。

四、机械加工生产线设计的内容及步骤

机械加工生产线的设计一般可分为准备工作阶段、总体方案设计阶段和结构设计阶段。一般需要经过以下 8 个步骤。

（1）制订生产线工艺方案，绘制工序图和加工示意图。

（2）拟定全线的自动化控制方案。

（3）确定生产线的总体布局，绘制生产线的总联系尺寸图。

（4）绘制生产线的工作循环周期表。

（5）生产线通用加工装备的选型和专用机床、组合机床的设计。

（6）生产线输送装置、辅助装置的选型及设计。

（7）液压、电气等控制系统的设计。

（8）编写生产线的使用说明书、维修及注意事项等。

由于总体方案设计和结构设计是相互影响、相辅相成的，因此上述各设计步骤有时需要平行或交错进行。

任务实施

（1）选择合适的搜索引擎，输入有效的关键词进行搜索，注意信息来源的权威性，推荐查

看专业网站、学术文章或官方文档。

（2）分工合作，在表6-1中填写小组成员姓名及其角色。

表6-1 小组分工

序号	姓名	小组中的角色

（3）记录每种机械加工生产线的名称、用途、组成及工作内容，并进行分类整理，填写表6-2。

表6-2 机械加工生产线情况统计

序号	名称	用途	组成	工作内容

（4）汇报展示。

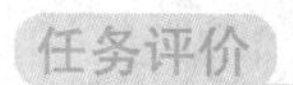

任务评价表见表6-3。

表6-3 任务评价表

序号	考核要点	项目（配分：100分）	教师评分
1	职业素养	团队合作能力（20分）	
		信息收集、咨询能力（20分）	
2	机械加工生产线一	用途、组成及工作内容叙述完整、清晰（20分）	
3	机械加工生产线二	用途、组成及工作内容叙述完整、清晰（20分）	
4	机械加工生产线三	用途、组成及工作内容叙述完整、清晰（20分）	
得分			

问题探究

1. 问答题

(1) 什么是机械加工生产线？它有什么特点？

(2) 机械加工生产线的组成包括哪些部分？

(3) 机械加工生产线有哪些分类方式？

(4) 影响机械加工生产线工艺和结构方案的主要因素有哪些？

(5) 机械加工生产线设计的内容包括哪些？

2. 填空题

(1) 机械加工生产线由加工装备、(　　　　)、(　　　　)、辅助装备和(　　　　)组成。

(2) 机械加工生产线按工艺设备类型可分为(　　　　)、(　　　　)、(　　　　)、(　　　　)。

(3) 工件的(　　　　)决定了加工中是否采用切削液，因而对排屑和运输方式有很大影响。

3. 判定题

(1) 组合机床生产线主要适用于加工结构特殊、复杂的工件或产品结构稳定的大量生产类型。(　　)

(2) 机械加工生产线的设计一般可分为准备工作阶段、总体方案设计阶段和结构设计阶段。(　　)

(3) 由于总体方案设计和结构设计是相互影响、相辅相成的，因此机械加工生产线各设计步骤有时需要平行或交错进行。(　　)

4. 单选题

(1) 机械加工生产线按生产线适应产品类型变化的能力分类，有单一产品固定节拍生产线、单一产品非固定节拍生产线、成组产品可调整生产线和(　　)。

A. 通用机床生产线　　B. 柔性制造生产线

C. 专用机床生产线　　D. 柔性连接生产线

(2) 生产线的(　　)长短对是否建立新的生产线和建立什么样的生产线影响很大，直接关系到生产线的经济效益，是生产线设计的重要经济指标。

A. 生产率　　B. 制造零件的生产成本

C. 机床平均负荷率　　D. 投资回收期

任务 6.2　生产线工艺方案设计

生产工艺方案的设计

【任务描述】

制订图 6－2 所示轴零件的生产线工艺方案。

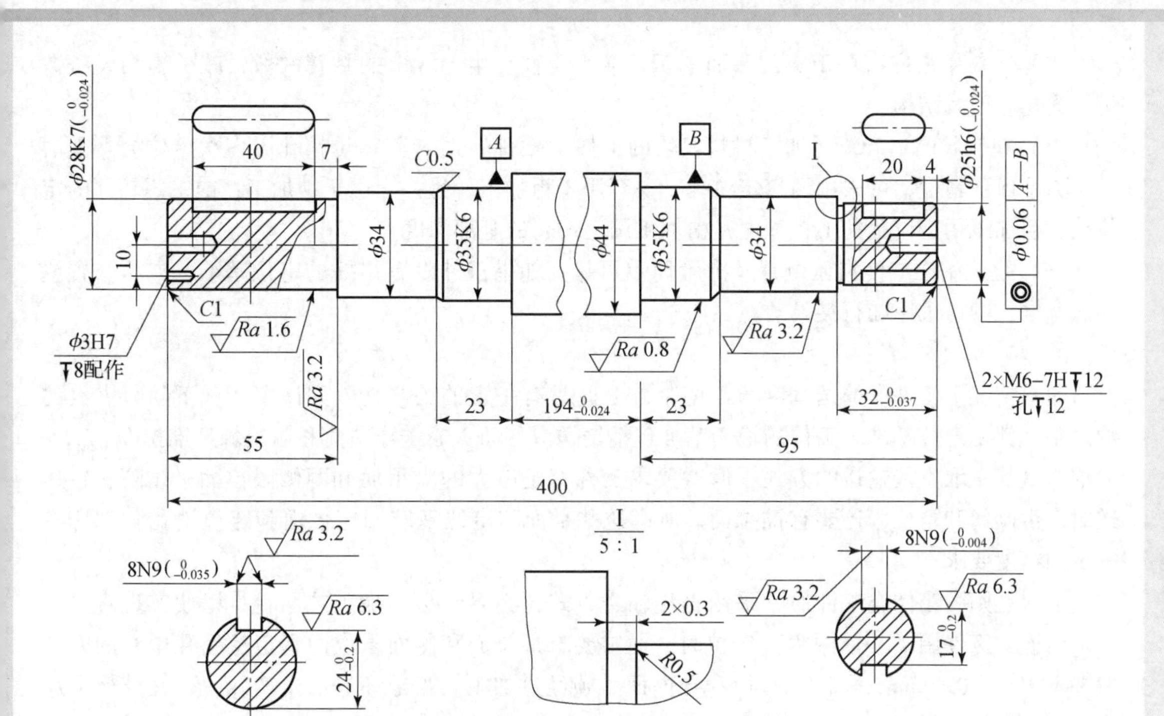

图 6－2 轴零件图

【学前装备】

（1）准备 CATIA 软件并安装。

（2）准备 XMind 软件并安装。

预备知识

一、生产线工艺方案的制订

1. 工件工艺基准选择

选择工艺基准是制订工艺方案的重要问题。工艺基准选得正确，将能最大限度地实现工序集中，从而减少机床台数，同时也是保证加工精度的重要条件。在设计生产线时，选择定位基面应注意的问题有以下 6 点。

（1）尽可能在生产线上采用统一的定位基准，以利于保证加工精度，简化生产线的结构。但有时有些表面因夹具结构阻碍无法进行加工，需要更换另外的定位基准，使这些表面外露出来。两套定位基准应有足够的相互位置精度，以减少定位误差。

（2）尽可能采用已加工面作为定位基准。如工件是毛坯，上生产线后第一道工序的定位基准应选择工件上最重要的平面，这样做能有效保证这些平面加工余量的均匀分配。若某一不需要加工的表面，相对其他需要加工的表面有较高精度要求，则也可选择该表面为粗基准。

（3）箱体类工件应尽可能采用“一面两销”定位方式，便于实现自动化，也容易做到全线采用统一的定位基面。两个定位销一个为圆柱销，一个为菱形销。为保证插销定位的可靠性，圆柱销通常放在工件移动方向的前端。若箱体类工件没有足够大的支承平面，或该支承平面与主要加工表面之间的位置精度较差，则可采用两个相互垂直的平面及一个菱形销进行定位。

（4）定位基准应有利于实现多面加工，减少工件在生产线上的翻转次数，减少辅助设备数量，简化生产线结构。

（5）在较长的生产线上加工材料较软的工件（铝件）时，其定位销孔因多次定位会严重磨损。为了保证精度，可采用两套定位孔，一套用于粗加工，另一套用于精加工；或采用较深的定位孔，粗加工用定位孔的1/2深度，精加工用定位孔的全部深度。

（6）定位基准应使夹压位置及夹紧简单可靠。如果工件没有很好的定位基准、夹压位置或输送基准，则可采用随行夹具。

2. 工件输送基准的选择

通常情况下工件的输送基准与工艺基准之间具有一定的关联性，如许多情况下随行夹具的输送基准就是定位基准。工件的输送基准包括输送滑移面、输送导向面和输送棘爪推拉面。工件的输送最好采取直接输送的方式，但这要求工件有足够大的支承面和两侧限位面，以防止在运送时产生倾斜和窜位，还要有推拉面。所有这些平面和定位基准（定位面和定位销孔）都应有一定的精度要求。

形状规则的箱体类工件通常采用直接输送方式，必要时可增加工艺凸台，以便实现直接输送。当该类工件用“一面两销”定位时，通常要求推拉面和侧面限位面到定位销孔中心的距离偏差不大于±0.1 mm，所以推拉面和导向面必须经过加工。当毛坯进入生产线时，在结构上应采取相应措施，保证在输送过程中偏转不大，以使定位销插入定位孔中。形状不规则的箱体类工件采用抬起带走式或托盘式输送装置时，应尽量使输送限位面与工件定位基准一致，整个生产线尽量采用统一的输送基准。

小型回转体类工件一般采取滚动或滑动输送方式。滚动输送时主要支承面的直径应尽量一致；滑动输送时以外圆面作为输送基准。当回转体类工件不能以重力输送时，可采用机械手输送，此时要注意被机械手抓取的部位与工艺基准的位置要求。

盘、环类工件以端面作为输送基面，采用板式输送装置输送。对一些外形不规则的工件，由于没有合适的输送基面，采用随行夹具或托盘输送。

3. 生产线工艺流程的拟定

工艺流程是工件按照工艺加工顺序连续进行加工的过程。工艺流程的拟定是制订机械加工生产线时重要的一步，它直接关系到生产线的经济效益，以及能否达到要求的精度，甚至影响生产线的工作可靠性。

1）确定各表面的加工工艺的方法

确定各表面加工工艺的依据有工件的材料、各加工表面的尺寸、加工精度和表面粗糙度要求、加工部位的结构特征和生产类型及现有生产条件等。其中，加工表面的技术要求是决定加工表面加工方法的首要因素，如在大批量生产线中，平面加工一般采用铣削工艺。为提高加工效率，较多采用组合铣刀或多头组合铣床，同时对工件上多个平面进行加工。孔精加工时可采用精铣或精铰。铰削可较好地保证孔的尺寸精度，但对孔的位置精度和直线度的校正能力较差，故当孔的位置精度和直线度要求较高时，精加工常以镗代铰。硬度很低而韧性较大的金属材料应采用切削的方法加工，而不宜采用磨削的方法加工；反之，硬度高的工件最好采用磨削加工。

在选择加工表面加工方法时，应首先确定工件主要表面的最终加工方法，然后依次向前选定各预备工序的加工方法和各次要表面的加工方法。在此基础上，还要综合考虑为保证各加工表面位置精度要求而采取的工艺措施，并对已选定的加工方法进行适当调整。

2）划分加工阶段

机械加工工艺流程一般可划分为粗加工、半精加工、精加工和光整加工几个阶段。通过划分加工阶段，能使粗加工产生的误差和变形通过半精加工和精加工予以纠正，并逐步提高零件的精度和表面质量。还可以避免以精干粗，充分发挥机床的性能，延长机床的使用寿命，同时便于安排热加工工序，使冷、热加工工序配合得更好。例如，粗加工后一般要安排去应力的时效处理，以消除内应力；精加工前要安排淬火等最终热处理，其变形可以通过精加工予以消除。此外，划分加工阶段有利于及早发现毛坯的缺陷，从而及时予以报废，以免继续加工造成工时的浪费。

当生产批量较小、机床负荷率较低时，从经济性角度考虑，也可用同一台机床进行粗、精加工，但应采取相应措施以减少上述不利影响。例如，粗、精加工不同时进行；粗、精加工采用不同的夹具夹紧力；粗、精加工在机床的不同工位进行；加工孔时采用刚性主轴不带导向，或导向不在夹具上而是在托架上等。

3）确定工序集中和分散程度

工件表面的加工方法和加工阶段划分后，工件加工的各个工步也就确定了。如何根据这些工步确定工序，则需要根据工序的集中与分散程度。工序集中可以实现工件一次装夹多个表面加工，有利于保证各加工表面间的相互位置精度，减少机床的数量。工序分散则使机床和夹具比较简单，调整比较容易，易于变换产品。在生产线按机床分配工序时，应力求减少机床的台数。但要注意通用部件性能的可能性，以及生产线的操作调整、刀具工作情况的观察和更换的方便性等。确定工序集中和分散程度时应考虑的问题如下。

（1）为减少机床台数，机床应尽可能采用双面、必要时甚至三面的配置方案。对于小平面上孔的加工，采用多工位的方法。

（2）有些工序，如钻孔、钻深孔、镗孔、铰孔和攻螺纹等，它们的切削用量、工件夹紧力、夹具结构、润滑等要求有较大差别，不宜集中在同一工位或同一台机床上加工。

（3）采用多轴加工是提高工序集中程度的最有效办法，但要注意主轴箱上的主轴不要过密，以保证拆卸刀具的便利。

（4）采用复合刀具在一台机床上完成几道工序的加工。例如，钻螺纹底孔时复合倒角，或者钻孔时复合倒角及锪端面等，都是提高工序集中程度的手段。

（5）工件上相互之间有严格位置精度要求的表面，其精加工宜集中在同一工位或同一台机床上进行。

（6）确定工序集中程度时应充分考虑工件的刚度，避免因切削力和夹紧力过大影响加工精度。

（7）充分考虑粗、精加工工序的合理安排，避免粗加工时热变形以及由于工件和夹具刚度不足产生的变形影响精加工精度。

4）安排工序

一般工件的加工要经过切削加工、热处理和辅助工序等。因此，确定工件在生产线上的加工顺序时，要全面地把切削加工、热处理和辅助工序结合起来考虑。辅助工序包括工件的检验、去毛刺、清洗和涂防锈油等。其中，检验工序是主要的辅助工序，它对保证产品质量有极重要的作用。安排工序时一般要注意下列原则。

（1）先粗后精、粗精分开。对于平面和大孔的粗加工，应放在生产线前端机床上进行。对于易出现废品的高精度孔，也应提前进行粗加工。高精度的精加工工序，一般应放在生产线的最后进行。要注意将粗、精加工工序拉开一些，以避免粗加工热变形对精加工的影响，同时也避免在精加工后又进行重负荷的粗加工，引起夹压变形，破坏精加工的精度。对于一些不重要的孔，若粗加工不会影响精加工精度，粗、精加工可以安排得近些，以便调整工序余量，及早发现前道工序的问题。

（2）特殊处理、线外加工。位置精度要求高的加工面尽可能在一个工位上加工；同轴度公差小于0.05 mm的孔系，其半精加工和精加工都应从一侧进行。易出现废品的粗加工工序，应放在生产线的最前面，或在生产线外加工，以免影响生产线的正常节拍。精度太高、不易稳定达到加工要求的工序一般也不应放在生产线内加工，若在生产线内加工，应自成工段，并有较大的生产潜力，即使产生较高的废品率也不会影响生产线的正常节拍。如对于高精度孔的加工，由于尺寸公差要求很高，在生产线上加工时，需采取备用机床、自动测量、刀具自动补偿等相应措施，甚至设计成备有支线的单独精加工线。

（3）单一工序。小直径钻孔一般不宜和大直径镗孔放在一起，以免主轴箱传动系统过于复杂，以及不便于调整和更换刀具。攻螺纹工序应安排在单独的机床上进行，必要时也可以安排为单独的攻螺纹工段，并放在生产线的最后，这样做便于安排攻螺纹润滑、切屑的处理，也不导致弄脏工件，对处理、减少清洗装置和改善生产线的卫生条件均有好处。当自动线有清洗设备时，攻螺纹机床或工段最好放在清洗设备之前。

（4）减少辅助装置。生产线上多一个转位装置，就多了一个工段，使生产线结构和控制系统更复杂，占地面积加大，也增加了在工件输送装置，以及电、气、液压设备方面的投资。

（5）基准先行，先主后次，先面后孔。

（6）全面考虑辅助工序。这对保证生产线的可靠工作同样具有很大的意义。例如，在不通孔中积存切屑，就会引起丝锥折断；高精度的孔加工如果没有测量，就可能出现大量的废品。一般还要在零件粗加工阶段结束之后或者重要工序加工前后，以及工件全部加工结束之后安排检验工序。

5）选择合理的切削用量

在工艺文件中一般要规定每一工步的切削用量，切削用量是计算切削力、切削功率和加工时间的必要数据，是设计机床、夹具、刀具的依据。合理选择切削用量是保证生产线加工质量和生产率的必要手段之一。确定生产线切削用量时应注意以下问题。

（1）生产线刀具寿命的选择原则。目前尚无统一的规定，较多考虑的原则是换刀不占用或少占用上班时间。目前我国一般取生产线中最短的刀具寿命为400 min左右或200 min左右，相应刀具不磨刀的工作时间为1个工作班或1/2个工作班。这个数值比单台机床刀具寿命要长些，所以生产线上所选用的切削用量比一般机床单刀加工的寿命低15%~30%。

（2）对于加工时间长、影响生产线生产节拍的工序，应尽量采用较大的切削用量以缩短加工时间。但应保证寿命最短的刀具能连续工作1个工作班或1/2个工作班，以便利用生产线非工作时间进行换刀。对于加工时间不影响生产线生产节拍的工序，可以采用较低的切削用量，提高刀具寿命，以减少生产成本。

（3）同一个刀架或主轴箱上的刀具，一般共用一个进给系统，各刀具每分钟的进给量是相同的。此时应注意选择各刀具的转速，确定合理的切削速度和每转进给量，使各刀具具有大致相同的寿命。

（4）选择复合刀具的切削用量时，应考虑到复合刀具各个部分的强度、寿命及其工作要求。

二、生产节拍的平衡和生产线的分段

1. 生产节拍的平衡

制造业的生产线多半是细分之后的多工序连续作业生产线。由于分工作业，简化了作业难度，易于提高作业熟练度，从而提高作业效率。然而经过这样的作业细分之后，各工序的作业时间在理论上、现实上都不会完全相同，存在工序时间不一致的现象。除了造成无谓的工时损失外，还造成大量的工序堆积（即存滞品发生），严重的还会造成生产的中止。为了解决以上问题，就必须对各工序的作业时间平均化，以使生产线顺畅运转，取得良好的经济效益。

生产线的节拍是指连续完成两个相同的产品之间的间隔时间，即完成一个产品所需的平均时间。生产线工艺平衡即是对生产的全部工序进行平均化，调整各作业负荷，以使各作业时间尽可能相近。通过平衡生产线节拍，可以提高操作人员及设备工装的工作效率；可以减少单件产品的工时消耗，降低成本；可以减少工序的在制品，真正实现有序流动；可以在平衡的生产线基础上实现单元生产，提高生产应变能力，应对市场变化。

生产线的生产节拍 t_j（min/件）为

$$t_j=\frac{60T}{N}\beta_1 \tag{6-1}$$

式中 T——年基本工时，h/年，一般规定，按一班制工时为 2 360 h/年，按两班制工时为 4 650 h/年；

β_1——复杂系数，一般取 0.65~0.85，复杂的生产线因故障导致开工率低些，应取低值，简单的生产线则取高值；

N——生产线加工工件的年生产纲领，件/年。

$$N=qn(1+P_1+P_2)$$

式中 q——产品的年产量，台/年；

n——每台产品所需生产线加工的工件数量，件/台；

P_1——备品率；

P_2——废品率。

算出生产线的节拍后，就可找出哪些工序的节拍大于 t_j。工序节拍大于 t_j 的工序称为限制性工序，这些工序限制了生产线的生产率，使生产线达不到生产节拍要求。必须设法缩短限制性工序的节拍，以达到平衡工序节拍的目的。当工序节拍比 t_j 慢很少时，可以采用提高切削用量的办法来缩减其工序节拍。但在大多数情况下，工序节拍比 t_j 慢很多，这时就必须采用下列措施来实现节拍的平衡。

（1）综合应用程序分析、动作分析、规划分析、搬运分析、时间分析等方法和手段，对限制性工序进行评估优化，使作业改善。

（2）作业转移、分解与合并。将瓶颈工序的作业内容分担给其他工序；合并相关工序，重新排布生产线加工工序，相对来讲在作业内容较多的情况下容易拉平衡；把分解作业时间较短的工序安排到其他工序当中去。

（3）采用新的工艺方法，提高工序节拍。

（4）增加顺序加工工位。采用分散工序的方法，将限制性工序分解为几个工步，摊在几个工位上完成。例如，气缸体的纵向油道孔，由于直径较小而孔很长，若只安排在一个加工工位上加工，则满足不了生产线的节拍要求。故可将长孔分成几段，分别在不同工位上加工。但采用这种方法平衡节拍，会在工件的已加工表面上留下接刀痕迹，因此仅适用于粗加工或精度和表面质量要求不高的工序。

（5）实行多件并行加工，以提高单件的工序节拍。通常用多台同样的机床对多个同样的工件同时进行加工。这样做需要在限制性工序的前后设立专用的输送装置，将待加工工件分送到各台机床和将已加工工件从各台机床取出送到生产线的输送装置上，增加了生产线的复杂程度。采用多工位加工机床，各工位完成同样工件不同工步的加工，每次转位就完成一个工件的加工，可以明显地提高单件的工序节拍，又不需要上述的专用输送装置，但这类机床的结构比较复杂。

（6）在同一工位上增加同时加工工件的数目。例如，在同一工位上加工两个工件，此时输送带每次行程为两个工件的步距。

2. 生产线的分段

生产线属于以下情况时往往需要分段。

（1）当工件因为工艺上的需要在生产线上要进行转位或翻转时，工件的输送基面变了，往往使得全线无法采用统一的输送带，而必须分段独立输送。在这种情况下，转位或翻转装置就自然地将生产线分成若干段。

（2）如前所述，为了平衡生产线的生产节拍，当需要对限制性工序采用增加同时加工的工位数或增加同时加工的工件数等办法，以缩短限制性工序的工时时，往往也需要将限制性工序单独组成工段，以满足成组输送工件的需要。

（3）当生产线的工位数多、生产线较长时，如生产线不分段，线内任一工位因故停止工作，将会导致全线停产。因此，对这样的生产线往往应该分段，并在相邻段之间设立储料库，使各工段在其他工段停产的情况下还能独立运行一段时间，提高生产线的设备利用率。

（4）当工件加工精度要求较高时，要求工件粗加工后存放一段时间，以减少工件热变形和内应力对后续工序的影响，这时也需要将生产线分段。

三、生产线的技术经济性能评价

一条生产线的设计和建造过程，实质上是按照被加工产品的生产纲领和技术要求，选择采用相适应的工艺装备、辅助装置和控制系统，在充分论证、分析研究和比较其技术经济效益的基础上，不断地完善设计、试验、制造和调试直到建成的过程。生产线的生产率、技术经济效益依赖于生产线的可靠性。生产线的实际生产率随可靠性的提高而提高，并能较充分利用生产线的工艺可能性，从而达到保证和提高技术经济效益的目标。因此，生产线的可靠性、生产率和经济效益是设计和建造生产线时首先应该考虑和要协调解决的问题，也是评价生产线优劣的主要指标。

1. 生产线的可靠性

生产线的可靠性是指在给定生产纲领所决定的规模下，在生产线规定的全部使用期限内（如一个工作班），连续生产合格产品的工作能力。生产线的可靠性越低，生产率损失就越大，实际生产率和理论生产率之间的差距也越大，而且会使管理人员和调整工人的数目增加，不仅增加了工资费用，而且增加了修理和保养费用。

生产线发生了使其工作能力遭到破坏的事件，称为生产线的故障。由于生产线所使用的元器件、零部件、各种机构、装置、仪器、工具和控制系统等损坏或不能正常工作引起的故障，称为元器件故障。由于生产线加工的工件不符合技术要求，以及组织管理原因引起的生产线停顿，称为参数故障。元器件故障表征动作可靠性，参数故障表征工艺加工精度以及使用管理方面的可靠性。对于生产线而言，参数故障往往是人为因素造成的，为使研究生产线可靠性问题简化，常不考虑参数故障。当只考虑发生元器件故障的平均工作时间时，假设每一个元器件的故障与其他元器件的故障无关，则生产线发生故障的概率取决于生产线所用元器件工作发生故障概率的乘积。随着生产线复杂程度的提高，其组成的元器件随之增多，如果每个元器件的可靠性都很高，生产线发生故障的概率也将急剧降低。

生产线的使用效率在很大程度上还取决于寻找故障原因、排除故障及恢复其工作能力所需的时间。通常，生产线工作能力恢复时间概率的分布也像无故障工作时间概率的分布一样，可以描述成指数形式。假设在生产线工作的 T_H 期间，发生了 n 次故障，排除这些故障共花费时间 T_x（总故障停机时间），其恢复工作能力的平均时间为 Q_{cp}，则有

$$Q_{cp}=\frac{T_x}{n} \tag{6-2}$$

假设生产线恢复工作能力的平均时间与生产线工作时间之比称为生产线恢复工作的时间比重，并记为 τ，则有

$$\tau=\frac{Q_{cp}}{T_H} \tag{6-3}$$

Q_{cp} 和 τ 说明了生产线恢复工作能力的时间要素的重要性。Q_{cp}，τ 的数值是衡量生产线工作可靠性和维修度的重要指标，并可明显看出，提高生产线可靠性和使用效率的主要措施如下。

（1）采用高可靠性的元器件是提高生产线可靠性的主要手段。

（2）提高寻找故障和排除故障的速度。例如，在电气控制系统中采用自诊断技术，能很快找出故障点，便于排除故障。对于易出故障的元器件及较复杂的单元电路板，可以增加备件，以便出现故障时及时更换，缩短维修时间。

（3）重要的和加工精度要求高的工位采用并联排列，易出现故障的电路和电气元器件采用并联连接。还可将容错技术和自诊断技术相结合，自动查找故障并自动转换至并联元器件和电路上运行，也可由人工转换至并联的工位继续运行，这样都将大大减少故障停机时间。

（4）把生产线分成若干段，采用柔性连接，则每段组成的元器件数将大量减少，可提高生产线的可靠性。

（5）加强管理，减少由于技术工作和组织管理不完善所造成的生产线停机时间。

2. 生产线生产率

1）生产线生产率的分析

生产线在正常运行并处于连续加工时，生产一个工件的工作循环时间就是生产线的节拍。根据生产线工作循环时间计算出的生产率称为生产线的循环生产率，它是在假定生产线没有任何故障和停顿而连续工作的条件下计算的，但实际上生产线总是在正常工作和各种不同情况停顿交替出现的状态下运行的。因此，生产线的实际生产率将大大低于循环生产率。生产线的停顿状态通常是由下列各种原因造成的。

（1）调整和更换刀具或工具。

（2）组成生产线的元器件、设备、装置和仪器仪表等故障。

（3）由于组织管理不善，如停工待料等所造成的停顿。

（4）生产线虽能工作，但生产出的工件不符合技术要求。这种用于生产废品的时间或调整加工精度的时间，也属生产线的停顿时间。

（5）在多品种生产的生产线上，更换加工对象，使生产线不能正常运行而处于停顿状态。

上述生产线的各种停顿越频繁，停顿时间越长，则生产线的实际生产率越低，单位时间里平

均生产的合格品越少。

为了估计生产线的循环外停顿对其生产率的影响，必须把生产线的总停顿时间分摊到每一个加工工件的时间中去，此时生产线的实际生产率往往比生产线的循环生产率低很多。

2）生产线生产率与可靠性的关系

生产线的各种停顿，是由于技术和组织管理等因素造成的，是和生产线的可靠性密切联系的。生产线的可靠性直接影响生产线的生产率。可靠性高，生产率也随之提高。

生产线无故障工作周期的长短和起始点是随机的，所以生产线循环外损失时间的大小也是随机的。因此，生产线的实际生产率也具有随机性。

如果将组织管理等人为因素所造成的生产线停顿包含在故障范畴之内，生产线的实际生产率就取决于三个因素，即生产线的工作循环周期、故障强度及发现和排除故障的持续时间。由此可见，生产线的可靠性对实际生产率的重要性。

3. 生产线的经济效益

新设计生产线最佳方案的选择必须包含经济效益的分析与比较。符合产品加工全部技术要求的生产线，不一定是一条经济效益好的生产线。对新设计的生产线进行经济效益的计算分析和比较，不仅是为了计算其经济效益，而且是为了对生产线的技术参数和水平进行选择，使新建的生产线在技术上和经济上都是最佳的，从而保证在采用新技术的同时，能取得最大的经济效益。评价生产线经济效益的指标很多，如机床平均负荷率、制造零件的生产成本和投资回收期等，其中生产线的投资回收期长短对是否建立新的生产线和建立什么样的生产线的影响很大，直接关系到生产线的经济效益，是生产线设计的重要经济指标。

生产线建线投资回收期限 T（年）为

$$T=\frac{I}{N(S-C)} \tag{6-4}$$

式中 I——生产线建线投资总额，元；

S——零件的销售价格，元/件；

C——零件的制造成本，元/件；

N——计算生产纲领。

生产线建线投资回收期限 T 越短，生产线的经济效益越好。一般应同时满足以下条件才允许建线。

（1）生产线建线投资回收期应小于生产线制造装备的使用年限。

（2）生产线建线投资回收期应小于该产品（零件）的预定生产年限。

（3）生产线建线投资回收期应小于4~6年。

在生产线建线投资总额 I 中，加工装备尤其是关键加工装备的投资所占份额很大，在决定选购复杂昂贵加工装备前，必须核算其投资的回收期限，如在4~6年内收不回装备投资，则不宜选购，应另行选择其他类型的加工装备。

任务实施

根据图6-2，完成如下内容。

（1）根据零件图选择合适的工艺基准。

（2）根据加工零件类型选择合适的工件输送基面。

（3）拟定合适的生产线工艺流程。

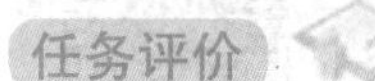

任务评价

任务评价表见表6－4。

表6－4 任务评价表

序号	考核要点	项目（配分：100分）	教师评分
1	职业素养	团队合作能力（20分）	
		信息收集、咨询能力（20分）	
2	工艺基准的选择	工艺基准的选择符合零件加工规律（20分）	
3	工件输送基面的选择	工件输送基面选择正确、合理（20分）	
4	生产线工艺流程的拟定	生产线工艺流程的拟定清晰、合理（20分）	
得分			

问题探究

1. 问答题

（1）机械加工生产线的工艺方案如何拟定？

（2）如何平衡生产线的节拍？

（3）简述生产线分段的意义及措施。

（4）提高生产线可靠性的主要手段有哪些？

2. 填空题

（1）加工表面的（　　　　　）是决定加工表面加工方法的首要因素。

（2）生产线（　　　　　）是指连续完成两个相同产品之间的间隔时间。

（3）小型回转体类工件一般采取（　　　　　）或（　　　　　）输送方式。

3. 判定题

（1）尽可能在生产线上采用统一的定位基面，以利于保证加工精度，简化生产线结构。（　　）

（2）高精度的精加工工序，一般应放在生产线的最后进行。（　　）

（3）符合产品加工全部技术要求的生产线，一定是一条经济效益好的生产线。（　　）

4. 单选题

（1）“一面两销”定位方式中的“两销”是指（　　）。

A. 两个圆柱销

B. 两个菱形销

C. 一个圆柱销与一个菱形销

D. 两个圆柱销与两个菱形销

（2）当工件加工精度要求较高时，要求工件粗加工后存放一段时间，以减少工件热变形和内应力对后续工序的影响。这时（　　）将生产线分段。

A. 需要　　　　　　　　B. 不需要

任务 6.3　生产线专用机床的总体设计

【任务描述】

生产设计一款简易组合机床，用于加工小型零件的平面和孔。该机床应具备基本的钻孔、铣削功能，操作简便，结构简单。

【学前装备】

（1）准备“机械工程师手册”软件并安装。

（2）准备三维设计软件（SW、UG NX、CATIA、中望 3D）并安装。

一、概述

生产线上的加工装备既有通用机床、数控机床，也有专用机床。通用机床和数控机床一般都有定型产品，可以根据生产线的工艺要求进行选购。专用机床没有定型产品，必须根据所加工零件的工艺要求进行专门设计。虽然生产线所采用的加工装备类型可以分为以下几大类。

1. 通用的自动机床和半自动机床

在生产线上选用这类机床时，只需添加输料和装卸料机构即可形成生产线所需的设备，如单轴或多轴自动机床等。

2. 经自动化改造的通用机床

在通用机床的基础上，进行机械和电气系统改造，实现加工过程的自动化，以满足生产线的某种特殊加工要求。

3. 专用机床

专用机床是针对加工某种零件的特定工序设计的，在设计时应充分考虑成组加工工艺的要求，根据相似零件族的典型零件工艺要求进行设计。典型零件是指具有相似零件族内各个零件全部结构特征和加工要素的零件，它可能是一个真实的零件，更可能是由人工综合而成的假想零件。

由于组合机床在生产线中使用比较广泛，本任务以组合机床为例介绍专用机床的总体设计原理。

二、组合机床的组成、特点及基本配置形式

1. 组合机床的组成及特点

组合机床是根据工件加工需要，以通用部件为基础，配以少量按工件特定形状和加工工艺设计的专用部件和夹具而组成的一种高效专用机床。图 6 – 3 所示为典型双面复合式单工位组合机床。其组成有侧底座 1、滑台 2、镗削头 3、夹具 4、多轴箱 5、动力箱 6、立柱 7、垫铁 8、立柱底座 9、中间底座 10、液压装置 11、电气控制设备 12、刀工具 13 等。通过控制系统，在两次装卸工件间隔时间内完成一个自动工作循环。图 6 – 3 中各个部件都是具有一定独立功能，并且大多是已经系列化、标准化和通用化的通用部件。通常情况下，夹具 4、中间底座 10 和多轴箱 5

是根据工件的尺寸形状和工艺要求设计的专用部件，但其中的绝大多数零件，如定位夹压元件、传动装置等，都是标准部件和通用部件。

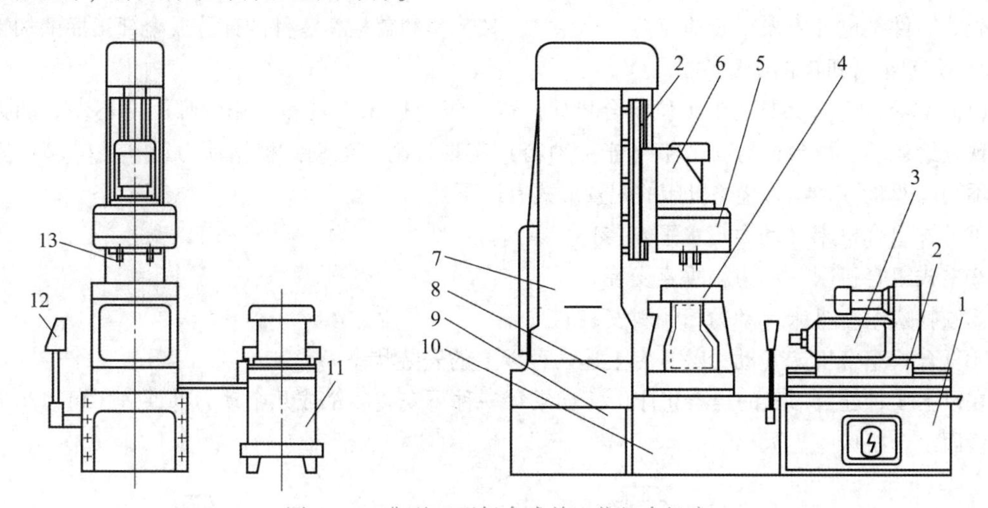

图 6-3　典型双面复合式单工位组合机床

1—侧底座；2—滑台；3—镗削头；4—夹具；5—多轴箱；6—动力箱；7—立柱；8—垫铁；9—立柱底座；10—中间底座；11—液压装置；12—电气控制设备；13—刀工具

通用部件是组成组合机床的基础。用来实现机床切削和进给运动的通用部件，如单轴工艺切削头（镗削头、钻削头、铣削头等）、传动装置（驱动切削头）、动力箱（驱动多轴箱）、进给滑台（机械或液压滑台）等称为动力部件。用以安装动力部件的通用部件（如侧底座、立柱、立柱底座等）称为支承部件。

组合机床具有如下特点。

（1）主要用于棱体类零件和杂件的孔面加工。

（2）生产率高。因为工序集中，可多面、多工位、多轴、多刀同时自动加工。

（3）加工精度稳定。因为工序固定，可选用成熟的通用部件、精密夹具和自动工作循环来保证加工精度的一致性。

（4）研制周期短，便于设计、制造和使用维护，成本低。因为通用化、系列化、标准化程度高，通用零部件占 70%~90%，通用件可组织批量生产进行预制或外购。

（5）自动化程度高，劳动强度低。

（6）配置灵活。因为结构模块化、组合化，可按工件或工序要求，用大量通用部件和少量专用部件灵活组成各种类型的组合机床及自动线；机床易于改装，产品或工艺变化时，通用部件一般还可以重复利用。

2. 组合机床的工艺范围与机床配置形式

1）组合机床的工艺范围

目前，组合机床主要用于平面加工和孔加工两类工序。平面加工包括铣平面、锪（刮）平面、车端面；孔加工包括钻、扩、铰、镗孔以及倒角、切槽、攻螺纹、撤沉孔、滚压孔等。随着综合自动化的发展，其工艺范围正扩大到车外圆、行星铣削、拉削、推削、磨削、研磨及抛光、冲压等工序。此外，还可以完成焊接、热处理、自动装配和检测、清洗、零件分类及打印等非切削工作。

组合机床在汽车、拖拉机、柴油机、电动机、仪器仪表、军工及轻工行业大批大量生产中已获得广泛应用，在一些中小批量生产的企业，如机床、机车、工程机械等制造业中也已推广应用。组合机床最适宜于加工各种大中型箱体类零件，如气缸盖、气缸体、变速箱体、电动机座及仪表壳等零件；也可用来完成轴套类、轮盘类、叉装类和盖板类零件的部分或全部工序的加工。

2）大型组合机床的配置形式

（1）具有固定式夹具的单工位组合机床。这类组合机床夹具和工作台都固定不动。动力滑台实现进给运动，滑台上的动力箱（连主轴箱）实现切削主运动。根据动力箱和主轴箱的安置方式不同（见图6-4），这类机床的配置形式有以下几种。

①卧式组合机床（动力箱水平安装）。

②立式组合机床（动力箱垂直安装）。

③倾斜式组合机床（动力箱倾斜安装）。

④复合式组合机床（动力箱具有上述两种以上的安装状态）。

在以上4种配置形式的组合机床中，如果每一种再安装一个或几个动力部件，还可以组成双面或多面组合机床。

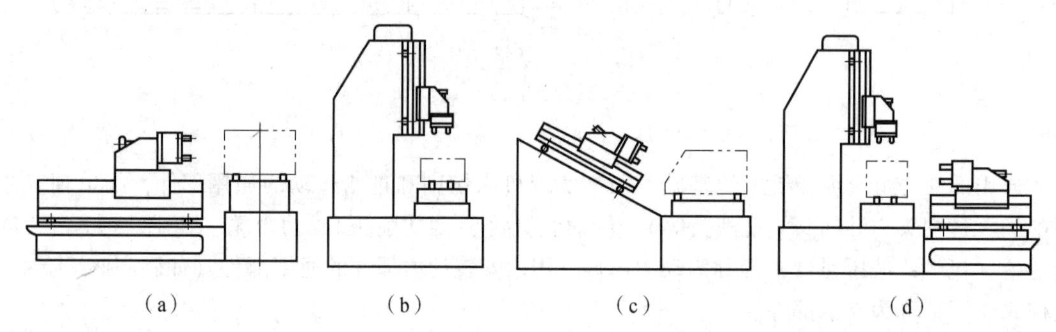

图6-4　具有固定式夹具的单工位组合机床

(a) 卧式组合机床；(b) 立式组合机床；(c) 倾斜式组合机床；(d) 复合式组合机床

（2）具有移动式夹具的（多工位）组合机床。这类组合机床的夹具安装在直线移动工作台或回转运动工作台上，并按照一定的时间节拍做间歇移动或转动，使工位得到转换。这类机床的配置形式，常见的有以下4种。

①具有移动工作台的机床（见图6-5）。这类机床的夹具和工件可做直线往复移动。

②具有回转工作台的机床（见图6-6）。这种机床的夹具和工件可绕垂直轴线回转，在回转工作台上每个工位通常都装有工件。

③鼓轮式机床。这种机床的夹具和工件可绕水平轴线回转。此种机床一般为卧式单面或双面配置，而较少采用三面配置。此外也有辐射式的，它除了安装卧式动力部件外，还在垂直于鼓轮回转轴线的平面上安装动力部件。

④中央立柱式机床。这种机床具有台面直径较大的环形回转工作台。在工作台中央安装立柱，立柱上安装动力部件，而在工作台的周围还安装有卧式动力部件，工件和夹具则安装在回转工作台上，这种机床一般都是复合式的。

（3）转塔主轴箱式组合机床。转塔主轴箱式组合机床分为两类：单轴转塔动力头式组合机床和多轴转塔头式组合机床。前者转塔头的每个接合面可安装一个主轴箱。这种机床的一般配置形式有如下。

①转塔式主轴箱只实现切削运动，被加工零件安装在滑台上，由滑台实现进给运动，如图6-7（a）所示。

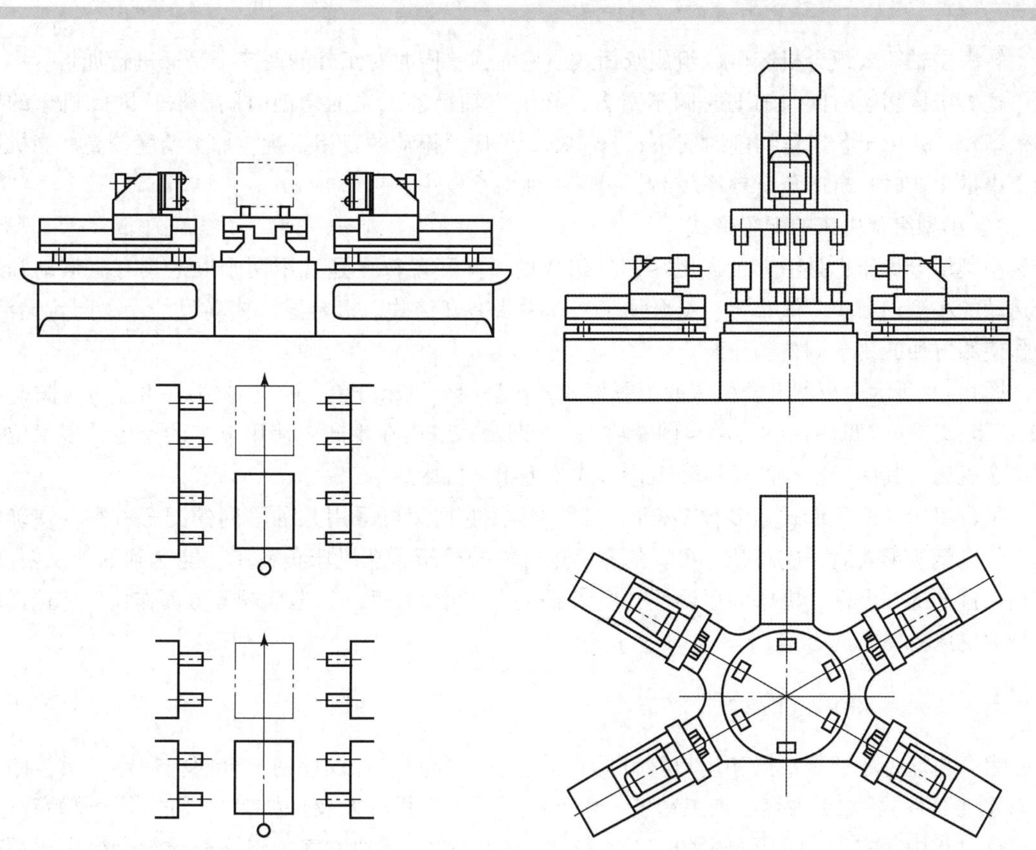

图6－5 具有移动工作台的组合机床　　图6－6 具有回转工作台的组合机床

②转塔式主轴箱安装在滑台上，既能实现切削主运动又能实现进给运动，如图6－7（b）所示。被加工零件安装在回转工作台上，转塔式主轴箱转位更换刀具，而工件转位更换被加工的平面。

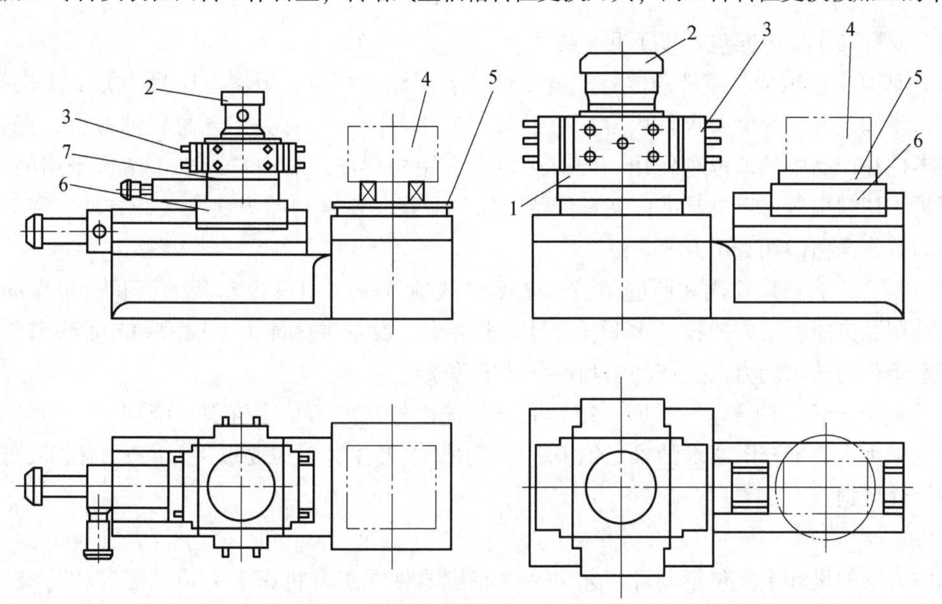

图6－7 转塔主轴箱式组合机床

（a）卧式组合机床；（b）立式组合机床

1—转塔；2—电动机；3—转塔主轴箱；4—工件；5—回转工作台；6—进给滑台；7—转塔架

转塔主轴箱式组合机床可以组成双面式或三面式，同时对工件的两三个平面进行加工。

这类机床切削时间与辅助时间不重合，转塔主轴箱各工位的切削时间串联，因此机床的工作效率较低。由于各工位切削时间不重合，减少了切削振动的互相干扰，加工精度较高。当机床用于中批生产时，机床负荷效率较高，机床占地面积较小。

3）小型组合机床的配置形式

小型组合机床也是由大量通用零部件组成的。其配置特点是常用两个以上具有主运动和进给运动的小型动力头分散布置、组合加工。动力头有套筒式、滑台式，横向尺寸小，配置灵活，操作使用方便，易于调整和改装。

图6-8所示为小型组合机床的配置形式。小型组合机床分单工位（见图6-8（a）~图6-8（d））和多工位（见图6-8（e）~图6-8(g)）两类。目前在生产中使用较多的是各种多工位小型组合机床，其中最常用的是回转工作台式小型组合机床。

组合机床的配置形式是多种多样的，同一零件的加工可采用几种不同的配置方案。在确定组合机床配置形式时，应对几个可行的方案进行综合分析，从机床负荷率、能达到的加工精度、使用和排屑的方便性、机床的可调性、机床部件的通用化程度、占地面积等方面作比较，选择较合理的机床总体布局方案。

三、组合机床设计的步骤

组合机床一般都是根据和用户签订的设计、制造合同进行设计的。合同中规定了具体的加工对象（工件）、加工内容、加工精度、生产率要求、交货日期及价格等主要的设计原始数据。在设计过程中，应尽量采用先进的工艺方案和合理的机床结构方案；正确选择组合机床通用部件及机床布局形式；要十分注意保证加工精度和生产率的要求以及操作使用方便性，力争设计出技术上先进、经济上合理和工作可靠的组合机床。组合机床设计的步骤大致如下。

1. 调查研究

调查研究的主要内容包括以下几个方面。

（1）认真阅读被加工零件图样，了解其尺寸、形状、材料、硬度、质量、加工部位的结构及加工精度和表面粗糙度要求等内容。通过对产品装配图样和有关工艺材料的分析，充分认识被加工零件在产品中的地位和作用。同时必须深入用户现场，对用户原来生产所采用的加工设备、刀具、切削用量、定位基准、夹紧部位、加工质量及精度检验方法、装卸方法、装卸时间、加工时间等作全面的调查研究。

（2）深入组合机床使用和制造单位，全面细致地调查使用单位车间的面积、机床的布置、毛坯和在制品流向、工人的技术水平、刀具制造能力、设备维修能力、动力和起重设备等条件，以及制造单位的技术能力、生产经验和设备状况等条件。

（3）研究分析合同要求，查阅、搜集和分析国内外有关的技术资料，吸取先进的科学技术成果。对于为了满足合同要求的难点拟采取的新技术、新工艺，应要求进行必要的试验，以取得可靠的设计依据。

2. 总体方案设计

总体方案的设计主要包括制订工艺方案（确定零件在组合机床上完成的工艺内容及加工方法、选择定位基准和夹紧部位、决定工步和刀具种类及其结构形式、选择切削用量等）、确定机床配置形式、制订影响机床总体布局和技术性能的主要部件的结构方案。总体方案的拟定是设计组合机床最关键的一步。方案制订正确，机床才能达到合同要求，保证加工精度和生产率。

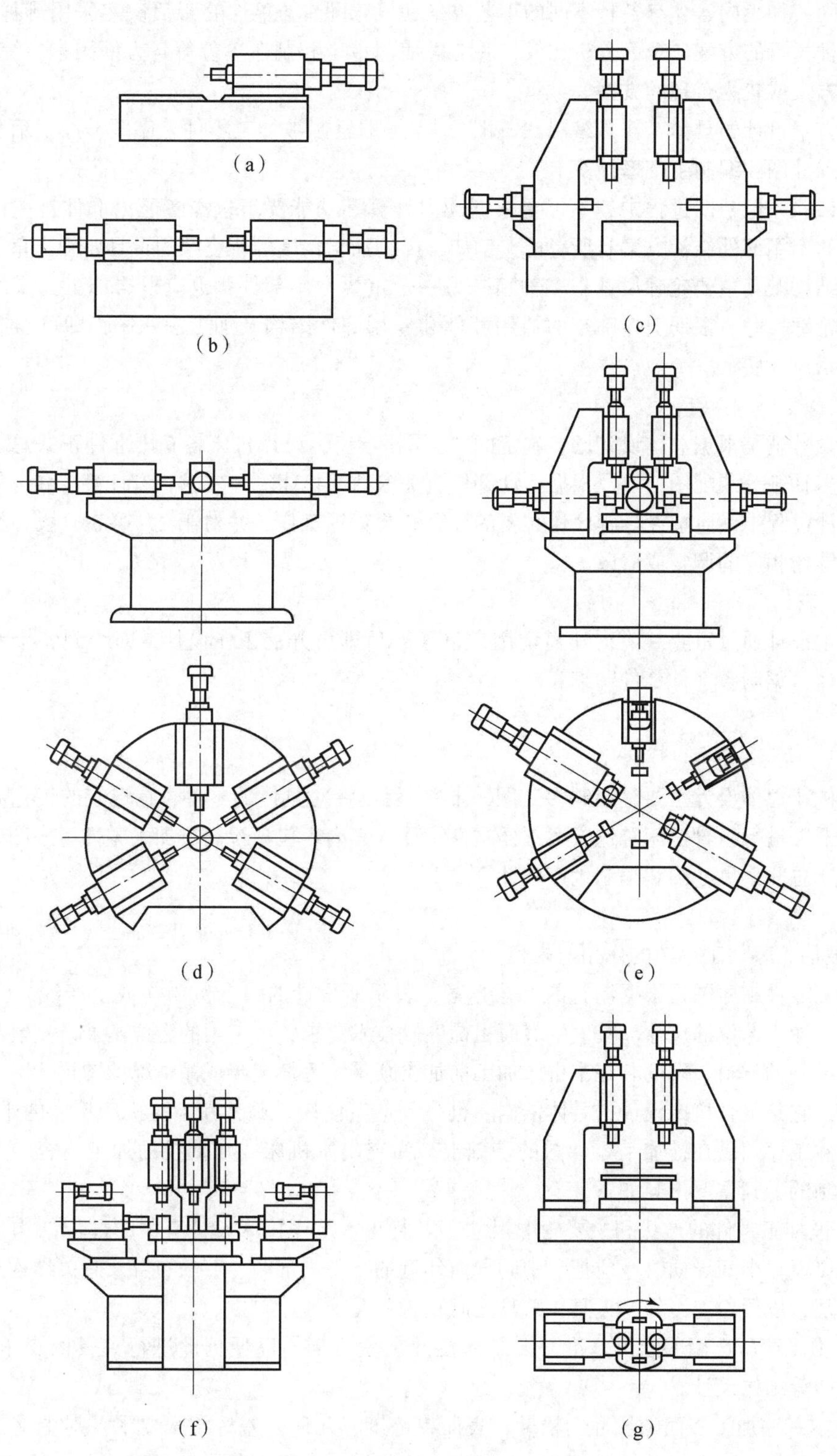

图 6-8 小型组合机床的配置形式

(a)(b)(c)(d)单工位配置形式；(e)(f)(g)多工位配置形式

对于同一加工内容，有各种不同的工艺方案和机床配置方案，在最后决定采用哪种方案时，必须对各种可行的方案作全面分析比较，并考虑使用单位和制造单位等各方面因素，综合评价，选择最佳方案或较为合理的方案。

总体方案设计的具体工作是编制“三图一卡”，即绘制被加工零件工序图、加工示意图、机床总联系尺寸图，编制生产率计算卡。

在设计联系尺寸图过程中，不仅要根据动力计算和功能要求选择各通用部件，往往还应对机床关键的专用部件结构方案有所考虑。例如，影响加工精度的较复杂的夹具要画出草图，以确定可行的结构及其主要轮廓尺寸；多轴箱是另一个重要专用部件，也应根据加工孔系的分布范围确定其轮廓尺寸。根据上述确定的通用部件和专用部件结构及加工示意图，即可绘制机床总体布局联系尺寸图。

3. 技术设计

技术设计就是根据总体设计已经确定的“三图一卡”，设计机床各专用部件正式总图，如设计夹具、多轴箱等装配图，以及根据运动部件有关参数和机床循环要求，设计液压和电气控制原理图。设计过程中，应按设计程序作必要的计算和验算等工作，并对第 2、第 3 阶段中初定的数据、结构等作相应的调整或修改。

4. 工作设计

当技术设计通过审查（有时还需请用户审查）后即可开展工作设计，即绘制各个专用部件的施工图样，编制各部件零件明细表。

四、组合机床总体设计

组合机床总体设计主要是绘制“三图一卡”，就是针对具体的零件，在选定的工艺和结构方案的基础上，进行组合机床总体方案图样文件设计。其内容包括绘制被加工零件工序图、加工示意图、机床总联系尺寸图和编制生产率计算卡等。

1. 被加工零件工序图

1）被加工零件工序图的作用与内容

被加工零件工序图是根据制订的工艺方案，表示所设计的组合机床（或生产线）上完成的工艺内容，加工部位的尺寸、精度、表面粗糙度及技术要求，加工用的定位基准、夹紧部位，以及被加工零件的材料、硬度和在本机床加工前加工余量、毛坯或半成品情况的图样。除了设计研制合同外，它是组合机床设计的具体依据，也是制造、使用、调整和检验机床精度的重要文件。被加工零件工序图是在被加工零件图的基础上，为突出本机床或自动线的加工内容，并作必要说明而绘制的，其主要内容如下。

（1）被加工零件的形状和主要轮廓尺寸，以及与本工序机床设计有关的部位结构形状和尺寸。当需要设置中间导向时，应把与中间导向邻近的工件内部肋、壁的布置及有关结构形状和尺寸标示清楚，以便检查工件、夹具、刀具之间是否相互干涉。

（2）本工序所选用的定位基准、夹紧部位及夹紧方向。以便据此进行夹具的支承、定位、夹紧和导向等结构设计。

（3）本工序加工表面的尺寸、精度、表面粗糙度、几何公差等技术要求及对上道工序的技术要求。

（4）被加工零件的名称、编号、材料、硬度以及加工部位的余量。

末端传动壳体精镗孔组合机床的被加工零件工序图如图 6－9 所示。

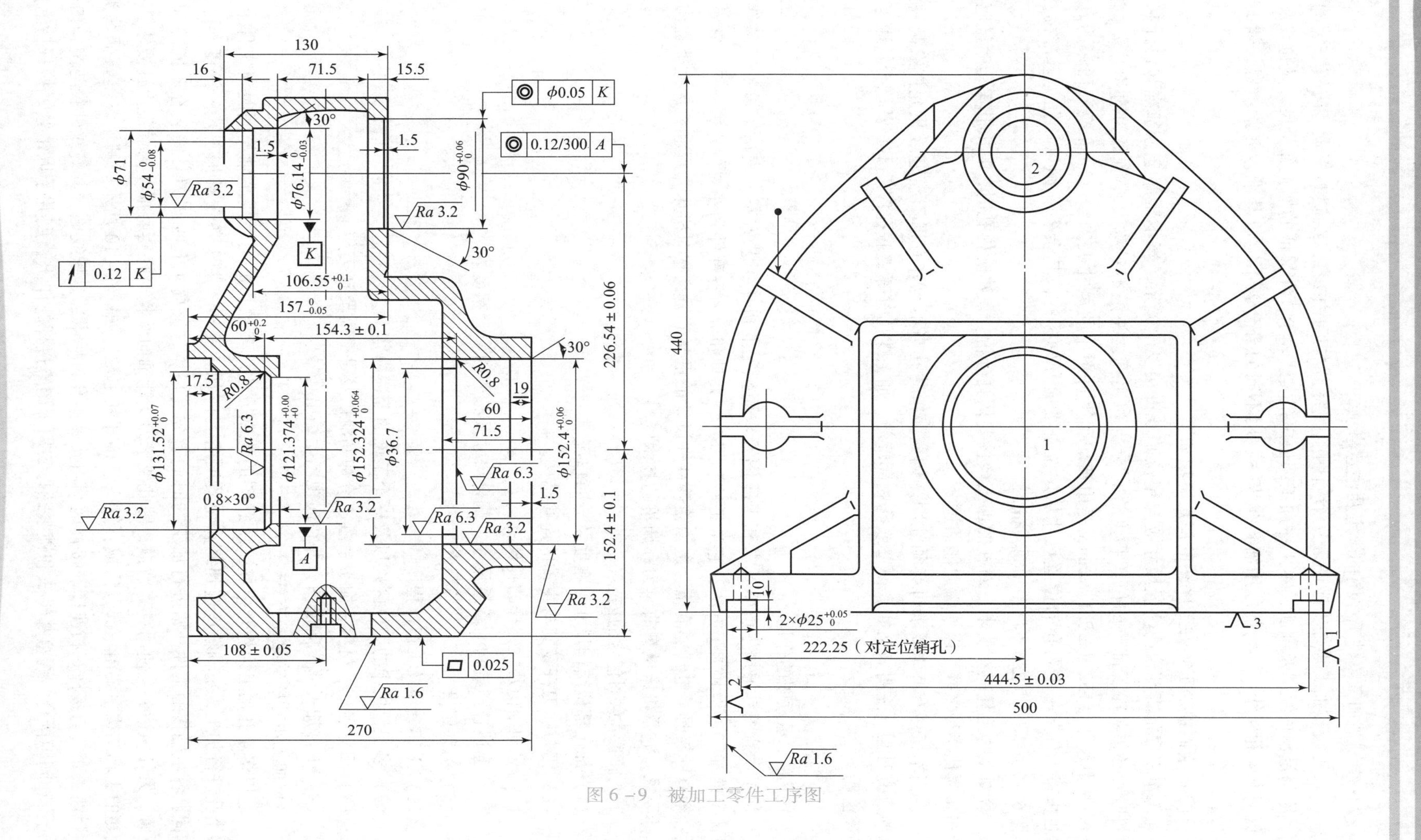

图 6-9 被加工零件工序图

2）绘制被加工零件工序图的规定及注意事项。

（1）为使被加工零件工序图表达清晰明了，突出本工序内容，绘制时规定：应按一定的比例，绘制足够的视图及剖面；本工序加工部位用粗实线表示，在保证的加工部位尺寸及位置尺寸数值下方画粗实线，其余部位用细实线表示；用不同的符合表示定位基准、夹紧位置、辅助支承等。

（2）绘制被加工零件工序图的注意事项如下。

①本工序加工部位的位置尺寸应与定位基准直接发生关系。当本工序定位基准与设计基准不符时，必须对加工部位的位置精度进行分析和换算，并把不对称公差换算为对称公差，如图6－9中尺寸（152.4 ±0.1）mm，是由被加工零件图中的尺寸 $152.5_{-0.02}^{\ 0}$ mm 换算而来的。有时也可将工件某一主要孔的位置尺寸从定位基准面开始标注，其余各孔则以该孔为基准标注，如图6－9中尺寸（226.54 ±0.06）mm。

②对工件毛坯应有要求，对孔的加工余量要认真分析。在建阶梯孔时，其大孔单边余量应小于相邻两孔半径之差，以便镗刀能通过。

③当本工序有特殊要求时必须注明。例如，精镗孔当不允许有退刀痕迹或只允许有某种形状的刀痕时必须注明。又如，薄壁或孔底部壁薄，加工螺孔时螺纹底孔深度不够及能否钻通等也必须注明。

2. 加工示意图

1）加工示意图的作用

加工示意图是根据生产率要求和工序图要求而拟定的机床工艺方案，表达了被加工零件在机床上的加工过程和加工方法；它是工件、刀具、夹具和机床各部件间相对位置关系图；它是刀具、辅具、夹具、电气、液压、主轴箱等部件设计的重要依据；它对机床布局和机床性能提出了原始要求；它是机床试车前对刀和调整的技术资料。

2）加工示意图包含的内容

（1）加工部位结构尺寸、精度及分布情况。

（2）刀具、刀杆及其与主轴的连接结构。

（3）导向结构及大镗杆的托架结构。

（4）上述各类结构的联系尺寸、配合尺寸及必要的配合精度。

（5）切削用量。

（6）工作循环及工作行程。

（7）多工位机床的工位区别以及逐个工位的上述内容。

（8）工件名称、材料、加工余量、冷却润滑以及是否需要让刀等。

（9）工件加工部位向视图，并在向视图上编出孔号。

3）加工示意图的绘制方法

现以多轴孔加工为例介绍加工示意图的绘制方法。多轴孔加工采用主轴箱同时对工件上的多个孔进行加工，主轴箱送进到终止位置时各孔应加工完毕。由于各主轴加工孔的深度不一定相同，各主轴接触工件开始进行加工的时间有先有后，这就要求孔加工刀具安装在不同的轴向位置。另外，钻头在使用时有磨损，因此要求刀具能轴向调整以补偿磨损。为满足上述要求，多轴箱的主轴结构主要由三部分组成：钻头、接杆和主轴，如图6－10所示。其中8是直柄钻头，用弹性胀套7与接杆6相连接。接杆前端内孔是锥孔，后半部是螺纹面，其螺纹外径与主轴内孔（光孔）间隙配合。调整螺母3和锁紧螺母5用于调整接杆的伸出长度并予以锁紧。接杆后上方是一段斜面，锁紧螺钉2紧压该斜面，限制接杆向外窜动。主轴1通过键13传动接杆6，再通过接杆传动钻头旋转。

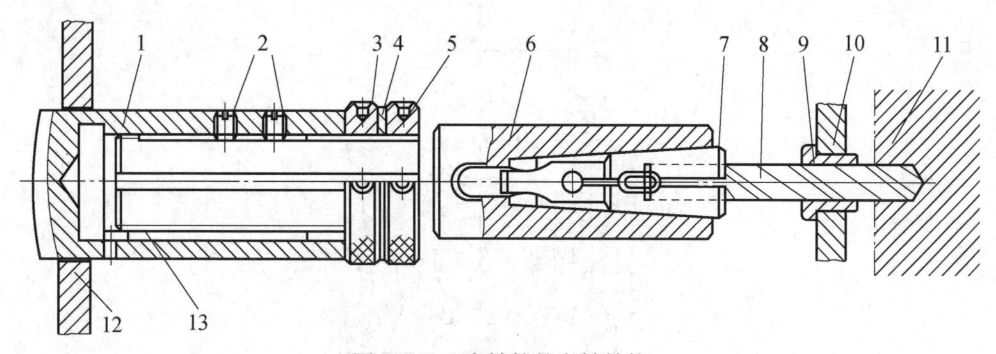

图6-10 多轴箱的主轴结构

1—主轴；2—锁紧螺钉；3—调整螺母；4—垫片；5—锁紧螺母；
6—接杆；7—弹性胀套；8—直柄钻头；9—钻套；10—夹具；11—工件；12—主轴箱；13—键

加工示意图的绘制方法如下。

（1）按比例绘制工件的外形及加工部位的展开图。工件的非加工部位用细实线绘制，加工部位则用粗实线绘制。工件在图中允许只画出加工部分。多孔同时加工时，对相邻距离很近的孔须严格按比例绘制，以便检查相邻轴承、主轴、导向套、刀具、辅具是否互相干涉。

（2）根据工件加工要求及选定的加工方法确定刀具、导向套或托架的形式、位置及尺寸，选择主轴和接杆。多孔同时加工时，找出其中最深的孔，从其加工终止位置开始，依次画出刀具、导向套和托架、接杆和主轴示意图，确定各部分轴向联系尺寸，最后确定主轴箱端面的位置。根据确定的主轴箱端面位置画其余各轴时，先确定刀具和主轴的尺寸，再确定刀具接杆的长度尺寸。

（3）在同一工位、同一加工面上，加工相同结构、尺寸和精度的加工表面的主轴结构是相同的，只需画出一根即可。但必须在该主轴上标注出所有相同主轴的轴号（与工件的孔号相对应）。

（4）对一些标准的通用结构，如钻头接杆、丝锥夹头、浮动卡头及钻、镗主轴悬伸部分等，可以不剖视。但一些专用结构应剖视。

（5）标注主轴端部外径和内孔直径、悬伸长度、刀具各段的直径及长度，以及导向套的直径、长度、配合，工件距导向套端面的距离等，还需标注刀具托架与夹具之间的尺寸、工件本身和加工部位的尺寸和精度等。

（6）确定动力部件的工作循环。动力部件的工作循环是根据加工工艺的需要确定的，它是指动力部件从原始位置开始的动作过程。一般包括快速引进、工作进给和快速退回等。有时工作循环还有中间停留、多次往复进给、跳跃进给等。

（7）工作行程长度的确定。

（8）在加工示意图上标注必要的说明，如工件图号、材料、硬度、加工余量，工件是否有让刀运动等。

以图6-11所示的加工汽车变速器箱体左端面的加工示意图为例，最深孔是其左端面的S_9，S_{10}，从其加工终止位置开始，依次画出钻头、导向套、接杆和主轴，并确定各部分轴向联系尺寸，最后确定主轴箱端面的位置。各部分轴向联系尺寸的确定方法如下。

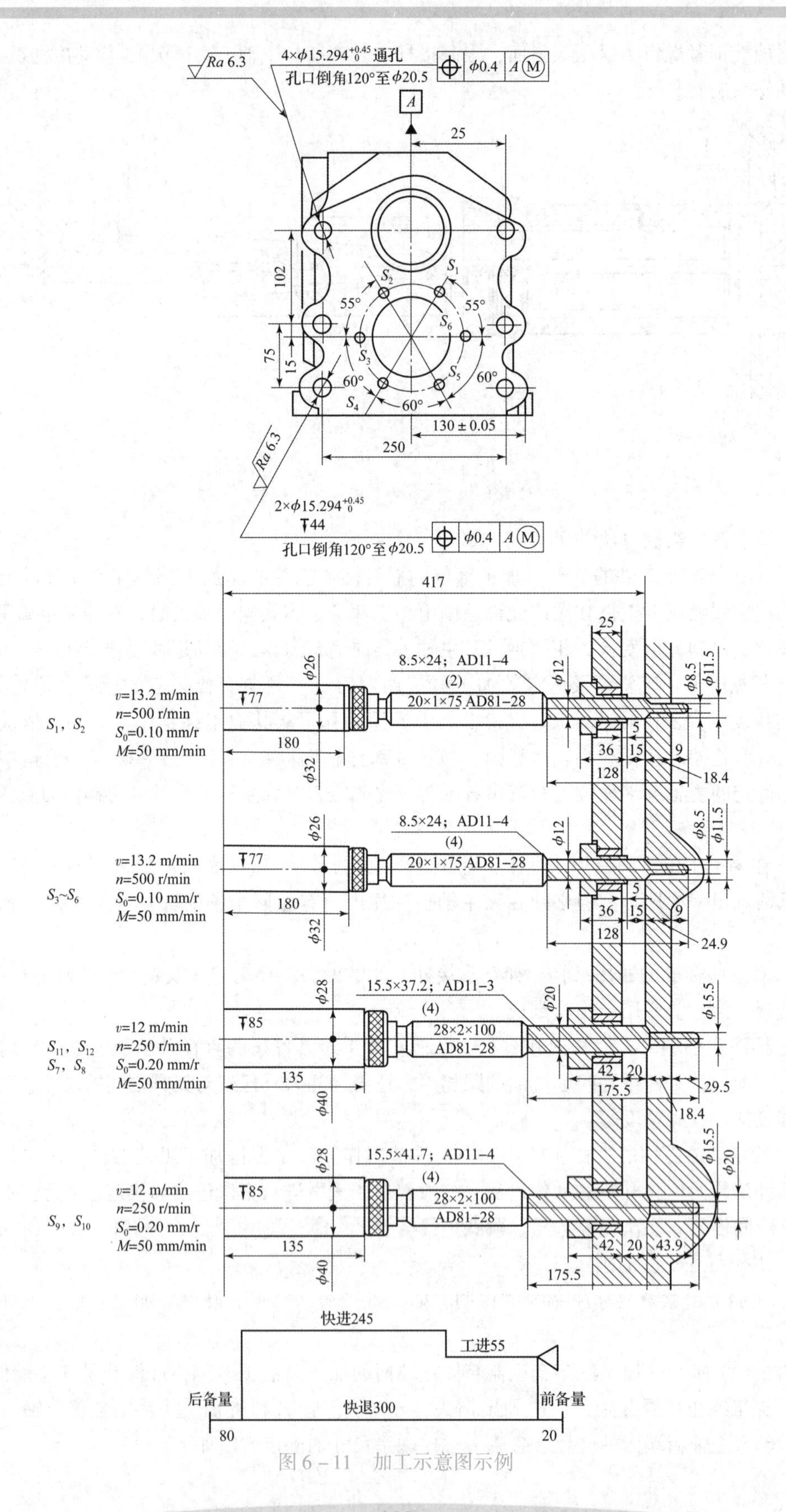

图 6－11　加工示意图示例

（1）导向套的选择。在专用机床上加工孔，除采用刚性主轴加工外，工件的尺寸和位置精度主要取决于夹具导向套。因此，必须正确地选择导向套结构、类型、参数和精度。在本例中，导向套采用单个固定式，导向套的长度取42 mm。

（2）确定导向套离工件端面的距离。导向套离工件端面的距离一般按加工孔径的1~1.5倍取值，加工铸铁件时取小值，加工钢件时取大值。图6-11中取20 mm。

（3）为便于排屑，钻头尾部螺旋槽应露出导向套外端的距离为30~50 mm，图6-11中取大于40 mm。

（4）以上面确定的尺寸为基础，选取钻头的标准长度，将刀具的伸出长度定为175.5 mm，即接杆端部离导向套的距离是69.6 mm。

（5）初定主轴类型、直径、外伸长度。主轴的尺寸规格应根据选定的切削用量计算出切削转矩，由切削转矩确定主轴的直径，再根据主轴系列参数标准选择主轴端部的内、外径及外伸长度。对精加工主轴，不能由切削转矩确定主轴直径，因为精加工时余量很小，转矩就很小，如按此转矩确定主轴直径，将造成主轴刚性的不足。确定这类主轴直径是根据工件加工部位孔的尺寸确定镗杆直径，由镗杆直径确定浮动卡头规格尺寸，进而确定主轴尺寸。图6-11中主轴内径和外径分别取ϕ28 mm和ϕ40 mm，主轴悬伸长度$L=135$ mm。

（6）选择接杆的规格和主要尺寸。根据主轴端部的内径或莫氏锥度号，在接杆的设计标准中可选出接杆的规格和主要尺寸，其中包括接杆长度的推荐范围，接杆长度可选此范围内的最小值。图6-11中接杆尾部$d=28$ mm，钻头柄部莫氏锥度号是2号，其长度推荐范围为230~530 mm，取230 mm。

（7）确定主轴箱端面的位置。查有关标准，主轴前端插接杆的内孔深度为85 mm。考虑接杆长度的调整，接杆插入主轴前端内孔的长度定为80 mm，据此可以画出主轴箱端面的位置，并计算工件左端面到主轴箱端面的距离为417 mm。

此外，在确定工作行程长度时，要明确以下概念。

（1）工作进给长度$l_{工进}$。工作进给长度等于被加工部位的长度（多轴加工时按加工最长的孔计算）与刀具切入长度和切出长度之和，如图6-12所示。切出长度根据加工类型的不同，取5 mm+0.3d，d为钻头的直径；切入长度可根据工件端面误差确定，一般为5~10 mm。本例中工作进给长度为55 mm。

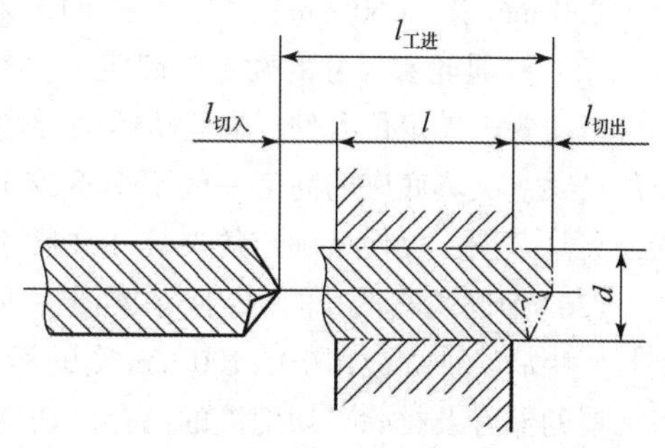

图6-12 工作进给长度

（2）快速退回长度。一般在固定式夹具的钻、扩、铰孔机床上，快速退回长度必须保证所有刀具都退进夹具导向套内，不影响装卸工作。对于夹具需要回转和移动的机床，快速退回长度必须把刀具、托架、活动钻模板以及定位销等都退离到夹具运动时可能碰到的范围以外，或不影响装卸工件。图6-11中快速退回长度取300 mm。

（3）快速引进长度。快速引进是动力部件把刀具快速送到工作进给开始的位置，本例中应等于快速退回长度减去工作进给长度，取245 mm。

（4）动力部件总行程长度。动力部件总行程长度除必须满足工作循环工作行程要求外，还需考虑调整和装卸刀具的要求，即考虑前备量和后备量，如图6-13所

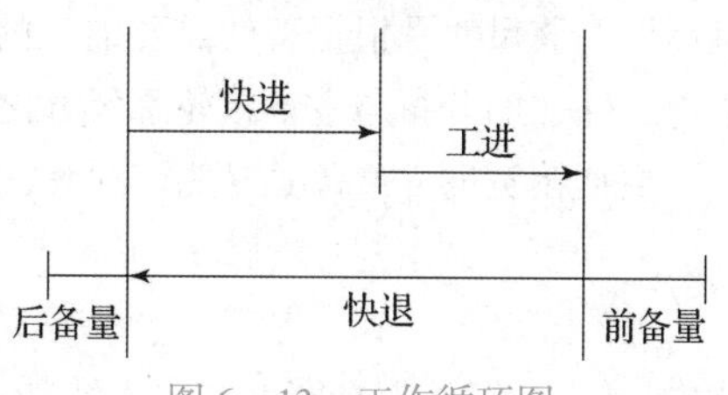

图6-13 工作循环图

示。前备量是指当刀具磨损或补偿安装造成误差时，动力部件可以向前调整的距离。后备量是指刀具连同接杆一起从主轴上取出时，保证刀具退离导向套外的距离大于接杆插入主轴孔内（或刀具从接杆中取出时，大于刀具插入接杆孔内）的长度。

3. 机床总联系尺寸图

1）机床总联系尺寸图的作用与内容

机床总联系尺寸图是以被加工零件工序图和加工示意图为依据，按初步选定的主要通用部件以及确定的专用部件的总体结构而绘制的，是用来表示机床的配置形式、主要构成及各部件安装位置、相互联系、运动关系和操作方位的总体布局图，用以检验各部件相对位置及尺寸联系能否满足加工要求及通用部件选择是否合适。它为多轴箱、夹具等专用部件设计提供重要依据。它可以看成机床总体外观简图，由其轮廓尺寸、占地面积、操作方式等可检验出是否适应用户现场使用环境。

机床总联系尺寸图包含的内容如下。

（1）表明机床的配置形式和总体布局。以适当数量的视图（一般至少两个视图，主视图应选择机床实际加工状态），用同一比例画出各主要部件的外廓形状和相关位置，表明机床基本形式（卧式、立式或复合式、单面或多面加工、单工位或多工位）及操作人员位置等。

（2）完整齐全地反映各部件间的主要装配关系和联系尺寸、专用部件的主要轮廓尺寸、运动部件的运动极限位置及各滑台工作循环总的工作行程和前后行程备量尺寸。

（3）标注主要通用部件的规格代号和电动机的型号、功率及转速，并标出机床分组编号及组件名称，全部组件应包括机床全部通用及专用零部件，不得遗漏。

（4）标明机床验收标准及安装规程。

2）机床总联系尺寸图中主要联系尺寸的确定

（1）装料高度尺寸的确定。装料高度是指工件安装基面与地面的距离，应根据工件的大小和车间输送线高度来确定。根据我国具体情况，对于一般卧式机床、生产线和自动线，装料高度定为 850 mm 及 1 060 mm 两种，特殊的机床装料高度可取至 1 200 ~ 1 300 mm。

（2）夹具轮廓尺寸的确定。确定夹具轮廓尺寸时除考虑工件的轮廓尺寸、形状、具体的结构外，还要考虑定位元件、夹紧机构、导向机构的空间布置，以及夹具底座与其他部件连接所需要的尺寸，夹具底座的高度一般不小于 240 mm。如夹具的结构比较复杂，则应在制订方案阶段绘制夹具草图，以便所确定的夹具外廓尺寸比较可靠。

（3）中间底座尺寸的确定。在确定中间底座长、宽方向尺寸时，应考虑中间底座上面安装夹具底座后，四周应留 70 ~ 100 mm 宽的切削液回收凹槽。确定中间底座高度方向尺寸时，应考虑切屑的储存及排除，切削液的储存。切削液池的容量应为切削液泵 5 ~ 15 min 的流量，一般中间底座高度总是大于 540 mm。

（4）主轴箱轮廓尺寸的确定。对于一般钻、镗类组合机床，主轴箱的厚度有两种尺寸规格，卧式为 325 mm，立式为 340 mm。确定主轴箱尺寸时，主要是确定主轴箱的宽度、高度及最低主轴高度。该尺寸是根据工件需要加工的孔的分布距离、安置齿轮的最小距离来确定的。图 6 - 14 表示工件孔的分布与主轴箱轮廓尺寸之间的关系。

主轴箱宽度 B、高度 H 为

$$B = b + 2b_1 \tag{6-5}$$

$$H = h + h_1 + h_2 \tag{6-6}$$

式中 b——工件上在宽度方向上要加工的相隔最远两孔距离，mm；

b_1——最边缘主轴中心至主轴箱外壁的距离，mm，通常推荐 b_1 为 70 ~ 100 mm；

h——工件上在高度方向上要加工的相隔最远两孔的距离，mm；

h_1——最低主轴中心至主轴箱底平面的距离 mm，即最低主轴高度，推荐 h_1 为 85 ~ 120 mm，加取值过小，润滑油易从主轴衬套处泄漏至箱外；

h_2——最上边主轴中心至主轴箱外壁的距离，mm，推荐 $h_2 = b_1$，取值范围为 70 ~ 100 mm。

根据式（6－5）、式（6－6）计算出来的主轴箱宽度和高度值，在主轴箱轮廓尺寸系列标准中，寻找合适的标准轮廓尺寸。选定的主轴箱标准轮廓尺寸通常大于计算值，应根据选定的尺寸重新分配 b_1，h_1，h_2 等值。

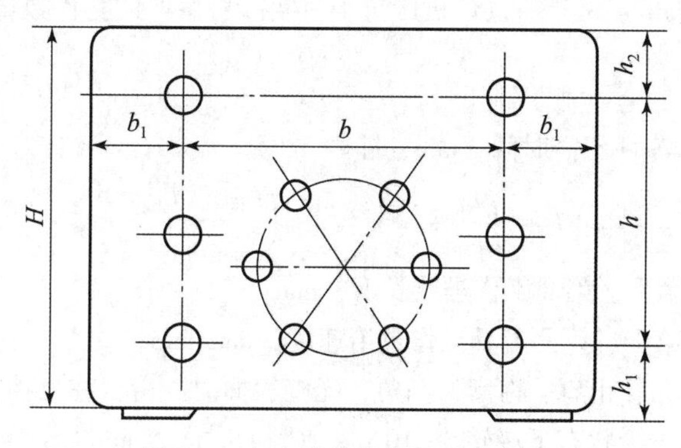

图 6－14 主轴箱轮廓尺寸确定图

3）机床总联系尺寸图的绘制方法与步骤

以双面卧式多轴钻孔机床为例介绍机床总联系尺寸图的绘制方法与步骤。

（1）确定纵向和高度方向尺寸基准线。

（2）确定纵向尺寸。

（3）确定高度方向尺寸。

（4）画左视图。画左视图的目的是清楚地表示各部件宽度方向的轮廓尺寸及相关位置。

（5）用细实线表示运动部件的终点和原始状态，以及运动过程中的情况。对于动力部件必须绘出退回到终点的位置，以便确定机床的最大轮廓尺寸。对于回转工作台、移动工作台或回转鼓轮机床，须绘出工作台或鼓轮运动时的包络范围，以便检查动力部件退回到终点位置时，刀具、托架等是否处于该包络范围以外，是否会产生碰撞。

（6）标注。标明工件、夹具、动力部件、中间底座与机床中心线间的位置关系。特别是当工件加工部位与工件中心线不对称时，动力部件对于夹具和中间底座也不对称，此时应注明它们相互间偏离的尺寸。标明电动机的型号、功率、转速，标注各部件的主要轮廓尺寸，并对组成机床的所有部件进行分组编号，作为部件和零件设计的依据。

（7）画出各运动部件的工作循环图。在进行各部件具体设计过程中，如发现机床总联系尺寸图中确定的某些尺寸不合理，甚至无法实现，不允许孤立地加以修改，必须在机床总联系尺寸图上，对相关的尺寸统筹考虑后再进行修改，以免造成设计工作的混乱和错误。在机床各组成部件设计完成后，以机床总联系尺寸图为基础进行细化，添加必要的电气、液压控制装置、润滑、冷却、排屑装置等，并加注文字说明及技术要求，这样就成为机床总图。

4. 机床生产率计算卡

根据加工示意图所确定的工作循环及切削用量等，就可以计算机床生产率并编制生产率计算卡。生产率计算卡是反映机床生产节拍或实际生产率和切削用量、动作时间、生产纲领及负荷率等关系的技术文件。它是用户验收机床生产率的重要依据。

1）理想生产率 Q

理想生产率 Q（件/h）是指完成年生产纲领 A（包括备品及废品率）所要求的机床生产率。它与全年工时总数 t_k 有关，一般情况下，单班制 t_k 取 2 360 h，两班制 t_k 取 4 650 h，则

$$Q=\frac{A}{t_k} \tag{6-7}$$

2）实际生产率 Q_1

实际生产率 Q_1（件/h）是指所设计机床每小时实际可生产的零件数量，即

$$Q_1=\frac{60}{T_{单}} \tag{6-8}$$

式中 $T_{单}$——生产一个零件所需时间，min，即

$$T_{单}=t_{切}+t_{辅}=\left(\frac{L_1}{v_{f1}}+\frac{L_2}{v_{f2}}+t_{停}\right)+\left(\frac{L_{快进}+L_{快退}}{v_{fk}}+t_{移}+t_{装}\right) \tag{6-9}$$

式中 L_1，L_2——刀具第Ⅰ、第Ⅱ工作进给长度，mm；

v_{f1}，v_{f2}——刀具第Ⅰ、第Ⅱ刀具工作进给速度，mm/min；

$t_{停}$——当加工沉孔、止口、锪窝、倒角、光整表面时，滑台在死挡铁上的停留时间，通常指刀具在加工终止时无进给状态下旋转 5 ~ 10 rad 所需的时间，min；

$L_{快进}$，$L_{快退}$——动力部件快进、快退行程长度，mm；

v_{fk}——动力部件快速行程速度，用机械动力部件时取 5 ~ 6 m/min，用液压动力部件时取 3 ~ 10 m/min；

$t_{移}$——直线移动或回转工作台进行一次工位转换时间，min，一般取 0.1 min；

$t_{装}$——工件装、卸（包括定位或撤销定位、夹紧或松开、清理基面或切屑及吊运工件等）时间，min，它取决于装卸自动化程度、工件质量大小、装卸是否方便及工人的熟练程度，通常取 0.5 ~ 1.5 min。

如果计算出的机床实际生产率不能满足理想生产率要求，则必须重新选择切削用量或修改机床设计方案。

3）机床负荷率 $\eta_{负}$

当 $Q_1>Q$ 时，机床负荷率为两者之比，即

$$\eta_{负}=\frac{Q}{Q_1} \tag{6-10}$$

组合机床负荷率一般为 0.75 ~ 0.90，自动线负荷率为 0.6 ~ 0.7。典型的钻、镗、攻螺纹类组合机床的负荷率，按其复杂程度参照表 6 - 5 确定；对于精密度较高、自动化程度高或加工多品种的组合机床，宜适当降低负荷率。组合机床生产率计算卡可参考相关手册。

表 6 - 5 组合机床允许最大负荷率

机床复杂程度	单面或双面加工			三面或四面加工		
主轴数	15	16 ~ 40	41 ~ 80	15	16 ~ 40	41 ~ 80
负荷率	≈0.90	0.90 ~ 0.86	0.86 ~ 0.80	≈0.86	0.86 ~ 0.80	0.80 ~ 0.75

任务实施

(1) 使用三维设计软件绘制零件，明确需要加工的小型零件的尺寸和精度要求，以及加工过程中所需完成的工序（如钻孔、铣削平面）。

(2) 设计一个简单的组合机床布局，包括主轴、进给系统、夹具等部分。

(3) 选择适合的电机、轴承、导轨等通用部件。

(4) 选择专用部件，设计适用于钻孔和铣削的夹具和刀具。

(5) 选择一个简单的控制系统，如继电器逻辑控制或手动控制。

任务评价

任务评价表见表 6-6。

表 6-6 任务评价表

序号	考核要点	项目（配分：100 分）	教师评分
1	职业素养	团队合作能力（20 分）	
		信息收集、咨询能力（20 分）	
2	组合机床布局	布局合理（20 分）	
3	部件选择	通用部件和专用部件选择合理（20 分）	
4	控制系统逻辑性	控制系统逻辑合理（20 分）	
得分			

问题探究

1. 问答题

(1) 简述组合机床的组合类型、特点及配置形式？

(2) 组合机床设计的具体步骤是什么？

(3) 组合机床总体设计的内容有哪些？

2. 填空题

(1)（　　　　）是组成组合机床的基础。

(2) 绘制被加工零件工序图的规定：本工序加工部位用（　　　　）表示，其余部位用（　　　　）表示。

(3)（　　　　）是反映机床生产节拍或实际生产率和切削用量、动作时间、生产纲领及负荷率等关系的技术文件。

3. 判定题

(1) 被加工零件工序图就是零件的加工工艺。（　）

(2) 组合机床是采用模块化原理设计的专用机床。（　）

(3) 组合机床的配置形式是多种多样的，同一零件的加工可采用几种不同的配置方案。（　）

(4) 在被加工零件工序图中，加工部位的位置尺寸应由设计基准算起。（　）

4. 单选题

(1) 按照工艺范围，机床可分为（　　）、专用机床及专门化机床。

A. 数控机床　　B. 机床　　C. 通用机床

(2) 组合机床的设计步骤大致包括（　　）、总体方案设计、技术设计及工作设计。

A. 调查研究　　B. 绘制加工示意图

C. 编制生产率计算卡　　D. 绘制被加工零件工序图

任务6.4　机械加工生产线总体布局设计

机械加工生产线的总体布局设计

【任务描述】

(1) 分析工件输送装置的特点和功能，并总结其关键要素。

(2) 确定机械加工生产线的布局形式为直线式布局，并简述其优缺点。

(3) 绘制一个简单的生产线总体联系尺寸图，标明工件输送装置的位置和尺寸。

【学前装备】

(1) 准备电子版“机械工程师手册”软件并安装。

(2) 准备CAD软件（三维和二维）并安装。

预备知识

一、生产线的工件输送装置

工件输送装置是生产线中的一个重要组成部分，它将被加工工件从一个工位传送到下一工位，为保证生产线按规定节拍连续工作提供条件，并从结构上把生产线上众多加工装备连接成为一个整体。生产线的总体布局和结构形式往往取决于工件的输送方式。

1. 工件输送装置应满足的基本要求

在设计和选择工件的输送装置时，除要满足结构简单、工作可靠和便于布置等要求外，还应注意以下几点。

(1) 输送速度要快，尽量减少生产线的辅助时间。

(2) 输送装置的工作精度要满足工件（或随行夹具）的定位要求。

(3) 输送过程中要严格保持工件预定的方位。

(4) 输送装置应与生产线的总体布局和结构形式相适应。

2. 常用工件输送装置的类型、特点及应用范围

1）输料槽和输料道

在加工小型回转体零件的生产线中，常采用输料槽或输料道作为工件输送装置。输料槽和输料道有工件自重输送和强制输送两种形式。利用工件自重输送工件，不需要动力源和驱动装置，结构简单。只有在无法用自重输送或为保证工件输送的可靠性时，才采用强制输送的输料槽或输料道。

2）步伐式输送装置

步伐式输送装置利用装置上的刚性推杆来推动工件，可以采用机械驱动、气压驱动或液压

驱动，常用于箱体类零件和带随行夹具的生产线。常见的步伐式输送装置有棘爪步伐式、回转步伐式及抬起步伐式等。步伐式输送装置的结构比较简单、通用性较强，但由于受工件运动惯性的影响，当运动速度较高时，不易保证工件的输送精度。

图 6－15 所示为最常见的棘爪式步伐输送装置。在输送带 1 上装有若干个棘爪 2。每一棘爪都可绕销轴 3 转动，棘爪的前端顶在工件 6 的后端，下端被挡销 4 挡住。当输送带向前运行时，棘爪 2 就带动工件移动一个步距 t。当输送带回程时，棘爪被工件压下，绕销轴 3 回转而将弹簧 5 拉伸，并从工件下面滑过，待退出工件之后，棘爪重新抬起，准备输送下一个工件。

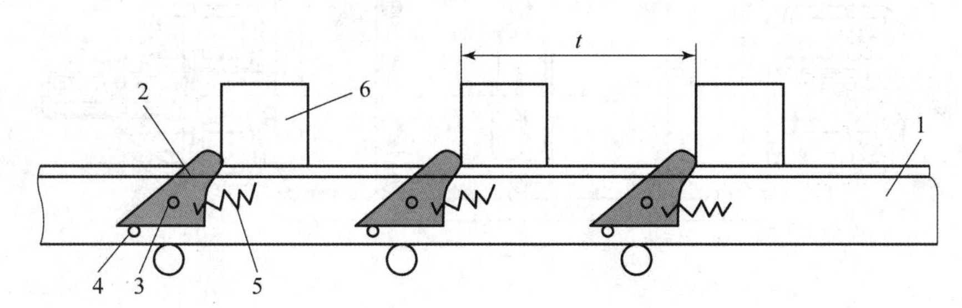

图 6－15 最常见的棘爪式步伐输送装置

1—输送带；2—棘爪；3—销轴；4—挡销；5—弹簧；6—工件

回转式步伐输送装置如图 6－16 所示。圆柱形输送杆 1 与拨爪 2 刚性相连，工作时输送杆回转一定角度，使拨爪转向工件 3 并卡住工件的两端；然后，圆柱形输送杆 1 通过拨爪 2 推动工件 3 向前移动到机床加工部位，工件 3 被装夹在机床上之后，圆柱形输送杆 1 反转一定角度，使拨爪 2 脱离工件 3，再退回起始位置。

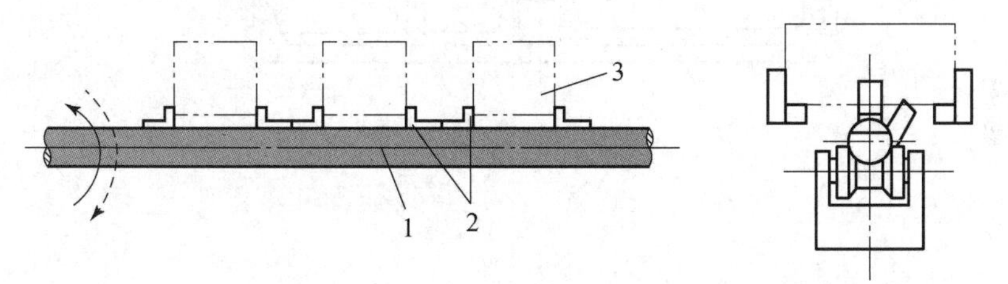

图 6－16 回转式步伐输送装置

1—圆柱形输送杆；2—拨爪；3—工件

有些结构形状比较复杂的工件，没有可靠的支承面和导向面，直接用步伐式输送装置输送有困难，常将这类工件装夹在外形规则的随行夹具上，再用步伐式输送装置将随行夹具连同工件一起输送到机床上加工。为使随行夹具能反复使用，工件加工完毕并从随行夹具上卸下后，随行夹具必须重新返回到原始位置。所以在使用随行夹具的生产线上，应具有随行夹具的返回装置。

3）转位装置

在生产线上，为改换工件的加工面或改变自动生产线的方向，常采用转位装置将工件绕水平轴、垂直轴或空间任一轴回转一定角度。对转位装置的要求是转位时间短、转位精度高，工件输入转位装置和从转位装置输出的方位应分别与上、下工段工件的输送方位一致。

图 6－17 所示为绕垂直轴回转的标准转位台。转台 2 与齿轮轴 4 固定连接，双活塞液压缸 1 中的活塞杆齿条与齿轮轴 4 啮合。当活塞杆齿条移动时，就可使转台 2 转位。更换长度不同

的活塞杆可使转台回转90°或180°，回转终点的准确位置由液压缸两端的定程螺钉保证。当齿轮轴4转动时，驱使带有挡铁6的操纵杆5移动，并压合行程开关7，发出与输送带联锁的动作信号。

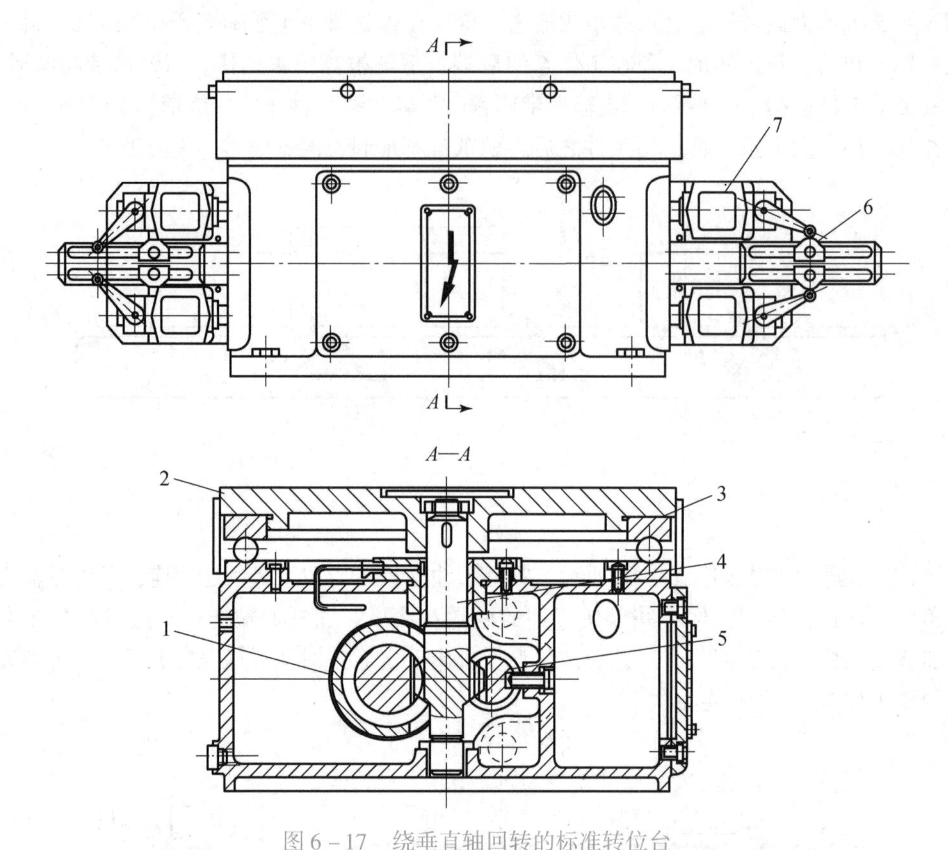

图6－17 绕垂直轴回转的标准转位台

1—双活塞液压缸；2—转台；3—转台支承轴承；4—齿轮轴；5—操纵杆；6—挡铁；7—行程开关

二、生产线总体布局形式

机械加工生产线总体布局形式多种多样，它由生产类型、工件结构形式、工件输送方式、生产线连接方式、车间条件、工艺过程和生产纲领等因素决定。下面着重从工件输送方式和生产线连接方式两个因素来介绍不同的生产线总体布局形式。

1. 工件输送方式

1）直接输送方式

这种输送方式是工件由输送装置直接输送，依次输送到各工位，输送基面就是工件的某一表面。其可分为通过式和非通过式两种。通过式又可分为直线通过式、折线通过式、并联支线形式和框形。

（1）直线通过式。

直线通过式生产线总体布局形式如图6－18所示。工件的输送带贯穿全线，由2个转位装置将其划分成3个工段。工件从生产线始端送入，加工完后从末端取下。其特点是输送工件方便，生产面积可充分利用。

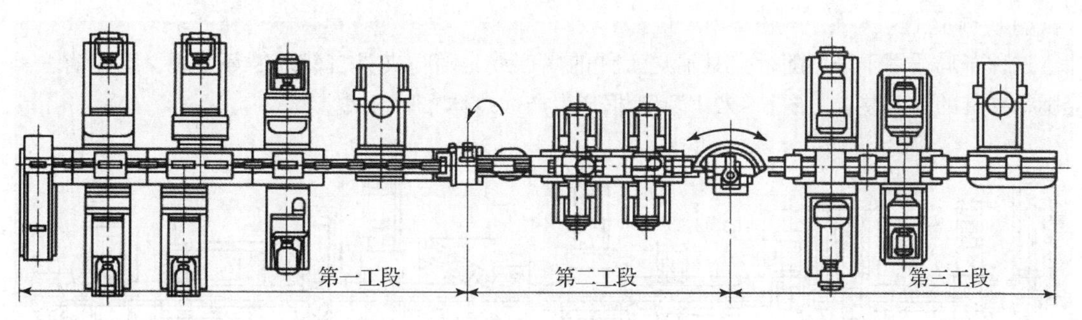

图 6－18 直线通过式生产线总体布局形式

（2）折线通过式。

当生产线的工位数多、长度较长时，直线布置常常受到车间布局的限制，这时可将生产线布置成折线式。当需要工件自然转位时，也可将生产线布置成折线式。折线通过式生产线总体布局形式如图 6－19 所示。生产线在两个拐弯处工件自然地水平转位 90°，并且节省了水平转位装置。折线通过式生产线可设计成多种形式，如图 6－20 所示。

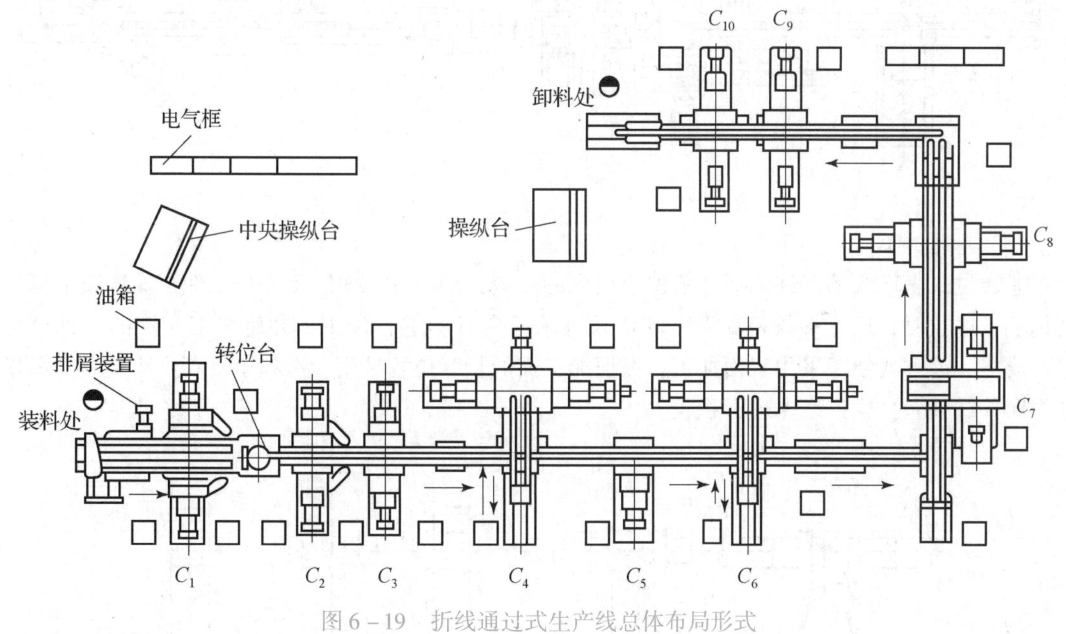

图 6－19 折线通过式生产线总体布局形式

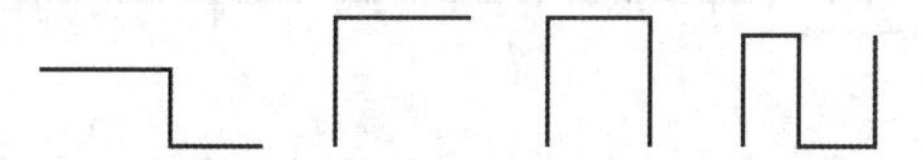
图 6－20 折线通过式生产线形式示意

（3）并联支线形式。

在生产线上，有些工序加工时间特别长，采用在这些工序上重复配置几台相同加工设备的方法，以平衡生产线的生产节拍，其布局形式如图 6－21 所示。

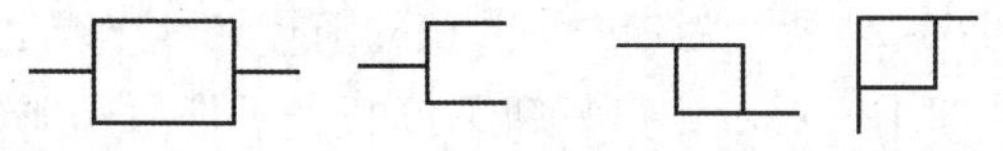
图 6－21 带有并联支线的生产线形式示意

(4) 框形。

这种布局适用于采用随行夹具输送工件的生产线，随行夹具自然地循环使用，可以省去一套随行夹具的返回装置。图 6－22 所示为框形生产线总体布局形式。

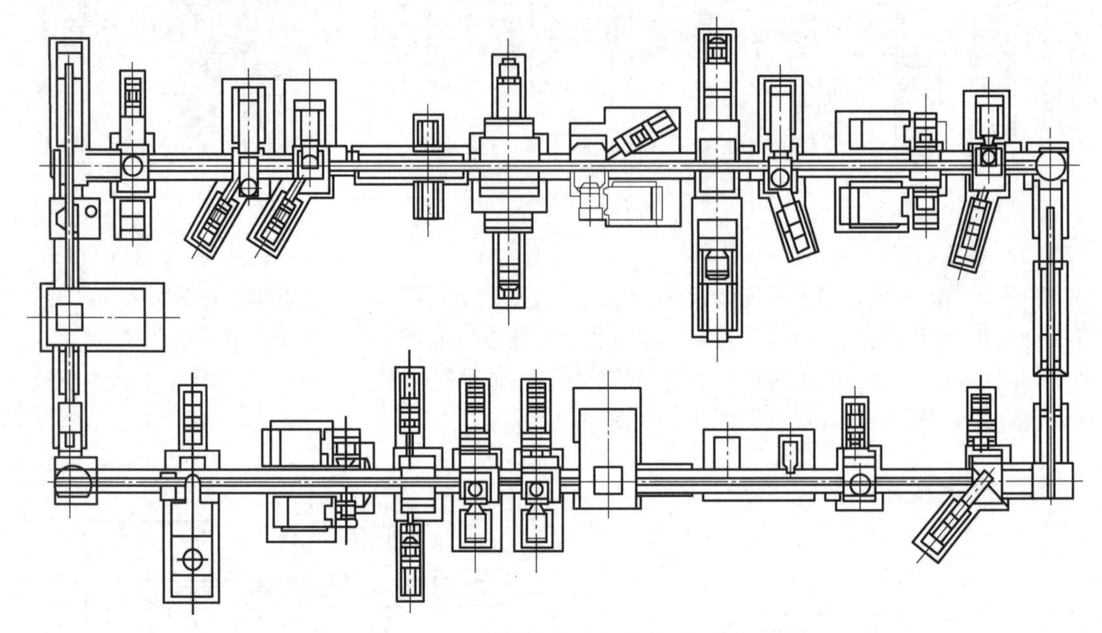

图 6－22　框形生产线总体布局形式

(5) 非通过式。

非通过式生产线的工件输送装置位于机床的一侧，如图 6－23 所示。当工件在输送线上运行到加工工序位时，通过移载装置将工件移入机床或夹具中进行加工，并将加工完毕的工件移至输送线上。该方式便于采用多面加工，保证加工面的相互位置精度，有利于提高生产率，但需增加横向移载装置，生产线占地面积较大。

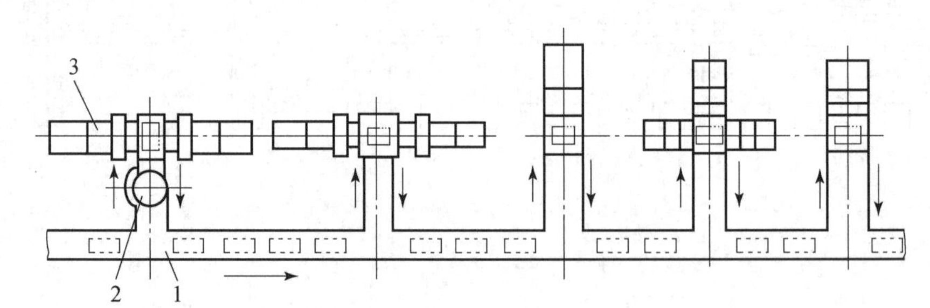

图 6－23　非通过式生产线总体布局形式

1—输送装置；2—转位台；3—机床

2) 带随行夹具方式

带随行夹具方式生产线中，一类方式是将工件安装在随行夹具上，输送线将随行夹具依次输送到各工位。随行夹具的返回方式有水平返回、上方返回和下方返回三种形式。另一类方式是由中央立柱带随行夹具，图 6－24 所示为带中央立柱的随行夹具方式生产线。这种方式适用于同时实现工件两个侧面及顶面加工的场合，在装卸工位装上工件后，随行夹具带着工件绕生产线一周便可完成工件三个面的加工。

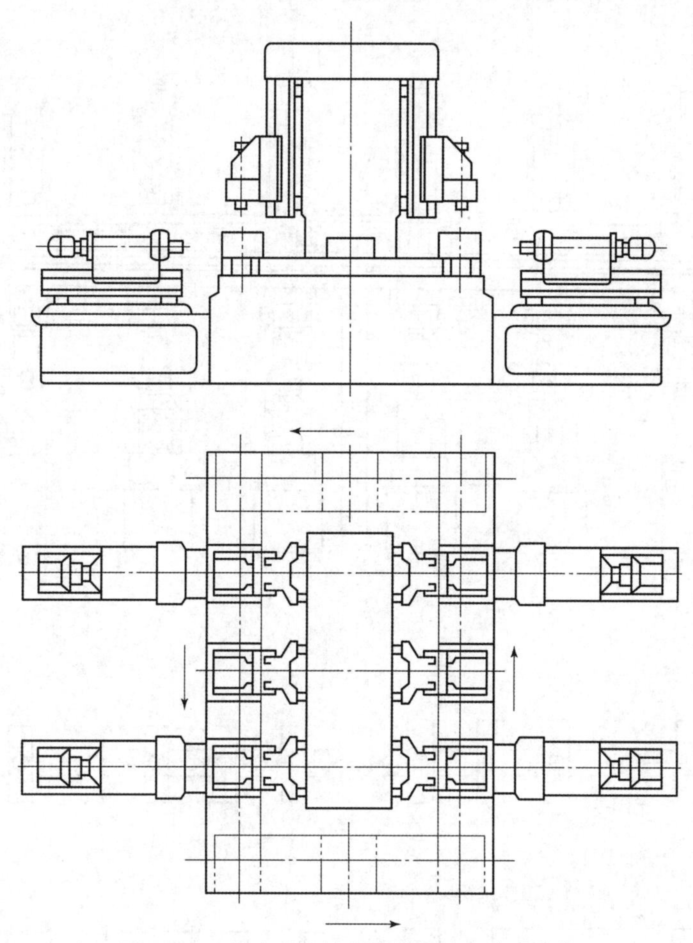

图6-24 带中央立柱的随行夹具方式生产线

3）悬挂输送方式

悬挂输送方式生产线主要适用外形复杂及没有合适输送基准的工件和轴类零件。工件传送系统设置在机床的上空，输送机械手悬挂在机床上方的桁架上。各机械手之间的间距一致，不仅完成机床之间的工件传送，还完成机床的上料。其特点是结构简单，适用于生产节拍较长的生产线，如图6-25所示。这种输送方式只适用于尺寸较小、形状较复杂的工件。

2. 生产线连接方式

1）刚性连接

刚性连接是指输送装置将生产线连成一个整体，用同一节奏把工件从一个工位传到另一工位，如图6-26（a）和图6-26（b）所示。其特点是生产线中没有储料装置，工件输送有严格的节奏性，如果某一工位出现故障，将影响到全线。此种连接方式适用于各工序节拍基本相同、工序较少的生产线或长生产线中的部分工段。

2）柔性连接

柔性连接是指设有储料装置的生产线，如图6-26（c）和图6-26（d）所示。储料装置可设在相邻设备之间，或相隔若干台设备之间。由于储料装置储备一定数量的工件，因而当某台设备因故停歇时，其余各台机床仍可继续工作一段时间。在这段时间，故障如能排除，则可避免全线停产。另外，当相邻机床的工作循环时间相差较大时，储料装置又起到一定的调剂平衡作用。

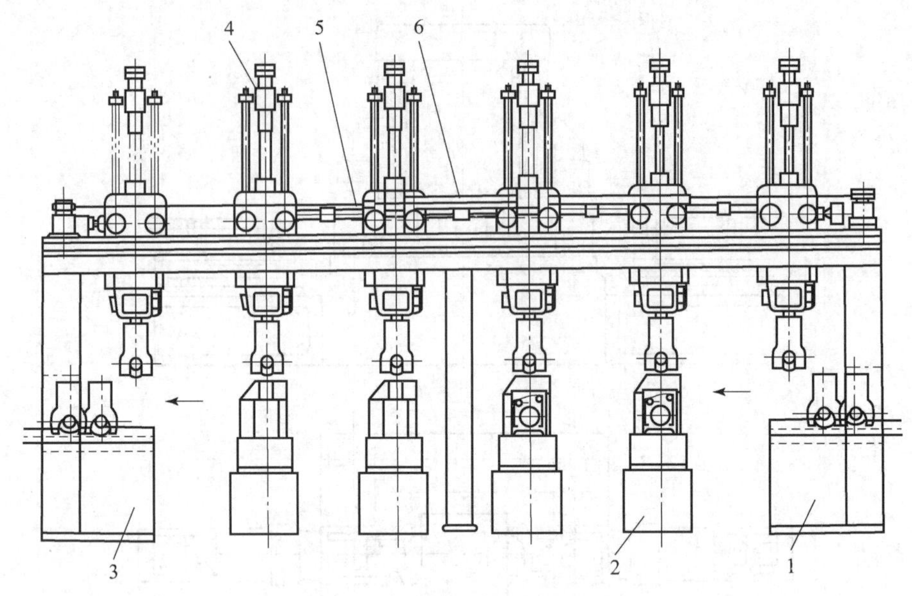

图 6－25　采用悬挂式输送机械手生产线

1—装料台；2—机床；3—卸料台；4—机械手；5—传动钢丝绳；6—传动装置液压缸

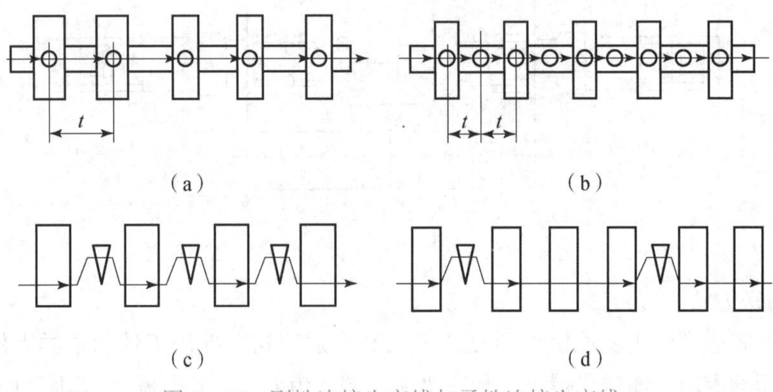

图 6－26　刚性连接生产线与柔性连接生产线

(a)(b) 刚性连接生产线；(c)(d) 柔性连接生产线

三、生产线总体联系尺寸图

生产线总体联系尺寸图用于确定生产线机床之间、机床与辅助装置之间、各辅助装置之间的尺寸关系，是设计生产线各部件的依据，也是检查各部件相互关系的重要资料。当选用的机床和其他装备的形式和数量确定以后，根据拟定的布局即可绘制生产线总体联系尺寸图。需要确定的尺寸如下。

1. 机床间距

机床之间的距离应保证检查、调整和操作机床时工人出入方便，一般要求相邻两台机床运动部件的距离不小于 600 mm。如采用步伐式输送装置，机床间距 L (mm) 还应符合下列条件：

$$L = (n + 1)t \tag{6-11}$$

式中　t——输送带的步距，mm；

n——两台机床间空工位数，一般情况下空工位数为 1～4。

2. 输送带步距 t

输送带步距是指输送带上两个棘爪之间的距离（见图 6－27）。输送带步距 t 为

$$t = A + l_4 + l_3 \tag{6-12}$$

式中 A——工件在输送方向上的长度，mm；

l_4——前备量，mm；

l_3——输送带棘爪的起程距离，即后备量，mm；

l——相邻两工件的前面与后面的距离，mm。

确定生产线步距时，既要保证机床之间有足够的距离，又要尽量缩短生产线的长度。标准输送带的步距取 350～1 700 mm。

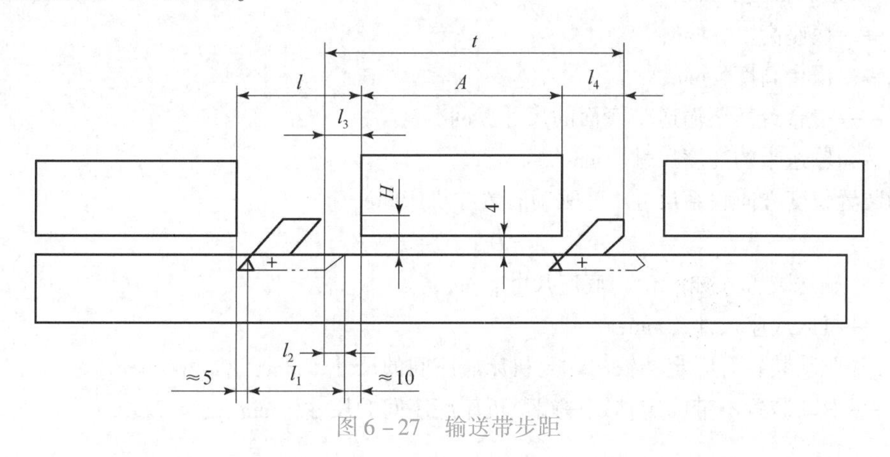

图 6－27 输送带步距

3. 装料高度

对于专用机床生产线，装料高度是指机床底面至固定夹具支承面的距离，一般取 850～1 060 mm；对于回转体加工生产线，装料高度是指机床底面至卡盘中心之间的距离。选择装料高度主要考虑生产人员操作、调整、维修设备和装卸料方便。对较大的工件及采用随行夹具下方范围时，装料高度取小值；对于较小的工件，装料高度取大值，同时应使其与车间现有装料高度一致。

4. 转位台联系尺寸

转位台是用来改变工件加工表面的。确定转位台中心有两种情况。

（1）当步距较大时，可取工件中心作转位台中心，如图 6－28（a）所示。此时工件或限位板的最大回转半径 R 应满足：$R < L$，$a_1 = a_2$，$c_1 = c_2 = a_2 - b$。

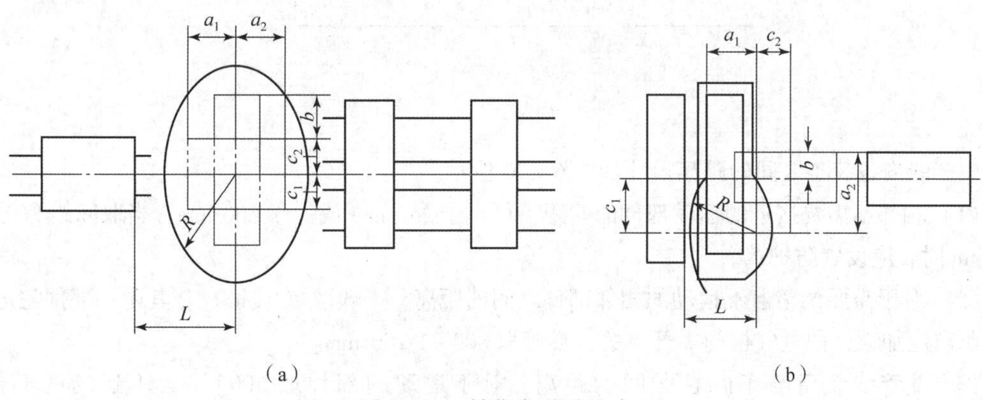

图 6－28 转位台联系尺寸

转位台转位时，输送带应处于原位状态，并保证棘爪离工件端面距离大于 $R-a_1$。

（2）当步距较小时，转位台中心不能取工件中心，应按图 6－28（b）选取，并要满足：$R<L$，$a_1=a_2$，$c_1=c_2=a_2-b$。

5. 输送带驱动装置联系尺寸

确定输送带驱动装置联系尺寸时，首先应选择输送滑台规格。输送滑台的工作行程 L_D 应等于输送步距 t 与后备量 l_3 之和，依据输送滑台的工作行程即可选择滑台规格。

从图 6－29 可以看出，驱动装置高度方向联系尺寸由式（6－14）确定：

$$H=H_1+H_2+H_3+H_4 \tag{6-13}$$

式中 H——装料高度，mm；

H_1——底座高度，mm；

H_2——滑台高度，mm；

H_3——滑台台面至输送带底面的尺寸，mm；

H_4——输送带的高度尺寸，mm。

驱动装置长度方向联系尺寸 L（驱动装置在机床间）

$$L=D+2C+E+F \tag{6-14}$$

式中 D——输送装置（如滑台）底座尺寸，mm；

C——机床底座尺寸，mm；

E——驱动装置有固定挡铁一端至机床底座间的尺寸，mm，$E\geqslant 300$ mm；

F——驱动装置不带固定挡铁一端至机床底座间的尺寸，mm，$F<E$。

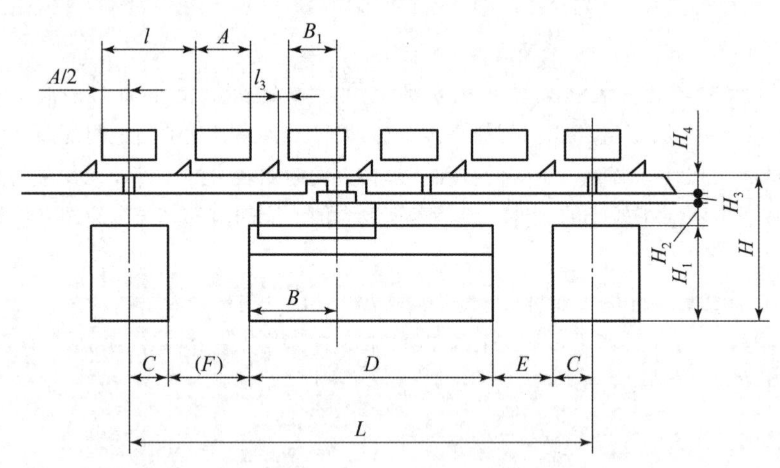

图 6－29 输送带驱动装置联系尺寸

6. 生产线内各装备之间的距离尺寸

生产线内各装备之间的距离尺寸如图 6－30 所示。

（1）相邻不需要接近的运动部件的间距，可小于 250 mm 或大于 600 mm，当取间距为 250～660 mm 时，应设置防护罩。

（2）对于需要调整但不运动的相邻部件之间的距离，一般取 700 mm。若其中一部件需运动，则该距离应加大，如电气柜门需开与关，推荐取 800～1 200 mm。

（3）生产线装备与车间柱子间的距离，对于运动的部件取 500 mm，不运动的部件取 300 mm。

（4）两个生产线运动部件之间的最小距离一般取 1 000 ~ 1 200 mm。

（5）生产线内机床与随行夹具返回装置的距离应不小于 800 mm，随行夹具上方返回的生产线，最低点的高度应比装料基面高 750 ~ 800 mm。

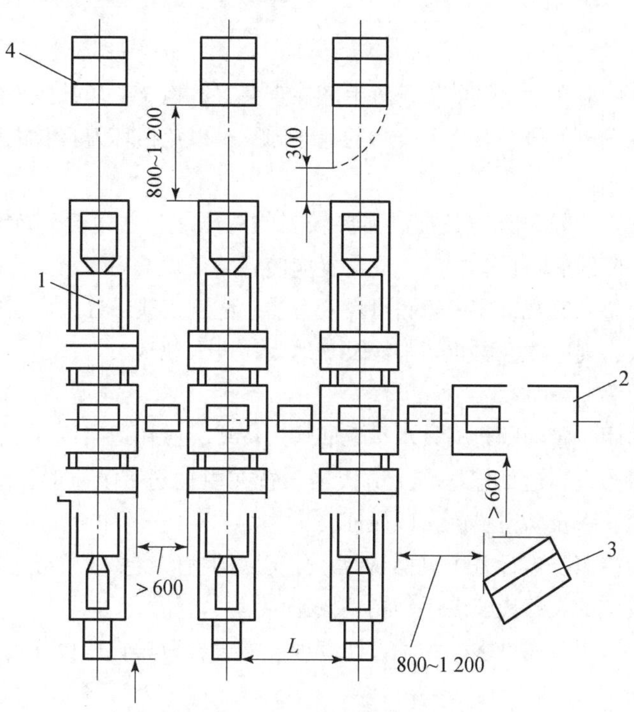

图 6－30　生产线内各装备之间的距离尺寸

1—机床；2—输送装置；3—中央操纵台；4—电气柜及油箱

四、机械加工生产线其他装备的选择与配置

在确定机械加工生产线的结构方案时，还必须根据拟定的工艺流程，解决工序检查、切屑处理、工件堆放、电气柜和油箱的位置等问题。

1. 输送带驱动装置的布置

输送带驱动装置一般布置在每个工段零件输送方向的终端，使输送带始终处于受拉状态。在有攻螺纹机床的生产线中，输送带驱动装置最好布置在攻螺纹前的孔深检查工位下方，这可防止攻螺纹后工件上的润滑油落到驱动装置上面。

2. 小螺纹孔加工检查装置

对于攻螺纹工序，特别是小螺纹孔（小于 M8）的加工，攻螺纹前后均应设置检查装置。攻螺纹前检查孔深是否合适，以及孔底是否有切屑和折断的钻头等；攻螺纹后则检查丝锥是否有折断在孔中的情况。检查装置安排在紧接钻孔和攻螺纹的工位之后，以便及时发现问题。

3. 精加工工序的自动测量装置

精加工工序应考虑采用自动测量装置，以便在达到极限尺寸时，发出信号，及时采取措施。处理方法有：将测量结果输入自动补偿装置进行自动调刀；自动停止工作循环，通知操作人员调整机床和刀具；采用备用机床，当一台机床在调整时，由另一台机床工作，从而减少生产线的停产时间。

4. 装卸工位控制机构

在生产线前端和末端的装卸工位上，要设有相应的控制机构，当装料台上无工件或卸料位上工件未取走时，能发出互锁信号，命令生产线停止工作。装卸工位应有足够空间，以便存放工件。

5. 毛坯检查装置

若工件是毛坯，则应在生产线前端设置毛坯检查装置，检查毛坯某些重要尺寸是否合格。当不合格时，检查系统发出信号，并将不合格的毛坯卸下，以免损坏刀具和机床。

6. 液压站、电气柜及管路布置

生产线的动作往往比较复杂，其控制需要较多的液压站、电气柜。确定配置方案时，液压站、电气柜应远离车间的取暖设备，其安放位置应使管路最短，拐弯最少，接近性好。

液压管路铺设要整齐美观，集中管路可设置管槽。电气走线最好采用空中走线，这样便于维护；若采用地下走线，则应注意防止切削液及其他废物进入地沟。

7. 桥梯、操纵台和工具台的布置

规格较大的、封闭布置的随行夹具水平返回式生产线，应在适当位置布置桥梯，以便操作人员出入。桥梯应尽量布置在返回输送带上方。当设置在主输送带上方时，应力求不占用单独工位，同时一定要考虑扶手及防滑措施，以保证安全。

生产线进行集中控制，需设置中央操纵台；分工区的生产线要设置分工区辅助操纵台；生产线的单机或经常要调整的设备应安装手动调整按钮。

生产线的刀具数量大、品种多，为了方便管理，需设置刀具管理台及线外对刀装置，这也是保证生产率的重要措施。

8. 清洗设备布置

在综合生产线上，防锈处理和装配工位之前，自动测量和精加工之后，需要设置清洗设备。

清洗设备一般采用隧道式，按节拍进行单件清洗。通常与零件的输送采用统一的输送装置，也可采用单独工位进行机械清理，如毛刷清理、刮板清理等，以清除定位面、测量表面和精加工面上的积屑和油污。

任务实施

（1）收集资料，包括机械加工生产线的基本信息、工件的类型和尺寸、输送装置的种类和功能等。这些资料可以通过查阅相关文献、企业调研或与专业人士交流等方式获取。

（2）根据收集到的资料，确定机械加工生产线的布局形式，选择直线式布局，并了解其优缺点。

（3）了解工件输送装置的种类、材料选择、驱动方式等，分析工件输送装置的特点和功能。

（4）根据确定的布局形式和工件输送装置的位置，绘制生产线总体联系尺寸图。使用 CAD 等绘图软件，标明机床、辅助装备和工件输送装置的具体位置和尺寸，并注意比例尺的设定。

任务评价

任务评价表见表 6－7。

表6-7 任务评价表

序号	考核要点	项目（配分：100分）	教师评分
1	职业素养	团队合作能力（20分）	
		信息收集、咨询能力（20分）	
2	工件输送装置分析的完整性	工件输送装置分析的完整性（20分）	
3	布局形式选择的合理性	机械加工生产线布局形式选择的合理性（20分）	
4	尺寸图绘制的准确性	生产线总体联系尺寸图清晰、准确（20分）	
得分			

问题探究

1. 问答题

（1）机械加工生产线的常用工件输送装置有哪些？各有何特点？

（2）机械加工生产线总体布局形式有哪些？

（3）绘制生产线总体联系尺寸图需要确定哪些尺寸？

（4）在确定机械加工生产线的结构方案时，需根据拟定的工艺流程解决哪些问题？

2. 填空题

（1）生产线的总体布局和结构形式往往取决于工件的（　　　　）。

（2）（　　　　）输送方式是工件由输送装置直接输送，依次输送到各工位，输送基面就是工件的某一表面。

（3）生产线的连接方式有（　　　　）和（　　　　）。

3. 判定题

（1）当步距较小时，转位台中心可以取工件中心。（　　）

（2）两条生产线运动部件之间的最小距离一般取1 000~1 500 mm。（　　）

（3）对于攻螺纹工序，特别是小螺纹孔（小于M8）的加工，攻螺纹前后均应设置检查装置。（　　）

4. 单选题

（1）（　　）适用于采用随行夹具输送工件的生产线，随行夹具自然地循环使用，可以省去一套随行夹具的返回装置。

A. 折线通过式　　B. 框形　　C. 直线通过式　　D. 非通过式

（2）（　　）是指输送装置将生产线连成一个整体，用同一节奏把工件从一个工位传到另一工位。

A. 刚性连接　　B. 柔性连接

任务6.5　柔性制造系统

柔性制造系统

【任务描述】

设计一个曲轴、齿轮箱体FMS加工系统。设计目标是避免大量的中间储存，使用最少的夹具与托板，并将属于同一个装配部件的零件进行分类。

【学前装备】

（1）准备电子版“机械工程师手册”软件并安装。

（2）准备CAD软件（三维和二维）并安装。

一、概述

1. FMS的概念

本项目前几个任务中所介绍的机械加工生产线，多数只适用于成批生产和大量生产的企业，并往往只能固定生产单一或成组产品，要改变生产产品品种的难度很大。即使是多品种可调生产线，也仅能生产结构形状和加工工艺相似的几个产品，且变换产品时，调整生产线所需的时间很长。由于这类机械加工生产线很难适应多品种、中小批量生产的需要，致使国内机械制造行业75%~85%的企业，仍在传统的生产组织原则指导下，采用生产效率较低的工艺方法和通用装备进行生产。

FMS是一个以网络为基础、面向车间的开放式集成制造系统，是实现计算机集成制造系统（CIMS）的基础。它具有CAD、数控编程、分布式数控、工夹具管理、数据采集和质量管理等功能。它能根据制造任务和生产环境的变化迅速进行调整，适用于多品种、中小批量生产。

这里所谓的“柔性”是指一个制造系统适应各种生产条件变化的能力，集中反映在加工、人员和装备等方面。加工的柔性是指能加工不同工件的自由度，它与加工工艺方法、装备的连接形式、作业计划出现干扰时重新安排的余地和生产调度的灵活性有关。人员柔性是指不管加工任务的数量和时间有什么变化，操作人员能够完成加工任务的能力。人员柔性高，就可以利用现有人员完成不同的加工任务。装备柔性是指机床能在短期内适应新工件加工的能力。装备柔性高，改变加工对象时的调整时间就短。

2. FMS的组成

FMS由下述3个子系统组成，如图6－31所示。

1）加工子系统

加工子系统包括加工装备、辅助装置和工艺装备。加工装备用于对产品进行加工、装配或其他处理。加工主要采用可自动装卸工件和更换刀具的数控机床、加工中心机床和可更换主轴箱的数控机床。辅助装置主要包括清洗装置、排屑装置和检测装置。检测装置用于产品中间工序和最终成品的自动检测。工艺装备则包括夹具和刀具等。

FMS的加工能力由它所拥有的加工装备决定，而FMS里的加工中心所需的功率、加工尺寸范围和精度则由待加工的工件决定。由于箱体、框架类工件在采用 FMS 加工时经济效益特别显著，故在现有的 FMS 中，加工箱体类工件的 FMS 占的比重较大。

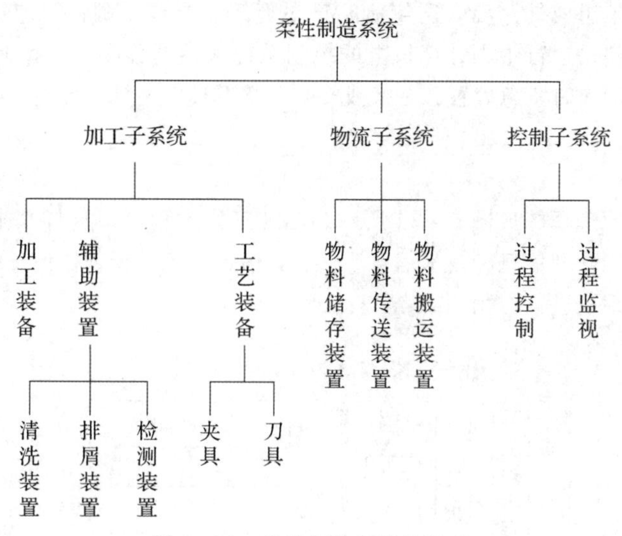

图 6－31 柔性制造系统的组成

2）物流子系统

物流子系统即物料储运系统，是 FMS 中的一个重要组成部分。这里的物料指工件和刀具。FMS 的物流子系统一般包含工件装卸站、托盘缓冲站、物料运送装置和自动化仓库等，主要用来执行工件、刀具、托盘及其他辅助设备与材料的储存、传送和搬运工作。一个工件从毛坯到成品的整个生产过程中，只有相当小的一部分时间在机床上进行切削加工，大部分时间消耗于物流的储运过程中。合理地选择 FMS 的物流子系统，可以大幅减少物料的运送时间，提高整个制造系统的柔性和效率。通过物流子系统，可以建立起 FMS 各加工设备之间以及加工设备和储存系统之间的自动化联系，并可以用来调节加工节拍的差异。

典型的物流过程如下。

（1）工件流将毛坯从立体仓库运送到工件装卸站，由人工或机器人将工件安装在托盘上的夹具内，由运输小车（RGV 或 AGV）将装有工件的托盘运送到缓冲存储站等待加工。加工时，运输小车将缓冲存储站里装有毛坯的托盘运送到机床前，由托盘交换装置将小车上的托盘送上机床进行加工。机床加工完毕，又通过托盘交换装置将装有已加工工件的托盘由运输小车运送到缓冲存储站等待下一道工序的加工。当所有工序完成后，运输小车将成品工件运送到工件装卸站，由人工或机器人将工件从托盘的夹具上卸下，运送到立体仓库储存。

（2）刀具流在刀具预调工作站上将刀具调好后，存储在中央刀库。由刀具运送装置将刀具从中央刀库取出，送到机床前，通过刀具交换装置将刀具运送装置上的刀具装到机床刀库中去，将机床暂时不用的刀具从机床刀库取出，由刀具运送装置送回中央刀库储存。

3）控制子系统

控制子系统主要包括过程控制和过程监视两方面的内容。其功能分别为：过程控制主要进行加工子系统及物流子系统的自动控制；过程监视主要进行在线状态数据自动采集和处理。控制子系统的核心通常是一个分布式数据库管理系统和一个控制系统，整个系统采用分级控制结构，即 FMS 中的信息由多级计算机进行处理和控制。其主要任务是组织和指挥制造流程，并对制造流程进行控制和监视；向 FMS 的加工子系统、物流子系统提供全部控制信息并进行过程监视，反馈各种在线检测数据，以便修正控制信息，保证运行安全。

除了上述三个基本组成外，FMS 还包括 FMS 的管理、操作、调整维护及编程等工作。操作人员完成的典型工作包括运行中央计算机上的控制系统和控制程序，监管 FMS 的各种工作，在遇到故障、废品、误动作时紧急处置，更换或安装调整刀具、夹具，控制一些无自动装卸装置的工作站的上料等。

3. FMS 的工作原理

FMS 的模型及其原理框图如图 6 – 32 所示。FMS 工作过程可以这样来描述：FMS 接到上一级控制系统的有关生产计划信息和技术信息后，由其信息系统进行数据信息的处理、分配，并按照所给的程序对物流系统进行控制。

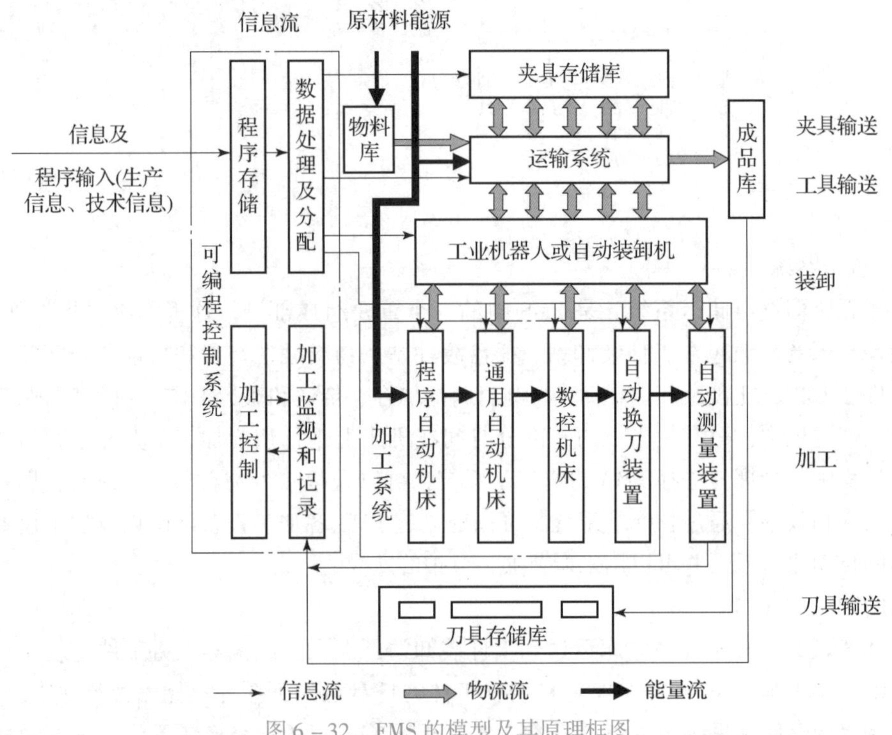

图 6 – 32　FMS 的模型及其原理框图

物料库和夹具库根据生产的品种及调度计划信息提供相应品种的毛坯，选出加工所需要的夹具。毛坯的随行夹具由输送系统送出。工业机器人或自动装卸机按照信息系统的指令和工件及夹具的编码信息，自动识别和选择所装卸的工件及夹具，并将其安装到相应机床上。

机床的加工程序识别装置根据送来的工件及加工程序编码，选择加工所需的加工程序，并进行校验。全部加工完毕后，由装卸及运输系统送入成品库，同时把加工质量、数量信息送到监视和记录装置，随行夹具被送回夹具库。

当需要改变加工产品时，只要改变输入信息系统的生产计划信息、技术信息和加工程序，整个系统即能迅速、自动地按照新要求来完成新产品的加工。

中央计算机控制着系统中物料的循环、执行进度安排和调度及传送协调等功能。它不断收集各个工位上的统计数据和其他制造信息，以便作出系统的控制决策。FMS 是在加工自动化的基础上，实现物流和信息流的自动化，其“柔性”是指生产组织形式和自动化制造设备对加工任务（工件）的适应性。

4. FMS 的类型

根据系统所含机床数量、机床结构的不同，可将 FMS 分为柔性制造装置（FMU）、柔性加工单元（FMC）、柔性制造系统（FMS）和柔性制造线（FML）等。

（1）FMU 是以一台加工中心为主的系统。它装备托盘库、自动托盘交换站或机器人和自动化工具交换装置（可以部分无人照管）。

（2）FMC 有多种配置形式，但至少有一台加工中心、托盘库、自动托盘交换站和刀具交换装置。FMC 的所有操作均以单元方式进行，并由计算机控制。FMC 通常有固定的加工工艺流程，工件流是按固定工序顺序进行的，它不具备实时加工路线流控制、载荷平衡及生产调度计划逻辑功能的中央计算机。

（3）FMS 由 FMC 或数控加工装备、检测装置、清洗装置、立体仓库和中央刀库等组成，通过一个自动化传输系统和计算机控制系统，把各个单元连接起来，可以完成不同品种与规格工件的自动传输和加工。

（4）FML 与传统生产线不同的是，物料的流动路线可以是不固定的，如采用无轨式自动运输小车（AGV）可以从任何的缓冲站把物料传送到任何的工位进行加工，所以可采用这类加工线来加工那些不同但相似的工件。FML 应设置立体仓库，以满足自动存取的要求。

图 6－33 所示为对一般数控机床、自动化生产线和几种制造系统生产柔性、生产率及应用范围所做的简单、直观比较。可见，FMC、FMS、FML 之间的划分并不严格。一般认为，FMC 可以作为 FMS 中的基本单元，FMS 可由若干个 FMC 发展组成。FMS 与 FML 的区别在于，FML 中的工件输送必须沿着一定的路线，而 FMS 可以随机输送。FML 更适用于中批和大批量生产。如果同类工件的数量很少，而且和其他工件的相似性也很小，那么采用自动化系统通常是不经济的。所以就像在制造试制样品那样，用传统的多功能机床才比较合理。另一种极端情况是大批量生产，如汽车制造工业中的标准件生产，生产任务不会变动，因此用生产率高的装备，如刚性自动线上的专用机床比较合理。如前所述，柔性自动加工系统，除了可在大批量生产中用于加工基本相似，但不完全相同的工件以外，也可在零散件车间中用于小批量、多品种生产。

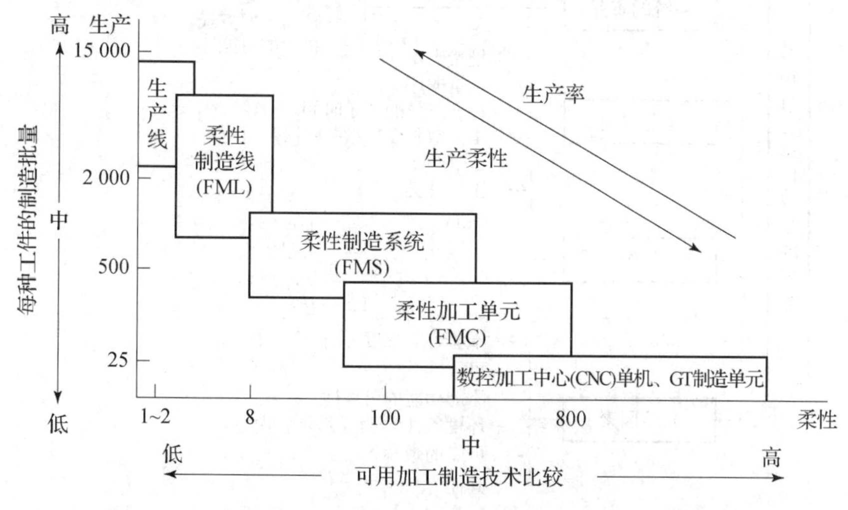

图 6－33 各种类型加工系统生产柔性、生产率及应用范围比较

二、FMS 的规划方法

生产的发展，使自动化加工系统正在发生着一个重要的变化，即对加工系统的灵活性（柔性）要求越来越高。正如前面讲过的，FMS 正在大力发展，而用于大批量生产的自动线，也越来越向可调的方向发展。因此自动化机械制造系统的结构越来越复杂，投资也越来越大。为了确保所建柔性制造系统获得最大的经济效益，必须进行科学合理的规划和设计。

FMS 的规划，首先应明确包含的内容和要达到的目标。一个 FMS 的规划一般包含如图 6－34 所示的内容。

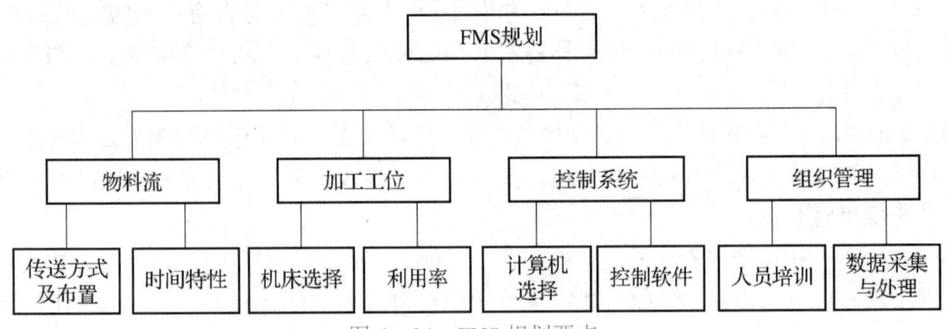

图 6－34　FMS 规划要点

从图 6－34 中可见，FMS 的规划可分为 4 个部分：物料流、加工工位、控制系统和组织管理。每一部分又可分为具体装备的选择和布置以及运行参数的确定，前者构成系统的硬件，后者则属于软件的范畴。在上述 4 个部分中，无论从复杂性还是从重要性来看，都以物料流的规划占首要地位，它对整个系统的影响最为显著。影响 FMS 总体规划的参数，可列举如图 6－35 所示。

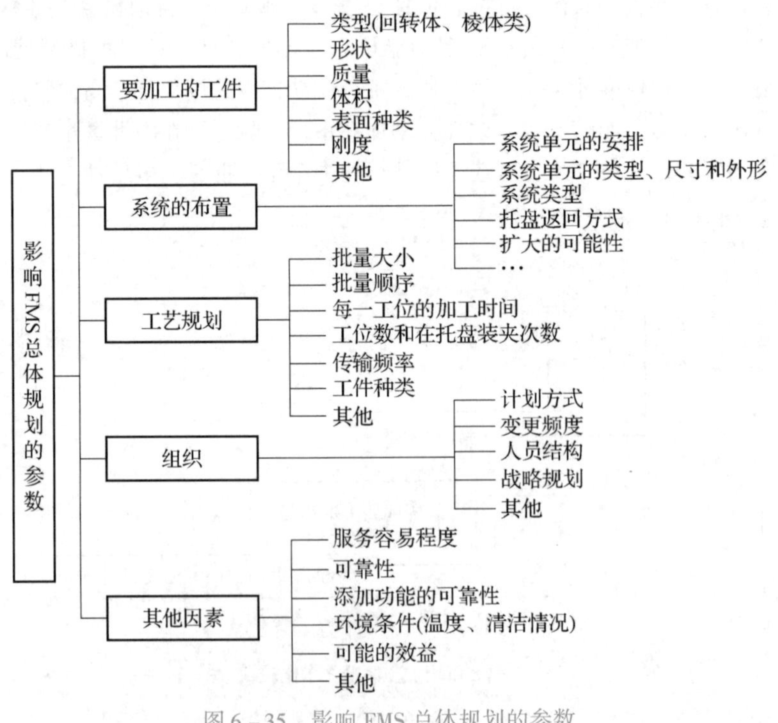

图 6－35　影响 FMS 总体规划的参数

FMS 规划目标，概括地说，就是要以最少的投资来实现更高生产率的多品种加工和降低制造成本。这一总目标又可分解为若干具体目标，如图 6－36 所示。为了提高生产率，就要缩短加工时间，必须通过缩短切削时间和安装时间来实现。而要降低机器的成本，那就要保证机器的高利用率和避免不必要的灵活性。

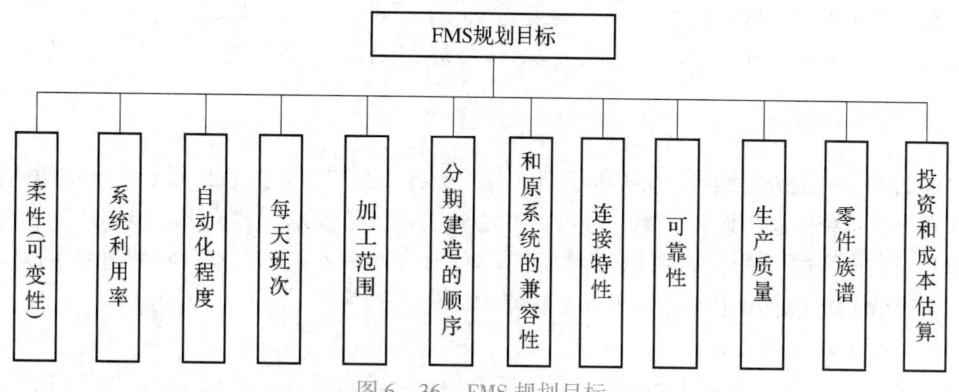

图 6－36　FMS 规划目标

为了保证加工系统的生产任务和效率之间能高度适应，并避免在投资上冒大的风险，FMS 的规划需要按照一定的步骤来进行，如图 6－37 所示。

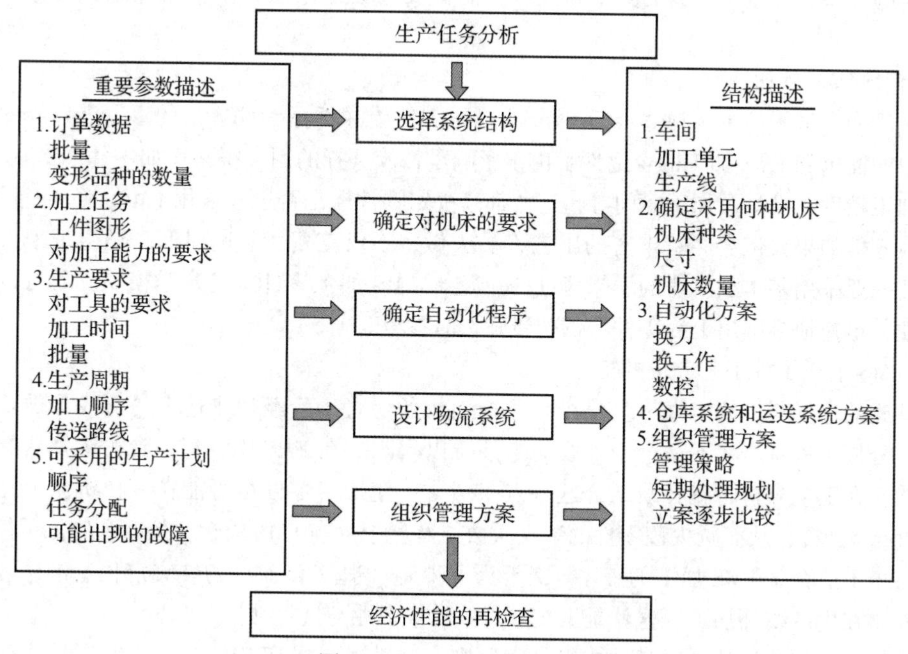

图 6－37　FMS 规划的步骤

这种系统规划方法的基本点就是对生产任务作详细分析，分析的内容包括工件的几何形状、技术要求和组织管理方面的信息，如平均批量、各类工件的数量和制造工艺等。在此基础上，根据批量、工件种类和任务变动的频繁程度，决定是否建立柔性制造系统，以便进行更加详细的分析和决策。系统规划的主要内容和步骤如下。

（1）根据工件的几何形状和加工能力的要求确定机床的种类、功能要求和数量。

（2）根据相同操作过程的重复频率，确定加工装备的最佳自动化程度。

（3）通过分析加工工艺和传送线路，规划出物流系统，要仔细作出是否需要采用自动化输送系统的决定。

（4）预估生产中可以利用的良机和可能出现的麻烦，然后系统地提出组织管理系统的方案，并提出管理策略和规程。

所有这些步骤的分析结果都为 FMS 的规划提供了可供选用的方案。在选定各项方案前，必须进行技术经济分析，规划过程结束时，要对整个系统的技术经济性能作一次集中评估。

三、FMS 总体设计

FMS 的设计一般分为两步，即初步设计和详细设计。初步设计是 FMS 设计工作的第一阶段，其工作重点在系统的总体设计方面，对可行性论证中提出的技术方案作进一步的论证，对方案中考虑不周的内容进行进一步的调研并加以完善，对方案中不确切、不现实的内容予以调整和改正。下面就 FMS 总体设计中的一些重要内容加以分述。

1. 零件族的确定及其工艺分析

要使 FMS 具有满意的运行效率，必须从用户的实际需求出发，选择好上线的零件，并进行工艺分析。这是设计或引进机械加工 FMS 必须解决的问题。根据确定的零件族和工艺分析，就可以决定 FMS 的类型和规模、必需的覆盖范围和能力、机床及其他设备的类型和所需的主要附件、夹具的类型和数量、刀具的类型和数量、托盘及其缓冲站点数量，并可初步估算所需的投资额。

1）FMS 零件族初选

从工厂的大量零件中选择适合于 FMS 加工的零件族并不是一件容易的事。零件族的确定要兼顾用户的需求和 FMS 加工的合适性。由于影响零件族选择的因素很多，如零件的形状、尺寸、材料、加工精度、批量及加工时间等，这些都是决定零件族是否适宜采用 FMS 加工的重要因素。选择上线零件如果仅依靠经验丰富的工艺人员去做，不仅花费大量的时间，还会带来人为的失误。因此一般采用基本加权值的思想建立一个选择 FMS 加工零件族的数学模型，就可以利用计算机方便、迅速地挑选出上线零件，供初步筛选时参考。

2）FMS 上线零件工艺分析的特点

零件族的选择与上线零件工艺分析是相辅相成的。对于已经初步选上的上线零件要进行详细的工艺分析，进一步将不适合于上线的零件予以剔除。在 FMS 中，每一台机床都具有十分完善的功能，在工艺分析时就必须结合这一点来考虑。使加工零件尽可能在一台机床上完成较多的工序（或工步），从而减少该零件的装夹次数，有利于提高 FMS 的运行效率和确保零件的加工精度。对于不适合于 FMS 加工的工序，或者为了得到合适（合理）的装夹定位基准，可以将某些工序安排在生产线外加工。这就是工艺分析中的集中性与选择性。

零件加工的工艺设计必须考虑成组技术原则。这样对于提高 FMS 的效率和利用率、简化夹具设计、减少刀具数量、简化数控程序编制和保证加工质量等众多方面都会带来好处。通过选用标准化的通用刀具使刀具库容量减至最小，尽量采用复合式刀具，从而节省换刀时间。另外在工艺分析中，还必须结合机床、刀具、工件材料、精度和刚度、工厂条件等众多因素，选择合理的切削参数。

3）工艺分析步骤

（1）消化和分析。内容包括零件轮廓尺寸范围、零件刚度（定性分析）；材料、硬度、可加工性；现行工艺或工艺特点；加工精度要求；装夹定位方式等。

（2）工序划分。其原则是先粗加工后精加工，以保证加工精度；在一次装夹中，尽可能加工更多的加工面；尽可能使用较少的刀具加工较多的加工面；使 FMS 的各台机床负荷均衡。

（3）选择工艺基准。其原则是尽可能与设计基准一致；便于装夹，引起的变形最小；不影响更多的加工面；必要时可以在生产线外予以加工。

（4）安排工艺路线。

（5）选择切削刀具，确定切削参数。

（6）拟订夹具方案。

（7）加工零件的检查与安排。

（8）工时计算与统计。

（9）确定生产批量。

（10）工艺方案的经济性和运行效益的预估。

2. 加工装备的选择与配置

1）FMS 对机床的要求

FMS 对集成于其中的加工装备是有一定要求的，不是任何加工装备均可纳入 FMS 中。一般来说，纳入 FMS 运行的机床主要有如下特点。

（1）加工工序集中。由于 FMS 是适应小批量、多品种加工的高度自动化制造系统，造价昂贵，这就要求加工工位的数目尽可能少，而且接近满负荷工作。根据统计，80% 的现有 FMS 的加工工位数目不超过 10 个。此外，加工工位较少，还可减轻工件流的输送负担，所以同一机床加工工位上的加工工序集中就成为 FMS 中机床的主要特征。

（2）控制方便。FMS 所采用的机床必须适合纳入整个制造系统，因此，机床的控制系统不仅要能够实现自动加工循环，还要能够适应加工对象的改变，易于重新调整，也就是说要具有“柔性”。近年来发展起来的 CNC 和 PLC，在 FMS 的机床和输送装置的控制中获得的应用日益广泛。

（3）兼顾柔性和生产率。这是一个有较高难度的要求。为了满足多品种工件加工的需要，就不能像大批量生产那样采用为某一特定工序设计的专用机床，也不能像单件生产那样采用普通万能机床，它们虽然具备较大的柔性，但生产率不高，不符合工序集中的原则。

另外，FMS 中的所有装备受到本身数控系统和 FMS 中央计算机控制系统的调度和指挥，要能实现动态调度、资源共享、提高效率，就必须在各机床之间建立必要的接口和标准，以便准确及时地实现数据通信与交换，使各个生产装备、储运系统、控制系统等协调地工作。

2）选择机床的原则

在选择机床时，要考虑到工件的尺寸范围、工艺性、加工精度和材料，以及机床的成本等因素。对于箱体类工件，通常选择立式加工中心和卧式加工中心，以及有一定柔性的专用机床，如可换主轴箱的组合机床、带有转位主轴箱的专用机床等。

带有大孔或圆支承面的箱体工件，也可以采用立式车床进行加工。需要进行大量铣、钻和攻螺纹加工，且长径比又小于 2 的回转体类工件，通常也可以在加工箱体工件的 FMS 中进行加工。

加工纯粹回转体工件（杆和轴）的 FMS 技术现在仍处在发展阶段。可以把具有加工轴类和盘类工件能力的标准 CNC 车床结合起来，构成一个加工回转体工件的 FMS。

数控加工中心的类型很多，可以是基本形式的卧式或立式 3 轴机床，这些机床只加工工件的一个侧面，或者只能对邻近几个面上的一些表面进行加工。采用这类机床一般需要多次装夹才能完成工件各个面的加工。若在卧式加工中心上增加 1 个或 2 个坐标轴，如称为第四坐标轴的托盘旋转和称为第五坐标轴的主轴头倾斜，就可以对工件进行更多表面的加工。要在立式加工中心上实现工件多面加工，必须在基本形式的机床上增加一个可倾式回转工作台。通常选用5轴加工中心，主要是为了满足一些非正交平面内的特殊加工的需要。

除上述增加坐标轴的方法外，还可在一套夹具上装夹多个工件，以提高FMS的生产能力。

FMS要能完成某一成组零件族的全部工序加工，系统内需要配置不同工艺范围和精度的机床来实现这一目标。最理想的配置方案是所选机床的工艺范围有较大的兼容性，即每道工序的加工有多台机床可以胜任。这样可以有效地避免因为某道关键工序或某台关键机床出现瓶颈，而影响整条生产线的正常作业，可以大幅提高装备的利用率。但这样做必然会提高每台机床的复杂性，增加FMS的造价。

确定FMS中机床种类和数量的方法和步骤如图6－38所示。图6－38的上部分列出的是分析生产任务用到的一些重要参数，用于选用合适的机床。接着，首先确定机床切削区的尺寸范围；其次确定机床的效能，如可进行哪些操作、加工精度、规格和控制轴数等，这就为确定加工工件的成套机床方案提供了基础。根据给定的技术条件，把要进行的各类操作分派给指定的机床，并计算出每种操作需要的加工时间，确定整个工作量是多少，需要多少台机床，或许还可能因此对选用的方案作出修改。只有对所规划的机床成本进行估计，才有可能估计出选定的机床方案的经济性能。如果加工能力低或者经济效果不好，则要对机床的方案进行修改，一直到获得满意的结果为止。

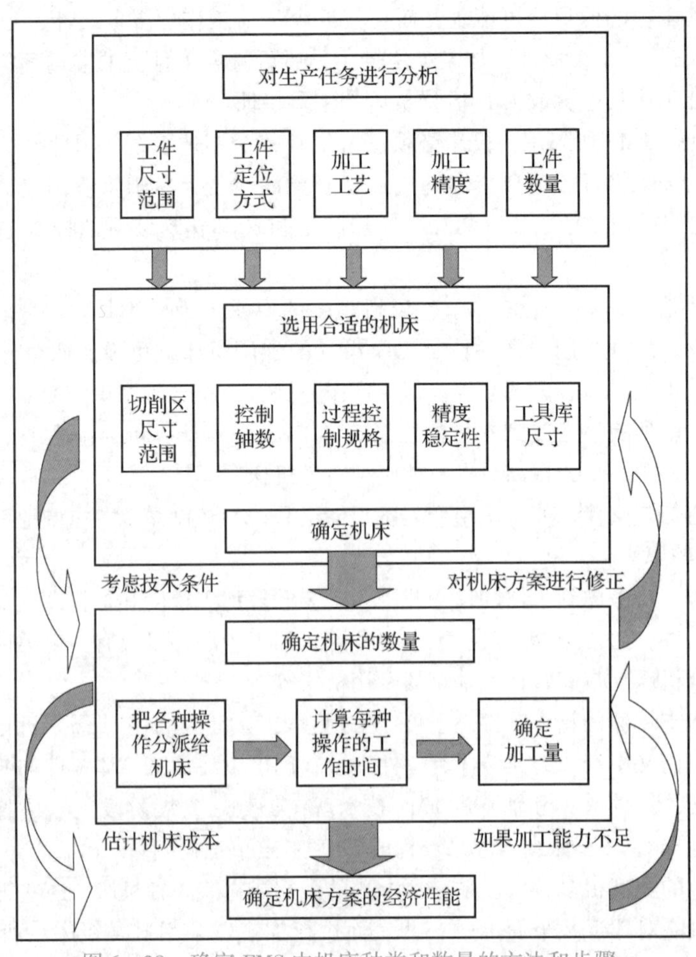

图6－38　确定FMS中机床种类和数量的方法和步骤

FMS的所有加工中心都具有刀具存储能力，采用鼓形、链形等各种形式的刀库。为了满足FMS内工件品种对刀具的要求，通常要求有很大的刀具存储容量。在一个刀库中需要100个以上的刀座是很常见的。这样的容量加上某些大质量的刀具，特别是大的镗杆或平面铣刀，都要求对刀具传送和更换机构的可靠性给予高度重视。

3）FMS的机床配置形式

FMS适用于中小批量生产，既要兼顾对生产率和柔性的要求，也要考虑系统的可靠性和机床的负荷率。因此，就产生了互替形式、互补形式以及混合形式等多种类型的机床配置方案。

互替形式是指纳入系统的机床可以互相代替。例如，由数台加工中心组成的FMS，由于在一台加工中心上可以完成多种工序的加工，有时一台加工中心就能完成箱体的全部工序，工件可输送到系统中任何恰好空闲的加工工位，使系统具有较大的柔性和较宽的工艺范围，而且可以达到较高的装备利用率。从系统的输入和输出来看，它们是并联环节，因而增加了系统的可靠性，即当某一台机床发生故障时，系统仍能正常工作。

互补形式是指纳入系统的机床互相补充，各自完成某些特定的工序，各机床之间不能互相替代，工件在一定程度上必须按顺序经过各加工工位。它的特点是生产率较高，对机床的技术利用率较高，即可以充分发挥机床的性能。从系统的输入和输出来看，互补机床是串联环节，它减少了系统的可靠性，即当一台机床发生故障时，系统就不能正常工作。

以互替和互补配置形式选择的机床特性比较见表6－8。

表6－8 以互替和互补配置形式选择的机床特性比较

特征	互替机床	互补机床
简图	输入 → 机床1 / 机床2 / ⋮ / 机床n → 输出	输入 → 机床1 → 机床2 → 机床3 … 机床n → 输出
柔性	较高	较低
工艺范围	较宽	较窄
时间利用率	较高	较低
技术利用率	较低	较高
生产率	较低	较高
价格	较高	较低
系统可靠性	增加	减少

现有的FMS大多是互替机床和互补机床混合使用，即FMS中的有些机床按互替形式布置，而另一些机床则以互补形式布置，以发挥各自的优点。

在某些情况下个别机床的负荷率很低，如基面加工机床（铸件毛坯通常采用铣床，回转体毛坯通常采用铣端面钻中心孔机床等）所采用的切削用量较大、加工内容简单、单件加工时间短。基面加工和后续工序之间往往要更换夹具，要实现自动化有一定困难。因此常将这类机床放在 FMS 外，作为前置工区，由人工操作。

当某些工序加工要求较高或实现自动化还有一定困难时，也可采取类似方法，如精镗加工工序、检验工序、清洗工序等可作为后置工区，由人工操作。

3. FMS 的总体平面布局

1）FMS 总体平面布局的原则

影响 FMS 总体平面布局的因素很多，如系统的模型，机床的类型、数量和结构，车间的面积和环境，被加工零件的类型，生产需求，要求的操作类型与时间，选定的物料输送系统类型，进料、出料及服务的靠近程度与便利程度等。所以要因地制宜地设计系统的平面布局，一般原则如下。

（1）有利于提高加工精度。例如，对于振动较大的清洗工位，应离机床和检测工位较远；坐标测量机的地基应具有防振沟和防尘隔离室。

（2）排屑方便，便于切屑小车将切屑推出系统或设置排屑自动输送沟。

（3）便于整个车间的物流通畅和自动化。

（4）避免系统通信线路受到外界磁场干扰。

（5）布局模块化，使系统控制简洁。

（6）有利于人身安全，设置安全防护网。

（7）占地面积较小，且便于维修。

（8）便于系统扩展。

2）FMS 总体平面布局的形式

（1）基于装备之间关系的平面布局。按照 FMS 中加工装备之间的关系，平面布局形式可分为随机布局、功能布局、模块布局和单元布局。

①随机布局，即生产装备在车间内可任意安置。当装备少于 3 台时可以采用随机布局形式；当装备较多时，随机布局将使系统内的运输路线复杂，容易出现阻塞，增加系统内的物流量。

②功能布局，即生产装备按照其功能分为若干组，相同功能的装备安置在一起，也就是机群式布局。

③模块布局，即把机床分为若干个具有相同功能的模块。这种布局的优点是可以较快地响应市场变化和处理系统发生的故障，缺点是不利于提高装备利用率。

④单元布局，即按成组技术加工原理，将机床划分成若干个生产单元，每一个生产单元只加工某一族的工件。这是 FMS 采用较多的布局形式。

（2）基于物料输送路径的平面布局。按工件在系统中的流动路径，FMS 总体平面布局可分为直线形、环形、网络形等多种形式。

①直线形布局。各独立工位排列在一直线上。自动运输小车沿直线轨道运行，往返于各独立工位之间。直线形布局最为简单。当独立工位较少，工件生产批量较大时，大多按这种布局形式，且采用有轨式自动运输小车。

②环形布局。各独立工位按多边形或弧形，首尾相连形成封闭型布局，自动运输小车沿封闭型路径运动于各独立工位之间。环形布局形式使得各独立工位在车间中的安装位置比较灵活，且多采用无轨式自动运输小车。

③网络型布局。网络型布局是指各独立工位之间都可能有物料传送的路径，自动运输小车可在各独立工位之间以较短的运行路线输送物料。当系统中有较多的独立工位时，这种布局的

装备利用率和容错能力最高，物料输送一般采用无轨式自动运输小车，但其小车的控制调度比较复杂。

4. FMS 各独立工位的类型及其配置原则

通常情况下，FMS 具有多个独立的工位。工位的设置与 FMS 的规模、类型及功能需求有关。

1）机械加工工位

机械加工工位是指对工件进行切削加工（或其他形式的机械加工）的地点，一般泛指机床。FMS 的功能主要由它所采用的机床来确定，被确定的工件族通常决定 FMS 应包含的机床类型、规格、精度及各种类型机床的组合。一条 FMS 生产线中机床的数量应根据各类被加工零件的生产纲领及工序时间来确定。必要时，应有一定的冗余。

加工箱体类工件的 FMS 通常选用卧式加工中心或立式加工中心，根据工件特别的工艺要求，也可选用其他类型的 CNC 机床。加工回转体类工件的 FMS 通常选用车削加工中心机床。卧式加工中心和立式加工中心应具备托盘上线的交换工作台（APC），加工中心都应具有刀具存储能力，其刀位数的多少应考虑被加工零件混合批量生产时采用刀具的数量。

选择加工中心时，还应考虑它的尺寸、加工能力、精度、控制系统以及排屑装置的位置等。加工中心的尺寸和加工能力主要包括控制坐标轴数、各坐标的行程长度、回转坐标的分度范围、托盘（或工作台）尺寸、工作台负荷、主轴孔锥度、主轴直径、主轴速度范围、进给量范围、主电动机功率等。加工中心的精度包括工作台和主轴移动的直线度、定位精度、重复精度以及主轴回转精度等。加工中心的控制系统应具备上网和所需控制功能。加工中心排屑装置的位置将影响 FMS 的平面布局，应予以注意。

2）装卸工位

装卸工位是指在托盘上装卸夹具和工件的地点，它是工件进入、退出 FMS 的地方。装卸工位设置有机动、液压或手动工作台。通过自动运输小车可将托盘从工作台上取走或将托盘推上工作台。操作人员通过装卸工位的计算机终端可以接收来自 FMS 中央计算机的作业指令或提出作业请求。装卸工位的数目取决于 FMS 的规模及工件进入和退出系统的频度。一个 FMS 可设置一个或多个装卸工位，装卸工作台至地面的高度应便于操作者在托盘上装卸夹具及工件。操作人员在装卸工位装卸工件或夹具时，为了防止托盘被自动运输小车取走而造成危险，一般在它们之间设置自动开启式防护闸门或其他安全防护装置。

3）检测工位

检测工位是指对完工或部分完工的工件进行测量或检验的地点。对工件的检测过程既可以在线进行也可以离线进行。在线测量过程通常采用 3 轴测量机，有时也采用其他自动检测装置。通过数控程序控制测量机的检测过程，将测量结果反馈到 FMS 控制器，用于控制刀具的补偿量或其他控制行为。在 CIMS 环境下，3 轴测量机测量工件的数控检测程序可通过 CAD/CAM 集成系统生成。离线检测工位的位置往往离 FMS 较远。一般情况下由人工通过计算机终端将检验信息送入系统，由于整个检测时间及检测过程的滞后性，离线检测信息不能对系统进行实时反馈控制。在 FMS 中，检测系统与监控系统往往一起作为单元层之下的独立工作站层而存在，以便于 FMS 采用模块化的方式设计与制造。

4）清洗工位

清洗工位是指对托盘（含夹具及工件）进行自动冲洗和清除滞留在其上的切屑的地点。对于设置在线检测工位的 FMS，往往也设置清洗工位，将工件上的切屑和灰尘彻底清除干净后再进行检测，以提高测量的准确性。有时，清洗工位还具有干燥（如吹风干燥）功能。当 FMS 中的机床本身具备冲洗滞留在托盘、夹具和工件上的切屑的功能时，可不单独设置清洗工位。清洗工位接收单元控制器的指令进行工作。

5. FMS 的物流子系统及其配置

FMS 的物料是指工件（含托盘和夹具）和刀具（含刀具柄部），因此就有工件搬运系统和刀具搬运系统之分。

1）工件搬运系统

工件搬运系统是指工件（含托盘、夹具）经工件装卸站进入或退出系统以及在系统内运送的装置。可供选择的工件运送方案：无轨自动运输小车运送方式，直线轨道式自动运输小车运送方式，环形滚道运送方式，缆索牵引拖车运送方式，行走机器人运送方式，固定导轨式（龙门式）机器人运送方式和无轨吊挂运送方式。

通常，工件的搬运由有轨或无轨自动运输小车担任。有轨自动运输小车搬运系统结构原理简单，小车的运行速度快、定位精度高、承载能力大及造价低。但是，小车只能在固定的轨道上运行，灵活性差，而且小车和轨道离机床较近，使检修作业区较为狭窄，一般适用于机床台数较少（2~4 台）且按直线式布局的场合。目前无轨自动运输小车搬运系统技术发展较快，小车行走方式主要有固定路径和自由路径两种。在固定路径中，有电磁感应制导、光电制导、激光制导等多种形式。在自由路径中，有一种方法是采用地面支援系统，如用激光灯塔、超声波系统等移动信号标志进行引导；另一种方法则是靠小车上的环境识别装置来实现自主行走。

工件在托盘上的夹具中装夹，一般由人工操作。当工件被装夹完毕，操作人员通过装卸工位处的计算机终端将有关操作信息向单元反馈，自动运输小车接收到单元控制器的调度指令后，将工件送到指定地点，即机床、清洗站、检测站上的托盘自动交换装置或托盘缓冲站。

进行回转体零件加工的 FMS，除了工件搬运之外，还必须采用机器人才能将工件抓往机床。进行钣金加工的 FMS，通常采用带吸盘的输送装置来搬运钣料。

作为毛坯和完工零件存放地点的仓库分为平面仓库（单层）及立体仓库两大类。广义上讲，自动立体仓库也是 FMS 托盘缓冲站的扩展与补充，FMS 中使用的托盘及大型夹具也可存放在立体仓库中。自动化立体仓库可分为多巷道和单巷道堆垛机控制方式，个别的也有采用单侧叉式控制方式。自动化立体仓库的巷道数及货架数的设置，应考虑车间面积、车间高度、车间中 FMS 的数量、各种加工设备的能力及车间的管理模式等。在自动化立体仓库中自动存取物料的堆垛机，能把盛放物料的货箱推上滚道式输送装置或从其上取走。有时，还与无轨自动运输小车进行物料的传递。

钣金加工的 FMS 通常带有存放钣材的自动化立体仓库，不设其他缓冲站。

自动化立体仓库的管理计算机具有对物料进出货架进行管理以及对货架中的物料进行检索查询的能力。

2）刀具搬运系统

刀具搬运系统指刀具（含刀具柄部）经刀具进出站进入或退出系统以及在系统内运送的装置。可供选择的运送方案：盒式刀夹—自动运输小车方式，直线轨道机器人—中央刀库方式，带中间刀具架及换刀机器人的自动运输小车方式，龙门式机器人—中间刀库方式，直接更换机床刀库方式。

刀具进入系统之前，必须在刀具准备间内完成刀具的刃磨、刀具刀套的组装、刀具预调仪的对刀，并将刀具的有关参数信息送到 FMS 单元控制器（或刀具工作站控制器）中。刀具准备间的规模及设备配置，由 FMS 的目标、生产纲领确定。

刀具进出站是刀具进出 FMS 的界面。由人工将相应的刀具置于刀具进出站的刀位上，或从刀位上取走退出系统的刀具。在刀具进出站处，通常设置一个条码阅读器，以识别置于刀具进出站的成批刀具，避免出现与对刀参数不吻合的错误。

换刀机器人是 FMS 内的刀具搬运装置，换刀机器人的手爪既要能抓住刀具柄部又要便于将刀具置于刀具进出站、中央刀库和机床刀库的刀位上或从其上取走。换刀机器人的自由度数按动作需要设定，换刀机器人的纵向移动既有采用地面轨道，也有采用架空轨道。

对于换刀不太频繁的较大型的加工中心，可在机床刀库附近设置换刀机械手。进入系统的刀具放在托盘上特制的专门刀盒中，经工件进出站由无轨自动运输小车拉入系统。然后，换刀机械手将刀具装到机床刀库的刀位中，或从机床刀库取下刀具放入刀盒中，由无轨自动运输小车送到工件进出站退出系统。这样，可省去庞大的换刀机器人等刀具运储系统。

中央刀库是 FMS 内刀具的存放地点，是独立于机床的公共刀库，其刀位数的设定，应综合考虑系统中各机床刀库容量、采用混合工件加工时所需的刀具最大数量、为易损刀具准备的姊妹刀数量及工件调度策略等。中央刀库的安放位置应便于换刀机器人在刀具进出站、机床刀库和中央刀库三者中抓放刀具。

6. FMS 检测监视系统的设置原则及其内容

检测监视系统对于保证 FMS 各个环节有条不紊地运行起着重要的作用。它的总体功能包括工件流监视、刀具流监视、系统运行过程监视、环境参数及安全监视以及工件加工质量的监视。

1）设置检测监视系统的原则及要求

（1）该系统应该具有容纳新技术的能力和进一步扩充的能力，这是为了保证系统的先进性以及便于与新开发的检测监视技术的集成。

（2）应充分考虑该系统的可靠性、可维护性与可操作性，应有良好的人机界面，软件采用容错、提示、口令等方式便于人机对话。

（3）便于数据分散采集和集中分析。在 FMS 中，根据需要会在许多部位设置检测或监视点，检测监视装置是分散的。所以，要求检测装置的设置有利于系统的数据采集，并能把从各个部位获得的数据集中起来加以分析，从而得到系统的状态信息。

（4）应具有合适的响应速度。检测监视系统应能迅速及时地反映加工过程的状态，其中对设备层的监视要求为毫秒级，工作站层和单元层监控为秒级。

（5）应能预报故障。在对检测数据进行分析的基础上，预报故障。

（6）应能对工作人员提供可靠保护。通过对作业危险区的保护以及对上料搬运系统和传送系统的工作监视来保护 FMS 中的操作人员。

（7）该系统应具有预处理测量信号的能力、对复杂参数的判断能力以及测量和处理大量的模拟和数字信号的能力。

2）FMS 检测监视系统的监视方式及其内容

（1）检测监视方式。

①对设备或环境进行连续实时测量并对获得的数据进行分析，给出报警或其他有效方式予以处理。

②对检测点或环境定时或按约定时间进行采集测量，拾取有关数据进行分析处理。

③操作人员在任意的时间对监测点或环境进行观察测量，并对即时的采集数据进行分析处理。

④工件加工质量的检测方式包括利用机床自带的测量系统对工件进行线上的主动检测，在

系统内采用测量设备（如 3 轴测量机或其他检验装置）对工件进行测量，在 FMS 线外测量。

（2）检测监视内容。

①对工件流系统的监视。检测工件进出站的空、忙状态，自动识别在工件进出站上的工件、夹具；检测自动运输小车的运行与运行路径；检测工件（含托盘、夹具）在工件进出站、托盘缓冲站、机床托盘自动交换装置与自动运输小车之间的引入、引出质量；检测物料在自动立体仓库上的存取质量。

②对刀具流系统的监视。阅读与识别贴于刀柄上的条码；检测刀具进出站的刀位状态（空、忙、进、出）；检测换刀机器人的运行状态和运行路径；检测换刀机器人对刀具的抓取、存放质量；检测刀具的破损情况；检测和预报刀具的寿命。

③对机器加工设备的监视。在 FMS 中主要是监视其工作状态，主要内容包括通过闭路电视系统，观察运行状态正常与否；检测主轴切削转矩、主电动机功率、切削液状态、排屑状态以及机床的振动与噪声。

④环境参数及安全监控。监测电网的电压和电流；监测供水供气等压力；监控空气的温度和湿度，并对火灾进出系统进行统计监测。

（3）FMS 检测监视系统。

必须根据 FMS 的目标、工艺规划要求及加工设备特性，从全局角度来规划 FMS 检测监视系统的设备，其依据主要是检测监视系统应具有的功能，其功能树结构如图 6－39 所示。

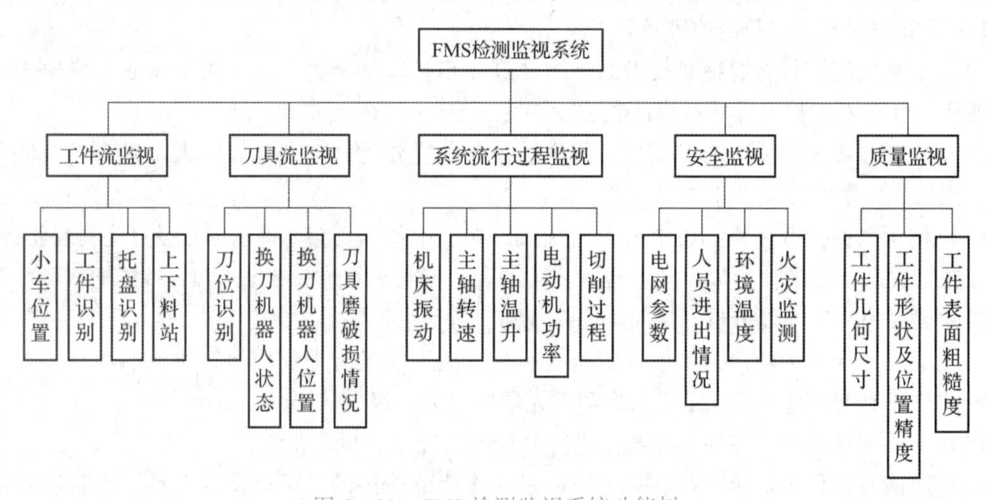

图 6－39 FMS 检测监视系统功能树

7．FMS 的控制结构体系方案确定

控制系统是 FMS 实现其功能的核心，它管理和协调 FMS 内的各个活动以完成生产计划和达到较高的生产率。整个控制系统由硬件和软件组成，而系统的硬件组成和控制范围往往是决定控制系统结构的主要因素。根据 FMS 的目标和企业在自动化技术更新方面的发展规划来考虑确定控制体系的类型，可考虑的类型如下。

（1）集中式系统控制级—设备控制级两级结构。

（2）分布式系统控制级—工作站控制级—设备控制级三级结构。

（3）分布式车间级—FMS 级—工作站级—设备级四级结构。

目前这种分级结构趋向于三级控制结构，又称单元级—工作站级—设备级三级递阶控制。控制结构体系类型选定之后，就要确定各职能计算机的分工及其功能指标。多级计算机控制系统硬件配置的一般原则：横向各层使用同一系列的相同类型计算机，这有利于软件和硬件的标准化，且易于维护；纵向各层使用同一系列的计算机也是有益的，可以简化软件开发。在一些FMS中，工作站级并非物理地存在，但是作为整个控制系统的一部分，工作站级的功能在逻辑上是存在的。在这种情况下，通常是在主计算机上设置一个分区以完成对底层的控制以及对上层的信息反馈。这种逻辑上的三级递阶控制结构也是FMS控制体系结构的特例和特点。

8. FMS设计方案的计算与仿真

为了减少投资费用并减小投资风险，使FMS配置和布局更为合理，使建成的系统在运行中效率更高，采用计算机仿真研究是一种快捷而有效的方法。仿真研究分为两类：一类是FMS的规划设计仿真，另一类是FMS的运行仿真。仿真是一种实验手段，通过输入一些与系统和器件有关的原始数据，可以得到输出的各种数据信息，这些数据信息可以帮助设计人员发现设计方案中的冗余环节和瓶颈问题，为方案的设计改进提供依据。通过对几种方案仿真结果的比较，可以帮助评价方案的优劣。

FMS各种仿真软件的侧重点不同，但综合起来看，包含以下4个层次的仿真内容。

（1）FMS的基本组成。合理地确定FMS的独立工位和其他基本组成部分，如加工中心、装卸站、托盘缓冲站、自动运输小车、中央刀库、换刀机器人等，以选定的零件族及相应的工艺参数等作为输入，以期给出合理的配置。

（2）工作站层的控制。主要模拟工作站这一独立工艺单元的动作，如机器人与机床之间的动作是否协调。

（3）生产任务调度。根据FMS的状态信息实时做出管理决策，为系统重新进行调度产生新的控制指令。

（4）生产计划仿真。接收生产任务单元后，根据生产FMS单元的生产计划及与该活动有关的统计数据，作出优化的决策。

在总体规划设计阶段，设计人员输入仿真软件的参数通常有两类，一类是与FMS有关的参数，称为系统参数；另一类是与被加工零件工艺有关的参数，称为零件参数。通过软件就可进行单个零件批量加工的仿真、混合分批加工的仿真、改变系统参数的仿真及其他特殊的仿真。此外，仿真内容还可涉及资本投入的评估、劳力要求计划、质量控制评估和可靠性分析等。利用仿真技术只是辅助FMS的规划设计，仿真只是在具体条件下系统所得到的一组特殊解，而最佳解只能由设计人员根据输出的众多结果最后决策。

9. FMS的可靠性分析

FMS是一个复杂的自动化生产系统，制造过程中的物料流及工具流的控制属于实时控制性质，响应时间有的达到毫秒级。组成系统的元器件成千上万，包括电子、电气、液压、气动、机械等，某些关键元件的运行失效，可能导致设备、分系统乃至整个系统失效，严重时可能造成设备损坏、零件报废。如果设计中忽略了可靠性要求，则不能保证系统运行的可靠性，这样系统不仅不能为企业带来经济效益，反而会使生产停顿，造成严重后果。所以可靠性问题是FMS能否实现应用的关键之一，可靠性分析是系统设计的重要一环。

FMS的可靠性分为设计可靠性和运行可靠性。FMS的设计可靠性是实现功能的基础，而其运行可靠性是实现功能的保证，两者共同决定了系统的可靠性。在对FMS可靠性评估时必须考虑下列特点。

（1）FMS是一种多功能系统，各功能起着不同的作用，因此对各功能有不同程度的可靠性要求。

（2）在 FMS 运行中可能发生异常情况（紧急、危险），这些异常情况是系统工作故障或错误的产物，它们可导致控制工作的严重破坏（事故）。

（3）参与 FMS 工作的各类人员都不同程度地影响自动控制系统的可靠性。

（4）每一套 FMS 的组成中都包括大量不同的组元（硬件、软件和人员），同时，在完成 FMS 的某些功能时，会有多种不同的组元参与工作，而同一个组元也可能同时参与完成多种功能。

四、FMS 示例

1. 示例一

捷克机床与加工研究所（YUOSO）与捷克的 6 个机床厂针对轴类和箱体类工件的无人加工要求进行开发，在 TOSOTMOVL 公司的铣床制造厂实施的带有刀具自动输送装置的 FMS 设计示意如图 6－40 所示。

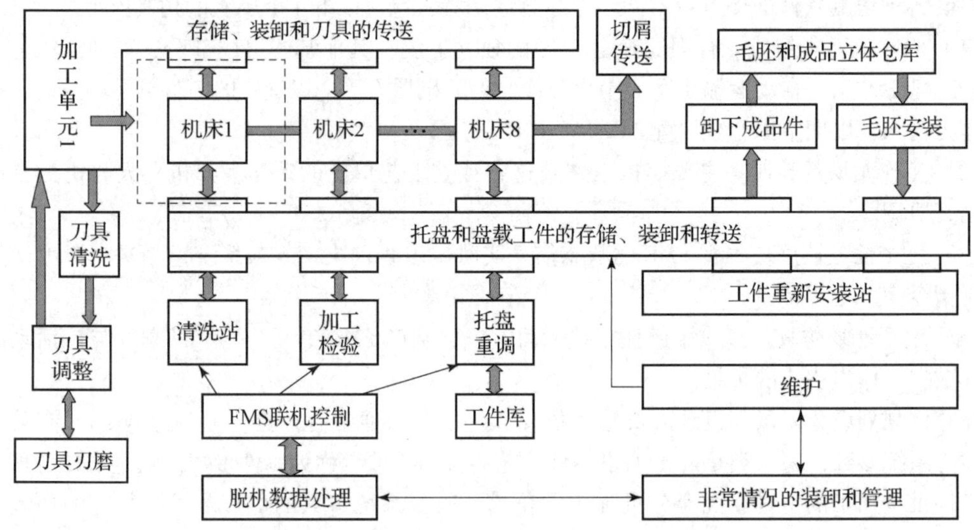

图 6－40　带有刀具自动输送装置的 FMS 设计示意

系统内有 10 个最大总容量为 144 把刀具的刀库，其中 288 把刀具存放在刀具室内的两个刀库中，其余 1152 把刀具分别存放在 8 台机床附近的刀库中。所有刀库由一台可装载 5 把刀具的输送车进行装卸。40 种被加工工件的成组工艺需要 400 多把不同的刀具，刀库的空余容量可以存放标准刀具、备用刀具或特种刀具。

除了机床、工件和刀具输送装置外，系统还包括刀具、工件托盘和盘载工件清洗站各 1 个，1 台计算机控制的检验机，1 套切屑处理装置。此外，还包括 1 个铸件与成品的仓库、2 个装料站、1 个卸料站、1 个重新装料站、1 个托盘重调站和 1 个夹具库。而刀具调整、刀具刃磨、维修、脱机数据处理、紧急装卸和管理，也可由人工操作来执行。

FMS 的加工机组在这里指的是带有工件托盘和刀具装卸装置的机床及其控制部分。CNC 对 6 个轴实行连续轨迹同步控制，除了控制 X 轴、Y 轴、Z 轴三个直线坐标轴外，系统还控制主轴的 A 向摆角及刀具操作系统的 U 轴、V 轴两个直线坐标轴。根据需要转台可实现 B 轴旋转。

存储装夹工件托盘的中央存储库具有 2 000 个单元，分置在 2 个平行货架上。每台机床配有容量 5 件盘载工件的中间站。加工机组设有对盘载工件进行装卸和清理的装备，如工件旋转装卸机、工件翻转清洗机、机组与工件传输装置之间的中间站。工件传输装置和装卸机的机械手配有光学阅读头，用于识别托具。机床和翻转清洗机的切屑由地下传送带运走。

刀尖尺寸、镗孔或铣削平面的几何偏差数据由 CNC 处理器处理后，用于误差的自动补偿。而对于高精度的镗孔，已研制出自动补偿直径的镇刀。需要测量或检验加工后的孔或面时，可自动地从刀库中取出高精度的测头，并装到主轴上。

2. 示例二

图 6－41 所示为一个典型的 FMS，该系统由加工中心、自动运输小车、自动化立体仓库、堆垛机、交换站、检测和清洗装备以及压装设备组成。在装卸站将毛坯安装在早已固定在托盘上的夹具中，然后物料传送系统把毛坯连同夹具和托盘输送到进行第一道加工工序的加工中心旁边排队等候，一旦加工中心空闲，工件就立即被送上加工中心进行加工。每道工序加工完毕以后，物料传送系统还要将该加工中心完成的半成品取出并送至执行下一道工序的加工中心旁边排队等候，如此不停地进行至最后一道加工工序。在完成工件的整个加工过程中，除进行加工工序外，若有必要，则还可进行清洗、检验以及压套组装工序。

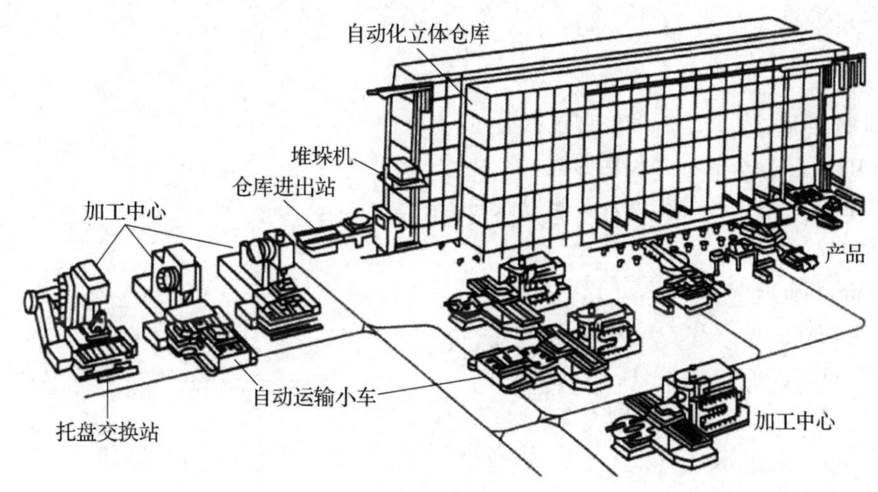

图 6－41 典型的 FMS

任务实施

（1）分析曲轴、齿轮箱体加工特性，了解其对加工设备的需求。

（2）设计 FMS 模型。

（3）配置外围结构。

（4）设计 FMS 计算机控制系统结构图。

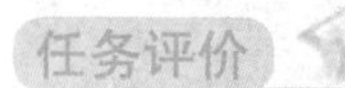

任务评价

任务评价表见表 6－9。

表 6－9 任务评价表

序号	考核要点	项目（配分：100 分）	教师评分
1	职业素养	团队合作能力（20 分）	
		信息收集、咨询能力（20 分）	

续表

序号	考核要点	项目（配分：100 分）	教师评分
2	FMS 模型的设计	模型设计合理，叙述完整、清晰（20 分）	
3	外围结构的精确配置	外围配置合理，叙述完整、清晰（20 分）	
4	FMS 计算机控制系统结构图的设计	结构图设计合理，叙述完整、清晰（20 分）	
得分			

问题探究

1. 问答题

（1）什么是 FMS，其组成和类型包括哪些？

（2）FMS 工艺分析的步骤包括哪些？

（3）FMS 各独立工位的类型及其配置原则是什么？

2. 填空题

（1）FMS 具有（　　　　）、（　　　　）、（　　　　）、（　　　　）、（　　　　）、（　　　　）等功能。

（2）FMS 由（　　　　）、（　　　　）、（　　　　）三个系统组成，适合加工（　　　　）、（　　　　）的零件。

（3）（　　　　）、（　　　　）、（　　　　）、（　　　　）和（　　　　），是影响 FMS 总体规划的参数。

（4）FMS 中物流系统的主要功能是实现（　　　　）、（　　　　）。

3. 判定题

（1）FMS 是指柔性制造系统。（　　）

（2）FMS 是指可变的、自动化程度较高的制造系统。（　　）

（3）FMS 按固定的生产节拍运行。（　　）

4. 单选题

（1）FMS 是（　　）。

A. 成组生产流水线　　B. 大量生产的自动流水线

C. 组合机床自动线　　D. 小批量生产的自动加工线

（2）FMS（　　）。

A. 设备利用率低　　B. 减少了工序中在制品数量

C. 减少直接工时费用　　D. 有快速应变能力

参 考 文 献

[1] 任小中，于华. 机械制造装备设计 [M]. 2 版. 武汉：华中科技大学出版社，2016.
[2] 关慧贞. 机械制造装备设计 [M]. 5 版. 北京：机械工业出版社，2020.
[3] 张江华，史琼艳. 机床夹具设计 [M]. 武汉：华中科技大学出版社，2023.